Automotive Chassis
자 동 차 섀 시

이성만 김홍성
조성철 박명호 共著

머 리 말

　기술의 눈부신 발달에 따라 자동차산업은 경제 및 사회적 변화에 따라 자동차의 수요가 급증하고 있으며, 자동차에 대한 소비자의 요구가 점차 고급화와 경제화 되면서 급속히 발전되고 있다. 최근의 자동차는 첨단화되고 있는 추세이지만, 현재와 미래의 자동차 시스템의 이론을 이해하여야 하며, 이들 시스템이 어떻게 상호작용을 하는지에 대하여 유연하게 대처할 수 있는 능력을 지녀야 한다.

　이 책은 기초적인 부분과 신기술을 중심으로 이해하기 쉽도록 기본원리와 실제를 체계적으로 기술하여 학생들이 보다 쉽게 이해할 수 있도록 중요한 사항에 대해서는 그림을 가능한 많이 삽입하여 이해하도록 노력하였다.

　본 저자는 자동차를 전공하는 학생들과 현장에서 정비를 하고 있는 실무자 및 자동차에 관심이 있는 일반인들에게도 날로 발전하고 있는 자동차 시스템의 새로운 기술 정보를 제공하여 앞으로 기술 진보에 유연하게 대응할 수 있도록 다음 몇 가지에 중심을 두고 이 책을 집필하였다.

01. 클러치, 듀얼클러치, 수동변속기의 구조를 설명하였다.
02. 자동변속기, 하이백 자동변속기, 무단변속기(CVT)의 구조를 설명하였다.
03. TPMS, 4WD에 대하여 설명하였다.
04. 전자제어 현가장치(ECS), 액티브 현가장치에 대하여 설명하였다.
05. 전자제어 동력 조향장치(EPS), 전동형 동력조향장치, 4WS의 구조를 설명하였다.
06. 일반 브레이크장치, ABS, EPB, BAS, VDCS, TCS 등의 구조를 설명하였다.
07. 자동차의 에어백을 소개하였다.
08. 자동차의 진동소음에 대하여 기술하였다.

필자는 독자 여러분에게 보다 쉽고, 알찬 내용으로 엮고자 노력했으나, 부족한 부분이 없지 않을 것이다. 여러분의 조언과 관심이 이 책에 모아질 때 수정과 보완의 기회가 주어지리라 믿는다.

끝으로 이 책을 집필하는데 많은 도움과 출판을 위해 적극적인 노력을 하여 주신 **미전사이언스** 박필만 사장님을 비롯하여 직원들에게 진심으로 감사의 말씀을 드리며, 아울러 독자 여러분들의 힘찬 정진과 건투를 빈다.

저자 씀

차 례

CHAPTER 01 » 자동차 섀시의 개요

1. 프레임(frame) ——————————————————————— 18
   1.1. 프레임의 종류와 구조 ·· 18

2. 섀시의 구성 ——————————————————————— 22
   2.1. 동력발생장치(power unit) ·· 22
   2.2. 동력전달장치(power train) ··· 22
   2.3. 현가장치(suspension system) ·· 22
   2.4. 조향장치(steering system) ·· 23
   2.5. 제동장치(brake system) ·· 23
   2.6. 휠과 타이어(wheel & tire) ·· 23
   2.7. 보조장치(auxiliary equipment) ······································ 23

3. 동력전달방식 ——————————————————————— 24
   3.1. 앞 엔진 뒷바퀴 구동방식(FR) ·· 24
   3.2. 앞 엔진 앞바퀴 구동방식(FF) ·· 25
   3.3. 뒤 엔진 뒷바퀴 구동방식(RR) ·· 26
   3.4. 뒤 엔진 앞 구동식(RF구동식) ·· 27
   3.5. 4바퀴 구동식(4WD) ·· 27

CHAPTER 02 » 동력전달장치

1. 클러치(clutch) ──────────────────────────── 29
   1.1. 클러치의 개요 ·· 29
   1.2. 클러치의 종류와 특징 ·· 32
   1.3. 클러치의 구조 ·· 33
   1.4. 클러치 조작기구 ·· 36
   1.5. 클러치의 작동(단판 클러치의 경우) ·································· 39
   1.6. 듀얼클러치 변속기(DCT) ·· 40
   1.7. 클러치의 성능 ·· 43

2. 수동변속기 ──────────────────────────── 45
   2.1. 변속기의 필요성과 구비조건 ·· 45
   2.2. 변속기의 분류 ·· 46
   2.3. 변속 조작기구 ·· 51
   2.4. 오조작 방지기구 ·· 54
   2.5. 트랜스액슬(trans axle) ·· 57
   2.6. 동력 인출장치(power take-off) ·· 58

3. 자동변속기 ──────────────────────────── 59
   3.1. 자동변속기의 개요 ·· 59
   3.2. 자동변속기의 분류 ·· 60
   3.3. 자동변속기의 효율 ·· 61
   3.4. 변속레버 위치별 기능 ·· 63
   3.5. AFT(자동변속기 오일) ·· 64
   3.6. 유체 클러치(fluids clutch) ·· 66
   3.7. 토크컨버터(torque converter) ·· 68

3.8. 자동변속기의 기어 트레인 ……………………………………………… 75
3.9. 유압 제어기구 …………………………………………………………… 78
3.10. 전자제어 자동변속기 ………………………………………………… 81

4. 하이백(HIVEC) 자동변속기 ——————————————— 87
4.1. 하이백의 개요 …………………………………………………………… 87
4.2. 하이백의 제어장치 ……………………………………………………… 89

5. 무단변속기(CVT) ——————————————————— 97
5.1. 무단변속기의 개요 ……………………………………………………… 97
5.2. 무단변속기의 성능 향상장치 …………………………………………… 98
5.3. 무단변속기의 구성별 분류 ……………………………………………… 99
5.4. 무단변속기의 구성요소와 작동 ………………………………………… 103
5.5. 무단변속기의 전자제어 ………………………………………………… 110

6. 드라이브라인·뒷차축 어셈블리 및 바퀴 ——————————— 112
6.1. 드라이브라인(drive line) ……………………………………………… 112
6.2. 종감속 기어와 차동장치 ………………………………………………… 120
6.3. 뒷차축(axle shaft) ……………………………………………………… 127
6.4. 바퀴 ………………………………………………………………………… 129
6.5. TPMS(tire pressure monitoring system) …………………………… 145

7. 4바퀴 구동장치(4WD) ————————————————— 146
7.1. 4바퀴 구동장치의 개요 ………………………………………………… 146
7.2. 4바퀴 구동장치의 기본형식 및 특징 ………………………………… 148
7.3. 4바퀴 구동장치의 분류 및 작동 ……………………………………… 152
7.4. 전자제어장치 ……………………………………………………………… 155
7.5. LSD(limited slip differential) ………………………………………… 157

7.6. 전자제어 풀타임 4바퀴 구동방식 ·· 160

8. 자동차의 주행성능 — 161
8.1. 자동차 주행저항 ·· 161
8.2. 구름저항(Rr) ·· 162
8.3. 공기저항(Ra) ·· 162
8.4. 등판저항(Rg) ·· 165
8.5. 가속저항(Ri) ·· 166
8.6. 전 주행저항(Rt) ·· 166
8.7. 구동력(tractive force) ·· 167
8.8. 변속기(gear ratio) ·· 167
8.9. 변속비와 주행속도 ·· 168

CHAPTER 03 » 현가장치(suspension system)

1. 현가장치의 개요 — 171
1.1. 판스프링(leaf spring) ·· 172
1.2. 코일스프링(coil spring) ·· 173
1.3. 토션 바 스프링(torsion bar spring) ·· 174
1.4. 쇽업소버(shock absorber) ·· 175
1.5. 스태빌라이저(stabilizer) ·· 184
1.6. 고무 스프링(rubber spring) ·· 184

2. 현가장치(suspension system)의 종류 — 184
2.1. 앞 현가장치(front suspension) ·· 184
2.2. 뒤 현가장치(rear suspension) ·· 187

3. 현가방식의 종류 ─────────────────────────── 187
　　3.1. 일체 차축 현가방식의 종류 ···························· 187
　　3.2. 독립 현가방식의 종류 ································ 190

4. 공기 현가장치(air suspension system) ───────────── 194
　　4.1. 공기 현가장치의 개요 ································ 194
　　4.2. 공기 현가장치의 구조 및 기능 ························· 196
　　4.3. 자동차 진동 ······································· 201
　　4.4. 진동수와 승차감 ···································· 202
　　4.5. 스프링 정수와 진동수 ································ 202

5. 전자제어 현가장치(ECS) ────────────────────── 203
　　5.1. ECS의 종류 ······································· 205
　　5.2. ECS 구성부품의 작용 ································ 207
　　5.3. ECS 제어 기능 ···································· 219

6. 액티브 현가장치(active suspension system)의 종류 ─── 221
　　6.1. 액티브 현가장치의 개요 ······························ 221
　　6.2. 액티브 현가장치의 작동원리 ·························· 223

CHAPTER 04 » 조향장치(steering system)

1. 조향장치의 개요 ─────────────────────────── 225
　　1.1. 애커먼-장토식(ackerman-jantoud type) ············· 226
　　1.2. 조향장치의 구비조건 ································ 228

2. 조향장치의 구조와 작용 ───────────────────────── 229

2.1. 일체 차축방식의 조향기구 ·· 229
2.2. 독립 차축방식의 조향기구 ·· 229
2.3. 조향기구 ··· 230

3. 조향장치의 종류 ─────────────────── 237
    3.1. 동력 조향장치(power steering system) ······················ 237
    3.2. 전자제어 동력 조향장치(ECPS) ·································· 242
    3.3. 전동방식 동력 조향장치(MDPS) ································ 245

4. 4WS(4-wheel steering) ─────────────── 259
    4.1. 4WS의 개요 ··· 259
    4.2. 4WS의 적용 효과 ··· 260
    4.3. 4WS의 작동원리 ·· 262
    4.4. 4WS의 구성 ··· 264

5. 휠 얼라인먼트(wheel alignment) ─────────── 266
    5.1. 휠 얼라인먼트의 개요 ··· 266
    5.2. 휠 얼라인먼트 요소의 정의와 필요성 ··························· 267
    5.3. 선회성능 ·· 274

CHAPTER 05 » 제동장치(brake system)

1. 제동장치의 분류 ─────────────────── 283
    1.1. 유압 브레이크(hydraulic brake) ································ 284
    1.2. 디스크 브레이크(disc brake) ···································· 293
    1.3. 배력 브레이크(servo brake) ····································· 295
    1.4. 공기 브레이크(air brake) ··· 300

1.5. 주차 브레이크(parking brake) ··· 306
1.6. 보조 브레이크(retard brake) ·· 308

2. 브레이크 안전장치 ———————————————————— 310
2.1. 액면 경고장치(oil level warning switch) ························ 310
2.2. 기계식 안티 스키드장치(anti-skid brake system) ············ 312

3. 전자 주차 브레이크(EPB) ———————————————— 316
3.1. 전자 주차브레이크의 개요 ··· 316
3.2. EPB의 구성부품 ··· 316
3.3. EPB제어 기능 ·· 318

4. 제동성능 ———————————————————————— 320
4.1. 공주거리 ·· 320
4.2. 제동거리 ·· 321
4.3. 정지거리 ·· 321

5. ABS(anti lock brake system) ———————————— 322
5.1. ABS의 개요 ··· 322
5.2. ABS의 제어원리 ·· 324
5.3. ABS의 구성부품 ·· 330
5.4. EBD(electronic brake-force distribution control) ············ 339
5.5. 경고등 제어 ··· 343

6. BAS, VDCS, TCS ————————————————————— 345
6.1. BAS(brake assist system) ··· 345
6.2. VDCS(vehicle dynamic control system) ························· 349
6.3. TCS(traction control system) ·· 361

CHAPTER 06 » 에어백(air bag)

1. 에어백의 개요 —————————————————————————— 377
2. 에어백의 종류 —————————————————————————— 378
   - 2.1. 운전석 에어백 ·· 379
   - 2.2. 승객석 에어백 ·· 379
   - 2.3. 측면 에어백 ·· 380
   - 2.4. 커튼 에어백 ·· 380
   - 2.5. 무릎 에어백 ·· 381
   - 2.6. 골반 에어백 ·· 381

3. 에어백의 구성 —————————————————————————— 381
   - 3.1. 에어백 ECU ·· 382
   - 3.2. 에어백 ·· 384
   - 3.3. 충돌 검출센서 ·· 387
   - 3.4. 에어백의 배선 ·· 390
   - 3.5. 클럭 스프링(clock spring) ·· 391
   - 3.6. 승객유무 검출센서 ·· 392
   - 3.7. 안전벨트 프리텐셔너 ·· 393

4. 에어백의 작동 —————————————————————————— 394
   - 4.1. 에어백의 작동순서 ·· 394
   - 4.2. 에어백의 팽창과정 ·· 395
   - 4.3. 에어백의 작동조건 ·· 396

5. 에어백의 효과 및 안전 ——————————————————————— 400
   - 5.1. 에어백의 효과 ·· 400

5.2. 에어백의 사고대비책 ··· 401
5.3. 에어백의 개발기술 ··· 402

CHAPTER 07 » 자동차 진동과 소음

1. 자동차 진동 ─────────────────────── 405
   1.1. 소음·진동의 필링(feeling)과 발생기구 ························· 405
   1.2. 진동(vibration) ·· 405

2. 자동차 소음 ─────────────────────── 411
   2.1. 소음의 종류 ··· 411

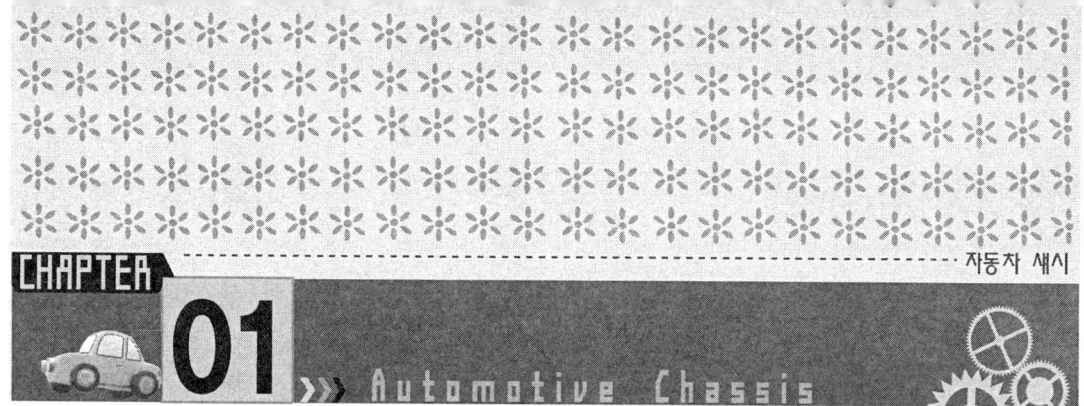

자동차 섀시의 개요

자동차를 구성하고 있는 부분을 크게 나누면 차체(body)와 섀시(chassis)로 분리할 수 있다. 먼저 차체는 운전자나 승객 및 화물을 실을 수 있는 부분으로 차의 용도와 성능에 따라 다양한 디자인으로 설계가 이루어지고 있다.

섀시는 차량의 차체를 탑재하지 않은 상태로 섀시만으로도 주행은 가능하다. 구성 요소에는 동력발생장치, 동력전달장치, 현가장치, 제동장치, 조향장치 등으로 이루어진다.

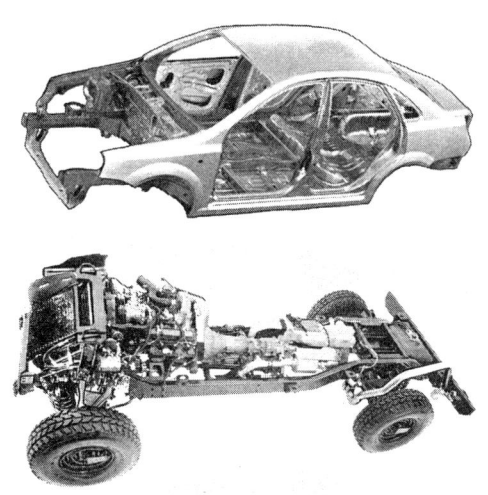

1. 자동차의 구성

1 프레임(frame)

프레임은 자동차의 골격으로 엔진, 구동장치 및 그 밖의 부품을 부착하고 짐을 받치는 기본 틀로 그 하중을 현가장치에 전달하는 역할을 한다. 프레임의 종류로는 보디와 프레임이 일체화된 단일체 구조(monocoque body)로 된 것과 또 하나는 보디와 프레임이 나누어져 있는 프레임 분리 구조로 된 것이다. 그러므로 하중들을 고려하여 적절한 강도와 강성으로 설계하는 것이 중요하다.

[1] 주행 중에 프레임에 작용하는 하중
　① 수직하중에 의한 굽힘
　② 세로의 중심축 회전에 의한 비틀림
　③ 가로방향의 굽힘
　④ 국부적인 비틀림

1.1. 프레임의 종류와 구조

[1] H형 프레임(사다리형 프레임 : Ladder type frame)

2개의 사이드멤버사이에 여러 개의 크로스멤버, 보강판, 서스펜션, 범퍼 등을 사다리형으로 결합해 제작한 것이다. 구조가 비교적 간단하고 제작이 쉬워 트럭, 버스, 승용차등 일반적으로 널리 사용되고 있다.

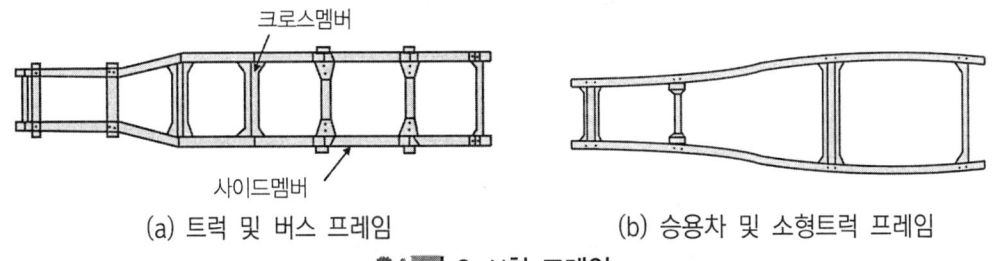

(a) 트럭 및 버스 프레임　　　　　　(b) 승용차 및 소형트럭 프레임

그림 2. H형 프레임

[2] X형 프레임(X-type frame)

사이드멤버의 간격을 중앙으로 좁혀서 한 것과 크로스멤버를 X형으로 설치한 것이 있다. 이 프레임의 특징은 X형재(刑材)에 의해 프레임 전체의 휘어짐 강성이 높아져 롤링 비틀림 응력이 강하다.

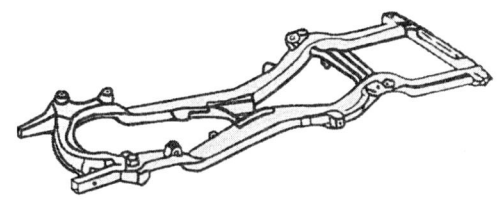

그림 3. X형 프레임

[3] 페리미터 프레임(perimeter frame)

보디와 별개의 구조로 되어있고, 객실부는 태를 두른 것처럼 되어 있다. 보통 상자형 또는 U채널형의 프레임이 네 구석의 토크박스로 고정되어 있다. 프레임과 보디사이에 고무를 끼워 넣기 때문에 엔진과 노면으로부터의 진동이 차실 내로 전달되지 않는다. 고급 대형승용차에 사용된다.

[4] 백 본형 프레임(back bone type frame)

백 본형 프레임은 하나의 굵은 상자형, 강관 또는 I형 단면의 등뼈를 중심으로 크로스멤버나 브래킷을 고정한 것이다. 이 프레임은 사이드멤버가 없으므로 바닥면이 낮아지므로 승용차에 가끔 사용한다.

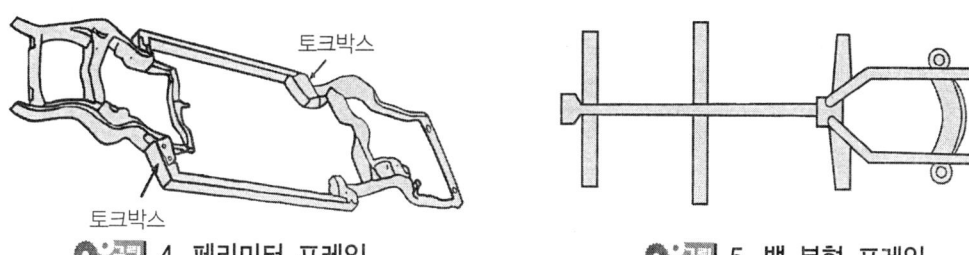

그림 4. 페리미터 프레임   그림 5. 백 본형 프레임

[5] 플랫폼형 프레임(platform type frame)

프레임과 보디 바닥면을 일체로 한 것이다. 보디 하부가 보강된 평편한 구조로 되어 있고 차체가 낮게 되어 있다. 휘어짐이나 구부림에 큰 강성을 가진다. 이것이 진보된 것이 모노코크 바디이다.

[6] 볼트 온 스택 프레임(bolt on stack frame)

프런트 드라이브(경주용)차에서 일부 볼 수 있다. 튼튼하고 무거운 프레임이 사용되며 엔진등 기타를 지지하고 있다.

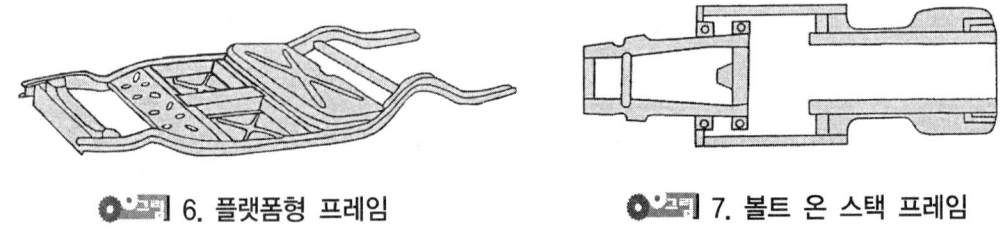

○그림 6. 플랫폼형 프레임   ○그림 7. 볼트 온 스택 프레임

[7] 트러스형 프레임(truss type frame)

트러스형은 스페이스 프레임이라고도 하며 강관을 용접하여 트러스 구조를 만들어 프레임화한 것이다. 중량이 가볍고 강성이 좋지만 대량생산에는 적합하지 않기 때문에 스포츠카, 레이싱카 등의 소량 생산으로 고성능을 요구하는 자동차의 프레임으로 사용된다.

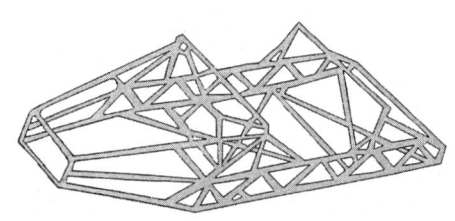

○그림 8. 트러스형 프레임

[8] 모노코크 보디 프레임(monocoque body frame)

프레임 바디는 크고 단단한 강철 프레임이 단단하게 지지하고 있기 때문에 튼튼하고 강성이 좋은 것이 가장 큰 장점이다. 따라서 주로 짐을 실어야 하는 트럭 등에 많이 사용되지만 프레임 바디는 일단 프레임 무게가 많이 나가기 때문에 비교적 무겁고, 연비가 떨어지며, 실내 공간 확보에도 불리하고 제작원가도 비교적 비싸기 때문에 일반 승용차나 도심형 SUV에는 많이 사용되지 않는 방식이다.

모노코크 보디는 얇고 가벼운 고강도 철판으로 붙이기식 용접으로 형성된다. 모노코크 보디는 차체 외피 자체가 하나의 구조체로서 역할을 수행하는 방식으로 프레임 없이 차체 전체가 지지구조의 역할을 수행하기 때문에 공간확보에 유리하며, 가볍고, 연비도 높아진다. 또한 프레임이 없기 때문에 제작원가도 절감할 수 있다. 공정은 조금 복잡하고 뼈대가 되는 프레임이 없다보니 차체 강성은 프레임 바디 차량들에 비해 떨어진다. 승용차 및 SUV차량에 사용되고 있다.

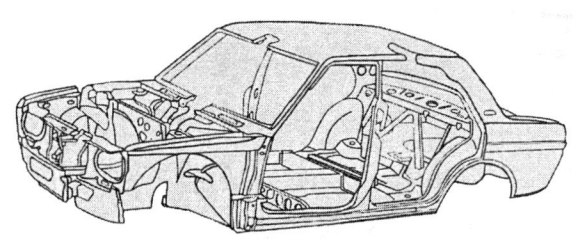

그림 9. 모노코크 보디 프레임

[9] 세미 모노코크 프레임(semi monocoque frame)

골조(프레임)와 몸체(섀시)가 동시에 지탱하는 트러스 구조와 모노코크 구조의 장점을 살린 구조의 한 형태. 모노코크 구조보다 강성이 강하고 안정성이 우수하나 제작가격이 상승한다.

2. 섀시의 구성

섀시를 구성하는 각 장치는 자동차가 주행하는데 필요한 장치들로 이루어져 있고, 자동차의 성능을 좌우하는 주된 역할을 한다.

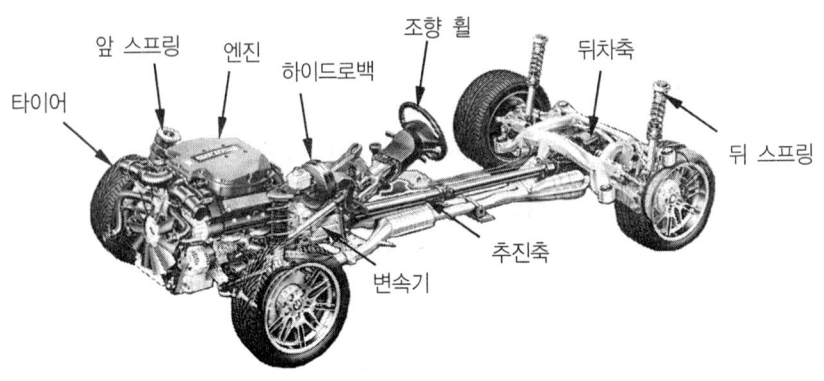

🔧 10. 섀시의 구성

2.1. 동력발생장치(power unit)

동력발생장치(engine)는 자동차의 동력을 발생시키는 장치로서 엔진주요부, 연료장치, 윤활장치, 냉각장치, 점화장치, 흡·배기장치 등으로 구성되어 있다. 또한 최근에는 무공해 자동차를 지향하는 전기자동차의 전기모터, 각종 대체연료를 사용하는 내연기관 및 외연기관 등의 차세대 자동차가 등장하고 있다.

2.2. 동력전달장치(power train)

동력전달장치(power train)는 동력발생장치에서 발생한 동력을 주행상황에 맞는 적절한 상태로 변화를 주어 바퀴에 전달하는 장치이다.

2.3. 현가장치(suspension system)

현가장치는 주행 중 노면으로부터 발생하는 진동이나 충격을 완화하여 차체나 각 장치에 직접 전달되는 것을 방지하는 장치로 승차감을 좋게 하고, 자동차의 주행시 안전성을 향상시키는데 중요한 역할을 하고 있다.

2.4. 조향장치(steering system)

　조향장치는 운전자의 의지대로 자동차의 방향을 바꾸기 위한 장치이며 엔진의 동력을 이용한 동력 조향장치(power steering)와 전기모터를 이용한 전동동력 조향장치 및 2WS(2-wheel steering)은 앞바퀴만을 조향하였지만 이것에 새로운 장치를 부가하여 주행속도에 맞게 앞뒤바퀴를 모두 조향하는 4WS(4-wheel steering)기술도 개발되어 사용되고 있다.

2.5. 제동장치(brake system)

　제동장치는 주행 중의 자동차를 감속하거나 정지시키고, 정차시에 자동차가 스스로 굴러가지 않게 고정시키기 위하여 사용되는 장치이며, 모든 바퀴를 제동하는 풋 브레이크와 뒷바퀴만을 고정하는 주차 브레이크가 있다. 또, 노면과 제동의 진행상태에 따라 자동으로 제어되는 전자제어식의 ABS(anti lock brake system)도 사용되고 있다.

2.6. 휠과 타이어(wheel & tire)

　휠은 타이어가 설치되는 부분이며 타이어는 노면과 직접 접촉되어 주행을 하는 부분이다. 타이어는 자동차의 하중부담, 완충, 구동력과 제동력 등을 발휘하는 기초 부품이라 할 수 있기 때문에 주행시 발생하는 응력에 견딜 수 있어야 한다.

2.7. 보조장치(auxiliary equipment)

　보조장치는 자동차에서 상기한 장치 이외에 보다 편리하고 안전한 상태를 위한 장치로서 각종 등화 및 계기류, 경음기, 공조장치 등이 있다.

3 동력전달방식

3.1. 앞 엔진 뒷바퀴 구동방식(FR : front engine rear drive)

자동차의 앞부분에 엔진, 클러치, 변속기 등을 두고, 뒷부분에 종 감속기어 및 차동장치, 차축, 구동바퀴를 두고 그 사이를 드라이브라인(슬립이음, 자재이음, 추진축 등으로 구성됨)으로 연결한 것이다.

앞 엔진 뒷바퀴 구동방식의 동력 전달과정은 엔진 → 클러치 → 변속기 → 드라이브라인 → 종 감속기어 → 차동장치 → 차축 → 구동바퀴이며, 장점 및 단점은 다음과 같다.

[1] 앞 엔진 뒷바퀴 구동방식의 장점
① 앞 차축으로 구동력을 전달하지 않기 때문에 앞 차축과 엔진룸 내의 구조가 간단하고, 무게가 가볍다.
② 적재상태에 따라 앞·뒷차축의 하중 분포의 편차가 적다.
③ 엔진 냉각이 효율적이며, 앞바퀴 구동방식보다 앞바퀴와 브레이크 패드의 마모가 적다.

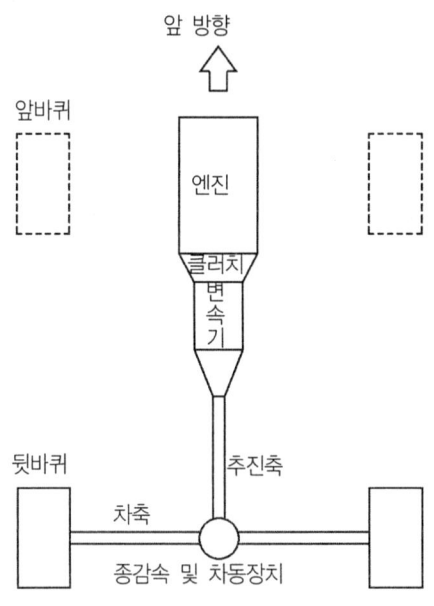

11. 앞 엔진 뒷바퀴 구동방식

④ 고속주행에서 로드 홀딩(road holding)이 좋아 승차감이 좋다.

[2] 앞 엔진 뒷바퀴 구동방식의 단점
① 변속기의 길이가 길어지고 또한 추진축 및 종 감속기어 등으로 자동차 실내의 공간 이용도가 낮아진다.
② 공차상태에서 빙판길이나 등판 주행을 할 때 뒷바퀴가 미끄러지는 경향이 있다.
③ 긴 추진축을 사용하므로 진동발생(whirling)과 에너지 소비량이 앞바퀴 구동방식보다 크다.
④ 소음과 정비 빈도가 크고 연료소비율이 좋지 못하다.
⑤ 선회할 때 오버 스티어링(over steering) 경향이 있다.

3.2. 앞 엔진 앞바퀴 구동방식(FF : front engine front drive)

엔진과 동력전달장치 일체를 앞쪽에 두고 있는 것이며, 앞바퀴가 구동바퀴와 조향바퀴로 작용한다. 변속기와 종 감속기어 및 차동장치를 복합한 트랜스 액슬(trans axle)에 두고 있다. 앞 엔진 앞바퀴 구동방식의 동력전달 과정은 엔진 → 클러치 → 트랜스 액슬 → 종감속 및 차동장치 → CV 자재이음 및 앞 차축 → 앞바퀴이며, 장점 및 단점은 다음과 같다.

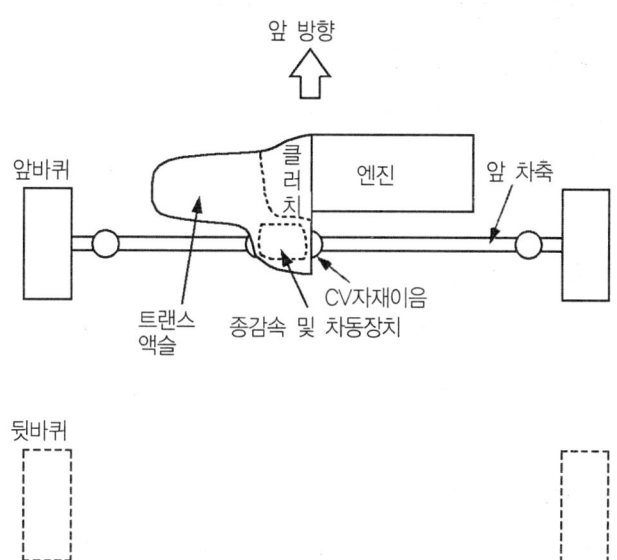

12. 앞 엔진 앞바퀴 구동방식

[1] 앞 엔진 앞바퀴 구동방식의 장점
① 앞 차축으로 직접 동력을 전달하므로 연료소비율이 향상된다.
② 추진축이 없어 동력 전달계통을 간단하게 할 수 있어 자동차 실내의 유효공간이 넓어진다.
③ 선회 및 미끄러운 노면에서 주행 안정성이 크다.
④ 고속으로 주행할 때 옆 방향 바람에 의한 차체의 쏠림이 적다.
⑤ 가로방향으로의 엔진 설치가 유리하고, 자동차의 선회능력이 향상된다.
⑥ 적차 상태에서 앞·뒷차축의 하중 분포가 비교적 균일하다.
⑦ 뒷차축의 구조가 간단해 진다.

[2] 앞 엔진 앞바퀴 구동방식의 단점
① 앞 차축의 구조 및 엔진룸의 구조가 복잡하다.
② 앞 차축에 가해지는 하중이 크므로 이에 따른 조향력이 커야한다.
③ 고속 선회에서 언더 스티어링(under steering)현상이 발생한다.
④ 제동할 때 하중이 앞쪽으로 쏠리므로 앞바퀴와 브레이크 패드의 마모가 비교적 크다.

3.3. 뒤 엔진 뒷바퀴 구동방식(RR : rear engine rear drive)

이 형식은 엔진과 동력전달장치 일체를 뒤쪽에 둔 형식이며 뒷바퀴로 구동한다. 뒤 엔진 뒷바퀴 구동방식의 동력 전달과정은 엔진 → 클러치 → 트랜스 액슬 → CV 자재 이음 및 뒷차축 → 뒷바퀴이며, 장점 및 단점은 다음과 같다.

[1] 뒤 엔진 뒷바퀴 구동방식의 장점
① 앞차축의 구조가 간단하며, 동력전달 경로가 짧고, 조향력이 작아도 된다.
② 운전석의 소음이 적고, 빙판 길이나 등판 도로에서 출발이 쉽다.

[2] 뒤 엔진 뒷바퀴 구동방식의 단점
① 변속 조작기구의 길이가 길어지고, 오조작의 가능성이 높다.

② 엔진 냉각이 불리하다.
③ 빙판 길이나 모랫길에서 주행 안정성이 나쁘다.
④ 고속 선회에서 오버 스티어링이 발생한다.

3.4. 뒤 엔진 앞 구동식(RF구동식 : rear engine front drive type)

자동차의 뒷부분에 엔진을 장착하고 앞바퀴를 구동하는 방식으로 이 방식은 거의 채용하지 않는다.

3.5. 4바퀴 구동방식(4WD : 4wheel drive)

엔진의 회전력을 4바퀴에 모두 전달하여 구동하는 것이며, 앞·뒷바퀴로 동력을 분배하기 위한 트랜스퍼 케이스(transfer case)를 두고 있다. 4바퀴 구동방식의 동력 전달과정은 앞바퀴는 엔진 → 클러치 → 변속기 → 트랜스퍼 케이스 → 앞 종 감속기어 및 차동장치 → CV 자재이음 및 앞 차축 → 앞바퀴이고, 뒷바퀴는 엔진 → 클러치 → 변속기 → 트랜스퍼 케이스 → 뒤 종 감속기어 및 차동장치 → 뒷차축 → 뒷바퀴이며, 장점 및 단점은 다음과 같다.

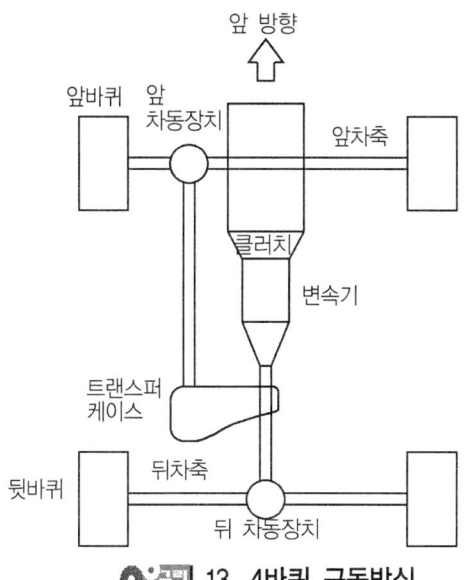

13. 4바퀴 구동방식

[1] 4바퀴 구동방식의 장점
　① 미끄러운 노면이나 등판도로에서 주행성능이 우수하다.
　② 필요에 따라 2바퀴 구동이나 4바퀴 구동으로 변환하여 주행할 수 있으므로 주행 효율을 향상시킬 수 있다.

[2] 4바퀴 구동방식의 단점
　① 앞·뒷바퀴로 동력을 전달하여야 하므로 구조가 복잡해진다.
　② 주행할 때 소음이 크다.
　③ 제작비용이 많이 든다.
　④ 파트타임방식의 경우에는 타이트 코너 브레이크현상이 일어나기 쉽다.

동력전달장치

1 클러치(clutch)

1.1. 클러치의 개요

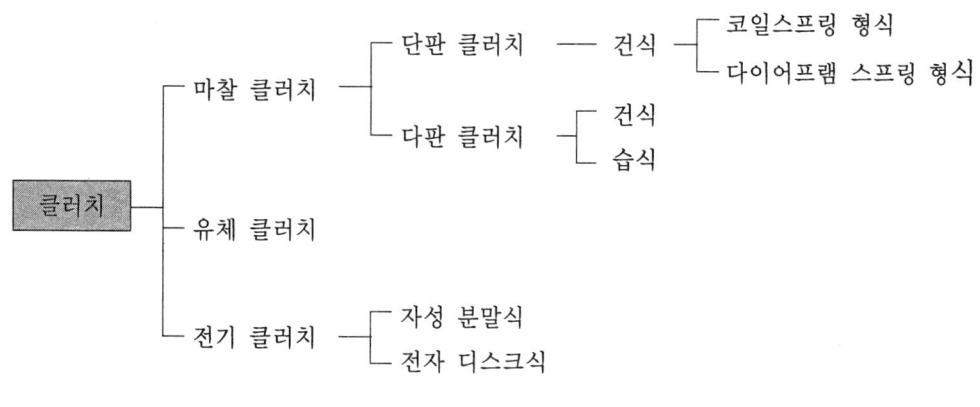

[구조에 따른 분류]

클러치(clutch)는 엔진 플라이휠과 변속기 입력축사이에 설치되며, 엔진의 동력을 변속기에 전달하거나 차단하는 역할을 한다. 엔진 시동을 걸때나 기어를 변속할 때는 동력을 끊고, 출발할 때에는 엔진의 동력을 서서히 연결하는 일을 하며, 그 조작은 운전석에서 페달을 사용하여 조작할 수 있도록 되어 있다.

1.1.1. 클러치의 역할

① 엔진과의 연결을 차단하는 일을 한다.
② 변속기로 전달되는 엔진의 토크(회전력)를 필요에 따라 단속하는 일을 한다.
③ 출발시 엔진의 동력을 서서히 연결하는 일을 한다.

1.1.2. 클러치의 필요성

① 엔진은 자기 기동(self starting)이 불가능하므로 엔진을 가동할 때 일단 무부하 상태로 하기 위하여
② 변속시 엔진의 토크를 일시 차단하기 위하여
③ 관성 운전시 엔진과의 연결을 차단하기 위하여

1.1.3. 클러치의 구비조건

① 회전 관성이 적어야 한다.
② 동력을 전달할 때에는 미끄럼을 일으키면서 서서히 전달되고, 전달된 후에는 미끄러지지 않아야 한다.
③ 회전부분의 평형이 좋아야 한다.
④ 냉각이 잘 되어 과열하지 않아야 한다.
⑤ 구조가 간단하고, 다루기 쉬우며 고장이 적어야 한다.
⑥ 단속작용이 확실하며, 조작이 쉬워야 한다.

1.1.4. 클러치 조작기구

[1] 기계식 클러치

기계식 조작기구는 케이블을 통하여 페달의 조작력을 릴리스 레버에 전달하도록 되어 있으며, 릴리스 레버는 클러치 하우징에 한 끝을 고정하여 지렛대 작용에 의해 릴리스 베어링을 누르는 작용을 한다. 이 형식은 클러치 페달을 밟는 힘이 커야하기 때문에 운전자를 피로하게 하므로 요즘은 거의 사용하지 않는 형식이다.

[2] 유압식 클러치

유압식 클러치 조작기구는 클러치 페달의 조작력을 가볍게 하기 위해 마스터실린더, 릴리스 실린더 및 연결 파이프로 구성되어 있다. 클러치 페달을 밟으면 마스터실린더에 유압이 발생하고 이 유압은 파이프를 통해 릴리스 실린더에 압송된다.

(1) 장 점
① 마찰이 작아 클러치 페달 조작력이 작아도 된다.
② 클러치 조작이 신속하다.
③ 엔진과 클러치 페달의 설치 위치를 자유롭게 할 수 있다.

(2) 단 점
① 구조가 복잡하다.
② 오일이 누출되거나 공기가 침입하면 조작이 불가능하다.

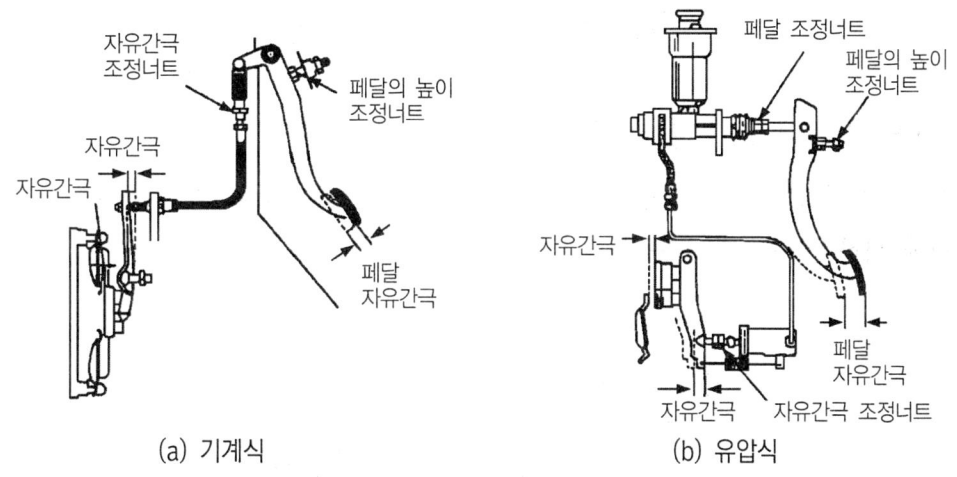

(a) 기계식   (b) 유압식

그림 1. 클러치의 조작기구의 구성

1.2. 클러치의 종류와 특징

1.2.1. 코일스프링 클러치(coil spring clutch)

클러치 본체는 직접 동력을 단속하는 부분으로 그 구조는 클러치 판, 압력판, 클러치 스프링, 릴리스 레버, 클러치 커버 등으로 되어 있다. 압력판은 클러치 스프링에 의해 플라이휠 쪽으로 작용하여 클러치판을 플라이휠에 압착시키고 클러치판은 압력판과 플라이휠 사이에서 마찰력에 의해 엔진의 회전력을 변속기로 전달하는 일을 한다.

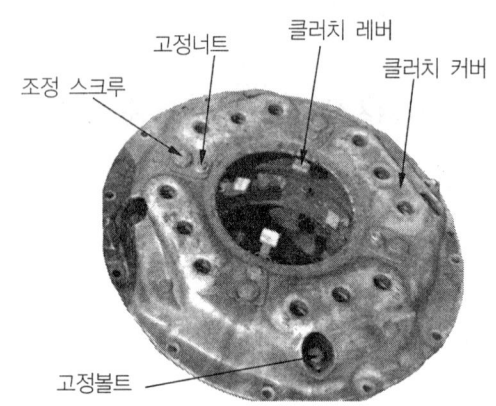

그림 2. 코일스프링 클러치 구조

1.2.2. 다이어프램 스프링 클러치

다이어프램이 클러치 스프링의 작용과 릴리스 레버의 작용을 겸하는 방식이며, 코일 스프링에 비하여 다음과 같은 특징이 있다.

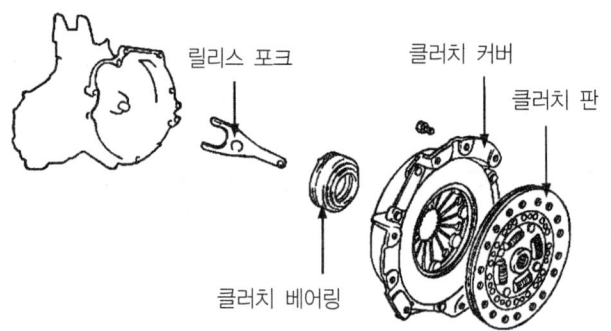

그림 3. 다이어프램 스프링 클러치 구조

① 각 부품이 원형으로 되어 있어 회전평형이 좋고 압력판에 작용하는 압력이 균일하다.
② 고속회전에서 원심력에 의한 스프링의 장력 감소가 적다.
③ 클러치판이 어느 정도 마모가 되어도 압력판을 미는 힘의 변화가 적다.
④ 클러치 페달을 밟는 힘이 적게 든다.

다이어프램 스프링은 원둘레 방향으로 놓여진 피벗 링(pivot ring)에 의해 클러치 커버에 결합되어 있다. 따라서 다이어프램 스프링은 피벗 링을 지점으로 하여 스프링 둘레의 끝 부분으로 압력판을 누르고 있다.

작동은 클러치 페달을 밟으면 릴리스 베어링이 다이어프램 스프링의 플랜지 부분을 눌러 주기 때문에 피벗 링을 중심으로 스프링 둘레의 끝 부분과 결합되어 있는 압력판의 리트랙팅(retracting)스프링을 당겨서 클러치가 차단된다.

1.3. 클러치의 구조

단판 클러치는 클러치판, 압력판, 다이어프램 스프링(코일 스프링에서는 클러치 스프링, 릴리스 레버), 클러치 하우징 등과 이들이 설치되는 엔진 플라이휠 및 변속기 입력축 등으로 구성되어 있다.

1.3.1. 클러치 판(clutch disc : 클러치 디스크)

클러치판은 플라이휠과 압력판 사이에 끼워져 있으며 엔진의 동력을 변속기 입력축을 통하여 변속기로 전달하는 마찰판이다. 그 구조는 원형 강판(鋼板)의 가장자리에 마찰물질로 된 라이닝(또는 페이싱)이 리벳으로 설치되어 있고, 중심부에는 허브(hub)가 있으며 그 내부에 변속기 입력축을 끼우기 위한 스플라인(spline)이 파져 있다.

또 허브와 클러치 강판사이에는 비틀림 코일스프링(torsional vibration damper spring)이 설치되어 있다. 비틀림 코일스프링은 클러치판이 플라이휠에 접속될 때 회전 충격을 흡수하는 일을 한다. 클러치 강철판은 파도 모양의 스프링으로 되어 있으므로 클러치를 급속히 접속시켰을 때 이 스프링이 변형되어 동력전달을 원활히 하는 쿠션 스프링(cushion spring)이 있다. 쿠션스프링은 클러치판의 편 마멸, 변형, 파손 등의 방지를 위해 둔다. 또한 클러치 라이닝(페이싱)의 구비조건은 다음과 같다.

① 마찰계수가 알맞아야 한다.

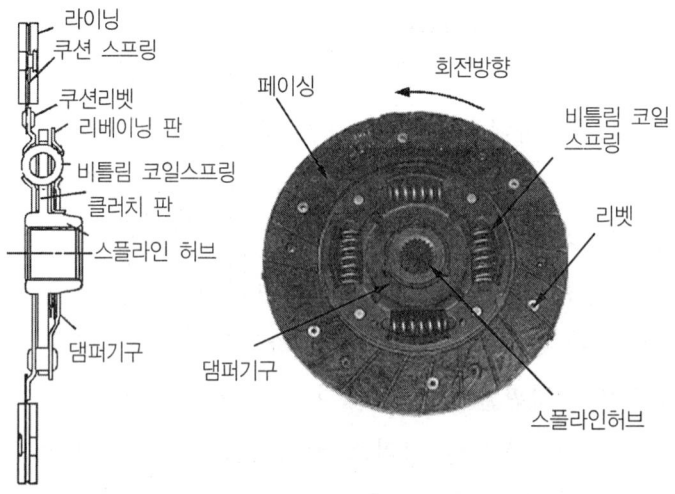

■ 4. 클러치판의 구조

② 내 마멸성 및 내열성이 커야한다.
③ 온도 변화에 따른 마찰계수 변화가 없어야 한다.

라이닝은 대부분 석면을 주재료로 한 것을 사용하고 있으나 최근에는 금속제 라이닝을 사용하기도 한다. 라이닝의 마찰계수는 0.3~0.5 정도이다.

1.3.2. 변속기 입력축(클러치축)

변속기 입력축은 클러치판이 받은 엔진의 동력을 변속기로 전달하며, 축의 스플라인부에 클러치판 허브의 스플라인이 끼워져 길이 방향으로 미끄럼운동을 한다. 앞 끝은 플라이휠 중앙부에 설치된 파일럿 베어링에 의해 지지되고, 뒤끝은 볼 베어링에 의해 변속기 케이스에 지지되어 있다.

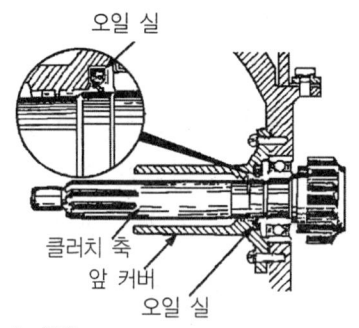

■ 5. 변속기 입력축의 구조

1.3.3. 클러치 압력판

압력판은 다이어프램 스프링(또는 클러치 스프링)의 장력으로 클러치판을 플라이휠에 압착시키는 일을 한다.

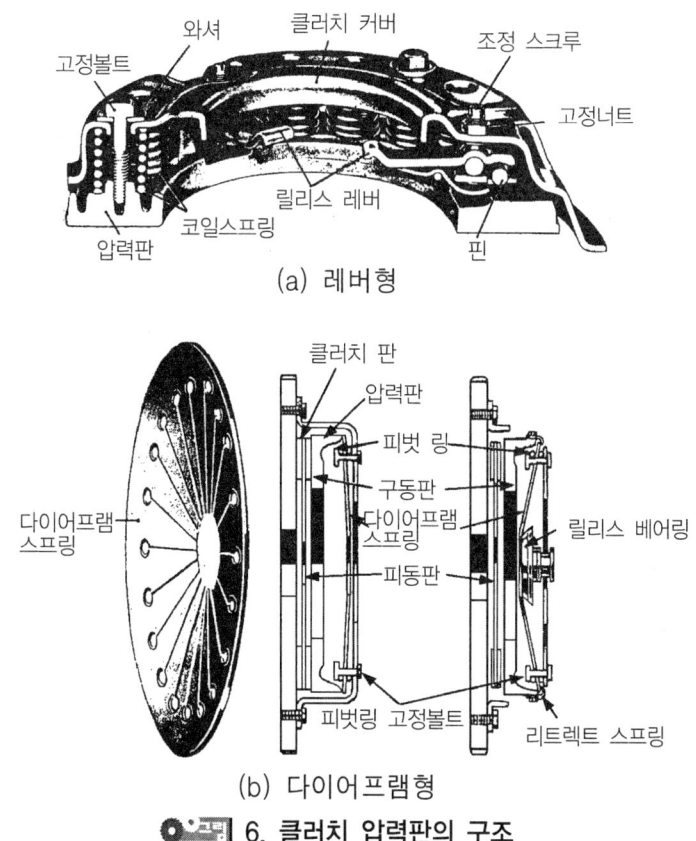

(a) 레버형

(b) 다이어프램형

● 그림 6. 클러치 압력판의 구조

클러치판과의 접촉면은 정밀 다듬질되어 있고 뒷면에는 코일스프링 형식에서는 스프링 시트와 릴리스 레버 설치부분이 마련되어 있다. 또 압력판과 플라이휠은 항상 회전하므로 동적평형(動的平衡)이 잘 잡혀 있어야 한다.

1.3.4. 릴리스 레버(release lever)

릴리스 레버는 코일 스프링형식에서 릴리스 베어링의 힘을 받아 압력판을 움직이는 작용을 하며, 이 레버의 높이가 서로 다르면 자동차가 출발할 때 진동을 일으키는 원인이 된다.

1.3.5. 클러치 스프링(clutch spring)

클러치 스프링은 클러치 커버와 압력판사이에 설치되어 있으며, 압력판에 압력을 발생시키는 작용을 한다. 사용되고 있는 스프링에 따라 분류하면 코일 스프링형식, 다이어프램 스프링형식, 크라운 프레서 스프링형식 등이 있다.

1.3.6. 클러치 커버(clutch cover)

클러치 커버는 압력판, 다이어프램 스프링(코일 스프링형식에서는 릴리스 레버, 클러치 스프링) 등이 조립되어 플라이휠에 함께 설치되는 부분이다. 그리고 코일 스프링형식에서는 릴리스 레버의 높이를 조정하는 스크루가 설치되어 있다.

1.4. 클러치 조작기구

클러치 조작기구에는 클러치 페달, 페달의 조작력을 릴리스 포크로 전달하는 부분, 릴리스 포크 및 릴리스 베어링 등으로 구성되어 있고, 페달 조작력 전달방법에는 기계식과 유압식이 있다.

1.4.1. 클러치 페달(clutch pedal)

클러치 페달은 페달의 밟는 힘을 감소시키기 위해 지렛대 원리를 이용한다. 설치방법에 따라 펜던트형(pendant type)과 플로어형(floor type)이 있다.

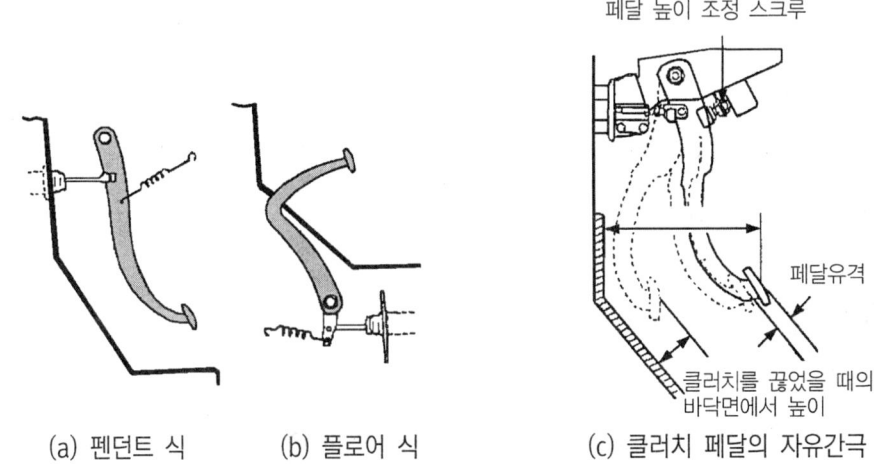

(a) 펜던트 식   (b) 플로어 식   (c) 클러치 페달의 자유간극

그림 7. 클러치 페달의 종류와 자유간극

페달을 밟은 후부터 릴리스 베어링이 다이어프램 스프링(또는 릴리스 레버)에 닿을 때까지 페달이 이동한 거리를 자유간극(또는 유격)이라 하며 클러치의 미끄러짐을 방지한다. 자유간극이 너무 적으면 클러치가 미끄러지며, 이 미끄럼으로 인하여 클러치 판이 과열되어 손상된다.

반대로 자유간극이 너무 크면 클러치 차단이 불량하여 변속기의 기어를 변속할 때 소음이 발생하고 기어가 손상된다. 따라서 페달의 자유간극은 기계식의 경우는 20~30mm이며, 유압식은 6~10mm 정도가 좋으며 자유간극 조정은 클러치 링키지에서 하고, 클러치가 미끄러지면 페달 자유간극부터 점검 조정하여야 한다.

1.4.2. 릴리스 포크(release fork)

릴리스 포크는 릴리스 베어링 칼라에 끼워져 릴리스 베어링에 페달의 조작력을 전달하는 작용을 한다. 구조는 요크와 핀 고정부가 있으며 끝 부분에는 리턴 스프링을 두어 페달을 놓았을 때 신속히 원위치가 되도록 한다.

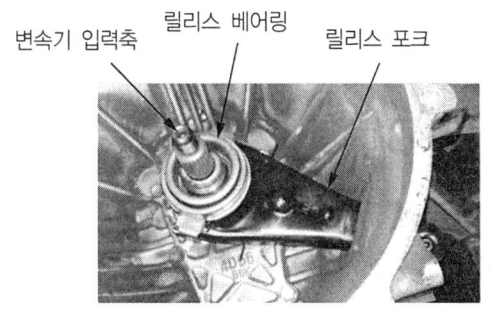

8. 릴리스 포크 설치

1.4.3. 릴리스 베어링(release bearing)

릴리스 베어링은 페달을 밟았을 때 릴리스 포크에 의하여 변속기 입력축 길이방향으로 이동하여 회전 중인 다이어프램 스프링(릴리스 레버)을 눌러 엔진의 동력을 차단하는 일을 한다. 릴리스 베어링은 스러스트 볼(thrust ball) 베어링이 내장되어 있는 케이스로 되어 있으며 베어링 칼라에 압입되어 있다. 릴리스 베어링의 종류에는 앵귤러 접속형, 볼 베어링형, 카본형 등이 있으며 대개 영구 주유방식(oilless bearing)이므로 솔벤트 등의 세척제 속에 넣고 세척해서는 안 된다.

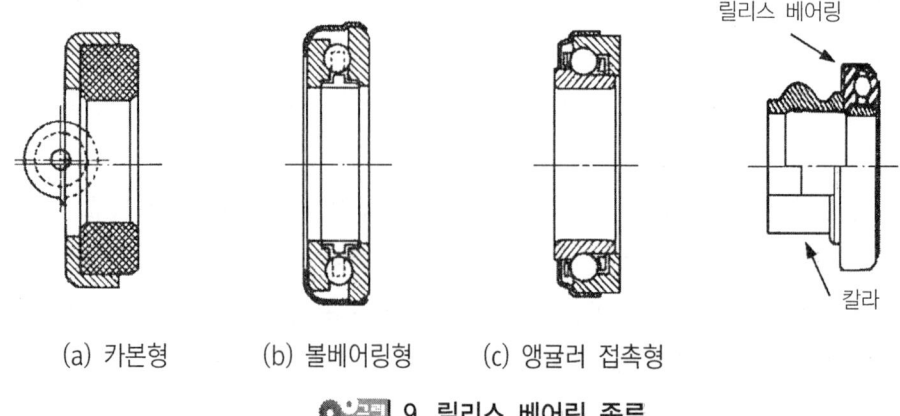

(a) 카본형　　(b) 볼베어링형　　(c) 앵귤러 접촉형

그림 9. 릴리스 베어링 종류

1.4.4. 마스터실린더(master cylinder)

마스터실린더의 구조는 위쪽에는 오일탱크가 있고 그 내부에 피스톤, 피스톤 컵, 리턴 스프링 등이 조립되어 있다. 작동은 클러치 페달을 밟으면 푸시로드가 피스톤을 밀어 유압을 발생시켜 릴리스 실린더로 보낸다. 반대로 페달을 놓으면 피스톤은 리턴 스프링 장력으로 제자리로 복귀하고, 릴리스 실린더로 보내졌던 오일이 리턴구멍을 거쳐 오일탱크로 복귀한다.

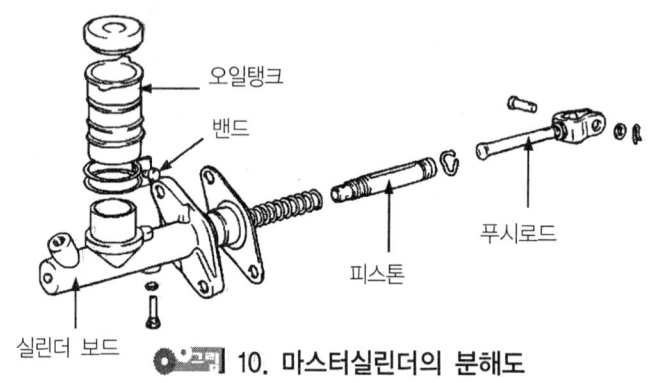

그림 10. 마스터실린더의 분해도

1.4.5. 릴리스 실린더(release cylinder : 슬레이브 실린더)

릴리스 실린더는 마스터실린더에서 보내 준 유압을 피스톤과 푸시로드에 작용하여 릴리스 포크를 미는 작용을 한다.

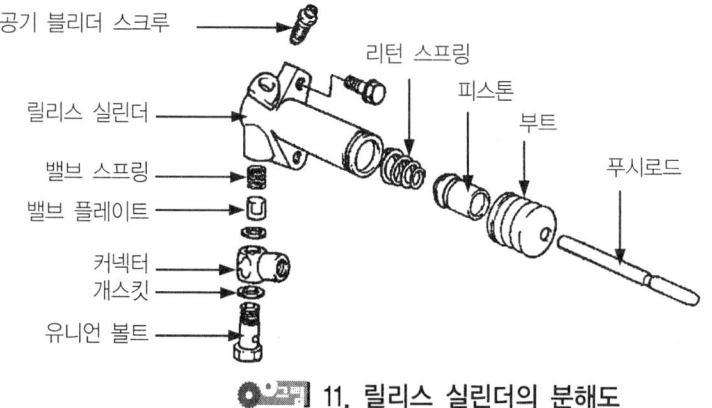

11. 릴리스 실린더의 분해도

또 릴리스 실린더에는 유압회로 내에 침입한 공기를 배출시키기 위한 공기 블리더 스크루가 있다. 그리고 클러치는 사용함에 따라 클러치판의 라이닝이 마멸되어 페달의 자유간극이 작아진다. 따라서 알맞은 시기에 페달의 자유간극을 조정하여야 하지만 최근에는 페달의 자유간극을 조정하지 않아도 되는 비 조정식 릴리스 실린더를 사용하고 있다.

1.5. 클러치의 작동(단판 클러치의 경우)

[1] 클러치 페달을 밟지 않은 경우

클러치 페달을 놓으면 클러치 스프링(다이어프램 스프링)의 장력에 의하여 압력 판이 클러치판을 플라이휠에 압착시켜 플라이휠과 함께 회전한다. 클러치판은 변속기 입력축의 스플라인에 설치되어 있으므로 클러치판이 회전하면 엔진의 동력이 변속기로 전달된다.

[2] 클러치 페달을 밟은 경우

클러치 페달을 밟으면 릴리스 베어링이 릴리스 레버(다이어프램 스프링)를 밀게 되므로 압력판이 뒤쪽으로 이동한다. 이에 따라 압착되어 있던 클러치판이 플라이휠과 압력판에서 분리되어 있으므로 엔진의 동력이 변속기로 전달되지 않는다.

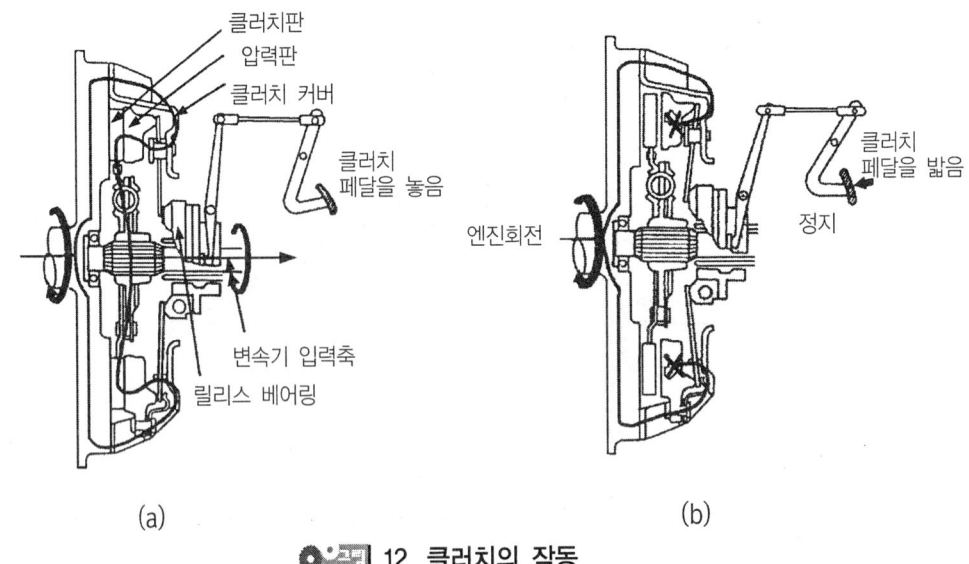

그림 12. 클러치의 작동

1.6. 듀얼클러치 변속기(DCT ; dual clutch transmission)

그림 13. 듀얼클러치 변속기

1.6.1. 듀얼클러치 변속기의 개요

듀얼클러치 변속기는 클러치가 2개이고, 톱니바퀴가 배열된 회전축이 2개이다. 즉, 듀얼클러치 변속기는 각 단을 2개의 축으로 구분하여 배열하고(1-3-5, 2-4-6), 2개의 축을 각각 담당하는 클러치를 2개를 둠으로써 다음 변속을 최대한 빠르게 한 변속기이다.

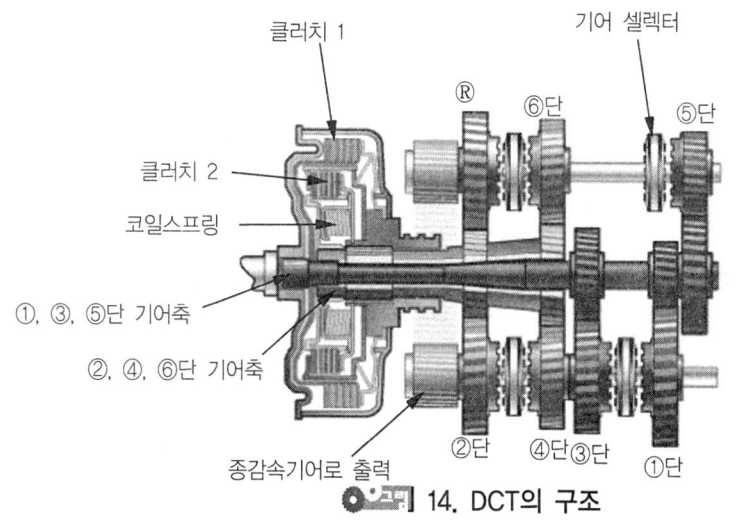

14. DCT의 구조

하나의 회전축은 1-3-5단을 담당하고 다른 회전축은 2-4-6단을 담당하되, 클러치와 연결된 회전축선은 하나이지만 안쪽과 바깥쪽으로 구분하여 회전축을 구동한다. 즉, 1-3-5단이 물릴 때는 안쪽 회전축이 회전하고, 2-4-6단이 물릴 때는 바깥쪽 회전축이 회전한다.

클러치는 클러치박스 내에 2개의 클러치가 있어서 클러치 1은 1-3-5단 회전축과 물려있고, 클러치 2는 2-4-6단 회전축과 물려있다. 즉, 밀면 1번 클러치가 물리고 당기면 2번 클러치가 물리는 것이다. 기어 셀렉터 포크는 유압 또는 모터를 이용하여 작동한다.

1.6.2. DCT의 장·단점

[1] 장점

① 매우 빠르고 부드러운 변속
② 동력손실이 매우 적고 연비가 좋다.
③ 일반 오토미션과 같은 편리하다

[2] 단점

① 구조상 공간이 협소하여 클러치의 마찰면을 싱글 클러치만큼 크게 할 수가 없다.

② 허용 토크값이 낮다.
③ 미션이 차지하는 공간과 무게가 크다.

듀얼클러치는 구조상 싱글클러치 만큼 마찰면을 크게 할 수 없으므로 싱글클러치 보다 작은 마찰면으로 인하여 허용 토크값이 낮을 수밖에 없는 구조적인 불리한 점이 있다. 이를 보완하기 위하여 습식클러치를 사용하는데, 습식클러치는 클러치의 마찰열을 식혀줌으로써 마찰력을 높이는 원리이기 때문에 습식 듀얼클러치(wet DCT)방식이 건식 듀얼클러치(Dry DCT)방식보다 허용 토크를 높일 수 있고, 이로 인해 습식 듀얼클러치는 고성능 차량에 많이 사용되고 있다.

1.6.3. 주요 구성부품

① 수동변속기
② 듀얼클러치
③ 오일펌프, 오일 냉각기, 오일필터
④ 전자-유압식 변속기 컨트롤 유닛
⑤ 입력신호 감지용 센서들
⑥ 클러치 1 및 클러치 2 조작용 전자식 액추에이터

 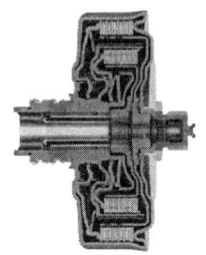 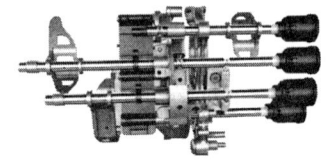

(a) DCT 유압 컨트롤 유닛　　(b) DCT 듀얼 클러치　　(c) DCT 셀렉터 로드

15. DCT의 주요 구성부품

1.6.4. 기어변속 과정

1단기어로 자동차가 주행하고 있을 때 엔진으로부터 온 회전력이 클러치 1을 통해 1-3-5단 회전축에 회전력을 전달하고, 1단 기어가 기어비 만큼 엔진 회전수를 줄여 토크를 높여서 구동축에 회전력을 전달한다.

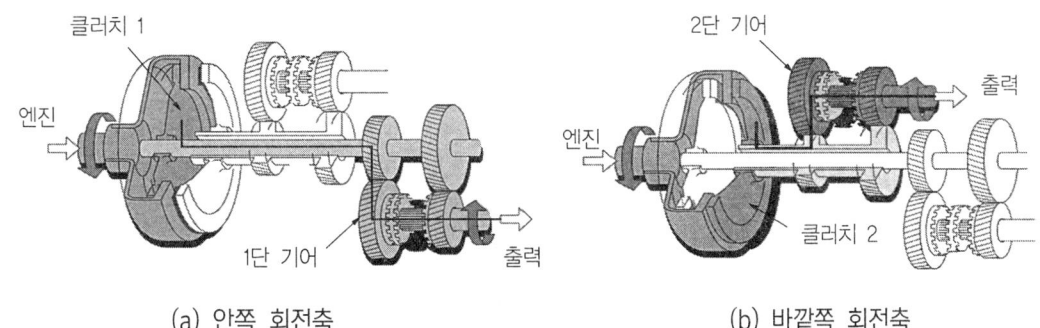

(a) 안쪽 회전축　　　　　　　　(b) 바깥쪽 회전축

🗝 16. 회전축

이때 클러치 2는 떨어져 있는 상태이므로 2-4-6단 회전축은 회전하지 않고 있는 상태이다. 2단으로 변속시점이 가까이 오면 2단 기어 옆에 있는 도그기어가 2단 기어에 물리면서 회전할 준비를 한다.

TCU는 입력신호들을 평가하여 2단으로의 최적 변속시점에 도달하였음을 확인하면, 1단을 담당하는 클러치 1을 분리하고, 동시에 2단을 담당하는 클러치 2를 접속한다. 이때 클러치 1과 클러치 2의 분리와 접속과정은 서로 오버랩(overlap)된다. 그리고 전체 변속과정은 3/100~4/100초 범위 내에서 완료되므로 사실상 변속과정에서 기관으로부터 변속기 출력축으로의 동력전달은 중단됨이 없이 계속된다.

다운시프트는 반대순서이지만 다운시프트시 2개의 클러치와 회전축이 교대로 작동하기 때문에 6단에서 4단으로 바로 가지 못하고 6단에서 4단으로 가기 위해서는 5단을 거쳐 4단으로 순차적(6→5→4)으로 다운이 되어야 한다.

1.7. 클러치의 성능
1.7.1. 클러치의 용량

클러치는 엔진의 회전력을 단속하는 장치이므로 전달할 수 있는 회전력을 고려하여야 하며, 클러치 용량이란 클러치가 전달할 수 있는 회전력의 크기를 말한다.

클러치 용량은 사용하는 엔진의 최고 회전력보다 커야 하며 일반적으로 사용하는 엔진 회전력의 1.5~2.5배 정도이다. 클러치 용량이 너무 크면 접촉할 때 엔진의 작동이 정지되기 쉽고, 반대로 너무 작으면 클러치가 미끄러져 클러치판의 라이닝 마멸이 빨라진다.

[1] 클러치가 미끄러지지 않을 조건

$$Tfr \geq C$$

T : 클러치 스프링 장력(kgf)
r : 클러치판의 평균 반지름(m)
f : 클러치판과 압력판 사이의 마찰계수
C : 엔진 회전력(kgf·m)

1.7.2. 클러치의 전달효율

주행 중인 자동차의 주행저항은 도로조건에 따라서 달라진다. 클러치는 접속할 때 미끄럼이 일어나서는 안 된다. 또 엔진의 발생 회전력이나 주행저항이 과다해져서 미끄럼이 일어나면 동력이 손실될 뿐만 아니라 여러 가지 지장을 초래한다. 전달효율은 다음 공식으로 나타낸다.

$$전달효율 = \frac{클러치에서 \ 나온 \ 동력}{클러치로 \ 들어간 \ 동력} \times 100[\%]$$

또, 회전 동력은 회전속도의 곱에 비례하기 때문에 위 공식은 다음과 같이 된다.

$$\eta = \frac{T_2 \times N_2}{T_1 \times N_1}$$

T_1 : 엔진의 발생 회전력(kgf·m)
T_2 : 클러치의 출력 회전력(kgf·m)
N_1 : 엔진의 회전속도(rpm)
N_2 : 클러치의 출력 회전속도(rpm)

2. 수동변속기

엔진의 회전력은 회전속도의 변화에 관계없이 항상 일정하지만 그 출력은 회전속도에 따라서 크게 변화하는 특징이 있다. 자동차가 필요로 하는 구동력은 도로의 상태, 주행속도, 적재 하중 등에 따라 변화하므로 변속기는 이에 대응하기 위해 엔진과 추진축 사이에 설치되어 엔진의 출력을 자동차의 주행속도에 알맞게 회전력과 속도로 바꾸어서 구동바퀴로 전달하는 장치이다.

수동변속기는 선택 기어식 변속기라고도 하는데 그 종류에는 앞 엔진 뒷바퀴 구동(FR) 자동차에 사용되는 변속기(transmission)와 앞 엔진 앞바퀴 구동(FF) 자동차에 사용되는 트랜스액슬(trans axle)로 대별할 수 있다.

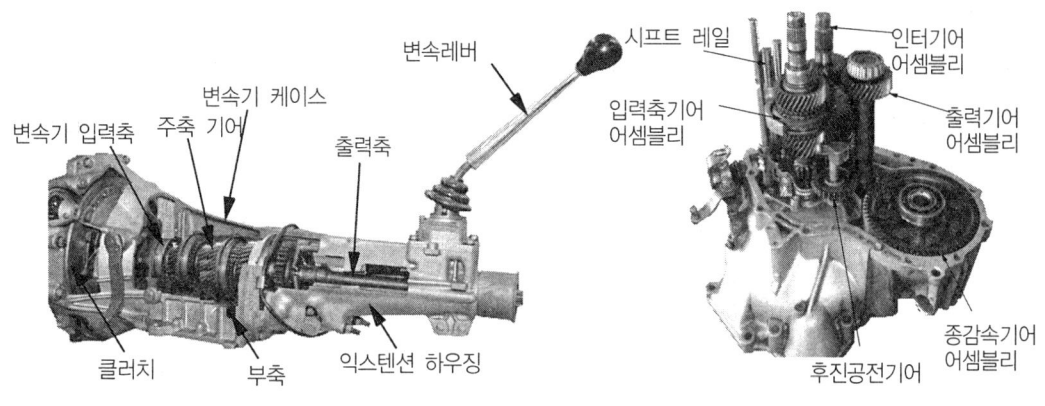

(a) FR 기어식 변속기   (b) FF 기어식 변속기

그림 17. 수동(FR)용 변속기

2.1. 변속기의 필요성과 구비조건

[1] 변속기의 필요성

① 엔진과 차축사이에서 회전력을 증대시킨다.
② 엔진을 시동할 때 엔진을 무부하 상태로 한다(변속레버 중립 위치에서).
③ 자동차를 후진(後進)시키기 위하여 필요하다.

[2] 변속기의 구비조건
① 소형 경량이고, 고장이 없으며 다루기 쉬워야 한다.
② 조작이 쉽고, 신속, 확실, 정숙하게 작동되어야 한다.
③ 단계가 없이 연속적으로 변속이 되어야 한다.
④ 전달효율이 좋아야 한다.

2.2. 변속기의 분류

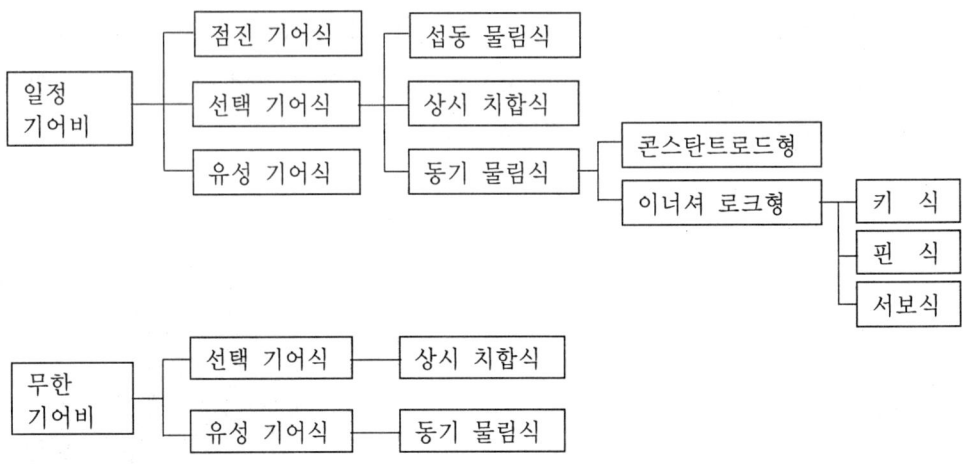

2.2.1. 점진 기어형식 변속기

이 변속기는 운전 중 제1속에서 직접 톱 기어(top gear)로 또는 톱 기어에서 제1속으로 변속이 불가능한 형식이다.

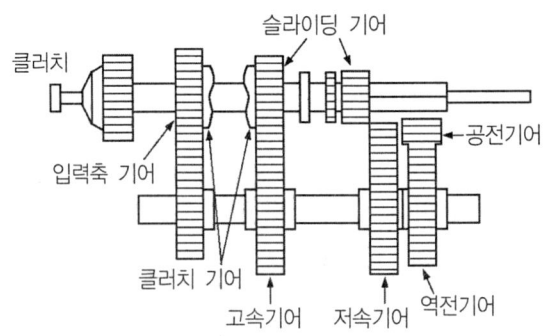

그림 18. 점진 기어형식 변속기

2.2.2. 선택 기어형식 변속기

[1] 섭동 기어형식(sliding gear type)

이 변속기는 주축(主軸)과 부축(部軸)이 평행하며 주축에 설치된 각 기어는 스플라인에 끼워져 축 방향으로 미끄럼운동을 할 수 있다. 변속을 할 때에는 변속레버의 조작으로 주축에 설치된 기어 중에서 1개를 선택하여 미끄럼 운동시켜서 부축 기어에 물림시켜 동력을 전달한다.

이 형식은 구조는 간단하지만 기어를 미끄럼운동시켜서 직접 물림시키므로 변속조작 거리가 멀고, 가속성능이 저하되며, 기어와 주축의 회전속도 차이를 맞추기 어려워 기어가 파손되기 쉽다.

[2] 상시 물림형식(constant mesh type)

이 변속기는 주축기어와 부축기어가 항상 물려 있는 상태로 작동하며, 주축에 설치된 모든 기어는 공전을 한다. 변속을 할 때에는 주축의 스플라인에 설치된 도그 클러치(dog clutch or clutch gear)가 변속레버에 의하여 이동해 공전하고 있는 주축기어 안쪽의 도그 클러치에 끼워져 주축과 기어에 동력을 전달한다.

상시 물림형식은 기어를 파손시키는 일이 적고, 도그 클러치의 물림 폭이 좁아 변속레버의 조작 각도가 작으므로 변속 조작이 쉽고 구조도 비교적 간단하다.

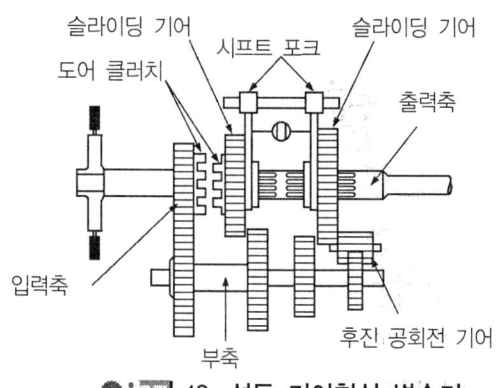

그림 19. 섭동 기어형식 변속기

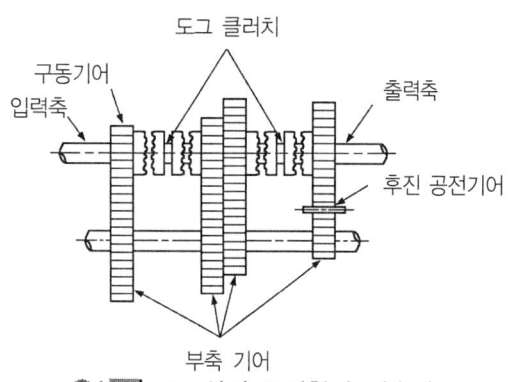

그림 20. 상시 물림형식 변속기

[3] 동기 물림형식(synchro mesh type)

예전의 변속기에 이용되었던 상시 물림형식에서는 기어가 물릴 때 기어의 속도가 일치되지 않은 상태에서 물리게 되면 소음발생과 파손의 원인이 되었다. 이러한 문제를 해결하기 위한 기구가 동기 물림장치(싱크로메시기구)이며, 이는 기어의 원주 속도를 신속하게 일치시켜 기어의 물림을 원활하게 하기 위한 장치이다.

최근의 수동변속기에서는 동기 물림장치를 사용한 상시 물림, 동기 물림방식이 이용되고 있으며, 이 형식은 예전의 상시 물림형식의 도그 클러치를 개량한 동기 물림장치가 부착되어 있다.

동기 물림형식은 주축 위를 항상 공전하고 있는 변속기어와 주축 및 스플라인에 의해 결합된 허브기어사이에 원추형의 마찰면을 가진 링(클러치)과 슬리브를 이용한 것이다. 변속할 때 변속레버로 슬리브를 움직이면 싱크로나이저 링이 작용하고, 이 링의 마찰력에 의해 주축과 변속되는 기어가 부드럽게 물리게 되므로 조용하게 변속을 시킬 수 있다. 동기 물림장치는 아래 그림과 같이 싱크로나이저 허브, 슬리브, 링, 키 및 스프링으로 구성된다.

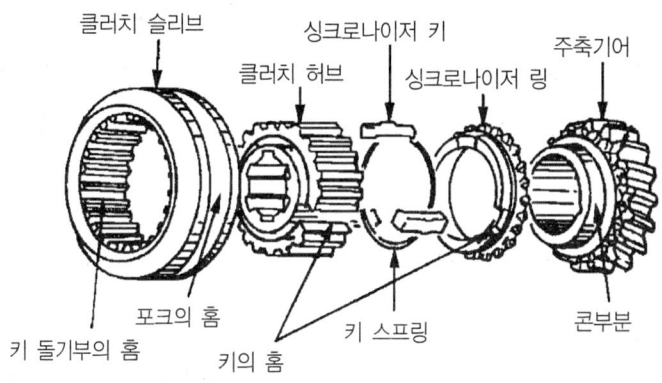

21. 동기 물림장치의 구성

(1) 싱크로나이저 허브

싱크로나이저 허브는 주축에 있는 스플라인과 고정되며, 그 바깥 둘레에는 슬리브와 결합하여 슬리브가 움직일 수 있도록 안내하는 기어가 있다. 또한 허브의 3곳(120° 간격)에는 싱크로나이저 키가 들어갈 수 있는 홈이 있다.

(2) 싱크로나이저 슬리브

싱크로나이저 슬리브는 허브 위에 물려서 움직이며 바깥둘레에는 시프트 포크가 물릴 수 있는 홈이 파져 있다. 시프트 포크에 의해 앞뒤로 움직이면 싱크로나이저 링의 동기작용에 의해 변속기의 클러치 기어에 물리게 된다.

(3) 싱크로나이저 링

링은 각 기어에 마련된 경사면(7°)에 결합되어 변속할 때에는 기어의 경사면과 접촉하여 마찰력에 따라 클러치작용을 하기 때문에 주축에 물려있는 허브와 변속기어를 동기시키는 작용을 한다.

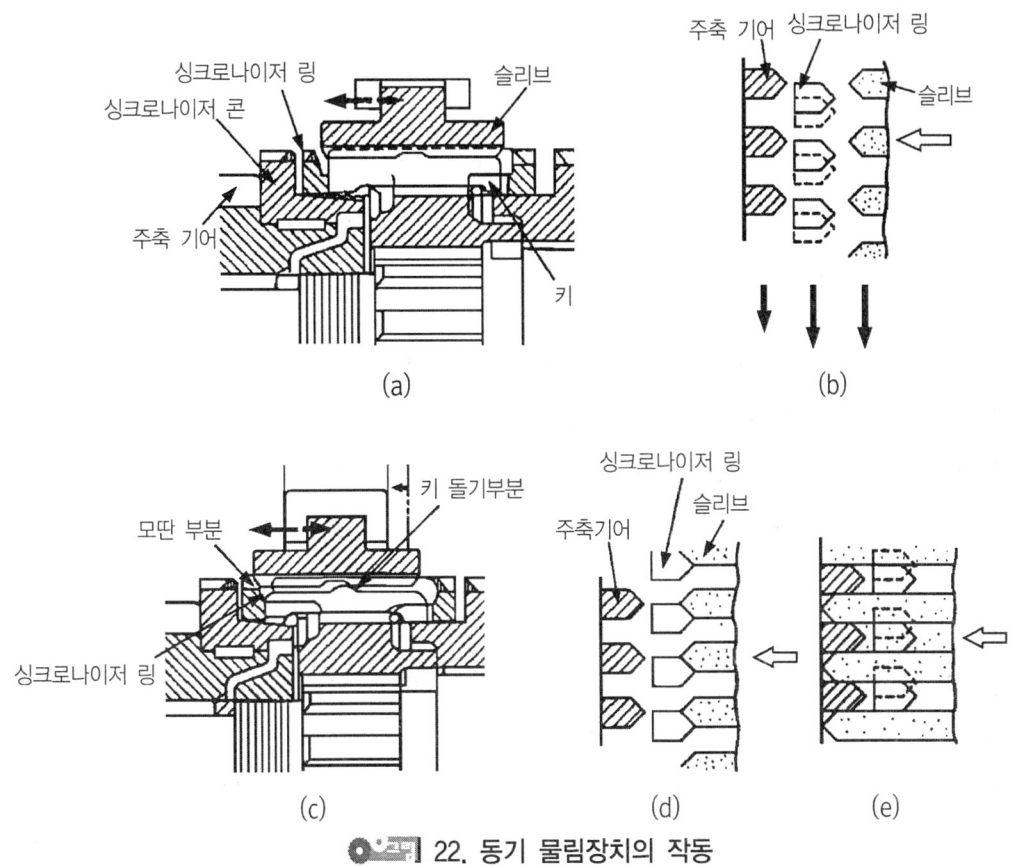

22. 동기 물림장치의 작동

(4) 키 및 스프링

키는 윗면이 3각 돌기부분 형상으로 되어 있으며, 허브의 파진 홈에 들어가며, 스프링에 의해 슬리브 안쪽 면에 항상 눌려 있다. 양쪽 끝은 링의 홈에 일정한 틈새를 두고 끼어져 있다.

(5) 싱크로메시기구의 작동

1) 제1단계 작동

시프트 포크에 의해 싱크로나이저 슬리브가 이동하면 슬리브의 돌기부분과 맞물려 있는 싱크로나이저 키가 이동함과 동시에 싱크로나이저 키의 끝 면에서 싱크로나이저 링을 기어의 경사면에 밀어 붙여 마찰이 되도록 하므로 써 기어는 점차 슬리브와 같은 속도로 회전한다.

그러나 완전히 동기(同期)될 때까지는 기어와 슬리브의 속도차이로 인해 싱크로나이저 링은 그 홈의 폭과 키 폭과의 차이만큼 벗어난 위치에 있으므로 키는 홈의 한쪽에 밀착된 상태로 회전한다. 이로 인해 슬리브와 싱크로나이저 링의 스플라인은 서로 마주 보는 위치에 있게 된다.

2) 제2단계 작동

싱크로나이저 슬리브가 더 이동하여 슬리브 홈과 싱크로나이저 키 돌기의 물림이 풀려 스플라인으로 이동하는 상태이므로 슬리브 스플라인의 끝 부분이 싱크로나이저 링의 경사면 끝부분에 부딪쳐 이동이 방해를 받으므로 싱크로나이저 링을 더욱 강력하게 기어의 경사면을 압착한다.

3) 제3단계 작동

싱크로나이저 슬리브와 기어의 회전속도가 동일하게 되므로 싱크로나이저 링의 회전속도도 같아져 슬리브의 진행을 방해하지 않는다. 이에 따라 슬리브는 싱크로나이저 링의 경사면을 원활히 통과하여 기어의 스플라인과 맞물려 변속이 완료된다. 이와 같이 완전히 동기작용이 완료될 때까지 클러치 슬리브와 기어가 물리지 않으므로 기어를 변속하는데 무리가 없고, 변속할 때 소음이나 기어의 파손을 방지할 수 있다.

2.3. 변속 조작기구
2.3.1. 직접 조작방식 변속기

직접 조작방식(floor shift type)은 변속레버는 변속기의 뒷부분에 부착되어 변속레버에 의해 시프트 포크(shift fork)가 선택되고, 각 시프트 포크는 시프트 레일(shift rail)과 함께 앞뒤로 작동하며, 시프트 레일에 고정된 시프트 포크가 싱크로나이저 슬리브 홈에 들어가서 슬리브를 작동시킨다. 또한 슬리브는 각 기어의 클러치 기어와 싱크로 허브를 연결하게 되어 변속이 이루어진다.

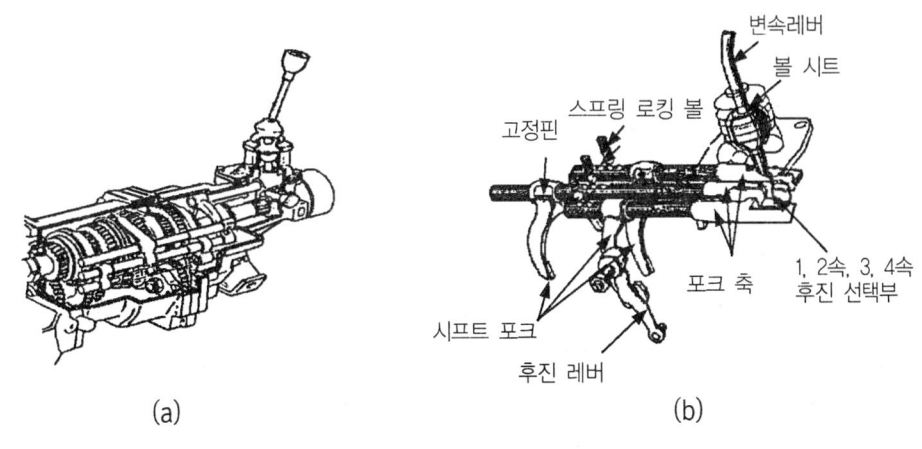

그림 23. 직접 조작방식

2.3.2. 원격 조작방식 변속기
[1] 컬럼형 원격 조작방식 변속기

컬럼형(column) 원격 조작방식 변속기는 연결로드를 이용한 것으로, 이 형식은 변속레버를 움직이면 연결로드가 움직이면서 시프트 포크가 작동하여 변속이 이루어진다.

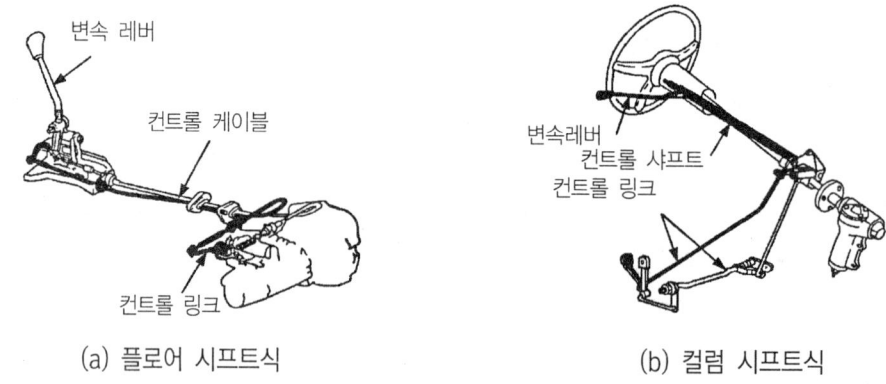

그림 24. 원격 조작방식 변속기

[2] 플로어형 원격 조작방식 변속기

앞바퀴 구동승용차에서 사용되고 있는 트랜스액슬의 변속 조작기구를 나타낸 것으로 케이블을 이용한 플로어(floor)형 변속기이다. 이 형식은 운전석 옆에 있는 변속레버의 동작에 따라 시프트 케이블과 셀렉터 케이블이 움직이게 되고, 2개의 케이블은 시프트 레버와 셀렉터 레버를 움직여 변속이 이루어지게 된다. 즉, 셀렉터 케이블의 이동에 따라 셀렉터 레버는 컨트롤 샤프트를 상하로 움직이고, 컨트롤 샤프트에 있는 컨트롤 핑거는(5단-후진) ↔ 중립(3단-4단) ↔ (1단-2단) 시프트 러그를 선택하게 된다.

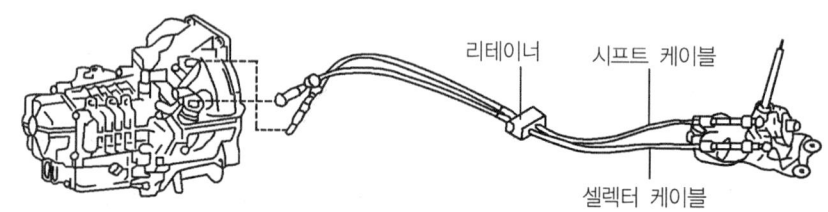

그림 25. 플로어형 원격 조작방식 변속기(1)

한편 시프트 케이블이 움직이면 시프트 레버가 좌우로 움직이고, 컨트롤 핑거는(1, 3, 5단) ↔ 중립 ↔ (2단, 4단, 후진)쪽으로 시프트 러그를 움직이며, 시프트 러그는 레일에 시프트 포크와 함께 고정되어 있기 때문에 시프트 포크가 싱크로나이저 슬리브를 움직여 변속이 이루어진다.

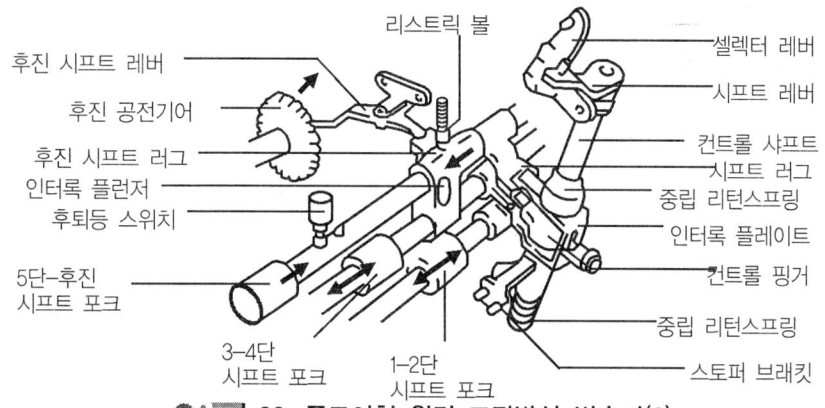

그림 26. 플로어형 원격 조작방식 변속기(2)

(1) 5단으로 변속을 할 때

트랜스액슬의 후진 변속을 위한 기구는 5th-R(5단 및 후진) 시프트 레일, 후진 시프트 러그 및 인터록 플런저로 구성되며, 중립 또는 5단 변속을 할 때 후진 시프트 러그는 그림 27과 같이 5th-R(5단 및 후진) 시프트 레일의 간섭을 받지 않는다.

(2) 후진으로 변속을 할 때

후진에서는 5th-R(5단 및 후진) 시프트 레일과 후진 시프트 러그가 인터록 플런저에 의해 일체로 되어 후진 변속이 이루어지며, 후진에서 중립으로 변속할 때에는 3-4단 시프트 레일의 홈 위치(중립)까지만 인터록 플런저와 후진 시프트 러그가 일체로 이동하게 되며, 이때 리스트릭 볼은 후진 시프트 러그의 위치를 중립과 후진 위치가 되도록 제한하는 역할을 한다.

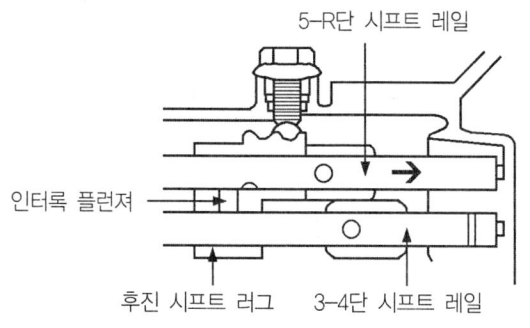

그림 27. 5단 변속일 때

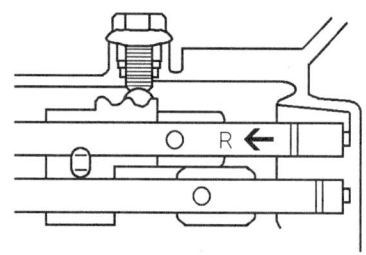

그림 28. 후진으로 변속할 때

2.4. 오조작 방지기구
2.4.1. 2중 물림 방지기구
[1] 인터록 플런저(inter-lock plunger)

변속기에는 기어가 변속될 경우, 동시에 2중으로 변속이 이루어지지 않도록 아래 그림과 같이 인터록 플런저(2중 물림방지 장치)가 마련되어 있다. 각 시프트 레일(바)에는 홈이 있고, 홈에는 인터록 플런저가 삽입되어 있으며, 시프트 레일을 움직이면 인터록 플런저가 밀려나면서 다른 2개의 축을 고정하여 1개의 기어 외에는 변속되지 못하도록 되어 있다.

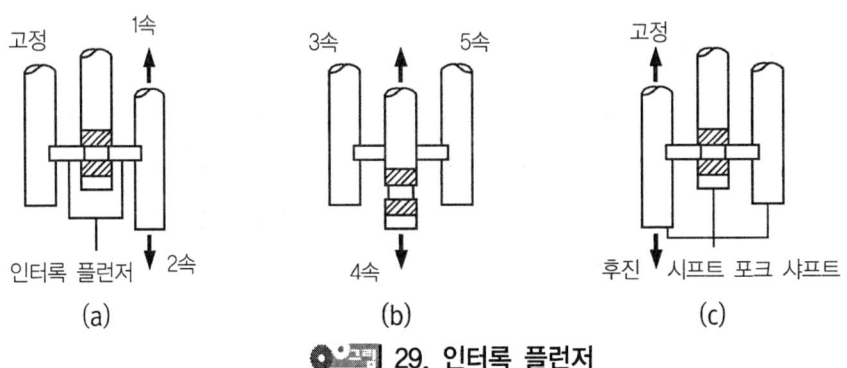

그림 29. 인터록 플런저

[2] 인터록 플레이트(inter lock plate)

트랜스 액슬에는 2중 물림 방지기구로 그림 30(a)과 같이 인터록 플레이트가 사용되고 있으며, 컨트롤 핑거가 3개의 시프트 러그중 하나를 선택하게 되면 다른 시프트 러그는 인터록 플레이트에 의해 고정되어 시프트 포크를 움직이지 못하게 하여 기어가 2중으로 선택되는 것을 방지하고 있다.

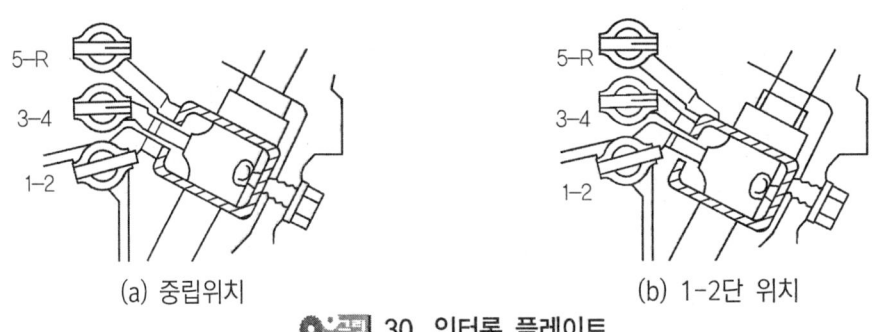

그림 30. 인터록 플레이트

컨트롤 핑거가 중립 위치에서는 그림 30과 같이 3, 4단 기어로 변속할 수 있는 곳에 위치한다. 이 위치에서는 인터록 플레이트에 의해 3, 4단을 제외한 다른 기어로는 변속이 이루어 질 수 없다.

그림 30(b)에서 인터록 플레이트는 볼트에 의해 위아래로만 움직이는 구조로 되어 있다. 만약 그림처럼 1, 2단쪽을 선택하게 되면 3, 4단의 변속레일과 5단, 후진의 레일은 인터록 플레이트에 의해 고정되어 진다. 따라서 이 위치에서는 1단과 2단만 선택할 수 있게 된다.

2.4.2. 기어 풀림 방지기구

싱크로나이저 허브, 슬리브 및 클러치기어에 체임버(chamber)를 만들어 변속기어의 풀림을 방지하는 장치이다. 싱크로나이저 슬리브와 클러치기어의 스플라인 접촉부에는 테이퍼 모양의 체임버를 마련하여 회전할 때 테이퍼 면에서 기어 스플라인을 구동하고 기어 빠짐을 방지하고 있다.

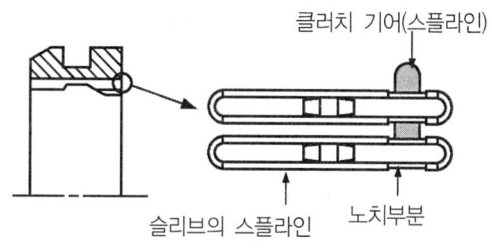

그림 31. 기어 풀림 방지기구

2.4.3. 포핏 스프링 및 플러그

포핏 스프링은 볼을 일정한 힘으로 밀어 시프트 레일의 헐거운 움직임을 제한하는 역할을 하며, 스프링에 가하는 장력은 플러그를 돌려 조정할 수 있도록 되어 있다. 만약 스프링의 장력이 너무 약하면 시프트 레일이 움직여 기어 빠짐의 원인이 될 수 있고, 장력이 너무 세면 시프트 레일이 움직이지 않거나 변속할 때 변속이 무거워진다.

(a)　　　　　　　　　　　　　　　(b)

그림 32. 포핏 스프링 및 플러그

2.4.4. 후진 오작동 방지기구

5단용 트랜스액슬이 탑재된 자동차에서는 5단에서 중립으로 변속할 때 오버 시프트(over shift)에 의해 후진기어와 공전기어의 잇면(齒面)이 크게 손상될 염려가 있기 때문에 후진 오작동을 방지할 목적으로 컨트롤 샤프트에 스토퍼가 장착되어 있어 5단에서 후진으로의 변속이 되지 않도록 하고 있다.

① 3-4단 변속을 할 때 : 컨트롤 샤프트에 있는 스토퍼의 위치는 스토퍼 브래킷과 떨어져 있다.
② 3-4단의 중립에서 5단 또는 후진으로 변속할 때 : 스토퍼의 위치는 그림과 같이 스토퍼 브래킷과 접촉되면서 쉽게 변속이 이루어진다.
③ 5단 변속 후 중립으로 변속될 때 : 스토퍼가 스토퍼 브래킷과 간섭이 되어 후진으로의 변속이 불가능하게 된다.

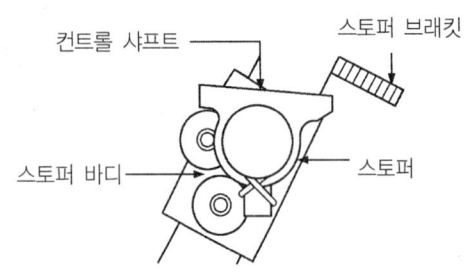

그림 33. 3-4단 변속을 할 때

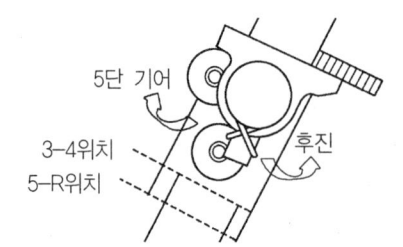

그림 34. 3-4단의 중립에서 5단 또는 후진으로 변속할 때

2.5. 트랜스액슬(trans axle)

트랜스액슬은 앞 엔진 앞바퀴 구동방식(FF구동) 자동차에서 종 감속기어와 차동장치를 일체로 제작한 것이다. 조작방법, 구조 및 작동은 뒷바퀴 구동방식과 거의 같으며 특징은 다음과 같다.

① 실내 유효 공간이 넓다.
② 자동차의 경량화로 인해 연료 소비율이 감소한다.
③ 가로방향에서 받는 바람에 대한 안전성 및 직진 성능이 좋다.
④ 방향 안전성이 우수하며, 험한 도로를 주행할 때 안전성이 좋다.
⑤ 제동할 때 안전성이 우수하다.

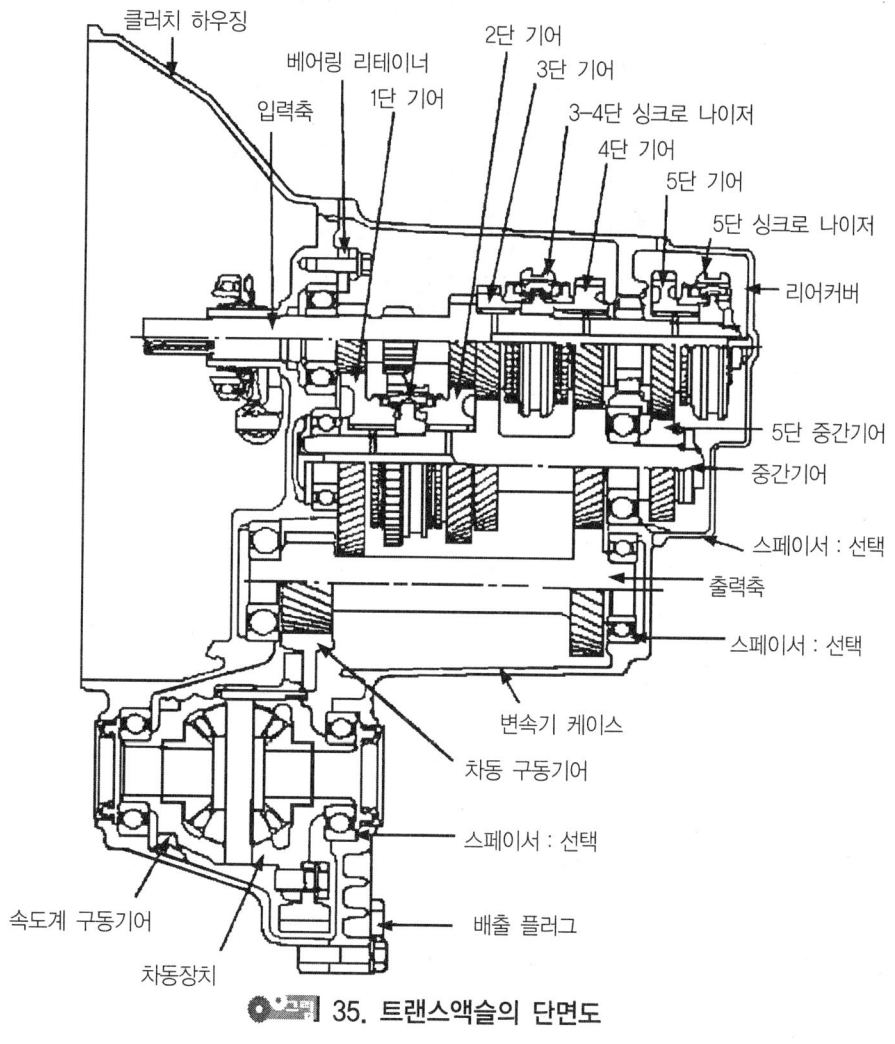

35. 트랜스액슬의 단면도

2.6. 동력 인출장치(power take-off)

① 자동차 엔진의 동력을 주행 이외의 용도로 이용하는 경우에 장착하는 장치이며, 소방 자동차의 펌프나 덤프트럭의 유압펌프 등의 구동에 사용한다.

② 동력 인출장치는 변속기 케이스의 측면에 설치하고 부축의 동력인출 구동기어로부터 동력을 인출하게 되어 있으며 동력의 변환은 시프트 포크에 의해서 아이들 기어를 섭동한다. 이것에는 회전방향이 일방향인 싱글타입과 회전방향을 바꿀 수 있는 듀얼(dual)식이 있다.

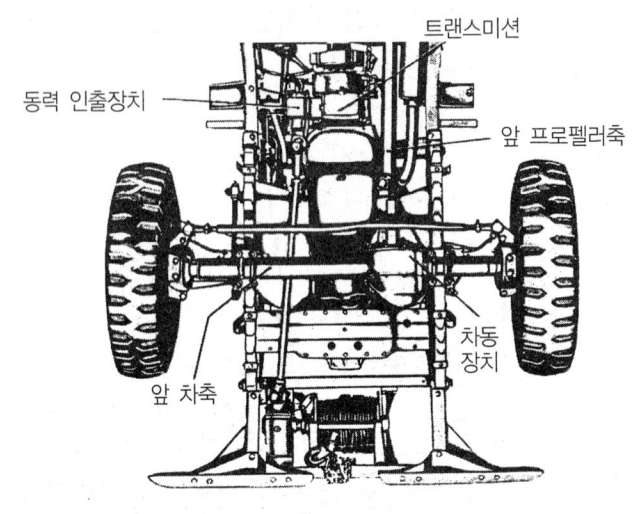

그림 36. 동력 인출장치(PTO)

3 자동변속기

3.1. 자동변속기의 개요

자동변속기는 클러치와 변속기의 작동이 자동차의 주행속도나 부하에 따라 자동적으로 이루어지는 장치이다. 자동변속기에는 변속 조작방법에 따라 여러 가지 형식이 있으나 주로 토크컨버터와 유성기어 변속기에 유압 조절장치를 두며, 최근에는 컴퓨터로 조절하는 전자제어 자동변속기가 사용되고 있다.

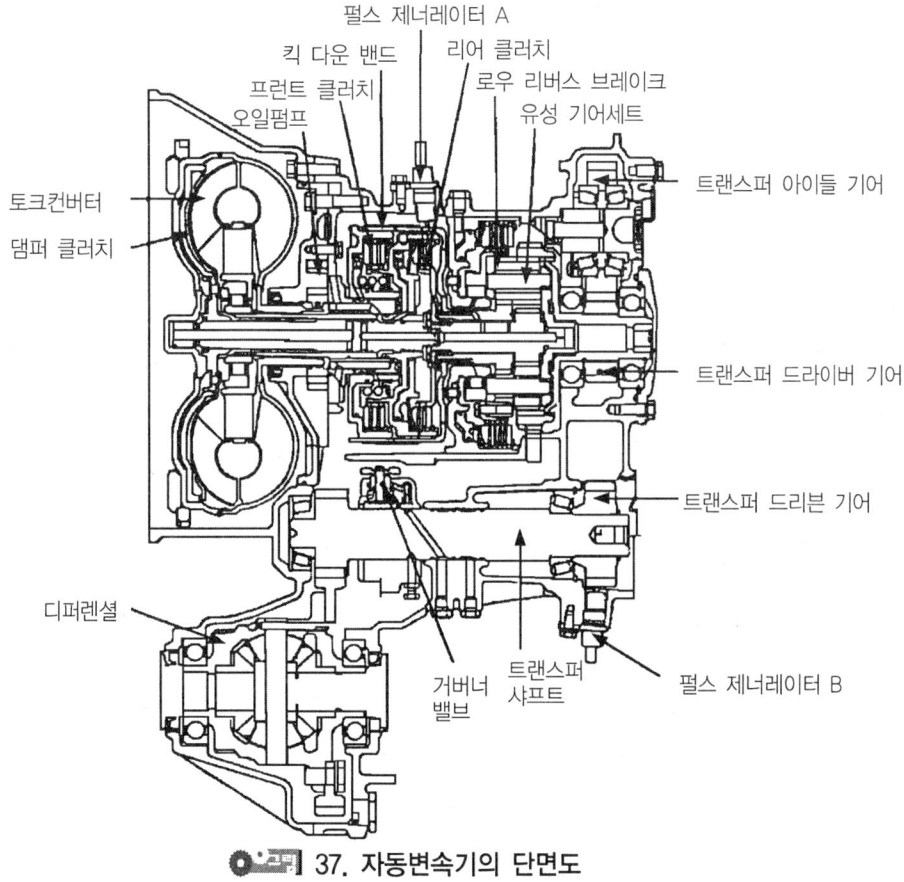

■ 37. 자동변속기의 단면도

[1] 자동변속기의 특징

① 기어변속 중 엔진 정지(engine stall)가 줄어들어 안전한 운전이 가능하다.
② 저속쪽의 구동력이 크기 때문에 경사로 출발이 쉽고 최대 등판능력도 크다.
③ 오일이 충격 완화(damper)작용을 하므로 충격이 적고, 엔진 보호에 의한 수명이 길다.
④ 클러치 조작이 필요 없이 자동출발이 된다.
⑤ 조작 미숙으로 인한 엔진작동 정지가 없다.
⑥ 엔진의 토크(torque)를 오일을 통하여 전달하므로 연료 소비율이 수동변속기에 비해 약 10% 정도 증가된다.
⑦ 구조가 복잡하고 정비성이 나쁘며 값이 비싸다.

⑧ 기관 공회전시에도 크리크(creep : 변속레버 D레인지에서 가속페달을 밟지 않은 상태에서도 자동차가 천천히 주행하게 되는 것)현상으로 인한 운전감응도가 저하된다.
⑨ 유압을 이용한 자동변속으로 인한 작동지연의 발생이 우려된다.
⑩ 내리막길에서의 부하감소로 인한 체인지 업(change up)현상이 발생되어 엔진 브레이크(engine brake) 효과가 저하된다.

3.2. 자동변속기의 분류

자동변속기는 제어방법에 따라서 완전 자동변속기(full automatic)와 반자동 변속기(semi automatic), 무단변속기(CVT)로 분류되며, 작동방법에 따라서 기계-유압식, 전자-유압식, 전자식 등으로 구분할 수 있다.

3.2.1. 완전 자동변속기

완전 자동변속기의 구성은 토크컨버터를 비롯하여 유성 기어장치, 각종 제어장치(스로틀밸브의 열림량, 엔진 회전속도, 주행속도 등)가 조합된 것으로 조건에 따라 변속이 자동적으로 이루어지는 것이다.

3.2.2. 반 자동변속기

반 자동변속기의 종류는 다음과 같다.
① 토크컨버터와 동기 물림방식의 변속기를 조합한 형식
② 토크컨버터와 유성 기어장치를 조합한 형식
③ 토크컨버터와 상시 물림방식의 변속기를 조합한 형식

반 자동변속기는 가속페달과 브레이크 페달 등 2개의 페달이 있으나 변속기어를 수동으로 선택하여야 하는 특징이 있다. 엔진의 토크를 전달하기 위해서 토크컨버터를 사용하며 변속기는 변속만 하는 장치이다.

반자동식은 일반적으로 저속구간과 고속구간의 2개의 범위가 있고 어느 쪽으로 선택하는지를 결정하는 조작레버가 있다. 저속구간은 큰 토크를 필요로 하는 출발, 등판, 내리막길에서 엔진 브레이크를 사용하는 경우에 사용된다.

3.2.3. 무단변속기

 동력을 전달방법으로 대부분 각 기어의 변속비를 일정하게 유지하지만 가끔 변속비를 주기적으로 변화시켜야 하는 경우도 있다. 변속기의 상태에 따라 구동축의 회전속도가 일정할 때 피동축의 회전속도를 자유롭게 조절하고 싶을 경우 마찰차를 무단변속기에 응용하면 운전 중에 쉽게 각 기어의 변속비를 변화시킬 수 있을 뿐만 아니라 그 변속을 연속적으로 실행할 수 있어 매우 편리하다.

 그러나 미끄럼으로 인해 확실한 변속을 얻기가 어렵고 큰 동력을 전달할 수 없는 결점이 있다. 이 마찰차를 이용한 무단 변속기구의 종류는 다음과 같다.

① 원판 마찰차를 이용하는 경우
② 원뿔 마찰차를 이용하는 경우
③ 구면 마찰차를 이용하는 경우
④ PIV(positive infinitely variable speed chain gear box)기구를 이용하는 방식

3.3. 자동변속기의 효율

 일반적으로 자동변속기 효율은 입력토크와 회전속도에 따라 변화한다. 특히 자동변속기의 경우 여러 가지 장치의 구동으로 인하여 손실이 크게 증대되어 수동변속기에 비해 동력 전달효율이 약 10% 정도 감소한다. 자동변속기 효율에 영향을 주는 요소는 다음과 같다.

3.3.1. 토크컨버터의 효율

 토크컨버터가 유체 클러치 영역(일반적으로 속도비 0.85 이상)에서 운전될 때 약 85% 이상의 효율을 유지하지만 토크증대 영역(특히 속도비 0.6 이하)에서는 효율이 85% 이하로 급격히 저하한다.

 그러나 실제 자동차의 전체 운전시간 중 토크 증대영역에서의 운전시간은 많지 않으며, 이 영역에서의 토크 증대작용은 출발을 하거나 가속할 때 매우 유용하게 사용된다. 한편 유체 커플링 영역에서는 토크 증대작용이 없고, 사용 영역의 대부분을 차지하므로(정속주행을 할 경우) 이 영역에서는 가급적 토크컨버터를 직결시켜 손실을 0으로 할 필요성이 있다.

3.3.2. 오일펌프 구동손실

자동변속기 내에서 필요한 유량(流量)과 유압(油壓)을 생성하기 위해 대부분 오일펌프를 사용하고 있다. 오일펌프 구동에 필요한 만큼의 동력이 항상 엔진으로부터 손실된다. 이 오일펌프의 구동력은 오일펌프에서 생성하여야 하는 유량이 클수록, 변속기 제어 및 변속장치에서 요구하는 압력(라인압력)이 클수록 증가한다. 따라서 오일펌프에 의한 동력을 감소시키려면 기어 종류, 체인, 베어링, 부싱(bushing), 원 웨이 클러치(one way clutch) 및 습식 다판 클러치 등과 같은 윤활부분 및 스풀밸브(spool valve), 솔레노이드밸브 등과 같은 부분에서 오일이 누출되는 것을 최소화함으로서 변속기 내에서 필요로 하는 유량을 감소시켜 오일펌프 용량을 작게 하여야 한다.

또한 운전기간 중 가능한 라인압력을 낮추어 최소 유압이 생성되도록 하면 오일펌프의 구동력을 감소시킬 수 있다.

3.3.3. 클러치 미끄럼 저항

클러치 미끄럼 저항은 공전하고 있는 습식 다판 클러치(또는 브레이크) 및 밴드 브레이크의 판사이의 간격 또는 밴드와 드럼사이의 간격에 남아있는 자동변속기 오일의 점성에 의해 발생한다.

토크컨버터가 록업(lock up)되었을 경우 자동변속기의 손실에서 클러치 미끄럼에 의한 손실이 차지하는 비중은 오일펌프의 구동손실과 비슷하거나 경우에 따라서는 클 수도 있다. 클러치 미끄럼 저항을 감소시키기 위해서는 판 사이의 간격, 공전속도, 윤활하는 유량 등을 적절하게 선정하여야 한다.

3.3.4. 기타

그밖에 자동변속기 내의 손실은 기어, 실(seal), 베어링 및 부싱 등에 의한 마찰 손실과 자동변속기 오일의 비산(飛散)에 의한 것이 있다.

3.4. 변속레버 위치별 기능

그림 38. 변속레버

[1] P(주차 : parking)레인지

P위치는 차량을 주차할 때 사용하는 위치로 P레인지에서는 각 작동요소가 완전히 작동하지 않는다. 따라서 엔진의 출력은 출력축으로 전달되지 않으며, 출력축은 주차기구에 의해 완전히 고정되어 있으므로 자동차는 전·후진이 되지 않는다.

그리고 P레인지에서는 엔진 시동이 가능하다. 차량에는 BTSI(Brake Transmission Shift Interlock)시스템이 장착되어 있기 때문에 시동 버튼이 ON모드에 있고 브레이크 페달을 밟지 않으면, 변속레버가 P위치에서 움직이지 않는다. 시동을 건 후 변속레버를 P레인지에서 다른 위치로 변속하려면, 반드시 브레이크 페달을 밟은 상태에서 변속레버의 버튼을 누르면서 변속레버를 이동해야 한다.

[2] R(후진 : reverse)레인지

R레인지는 변속기 내부에서 후진기어가 연결된 상태로 차량을 후진할 때 사용하는 위치이다. R레인지에서는 엔진 시동이 불가능하며 아웃 사이드미러가 오토다운 되고, 후방카메라 및 후방경보장치가 함께 작동하여 안전한 후진을 할 수 있도록 한다.

[3] N(중립 : neutral)레인지

N레인지에서는 엔진 시동이 가능하며 변속기 내부에서 기어 연결이 중립 상태를 유지한 위치로 P레인지와 같이 엔진의 출력은 출력축으로 전달되지 않는다. 주로 신호대기가 긴 경우처럼 일시적으로 차량을 멈출 경우, 이중주차 할 경우, 차량이 이미 움직이는 상태에서 다시 엔진에 시동을 걸 경우, 또는 차량을 견인할 때에 사용한다.

[4] D(주행 : drive)레인지

D레인지는 일반 주행할 때 사용하는 위치로 운행조건에 따라 1단 기어에서 6단 기어까지 자동으로 변속이 이루어지며 최적의 연비를 제공한다. 또한 운전자가 운전조건에 따라 수동모드(운전자 변속 컨트롤)는 변속레버 D위치에서 수동변속 위치로 선택한다음 +/-(레버를 앞으로(+) 움직이면 높은 기어로 변속되고 뒤로 움직이면(-) 낮은 기어로 변속된다)위치로 변속레버를 움직여 차량속도와 엔진 RPM에 따라 수동변속기와 유사하게 자동변속기를 사용하는 기능이다.

수동모드에서는 차량속도와 엔진 RPM에 적합한 기어로만 변속할 수 있도록 허용하여 차량속도가 너무 낮을 때 고단 기어를 선택하거나 차량속도가 너무 높을 때 저단 기어를 선택하면 기어변속이 실행되지 않는다.

[5] O/D 및 HOLD 기능

(1) O/D(over drive)

수동변속기로 3단에 해당하는 범위까지 변속이 되는 기능으로 차종에 따라 이 기능이 없이 3단이 있는 변속기도 있다. O/D기능은 가다 서다하는 정체구간이나, 고갯길에서 강력한 힘이 필요할 때 또는 빗길 눈길에서 감속운행이 필요할 때도 사용한다.

(2) HOLD

HOLD스위치를 누르면 2단으로 운행되며 눈길에서 운전을 시작할 때 1단으로 운전을 시작할 경우 자동차 동력이 너무 많아 헛돌기 때문에 노면이 험난한 빙판길이나 눈길에서 차량을 출발시킬 때 타이어가 헛바퀴를 돌면서 앞으로 나가지 못하는 현상을 막기 위해 2단으로 출발시키도록 하는 장치이다. 자동차 회사에 따라 이 기능을 스노우(SNOW)라고 표기한 것도 있다.

3.5. ATF(automatic transmission fluid : 자동변속기 오일)

3.5.1. ATF의 기능

① 토크컨버터의 작동유체로서 변속기로 동력을 전달한다.
② 기어, 베어링 등에 윤활한다.
③ 클러치 및 브레이크 밴드의 작동유 역할과 윤활한다.

④ 유압장치의 작동유로 작용한다.

3.5.2. ATF의 구비조건

[1] 기어오일로서의 고착 방지성 및 내마모성 특성

　기어가 작동할 때 기어사이에서 높은 압력에 의해 유막(油膜)이 끊어진다면 금속 사이의 마찰로 높은 열에 의한 고착(눌어붙음)현상이 발생하거나 마모가 촉진된다. 이에 따라 오일은 높은 압력이 발생하여도 유막이 계속 유지되어야 한다.

[2] 작동유로서의 점도특성과 저온 유동성

　오일의 점도는 유압밸브들의 작동에 많은 영향을 미친다. 고온에서 점도가 너무 낮아지면 제어밸브(control valve), 클러치 피스톤, 오일실 등에서 오일이 새는 것이 많아져 유압 저하가 일어난다. 반대로 저온에서 점도가 너무 높아지면 밸브의 작동이 원활하지 못하여 변속불량 등이 발생한다. 그러므로 ATF는 저온에서는 낮은 점도가 요구되며, 온도변화에 대하여 점도변화가 가능한 적은(점도 지수가 큰) 것이 좋다.

[3] 클러치판 재질에 적합한 마찰특성

　ATF의 마찰특성은 자동변속기의 변속 느낌(shift feeling)과 밀접한 관계가 있으며, 마찰계수에는 정 마찰계수(구동축과 피동축의 회전속도 차이가 1rpm일 때의 마찰계수 : μs), 동 마찰계수(구동축과 피동축의 회전속도 차이가 30rpm일 때의 마찰 계수 : μd)가 있다.

　만약, 동 마찰계수(μd)가 작으면 변속시간(클러치 접속시간)이 길어져 미끄럼에 의한 발열 때문에 클러치판의 표면온도가 상승하여 클러치가 타는 경우가 일어나며, 정 마찰계수(μs)가 크면 변속 마지막 단계에서 급격한 토크변화가 일어나 충격이나 이상한 소리가 발생한다.

[4] 청정 분산성과 산화 안정성

　동력손실에 의한 발열 및 습식 클러치 작동에 의한 온도 상승을 분산시키는 청정 분산성이 있어야 하며, 장시간 사용하여도 ATF의 기본 특성변화가 작은 산화 안정성이 필요하다.

[5] 실(seal)재료 및 냉각계통 재료에 대한 안정성

자동변속기 내의 각종 실 재료, 클러치 페이싱 재료 등이 ATF에 의해 화학적 변화를 일으키거나 경화, 수축, 팽창 등이 일어나지 않아야 한다.

[6] 기포가 발생하기 어려울 것

ATF에 기포(氣胞)가 발생하면 오일펌프의 토출능력 저하 및 유압이 저하되어 마모나 고착현상이 발생할 수 있다. 일반적으로 점도가 낮을수록, 온도가 높을수록 기포발생이 감소한다.

[7] 방청성이 있어야 한다.

3.6. 유체클러치(fluids clutch)
3.6.1. 유체클러치의 원리

유체클러치는 2개의 날개차 사이에 오일을 가득 채운 후 한쪽의 날개차를 회전시키면 오일은 원심력에 의해 상대편 날개차를 회전시킬 수 있다. 이 원리를 이용하여 엔진의 동력을 오일의 운동 에너지로 바꾸고, 이 에너지를 다시 토크로 바꾸어 변속기로 전달하는 장치이다.

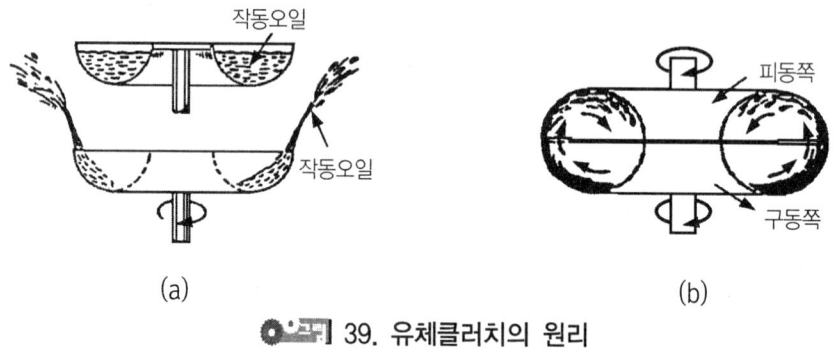

그림 39. 유체클러치의 원리

3.6.2. 유체클러치의 구조

유체클러치는 엔진 크랭크축에 펌프(pump impeller)를, 변속기 입력축에 터빈(turbine runner)을 설치하고, 오일의 맴돌이 흐름(와류 ; 渦流)을 방지하기 위하여 가이드 링(guide ring)을 두고 있다.

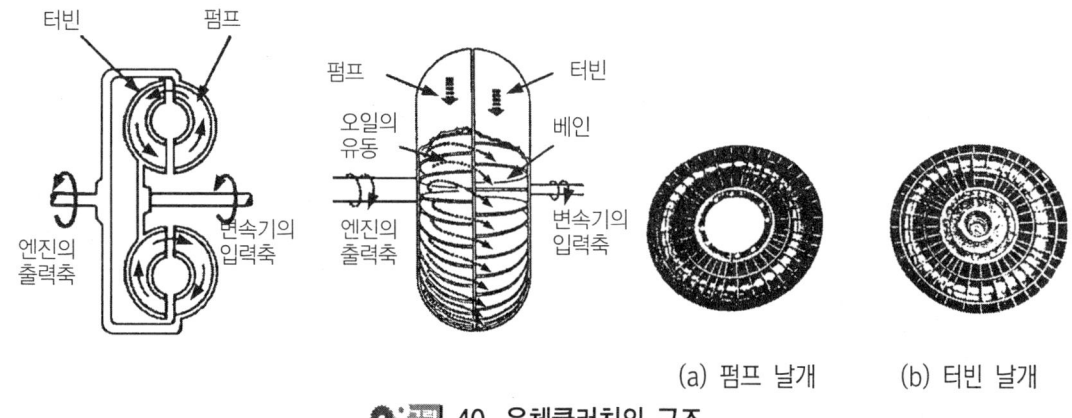

(a) 펌프 날개   (b) 터빈 날개

그림 40. 유체클러치의 구조

3.6.3. 유체클러치의 성능

유체클러치에서는 토크 비율은 1:1이다. 따라서 동력전달 효율은 아래 그림에 나타낸 바와 같이 속도 비율이 똑같은 값이 되고, 속도 비율 1에 가까울수록 효율이 향상된다.

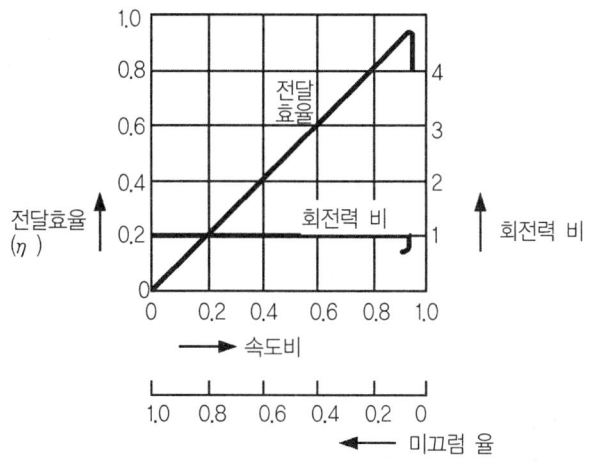

그림 41. 유체클러치 성능 곡선도

그러나 속도 비율 1에서는 장치 내의 오일 흐름이 없어 순환하지 못하므로 유동이 0이 되고 오일을 매개체로 한 동력전달은 일어나지 않는다. 따라서 전달토크도 0이 된다. 실제로는 베어링 등의 마찰손실로 인하여 속도 비율 $e = 0.95 \sim 0.98$ 부근에서 효율은 최대가 되고 그 이상의 속도에서는 효율이 급격히 저하하여 0에 가깝게 된다.

3.6.4. 유체클러치 오일의 구비조건
① 점도가 낮을 것
② 비중이 클 것
③ 착화점이 높을 것
④ 내산성이 클 것
⑤ 유성이 좋을 것
⑥ 비등점이 높을 것
⑦ 응고점이 낮을 것
⑧ 윤활성이 클 것

3.7. 토크컨버터(torque converter)
3.7.1. 토크컨버터의 개요
토크컨버터는 그 내부에 오일 가득 채워져 있고 자동차의 주행저항에 따라 자동적, 연속적으로 구동력을 변환시킬 수 있으며 그 기능은 다음과 같다.
① 엔진의 토크를 변속기에 원활하게 전달하는 기능
② 토크를 변환시키는 기능
③ 토크를 전달시 충격 및 크랭크축의 비틀림 완화 등의 기능을 한다.

자동차에서는 특별한 경우를 제외하고는 대부분 3요소 1단 2상형을 사용하고 있으며 1단의 토크컨버터로 얻을 수 있는 최대 토크 비율은 4 정도이며 효율은 80% 정도이다. 최대 효율을 90% 이상 유지하려면 최대 토크 비율을 2.0~2.5로 해야 하고 더 큰 토크 비율을 얻으려면 1단 또는 3단으로 해야 한다. 이때 최대 토크 비율은 4~6 정도가 된다. 그러나 이것은 자동차보다도 건설기계에서 많이 사용되고 있다.

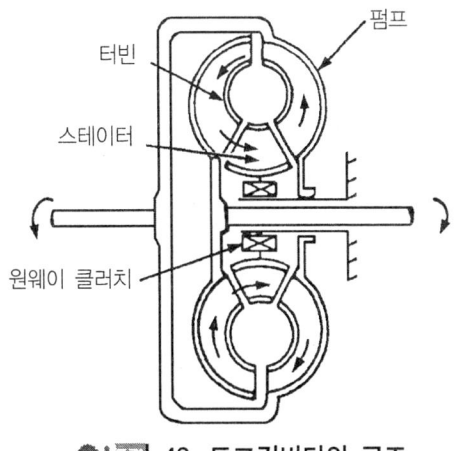

그림 42. 토크컨버터의 구조

토크컨버터는 펌프에 의하여 엔진의 기계적 에너지를 오일의 운동에너지로 변환하여 터빈을 구동시키고 다시 기계적 에너지로 변환시켜 변속기 입력축에 동력을 전달한다. 즉 엔진의 플라이휠에 조립된 펌프가 회전하면 토크컨버터 하우징 내에 들어있는 오일을 원심력에 의하여 터빈으로 보내서 변속기 입력축에 동력을 전달한다. 터빈러너에서 나온 오일은 정지되어 있는 스테이터를 통과하면서 그 흐름방향이 바뀌어 다시 펌프로 들어가 순환한다.

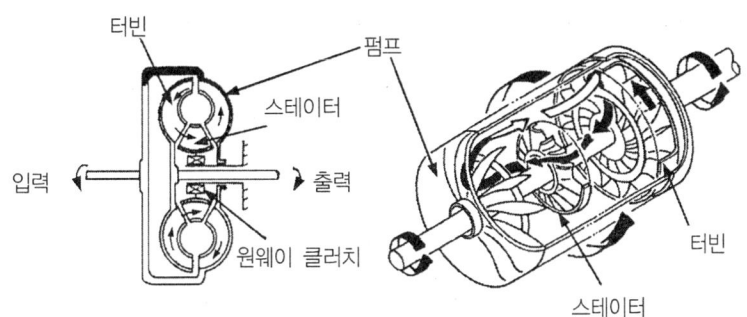

그림 43. 토크컨버터 내의 오일 흐름 비교

3.7.2. 토크컨버터의 성능

그림 44는 토크컨버터의 성능 곡선도이며 터빈과 펌프와의 회전속도 비율 $e=\dfrac{Nt}{Np}$ 에 대하여 그 토크 비율 $t=\dfrac{Tt}{Tp}$ 및 동력전달 효율 $\eta=t\times e$를 나타내고 있다. 토크 t 는 속도비율 $e=0$ 에서 최대가 되며 이 점을 스톨 포인트(stall point)라 한다. 토크 비율 t는 속도비율 e가 증가함에 따라 감소하며 어떤 속도비율에서는 토크 비율 $t=1$이 된다. 이 점을 클러치 포인트이라 한다. 그 이상의 속도비율에서는 토크 비율 $t=1$ 이하가 된다. 효율 η 는 스톨 포인트에서는 0이 되고 속도비율 e가 증가함에 따라 효율이 증가하며 일반적으로 클러치 포인트보다 낮은 속도비율에서 최대가 되고 이후에는 급격히 저하한다. 이상은 토크컨버터의 일반적인 특성으로 토크 비율 $t=1$ 의 클러치 포인트에서 유체클러치로 변환한다.

따라서 스테이터와 프레임사이에 원 웨이 클러치(one way clutch)를 두고 있는데 원 웨이 클러치에 의하여 클러치 포인트에 도달하면 지금까지 정지하고 있던 스테이터 날개의 뒷면에 오일이 작용하기 때문에 스테이터가 회전하기 시작하여 스테이터가 없는 유체 클러치와 같은 작용(동력만 전달)한다.

따라서 그림 44의 실선에서 나타낸 것과 같이 토크 비율 $t=1$ 의 상태가 계속되고 효율 η 도 이 점보다 크게 상승한다. 이 클러치 포인트까지의 범위를 토크컨버터 레인지라고 하며 그 이후의 범위를 유체 커플링 레인지(fluid coupling range)라고 한다. 이 유체 커플링 레인지에서는 유체클러치와 같은 성능곡선으로 된다.

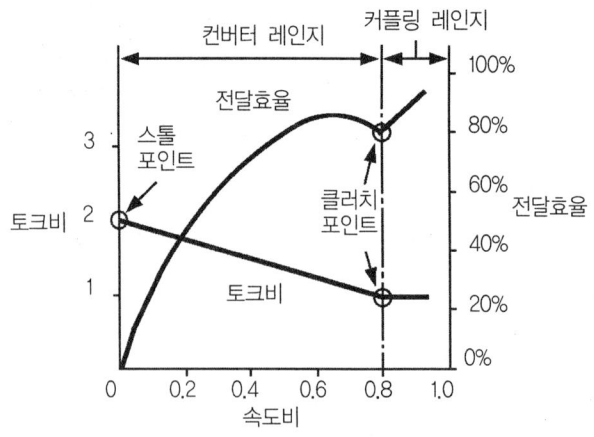

44. 토크컨버터의 성능곡선

일반적으로 1세트의 토크컨버터로 얻을 수 있는 토크비율 t는 일반적으로 2~3:1 정도이다. 그러나 이 정도의 토크 비율로는 수동변속기만큼의 큰 토크비율(수동변속기의 감속비율)을 얻을 수 없고 또 후진을 하기 위해서는 후진용 기어장치가 필요하다. 이상의 이유로 인하여 토크컨버터를 사용하는 자동변속기에서는 토크컨버터만을 사용할 수 없고 반드시 기어 장치를 포함하는 보조 변속기를 사용하여 토크비율의 증대와 회전방향의 변환을 도모하고 있다.

3.7.3. 토크컨버터의 구조

토크컨버터는 펌프(pump impeller), 스테이터(stator), 터빈(turbine runner)으로 구성되어 있으며 비분해 방식이다. 펌프는 구동판을 통해 크랭크축에 연결되어 있으며, 스테이터는 한쪽 방향으로만 회전 가능한 원웨이 클러치(one way clutch : 일방향 클러치)를 통해 토크컨버터 하우징에 지지되어 있다.

그리고 터빈은 펌프에서 전달된 구동력을 동력전달계통으로 전달하는 변속기 입력축과 스플라인으로 결합되어 있으며, 토크컨버터는 오일이 가득 채워진 하우징 내에 이들 3요소가 들어 있다. 또 토크컨버터는 엔진 플라이휠에 볼트로 체결되어 있다.

① 요소와 수 : 펌프, 터빈, 스테이터가 각각 1개인 것을 3요소라 한다.
② 단과 수 : 터빈이 1개인 것을 1단이라 하고 터빈이 2개인 것을 2단이라고 한다.
③ 상과 수 : 토크를 전달하는 양식의 변화수 토크컨버터 기능을 하여 클러치 포인트 현상이 나타나는 것을 2상이라 하며 그밖에 엔진과 직결하는 다이렉트 클러치 등을 3상, 4상, 5상이라고 한다.

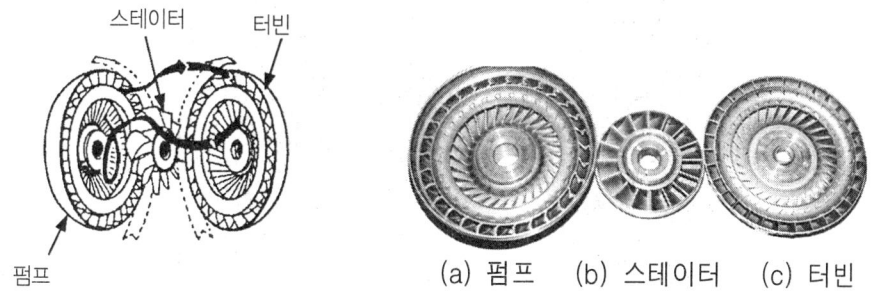

45. 토크컨버터의 구성부품

3.7.4. 토크컨버터의 기능

토크컨버터는 2가지 주요 기능을 가지고 있다. 토크컨버터는 엔진의 동력을 오일을 통해 변속기로 원활하게 전달하는 유체 커플링의 기능이고, 다른 하나는 엔진으로부터 토크를 증가시켜 주는 역할을 한다. 그리고 펌프는 엔진과 기계적으로 연결되어 있으며, 엔진이 작동될 때 엔진의 속도와 같은 속도로 회전한다. 따라서 엔진이 작동하면 펌프도 회전을 하여 중앙부의 오일을 날개로 방출한다.

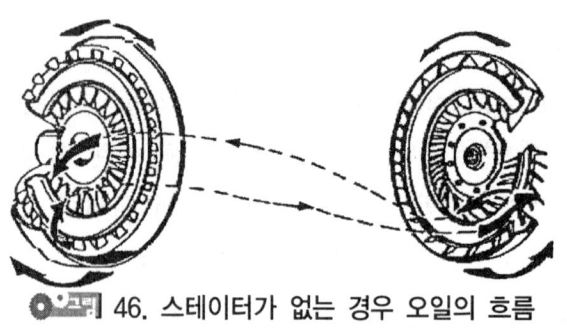

46. 스테이터가 없는 경우 오일의 흐름

펌프의 날개 사이에서 배출된 오일은 터빈의 날개를 치게 되므로 터빈을 회전시킨다. 엔진이 공전상태일 때에는 펌프에서 배출되는 오일의 힘은 터빈을 회전시킬 수 있는 만큼 충분하지 못하므로 공전상태에서 정지 상태로 있게 된다. 가속페달을 밟아 엔진이 가속되어 펌프의 속도가 증가함에 따라 오일의 힘이 증가되어 엔진의 동력이 터빈과 변속기로 전달된다.

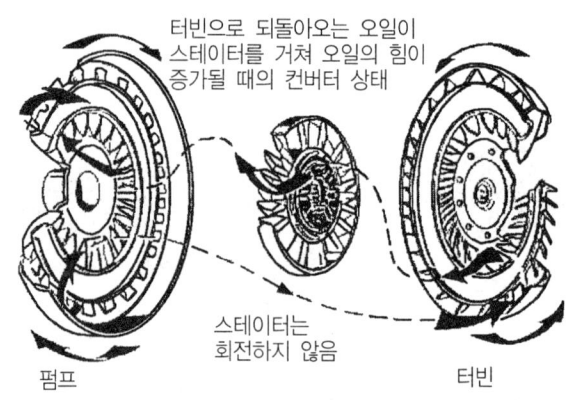

47. 스테이터가 정지되어 있을 때의 오일의 흐름

오일은 터빈에 힘을 전달한 후 하우징과 날개를 따라서 흐르며, 엔진 회전방향과 반대방향으로 역류하려는 오일을 터빈이 흡수한다. 만약, 터빈에서 반 시계방향으로 회전하는 오일이 토크컨버터 펌프의 안쪽으로 계속해 들어온다면 엔진 회전방향과 반대방향으로 펌프의 날개를 치게 되어 펌프의 힘이 감소하게 된다. 이것을 방지하기 위해 펌프와 터빈사이에 스테이터가 설치되어 있다. 스테이터에는 원웨이 클러치가 설치되어 반 시계방향으로 회전하지 못하도록 되어 있다.

스테이터의 역할은 터빈으로부터 되돌아오는 오일의 회전방향을 펌프의 회전방향과 같도록 바꾸어 주는 것이다. 따라서 오일의 에너지는 펌프를 회전시키는 엔진의 동력을 보조해 주게 되며, 터빈을 회전시키는 오일의 힘을 증가시키게 되어 엔진으로부터 오는 동력과 토크가 증가한다.

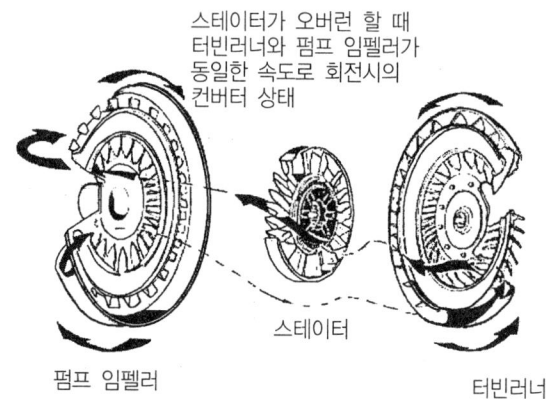

48. 스테이터가 회전할 때 오일의 흐름

3.7.5. 스테이터의 작용

스테이터는 토크컨버터에서는 토크 변환작용이라는 중요한 작용을 하고 있다. 스테이터는 앞쪽에 오일이 부딪쳐서 흐름방향을 바꾸고 있는 경우는 펌프가 터빈에 비해 더 많이 회전하고 있다. 즉, 회전속도의 차이가 클 때이다. 회전속도의 차이가 크면 펌프에서의 오일이 터빈에서 튕겨 나온다.

오일이 스테이터에 부딪쳐 각도를 바꾸어 펌프에 되돌아 올 때 토크의 증대작용이 일어난다(스테이터는 스테이터 축을 통해서 고정되어 있다). 이때 만약 스테이터가 스테이터 축에 고정되어 있지 않고 펌프의 회전방향과 반대방향으로 회전했을 때 즉 스테이터가 역회전했을 때는 전달효율이 떨어진다.

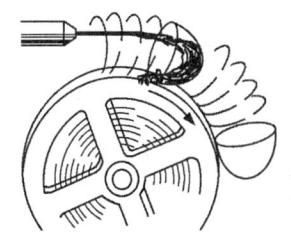 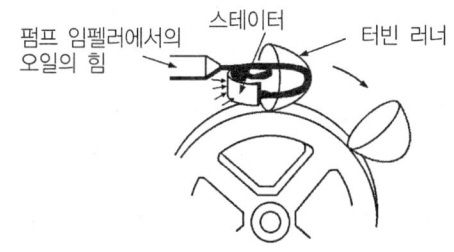

(a) 스테이터가 없을 때의 흐름 (b) 스테이터가 있을 때의 오일 흐름

49. 스테이터의 작용

그 이유는 역류 하는 오일이 펌프의 회전을 방해하기 때문이다. 또한 스테이터는 아래 그림에서 보이는 것과 같이 원 웨이 클러치(프리 휠링 또는 일방향 클러치라고도 함)를 사이에 두고 스테이터 축에 설치되어 있다. 따라서 펌프가 터빈의 회전속도보다 빠른 동안, 스테이터는 스테이터 축에 고정되어 오일흐름의 방향을 바꾸어 주는 역할을 한다.

그러나 터빈의 속도가 펌프속도의 8/10(즉, 속도비율 0.8) 정도로 접근되면 오일의 흐름이 스테이터 뒷면에 작용하게 되어 스테이터도 펌프나 터빈의 방향으로 같이 회전하게 된다. 이때 토크컨버터는 유체클러치로서 작용한다. 원웨이 클러치에는 롤러를 사용하는 것과 스프래그를 사용하는 것이 있으며, 어느 것이나 쐐기작용을 이용하게 되어 있다.

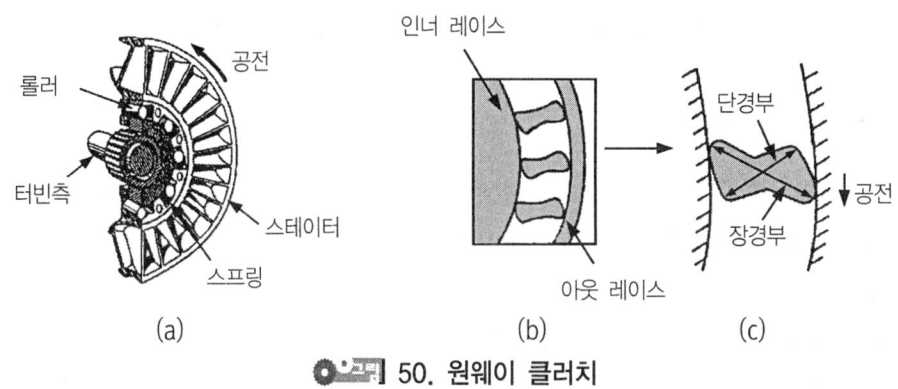

50. 원웨이 클러치

3.8. 자동변속기의 기어 트레인

3.8.1. 기어 트레인(gear train)의 개요

자동변속기의 기어 트레인은 변속 단수나 기어비 선정의 자유도, 변속제어의 용이성, 신뢰성, 차량 탑재성 등에 의해 선정된다. 기어 트레인으로 가장 많이 사용하고 있는 1축에서의 변속이 가능한 유성 기어방식과 수동변속기에서 많이 사용하고 있는 팽행축 기어 방식이다.

[1] 유성 기어방식

이 방식의 구성요소는 선 기어, 링 기어, 유성 피니언과 캐리어로 되어 있으며 입력 및 출력요소로 선 기어, 링 기어, 캐리어를 이용한다. 유성 기어세트는 3요소 중 2요소가 작동하면 일체로 작동된다. 일반적으로 자동변속기에서 채택하고 있는 기어 트레인형식은 심프슨방식(simpson type), 라비뉴방식(ravigneaux type), CR-CR방식으로 나눈다.

(1) 심프슨방식

이 방식은 2세트의 단일 유성기어의 각각에 선 기어를 결합하고 다시 한쪽의 링 기어와 다른 한쪽의 캐리어를 결합한 기어 트레인이다. 특징은 링 기어 입력으로 인하여 강도상 유리하고 동력순환이 없으며 구성요소의 회전속도 낮고 효율이 좋다.

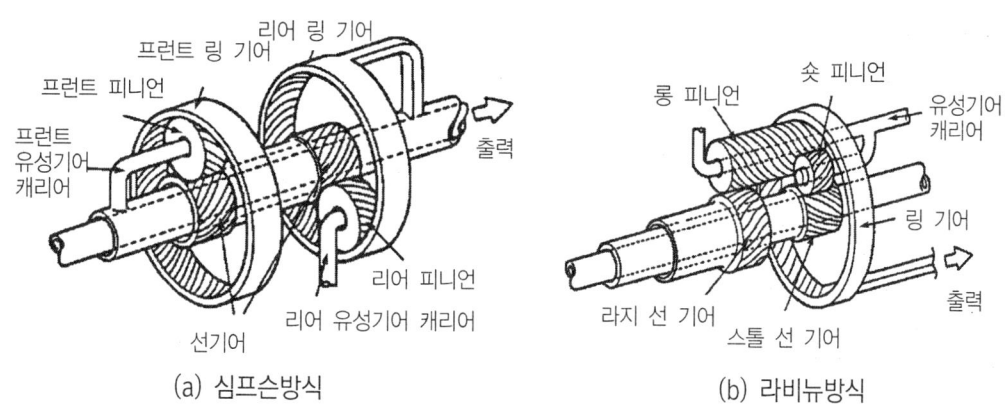

(a) 심프슨방식   (b) 라비뉴방식

그림 51. 유성기어방식

(2) 라비뉴방식

이 방식은 1세트의 단일 유성기어와 다른 한 세트의 더블 유성 기어세트를 조합한 기어 트레인이다. 특징은 구성요소가 적고 축방향의 치수가 짧고 구성요소의 회전속도가 낮다.

(3) CR-CR식

이 방식은 2세트의 단일 유성기어의 캐리어와 링 기어를 각각 결합한 기어 트레인이다. 특징은 변속비를 크게 할 수 있고 효율이 좋으며 구성요소의 회전속도가 낮다.

[2] 평행축 기어방식

이 방식은 수동변속기와 유사하며, 기본구조는 평행 2축 방식 또는 3축 방식으로 항상 맞물려 있는 복수의 기어와 건식 또는 습식 클러치로 구성되어 있다. 특징은 각 기어 단의 변속비의 자유도가 크며 효율이 좋고 수동변속기와 부품 공용화가 가능하다.

3.8.2. 유성 기어세트의 작용

유성기어 변속장치는 유압 제어기구에 의한 변속 제어장치에 의하여 자동차의 주행속도에 따라 자동변속이 이루어진다. 이것에 의하여 토크컨버터의 토크변환 능력부족 분량을 보충하여 자동차의 구동력을 증대시키고 또 후진할 때 회전방향을 변환하여 자동변속기의 기능이 충분히 발휘되도록 한다. 유성 기어세트의 작동은 다음과 같다.

[1] 증속시킬 경우

① 링 기어를 증속시키고자 할 경우에는 선 기어를 고정시키고, 유성기어를 구동하면 증속되며, 링 기어의 증속은 다음 공식으로 산출된다.

$$N = \frac{A+D}{D} \times n$$

N : 링 기어의 회전 A : 선 기어 잇수
D : 링 기어 잇수 n : 유성 캐리어의 회전수

② 선 기어를 증속시키고자 할 경우에는 링 기어를 고정시키고, 유성 캐리어를 구동하면 증속된다.

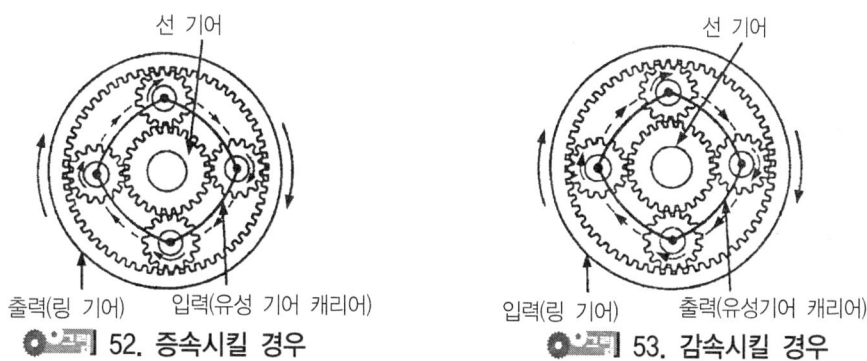

52. 증속시킬 경우   53. 감속시킬 경우

[2] 감속시킬 경우
① 선 기어를 고정시키고 링 기어를 구동하면 유성 캐리어가 감속한다.
② 링 기어를 고정시키고 선 기어를 구동하면 유성 캐리어가 감속한다.

[3] 후진(역회전)시키고자 할 경우
① 유성 캐리어를 고정하고 선 기어를 회전시키면 링 기어가 역전 증속한다.
② 유성 캐리어를 고정하고 링 기어를 회전시키면 선 기어가 역전 감속한다.

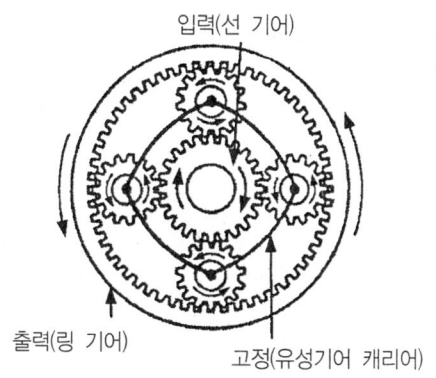

54. 후진시킬 경우

[4] 직결시킬 경우

선 기어, 유성 캐리어, 링 기어의 3요소 중에서 2요소를 고정하면 동력은 직결(top gear)된다. 또한, 유성기어를 자동변속기의 보조 변속기로 사용하는 이유는 다음과 같다.

① 유성기어 트레인의 각 기어는 항상 물려 있기 때문에 동력전달 중에도 기어의 변속이 가능하다.
② 1세트의 유성기어 트레인으로 2가지의 변속 비율 얻을 수 있다. 가령 2세트의 유성 기어세트인 경우 전진 3단, 후진 1단의 변속 비율을 얻을 수 있다.
③ 수동변속기에 비해 소형화할 수 있다.

3.9. 유압 제어기구

자동변속기는 유압 제어기구에 의해 자동차의 주행속도에 따라 자동적으로 유성기어 세트의 브레이크 밴드와 클러치를 결합시키기도 하고 해제하기도 한다.

3.9.1. 유압 제어장치의 구조와 작동

유압 제어장치는 오일펌프, 거버너밸브, 밸브보디 등으로 구성되어 있다.

[1] 오일펌프(oil pump)

오일펌프는 유압 제어기구의 유압 발생원으로서 적당한 유압과 유량을 공급한다. 오일펌프는 내접 기어형이며, 구동기어와 피동기어로 되어있고, 초승달 모양의 크레센트(crescent)를 사이에 두고 서로 맞물려 있으며 엔진 시동과 동시에 유압을 발생한다.

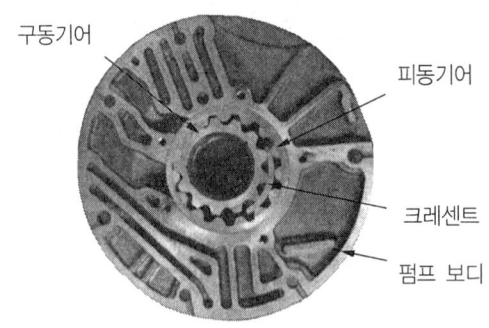

그림 55. 오일펌프의 구조

오일펌프에서 나온 오일은 압력 조정밸브로 들어가 적당한 유압으로 조정된다. 이 때 조정된 유압을 메인 라인압력 이라고 하며 이것이 클러치, 브레이크밴드 등의 각 요소를 작동시키는 사용된다.

작동은 구동기어가 토크컨버터 내의 펌프와 함께 동력을 받아 회전하면 피동기어는 펌프 보디 내에서 회전하여 구동기어와 함께 크레센트와 기어 이와의 사이에 오일을 흡인하여 입구에서 출구 쪽으로 약 $5.0 \sim 6.0 kg_f/cm^2$의 압력으로 배출한다.

[2] 거버너밸브(governor valve)

이 밸브는 유성 기어세트의 변속이 그 때의 주행속도에 적응되도록 한다. 작동은 오일펌프에서 유압을 받아 이를 주행속도에 비례하는 유압(이것을 거버너 압력이라고 함)으로 조정하여 최종적으로 이 유압을 밸브보디 내의 시프트밸브(shift valve)의 끝부분에 작용시킨다.

이 유압에 의해 시프트밸브가 이동하여 오일회로가 열리면서 메인 라인압력이 클러치, 브레이크 밴드로 송출되어 클러치 또는 브레이크밴드가 작용하여 유성 기어세트가 변속된다. 즉 거버너밸브에 의하여 시프트 업(shift up)이나 시프트다운(shift down)이 자동적으로 이루어진다.

[3] 밸브보디(valve body)

밸브보디는 오일펌프에서 공급된 유압을 각 부로 공급하는 유압회로를 형성하며, 그 종류에는 매뉴얼밸브, 스로틀밸브, 압력 조정밸브, 시프트밸브, 거버너밸브 등으로 구성되어 있다.

(1) 매뉴얼밸브(manual valve)

이 밸브는 운전석에 있는 변속레버(shift lever)의 조작에 의해 작동되는 수동밸브이며, 변속레버와 링크로 연결되어 레버의 움직임에 따라 라인압력을 앞·뒤의 서보기구나 클러치 등으로 이끌어 P, R, N, D, L의 각 레인지로 바꾸어준다.

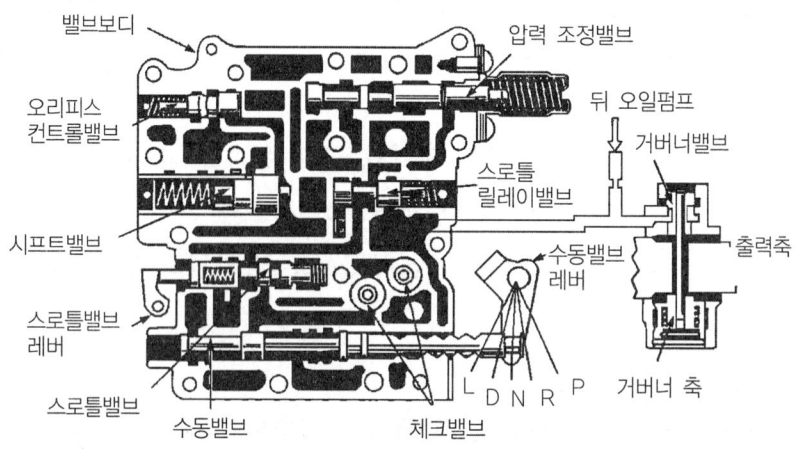

○ 그림 56. 밸브보디의 구조

(2) 스로틀밸브(throttle valve)

이 밸브는 메인 라인압력을 가속페달을 밟은 정도 즉, 스로틀밸브의 열림 량에 비례하는 유압 또는 흡기다기관 내의 진공도와 반비례하는 유압을 변환시키는 것이다. 스로틀밸브에 의해 발생한 스로틀 압력은 최종적으로 시프트밸브 끝 부분에 작용하여 거너버 압력과 대항하여 작동한다. 이렇게 하여 업 시프트(up shift)가 될 때 주행속도를 엔진의 부하에 따라 자동적으로 변화시키기도 하고 또 킥다운(kick down)이 가능하도록 한다.

(3) 압력 조정밸브

이 밸브는 오일펌프에서 발생한 유압의 최고값을 규정(規定)하고, 각 부로 보내어지는 유압을 그때의 주행속도와 엔진에 알맞은 압력으로 조정하며 엔진이 정지되었을 때 토크컨버터에서의 오일이 역류하는 것을 방지한다.

(4) 시프트밸브(shift valve)

이 밸브는 유성 기어세트를 주행속도나 엔진의 부하에 따라 자동적으로 변환하기 위한 것이다. 시프트밸브는 클러치 및 브레이크 밴드 서보로 통하는 오일회로를 개폐하는 일종의 부동(浮動)밸브이며 1-2속, 2-3속 시프트밸브, 4단 변속기의 경우에는 3-4속 시프트밸브로 되어 있다.

(5) 어큐뮬레이터(축압기 : accumulates)

어큐뮬레이터는 브레이크나 클러치가 작동할 때 변속 충격을 흡수하는 일을 한다.

[4] 댐퍼클러치(록업 클러치)
(1) 댐퍼클러치의 기능

그 동안 수동변속기에 비해 자동변속기가 연료소모가 좋지 않았던 것은 동력전달 손실이 많은 것이 원인이며, 토크변환 비율이 1에 가까운 구간에서는 기계식 마찰클러치와 같은 직결상태로 하여 동력전달 손실을 최소화하는 것이 댐퍼클러치이다.

(2) 댐퍼클러치가 작동하지 않는 범위

① 제1속 및 후진할 때 : 발진 가속성능 확보하기 위해(제2속에서부터 작동 시작)
② 엔진 브레이크가 작동할 때 : 감속 충격을 방지하기 위함
③ 변속할 때 : 변속 감각을 좋게 하기 위해서
④ 냉각수 온도 50℃, 오일 온도 60℃ 이하일 때 : 작동의 안정화를 위해서
⑤ 엔진이 공전할 때
⑥ 브레이크 스위치가 ON 상태일 때

3.10. 전자제어 자동변속기
3.10.1. 자동변속기에서 전자제어장치를 사용하는 목적

운전자의 생각(의지) 및 주행상태를 변속기의 제어요소에 전달하여 자동차를 원활하게 주행시키기 위해서는 여러 가지 정보가 필요하나 변속을 위한 가장 기본 정보는 다음과 같다.

① 변속 레버의 위치
② 엔진 부하(스로틀밸브의 열림량)
③ 주행속도 등이 있다.

[1] 자동변속기의 각 센서의 역할

① 스로들 포지션 센서 : 스로틀밸브 열림량 검출

② 펄스 제너레이터 A(PG-A) : 킥다운 드럼의 회전속도 검출
③ 펄스 제너레이터 B(PG-B) : 트랜스퍼 피동기어의 회전속도 검출
④ 점화코일 : 엔진 회전속도 검출
⑤ 인히비터 스위치 : 변속레버 위치 검출
⑥ 에어컨 릴레이 : 에어컨 릴레이의 ON, OFF 검출
⑦ 오일 온도센서 : 자동변속기 오일(ATF)의 온도 검출
⑧ 가속페달 스위치 : 가속페달 스위치의 ON, OFF 검출
⑨ 오버 드라이브(O/D) 스위치 : 오버 드라이브 ON, OFF 검출
⑩ 킥다운 서보 : 킥다운 서보 위치 검출
⑪ 차속센서 : 자동차 주행속도 검출
⑫ 파워, 이코노미, 홀드 변환스위치 : 스위치의 ON/OFF 검출
⑬ 고 오일 온도센서 : 오일 온도 검출

[2] 전자제어 자동변속기의 특징

① 자동변속기에서 연료 소비율이 많은 단점을 보완하기 위해 댐퍼클러치(또는 록업 클러치)를 설치하여 출발할 때 토크를 높이고, 일정 주행속도 이상이 되면 토크 컨버터의 펌프와 터빈을 기계적으로 직결시켜 연료소비율 감소 및 엔진 브레이크 기능을 향상시킨다.

② 변속단을 1단 더 증가시키기 위한 오버 드라이브장치를 둘 수 있다. 유성기어 장치의 변속단을 증가시키면 토크컨버터에 의해 토크가 증대되며 출발할 때 급가속을 얻을 수 있다. 그리고 변속단수가 많을수록 엔진 부하가 감소한다.

3.10.2. 전자제어 자동변속기용 센서의 작용

[1] 스로틀 포지션센서(TPS)

이 센서는 엔진 전자제어장치와 공용(共用)이며 스로틀밸브 열림량에 따른 저항값의 변화 즉, 출력전압의 변화를 이용한다. 센서의 출력전압은 스로틀밸브가 완전히 닫히면 0.5V, 완전히 열리면 5V 정도이다. 또한 이 센서는 단선 또는 단락되면 페일 세이프(fail saft)가 되지 않는다. 이에 따라 출력이 불량할 경우에는 변속점이 변화하며 출력이 80% 정도밖에 나오지 않으면 변속선도 상의 킥다운 구간이 없어지기 쉽다.

[2] 수온센서(WTS)

이 센서는 엔진 냉각수 온도가 50℃ 미만에서는 OFF되고, 그 이상에서는 ON으로 되어 컴퓨터(TCU)로 입력시킨다.

[3] 오일 온도(유온)센서

이 센서는 자동변속기 오일(ATF)의 온도에 따라 점도특성 변화를 참조하기 위해 설치한다.

[4] 펄스 제너레이터 A & B(pulse generator A & B)

펄스 제너레이터 A는 킥다운 드럼의 회전속도(N_a)를, 펄스 제너레이터 B는 트랜스퍼 피동기어의 회전속도(N_b)를 검출하여 N_a/N_b를 컴퓨터에서 연산하여 자동적으로 변속 단수를 결정한다.

펄스 제너레이터 A는 킥다운 드럼 바깥둘레에 4개 또는 16개의 구멍이 펄스 제너레이터 코일철심을 통과할 때마다 발생하며, 펄스 제너레이터 B는 트랜스퍼 피동기어의 각 이(齒)가 펄스 제너레이터 코일의 철심 끝을 통과할 때마다 전압파형을 발생한다.

[5] 가속페달 스위치(accelerator pedal S/W)

이 스위치는 가속페달을 밟으면 OFF, 놓으면 ON으로 되어 이 신호를 컴퓨터로 보내며 주행속도 7km/h 이하, 스로틀밸브가 완전히 닫혔을 때 크리프(creep)량 이 적은 제2단으로 유도하기 위한 검출기이다. 또 스로틀밸브가 완전히 닫힌상태에서는 ON이나 조정불량 등으로 OFF가 되면 복잡한 작동을 하게 된다.

[6] 킥다운 서보(kick down servo) 스위치

이 스위치는 킥다운이 될 때 충격을 완화하여 변속 감도를 좋게 하기 위한 것이며, 제3속에서 제2속으로 킥다운을 할 때에만 작동한다.

[7] 오버 드라이브(O/D : over drive) 스위치

이 스위치는 변속레버 손잡이에 부착되며 ON, OFF에 따라 그 신호를 컴퓨터로 보내어 ON에서는 제4속까지, OFF일 경우에는 제3속까지 변속된다.

[8] 차속센서

　이 센서는 속도계에 내장되어 있으며 변속기 속도계 구동기어의 회전속도(주행속도)를 펄스신호로 검출하여 펄스 제너레이터 B에 이상이 있을 때 페일 세이프 기능을 갖도록 한다.

[9] 컴퓨터(TCU : transmission control unit)

　컴퓨터는 각종 센서에서 보내 온 신호를 받아서 댐퍼클러치 제어 솔레노이드밸브(DCCSV), 변속제어 솔레노이드밸브(SCSV), 압력제어 솔레노이드밸브(PCSV) 등을 구동하여 댐퍼 클러치의 작동과 변속 조절을 한다.

[10] 인히비터 스위치(inhibitor S/W)

　이 스위치는 변속레버를 P(주차) 또는 N(중립)레인지 위치에서만 엔진 시동이 가능하도록 하고, 그 외의 위치에서는 기동이 불가능하게 하며 R(후진)레인지에서는 후퇴등(back up lamp)이 점등되게 한다.

3.10.3. 자동변속기의 전자제어

[1] 댐퍼 클러치(damper clutch) 제어와 관련 센서들의 기능

(1) 댐퍼 클러치 제어

　판정과 엔진 회전속도, 터빈의 회전속도, 스로틀밸브의 열림량 보정이 행하여지며 이 결과를 댐퍼클러치의 제어 영역에 입력하여 댐퍼클러치의 작동, 비 작동 및 목표 슬립율을 결정하고 댐퍼클러치 제어 솔레노이드밸브(DCCSV : damper clutch control solenoid valve)에 구동신호를 출력한다.

　댐퍼클러치 제어 솔레노이드밸브의 제어는 35Hz의 듀티 구동으로 이루어지며 솔레노이드밸브의 응답성을 높이기 위하여 각각의 펄스발생 초기에 수 msec의 여자(勵磁)가 발생한다. 댐퍼클러치는 댐퍼 클러치 제어 솔레노이드밸브의 듀티율이 클 때, 댐퍼 클러치 제어 솔레노이드밸브 왼쪽에 가해진 유압이 저하하여 댐퍼 클러치 작동 유압의 오일회로를 크게 열기 때문에 댐퍼클러치는 큰 힘으로 작동하여 슬립율을 낮게 한다.

반대로 댐퍼클러치 제어 솔레노이드밸브의 듀티율이 작을 때, 댐퍼클러치 제어 솔레노이드밸브 왼쪽에 가해진 유압은 그다지 저하하지 않아 댐퍼클러치 작동 유압도 낮게 됨으로 댐퍼클러치의 슬립율은 많아진다. 이와 같이 댐퍼클러치 제어 솔레노이드밸브의 듀티율을 제어하여 댐퍼클러치의 슬립율이 목표치에 근사하게 제어한다.

(2) 댐퍼클러치 제어 관련 센서들의 기능
① 오일 온도(유온)센서 : 댐퍼클러치 비 작동영역 판정을 위해 자동변속기 오일(ATF)온도를 검출한다.
② 스로틀 포지션센서(TPS) : 댐퍼클러치 비 작동영역 판정을 위해 스로틀밸브의 열림량을 검출한다.
③ 에어컨(A/C) 릴레이 스위치(S/W) : 댐퍼클러치 작동영역 판정을 위해 에어컨 릴레이의 ON, OFF를 검출한다.
④ 점화스위치 : 스로틀밸브 열림량 보정과 댐퍼클러치 작동영역 판정을 위해 엔진 회전속도를 검출한다.
⑤ 펄스 제너레이터-B : 댐퍼클러치 작동영역 판정을 위해 변속단 정보와 함께 트랜스퍼 피동기어 회전속도를 검출한다.

[2] 변속패턴(shift pattern)제어와 관련 센서들의 기능
(1) 변속패턴 제어

컴퓨터(TCU)는 변속레버 위치, 스로틀밸브의 열림량, 파워/이코노미(P/E) 스위치, 펄스 제너레이터 B(PG-B), 가속스위치, 오일 온도센서의 정보를 수집하여 운전상황에 따른 최적의 변속을 하도록 변속패턴을 선택하고, 변속제어 솔레노이드밸브-A(SCSV : shift control solenoid valve) 및 변속제어 솔레노이드밸브-B에 변속신호를 보낸다.

변속제어 솔레노이드밸브는 ON/OFF 구동으로서 변속제어 밸브(SCV)에 작용하는 유압을 변화시켜 각각의 변속단으로 되게 한다.

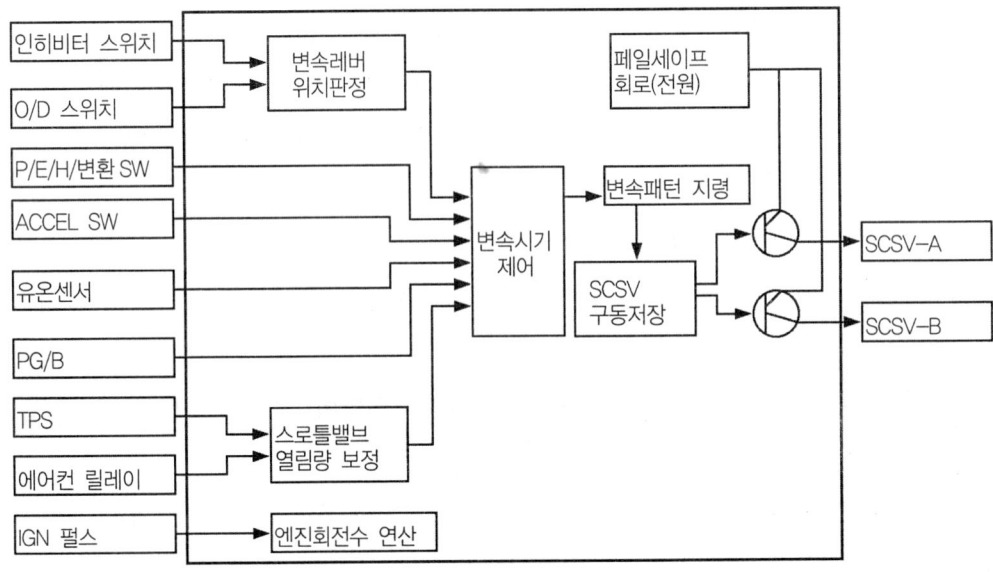

■ 57. 변속패턴 제어 다이어그램

(2) 관련 센서들의 기능

① 인히비터 스위치 : 변속패턴을 선택하기 위해 변속레버 위치를 검출한다.
② 펄스 제너레이터-B : 변속패턴에 의한 변속명령을 위해 트랜스퍼 피동기어의 회전속도를 검출한다.
③ 파워/이코노미 스위치 : 운전자의 요구에 가까운 변속특성을 얻기 위해 파워/이코노미 스위치의 ON/OFF를 검출한다.
④ 가속 스위치 : 클립영역 판정을 위해 가속페달의 ON/OFF를 검출한다.
⑤ 오일 온도센서 : 냉각되었을 때의 변속패턴을 보정하기 위해 자동변속기 오일의 온도를 검출한다.
⑥ 스로틀 포지션센서(TPS) : 변속패턴에 의한 변속명령을 위해 스로틀밸브의 열림량을 검출한다.
⑦ 에어컨 릴레이 스위치 : 스로틀밸브의 열림량 보정을 위해 에어컨 릴레이 스위치의 ON/OFF를 검출한다.
⑧ 점화스위치 : 스로틀밸브의 열림량 보정을 위해 공전할 때의 엔진 회전속도를 검출한다.

[3] 변속할 때의 유압제어 및 관련 센서들의 기능

(1) 변속할 때의 유압제어

 컴퓨터(TCU)는 변속시기 제어로부터 변속명령, 킥다운 서보의 작동, 킥다운 서보 드럼의 회전속도, 스로틀밸브의 열림량, 파워/이코노미(P/E) 스위치의 정보로부터 각각의 변속에 알맞은 변속 유압특성을 판단하여 압력제어 솔레노이드밸브(PCSV)를 듀티(duty)구동함으로서 압력제어 밸브(PCV)의 작동을 제어한다.

(2) 관련 센서들의 기능

① 펄스 제너레이터-A : 변속기 유압제어를 위해 킥다운(K/DOWN) 드럼의 회전속도를 검출한다.
② 파워/이코노미 스위치 : 운전자의 요구에 가까운 변속특성을 얻기 위해 파워/이코노미(P/E) 스위치의 ON/OFF를 검출한다.
③ 킥다운 서보스위치 : 변속할 때 유압제어의 시기 제어를 위해 킥다운 밴드(band)의 작동을 검출한다.
④ 스로틀 포지션센서(TPS) : 변속패턴에 의한 변속명령으로 인해 스로틀밸브의 열림량을 검출한다.
⑤ 에어컨(A/C) 릴레이 스위치 : 스로틀밸브의 열림량 보정을 위해 에어컨 릴레이의 ON/OFF를 검출한다.
⑥ 점화(ignition) 스위치 : 스로틀밸브의 열림량 보정을 위해 공전할 때 엔진 회전속도를 검출한다.

4 하이백(HIVEC) 자동변속기

4.1. 하이백의 개요

 하이백(HIVEC : hyundai intelligent vehicle electronic control) 4단, 5단 자동변속기는 신기술 및 구조를 도입하여 기존의 자동변속기보다 경량화 및 내구성을 증대시켰으며, 신경망 제어와 인공지능 제어를 실현하여 운전자의 습관과 도로 운행조건에 따라 컴퓨터가 최적의 변속단을 선택하여 원활한 주행이 가능하도록 하였다.

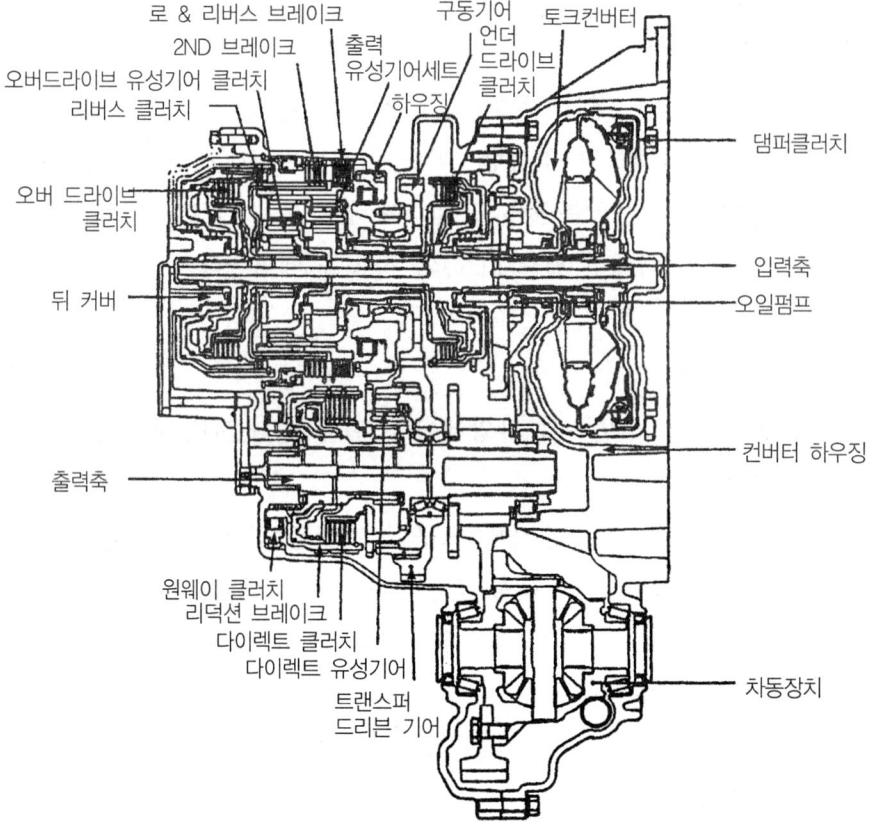

그림 58. 하이백 5단 자동변속기의 단면도

또한 스포츠모드(sport mode)를 사용하여 자동변속기이면서 수동변속기의 이점을 동시에 만족시켜 다이나믹한 운전을 실현하고 있다. 하이백 자동변속기의 주요 특징은 다음과 같다.

① 경량화
② 변속감 향상
③ 정비 성능 향상
④ 운전자 성향에 맞는 제어 실현
⑤ 수동변속 기능인 스포츠모드 적용으로 인한 다이나믹한 운전 실현

4.2. 하이백의 제어장치
4.2.1. 전자제어장치

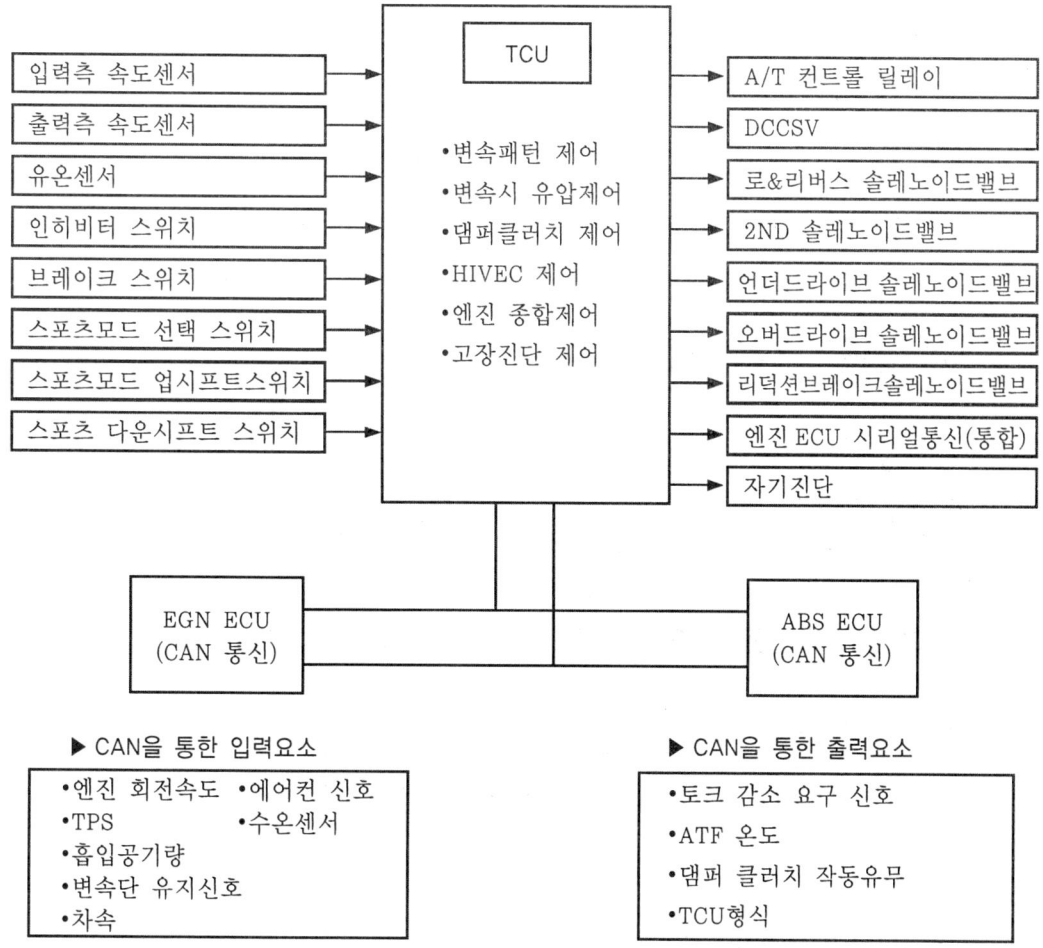

59. 전자제어장치의 구성도

[1] 시리얼(serial)통신 및 CAN 통신

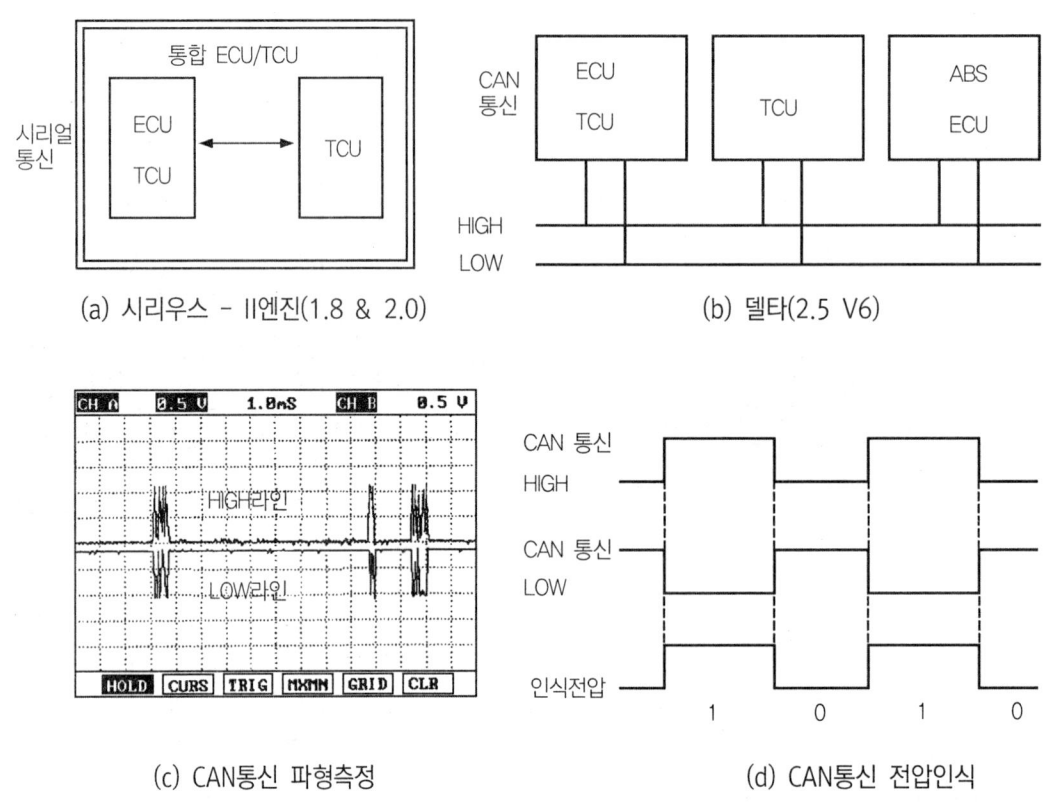

(a) 시리우스 - II엔진(1.8 & 2.0)　　(b) 델타(2.5 V6)

(c) CAN통신 파형측정　　(d) CAN통신 전압인식

그림 60. 시리얼(serial)통신과 CAN통신의 구성도

(1) 시리얼통신

시리얼통신이란 연속적인 데이터 처리방법 중의 하나이며, 차량에서 대표적인 방법이 자기진단 시험기와 진단 케이블을 연결한 데이터 처리방법이라 생각하면 된다. 즉 자기진단 시험기와 TCU가 1개의 케이블을 이용하여 고장코드, 서비스 데이터를 서로 교환하는 것처럼 일반적인 통신방식에는 1개의 배선을 사용한다.

통신을 하고자 하는 개체가 통신의사를 밝히는 행위인 통신언어를 먼저 전송하고 그 전송 데이터를 수신한 개체는 해당하는 시스템과 맞는지를 인식한 후 맞으면 통신을 시작한다.

(2) CAN(controller area network)통신

  CAN통신이란 좁은 범위의 지역 내에서 서로 네트워크를 형성한 각각의 개체가 통일된 통신언어를 구사하는 것이다. CAN통신은 우선(지배)적인 컨트롤러(컴퓨터)가 입·출력과 관련된 신호 값을 먼저 측정하고 인식하여 다른 컨트롤러로 하여금 인식하기 편리한 통신 언어를 사용하여 매우 빠른 속도로 전송한다.

  현재 차량에서 사용하는 CAN통신 라인은 HIGH라인과 LOW라인으로 구성되어 있으며 LOW라인이 지배적인 방식을 사용하며 두 라인의 전압을 상호 비교, 인식하여 데이터 프레임으로 인식한다. CAN통신 데이터 프레임으로 측정하여 판독 및 해석하는 것은 불가능하다.

[2] 통신내용과 불량일 경우의 조치

(1) ECU-TCU통신 내용

  ① 스로틀 포지션 센서(TPS) : 변속단 설정 및 실행, 급가속 제어(차량의 주행상태 및 부하를 간접연산 함)

  ② 엔진부하

    ㉮ 시리얼통신 : 엔진 회전속도(흡입공기량)와 함께 데이터 처리한다.

    ㉯ CAN통신 : 엔진부하를 CAN통신을 통하여 데이터를 처리한다.

  ③ 엔진 회전속도 : 댐퍼클러치 제어 및 엔진부하를 연산한다.

  ④ 주행속도 신호 : 변속기에 설치된 차속센서(VSS ; vehicle speed sensor)에서 엔진 ECU로 입력통신을 통한 TCU로 입력한다. 입력축 및 출력축 속도센서의 고장을 판정할 때 참조 신호로 이용된다.

  ⑤ 냉각수온도 신호 : 초기 변속단 및 유압설정 신호로 사용한다.

(2) ECU-TCU통신이 불량할 때 조치내용

  ① 스로틀 포지션 센서(TPS) : 고장일 때 가속페달의 밟은 정도 50%(2.5V)로 간주하므로 변속 지연이 발생한다.

  ② 엔진부하

    ㉮ 시리얼통신 : 흡입 공기량을 최대 70%로 간주하여 데이터를 처리한다.

    ㉯ CAN통신 : 엔진 부하를 CAN통신을 통하여 데이터를 처리한다.

③ 엔진 회전속도 : 3000rpm으로 간주한다.
④ 차속센서 : 무 입력(0km/h)으로 인식하며 입·출력 속도센서의 고장 판정을 금지한다.
⑤ 에어컨 작동신호 : 에어컨 OFF로 인식한다.
⑥ 데이터 통신 : 각종 통신을 금지시킨다. 통신금지에 따른 하이백 변속 및 각종 인텔리전트 기능을 금지시킨다.

[3] 각종 센서와 액추에이터 기능

① 입력축 속도센서 : 입력축 회전속도(터빈 러너의 회전속도)를 언더 클러치(UD) 리테이너 부분에서 검출한다.
② 출력축 속도센서 : 출력축 회전속도(트랜스퍼 구동기어 회전속도)를 4단 자동변속기에서는 트랜스퍼 구동기어 부분에서, 5단 자동변속기는 다이렉트 유성기어 캐리어 부분에서 각각 검출한다.
③ 크랭크각 센서 : 엔진의 회전속도를 크랭크축에서 검출하여 ECU와 TCU가 통신한다.
④ 스로틀 포지션센서(TPS) : 가속페달 밟은 정도를 포텐셔미터로 검출하여 ECU와 TCU가 통신한다.
⑤ 가속페달 포지션센서(APS) : 가속페달 밟은 정도를 포텐셔미터로 검출하여 ECU와 TCU가 통신한다.
⑥ 오일 온도(유온)센서 : 자동변속기용 오일(ATF)온도를 서미스터로 검출한다.
⑦ 인히비터 스위치 : 변속레버의 위치를 접접형 스위치로 검출한다.
⑧ 브레이크 스위치 : 브레이크의 작동여부를 브레이크페달 부분에서 접접형 스위치로 검출한다.
⑨ 차속센서 : 차량의 주행속도를 속도계 기어부분에서 검출한다.
⑩ 에어컨 부하 스위치 : 에어컨 압축기의 작동여부를 오일 압력스위치로 검출한다.
⑪ 스포츠모드 선택스위치 : 스포츠모드의 선택을 변속레버 부분의 접점형 스위치로 검출한다.
⑫ 스포츠모드 업 시프트(up shift) 스위치 : 스포츠모드에서의 업 시프트(상향 변속)요구를 변속레버 부분의 접점형 스위치로 검출한다.

⑬ 스포츠모드 다운 시프트(down shift) 스위치 : 스포츠모드에서의 다운 시프트(하향 변속)요구를 변속레버 부분의 접점형 스위치로 검출한다.

⑭ A/T TCU제어 릴레이 : 솔레노이드밸브로 전원을 공급한다.

⑮ 댐퍼클러치 조절(DCC) 솔레노이드밸브 : 댐퍼클러치 제어를 위한 댐퍼클러치 조절밸브로의 유압을 조절한다.

⑯ 로 & 리버스 클러치(LR) 솔레노이드밸브 : 변속제어를 위한 압력 조절밸브로의 유압을 조절한다.

⑰ 2ND 솔레노이드밸브 : 변속제어를 위한 압력 조절밸브로의 유압을 조절한다.

⑱ 오버 드라이브(OD) 솔레노이드밸브 : 변속제어를 위한 압력 조절밸브로의 유압을 조절한다.

⑲ 리덕션 브레이크(RED) 솔레노이드밸브 : 변속제어를 위한 압력 조절밸브로의 유압을 조절한다.

⑳ 언더 드라이브 클러치(UD) 솔레노이드밸브 : 변속제어를 위한 압력 조절밸브로의 유압을 조절한다.

㉑ 클러스터 : 현재의 변속단(D레인지/스포츠모드)을 계기판의 램프의 점등으로 표시한다.

㉒ 토크 감소요구 신호 : 토크 감소요구를 엔진 ECU에 신호를 송신한다(ECU→TCU).

㉓ TCL-ECU : TCU와의 통신으로 제어상 필요한 정보를 접수한다.

㉔ 엔진 ECU : TCU와의 통신으로 제어상 필요한 정보를 접수한다.

4.2.2. 하이백 자동변속기의 각종 제어

[1] 변속할 때의 유압제어

(1) 클러치 대 클러치 변속(clutch to clutch shift)

기존의 자동변속기에서는 변속할 때 2개의 솔레노이드밸브(시프트 조절 솔레노이드밸브 : SCSV)를 이용하여 제어를 하므로 정밀한 변속이 어려웠으며, 또한 1개의 솔레노이드밸브(압력 조절 솔레노이드밸브 : PCSV)로 유압을 제어하므로 변속할 때 정밀한 유압제어가 실현되지 못하였다.

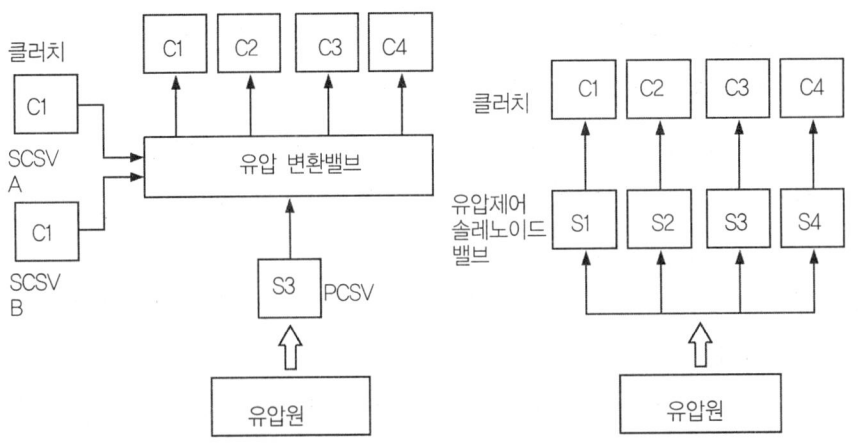

(a) 솔레노이드밸브 유압을 공통제어
(b) 각 클러치 전용의 솔레노이드밸브로 간접 독립제어

그림 61. 솔레노이드밸브의 제어구성

그러나 클러치 대 클러치 변속방식에서는 TCU가 입·출력축 속도센서의 신호를 받아 필요 유압을 산출하고 4개의 솔레노이드밸브로 출력신호를 보내어 해제측 클러치(또는 브레이크)와 결합측 클러치(또는 브레이크)를 동시에 제어하여 변속을 실행한다. 따라서 클러치를 변환할 때 양쪽 클러치 토크용량을 각각 산출하여 정밀하게 제어하므로 변속 중에 기관의 런 업(run up)이나 클러치가 고정되는 문제점을 예방하므로 원활하고 응답성이 높은 변속을 할 수 있다.

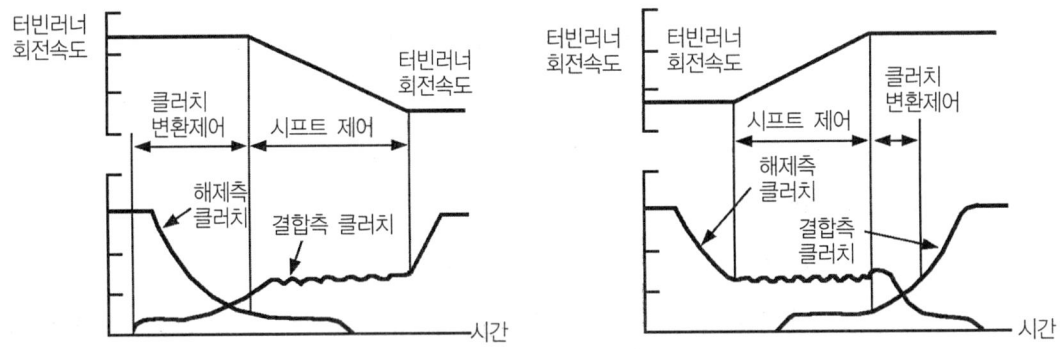

※ 터빈러너 회전속도 변화에 따라 공급측과 해제측의 유압을 제어한다.
※ 주의 : 저온시(-20℃ 이하)는 ATF 유동이 늦기 때문에 솔레노이드밸브 듀티율을 61.3Hz→31Hz로 낮춘다.

(a) 업 시프트   (b) 다운 시프트

그림 62. 클러치 대 클러치 제어선도

① 스킵 변속제어(skip shift control) : 각종 클러치 솔레노이드밸브를 사용하므로 킥 다운이 될 때 또는 하이백 제어에 의한 스킵 변속제어가 가능하다. 따라서 응답성이 빠른 변속을 실행할 수 있다.

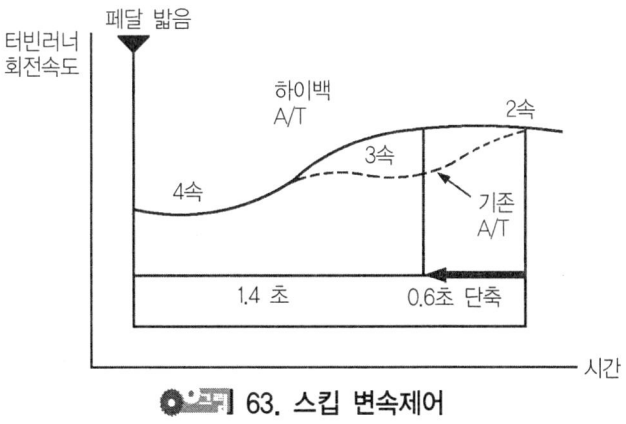

○그림 63. 스킵 변속제어

(2) 피드백 변속제어(feed back shift control)

각 변속 단으로 변속을 할 때 입력축의 회전속도 변화를 미리 설정된 목표 변화율에 일치하도록 솔레노이드밸브의 듀티율을 피드백 제어를 한다. 따라서 변속 중에 토크의 변화를 이상적으로 제어하는 것이 가능하므로 변속 감이 향상되며 엔진이나 변속기의 노화에 따른 성능변화에 대해서도 자동적으로 보정하므로 변속 감이 향상된다.

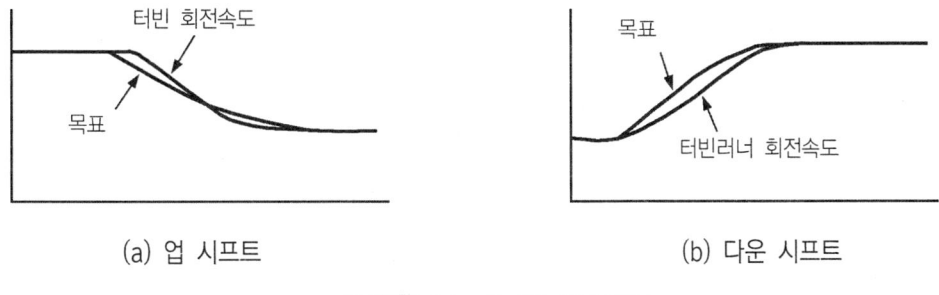

○그림 64. 피드백 변속제어

[2] 스포츠모드 제어

하이백 제어에 의해 쉬운 운전의 실현이 가능하지만 운전을 즐기는 방법으로 쉬운 운전과는 별도인 "fun to drive(운전을 즐김)"을 원하는 운전자에게 대응하기 위해 자동변속기이면서 수동변속기 감각을 운전을 가능하게 한 기능이 스포츠모드 제어이다.

(1) 스포츠모드의 특성
① 변속 레버를 앞·뒤로 움직이는 것만으로 상향 및 하향변속이 가능하다.
② 가속페달을 밟은 상태에서도 기어변속이 가능하다. 따라서 출력 감소없이 운전을 즐길 수 있다.
③ 굴곡 도로, 산악 도로 등에서도 변속단을 스스로 간단히 선택할 수 있어 코너 진입 직전이나 경사진 도로 직후의 경쾌한 다운 시프트가 가능하다.

[3] 댐퍼 클러치 제어

댐퍼 클러치 제어는 저속영역에서 약간의 미끄러짐(미소슬립) 부분의 직결제어와 고속 영역에서의 완전 직결영역 제어로 구성되어 있다.

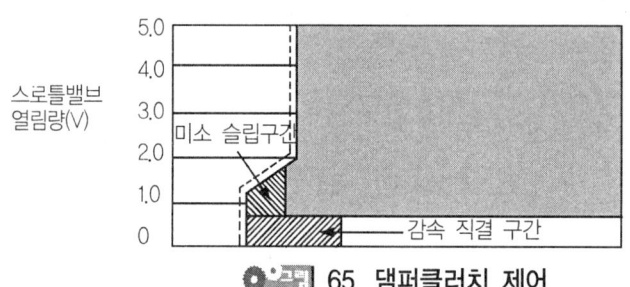

65. 댐퍼클러치 제어

(1) 댐퍼 클러치의 작동조건
① 전진 레인지에서 2단 이상일 때(2속에서 댐퍼 클러치의 작동은 오일온도가 125℃ 이상이어야 함)
② N→D, N→R 제어 중이 아닐 때
③ 완전 직결되었을 때 오일온도가 50℃ 이상일 것

④ 미소 슬립일 경우에는 오일온도가 70℃ 이상일 것
⑤ 페일 세이프 상태가 아닐 것

※댐퍼클러치 듀티 0%일 때는 작동하지 않음 상태이고, 듀티 100%는 작동하는 상태이다.

5 무단변속기(CVT : continuously variable transmission)

5.1. 무단변속기의 개요

무단변속기란 연속적으로 가변(可變)시키는 장치이다. 무단변속기의 최대 장점은 무단으로 변속을 실행하므로 변속기에서 발생할 수 있는 변속 충격방지 및 연료 소비율 향상과 가속성능이 우수한 점이다.

무단변속기의 종류에는 크게 변속방식에 의한 분류와 동력전달방식으로 분류할 수 있으며, 변속방식에는 벨트방식과 트로이드방식으로 나누며 현재는 주로 벨트방식을 사용한다. 또한 벨트방식에서도 전동기로 제어하는 건식과 유압으로 제어하는 습식이 있으며, 유압으로 제어하는 습식이 주로 사용된다.

동력전달장치에는 전자 분말방식과 토크컨버터방식이 있다. 무단변속기는 엔진을 항상 최적 운전상태로 유지할 수 있어 효율이 10~20% 정도 높아진다. 변속 모드는 P, R, N, D, Ds, L레인지 등 총 6개의 모드로 구성되어 있으며 자동변속기 주행상태에서 D_4, D_3, D_2, L과는 달리 D 레인지는 이코노미 모드(economy mode)이며, Ds는 파워 모드(power mode)이다.

그림 66. 무단변속기

5.1.1. 무단변속기의 장점

[1] 가속성능의 향상

무단변속기는 변속비가 연속적으로 이루어지므로 엔진 회전속도를 일정한 구간으로 유지하여 변속할 수 있기 때문에 운전자의 성향에 따라 필요한 구동력 영역에서 운전을 할 수 있다.

[2] 연료 소비율의 향상

기존의 자동변속기는 댐퍼 클러치 제어영역을 변속기 충격이나 내구성 문제 때문에 댐퍼클러치 영역에 제한을 두었으나 무단변속기는 중간에 차단되는 변속이 없으므로 댐퍼클러치 영역을 기존 자동변속기보다 많은 영역으로 할 수 있다. 그리고 최적의 연료 소비율 곡선에 따라 운전할 수 있어 연료 소비율이 향상된다.

[3] 변속기 충격감소

변속패턴이 없어 출력축 토크 변동에 의한 차이가 없기 때문에 변속기 충격이 없다.

[4] 무게감소

기존의 자동변속기에 비해 부품 수요가 적어 무게가 가벼워진다. 무단변속기의 가장 큰 장점은 변속 충격이 없고 원활한 가속에 있다. 이것은 기존의 자동변속기에서 실현이 어려운 충분한 동력성능과 양호한 연료 소비율 특성에 있다. 무단변속기는 일반 자동변속기와는 달리 주어진 변속패턴에 따라 최대 변속비와 최소 변속비 사이를 연속하여 무한대의 단계로 변속시키므로 서 엔진의 동력을 최대한 이용하여 우수한 동력성능과 연료 소비율을 향상시키는 있도록 운전 가능한 변속기이다.

5.2. 무단변속기의 성능 향상장치

기존의 자동변속기에 비해 무단변속기는 무단으로 변속비를 제어할 수 있기 때문에 연료 소비율 향상과 동력성능을 향상시킨다.

① 연료 소비율 향상 : 최적상태의 연료 소비율 곡선에 근접하여 운전이 가능하므로 연료 소비율을 낮출 수 있다.

② 동력성능 향상 : 높은 구동력이 요구되는 경우 최고 출력 곡선부근에서 운전을 할 수 있어 동력성능이 향상된다.

5.3. 무단변속기의 구성별 분류
5.3.1. 동력 전달방식에 의한 분류
[1] 토크컨버터방식

토크컨버터방식에서 사용하는 무단변속기의 토크컨버터는 기존의 자동변속기에서 사용하는 토크컨버터와 동일하다. 그러나 무단변속기 특성상 댐퍼클러치 제어 영역을 자동변속기에 비해 작동영역을 크게 할 수 있어 연료 소비율 개선에 큰 효과를 볼 수 있다.

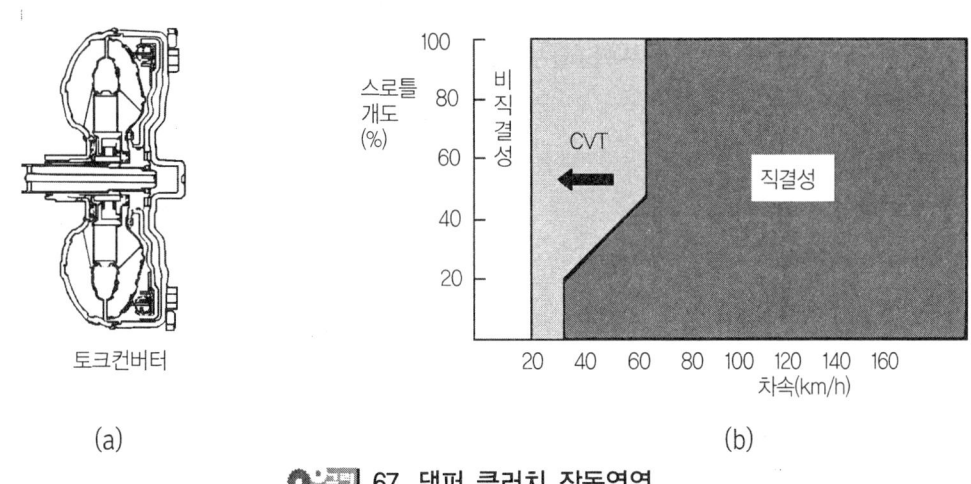

그림 67. 댐퍼 클러치 작동영역

[2] 전자 파우더방식(electronic powder type)

전자 파우더방식은 기존의 동력 전달방식과는 달리 전자 파우더를 밀폐된 공간에 넣고 외부. 즉, 구동축 쪽에 솔레노이드를 설치하고(엔진과 함께 회전함) 내부 쪽에 변속기 입력축을 설치하여 솔레노이드에 전원을 가하면 전자 파우더가 작용하여 내부와 외부를 연결한다. 즉, 엔진의 동력과 변속기 입력축을 연결한다.

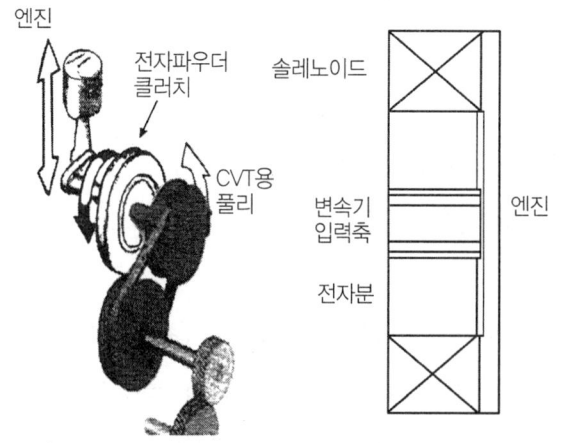

그림 68. 전자 파우더 클러치

그러나 이 방식은 변속기 특성상 구동 상태에서도 차량이 정지하고 있어야 되기 때문에 전자 파우더 클러치 내부에 슬립이 발생하며, 슬립에 의해 열이 많이 발생하는 단점이 있다.

5.3.2. 변속방식에 의한 분류

변속방식에 의한 무단변속기의 종류는 입력 동력을 출력과 연결하는 매개체로 구분을 할 수 있는데 크게 벨트방식과 트랙션 구동방식으로 나눌 수 있다. 구체적으로 분류하면 다음과 같다.

① 벨트방식 : 고무 벨트방식, 금속 벨트방식, 체인방식
② 트랙션방식 : 익스트로이드 방식

[1] 벨트방식

(1) 고무 벨트방식(rubber belt type)

고무벨트는 알루미늄합금 블록의 측면 즉, 변속기 풀리와의 접촉면이 내열수지로 성형되어 있다. 이렇게 제작된 고무벨트는 높은 마찰계수를 유지하는 효과를 얻을 수 있고 벨트를 누르는 힘(grip force)을 작게 할 수 있다. 이 고무 벨트방식은 주로 2륜 자동차 등과 같은 배기량이 작은 차량에서 주로 사용된다.

(2) 금속 벨트방식(metal belt type)

　금속 벨트방식은 두께 0.2mm의 금속밴드를 12장씩 겹친 밴드사이에 끼워 넣은 상태의 금속 V-벨트이다. 고무벨트는 인장력으로 동력을 전달하지만 금속 벨트방식은 금속 블록사이의 압축력에 의해서도 동력을 전달한다. 즉, 고무 벨트방식은 벨트 풀리가 회전하면 인장력에 의해 회전하지만 금속 벨트방식은 당기는 힘(인장력)과 금속블록에 의해 미는 힘도 동력을 전달한다.

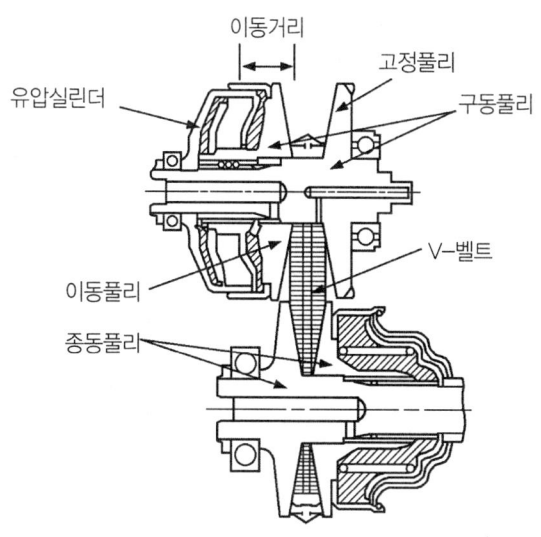

　　　　　 69. V-벨트 무단변속기의 구조

　금속벨트의 구조는 약 450개의 금속블록과 12매 묶음의 금속밴드 2개로 구성되어 있으며 금속블록이 동력을 전달할 때 풀리의 경사면 사이에 마찰력이 필요하게 되고 다음과 같이 작용한다. 2차 풀리에 유압이 작용하여 블록을 누른다. 이때 블록은 왼쪽으로 밀려 확장되고 금속벨트는 완강히 버티게 되며, 이때 금속벨트에서는 장력이 발생한다. 이 마찰력에 의해 1차 풀리의 블록과 풀리사이에 마찰력이 발생하며, 즉 압축에 의한 동력전달을 실행하는 금속블록과 이것에 필요한 마찰력을 유지하는 금속밴드가 역할을 분담하고 있다. 이로 인하여 금속밴드의 장력은 전체로 분산되어 받고 또한 응력 변동도 작아서 내구 성능이 우수하다.

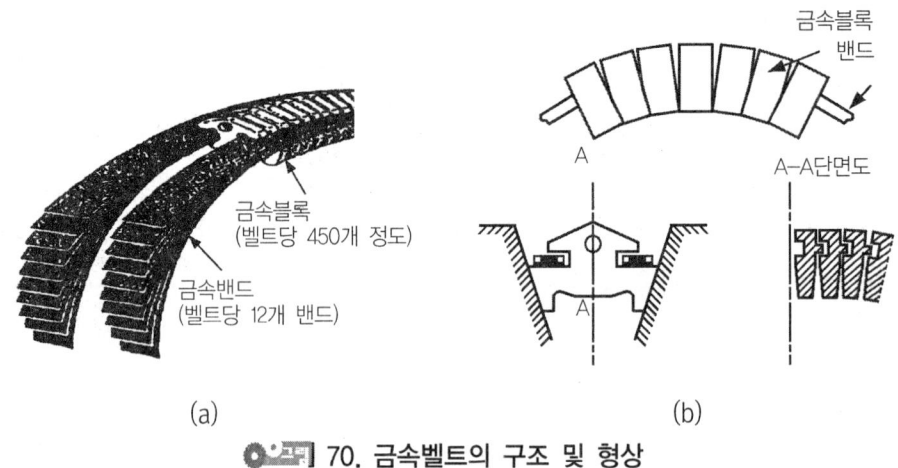

그림 70. 금속벨트의 구조 및 형상

[2] 익스트로이드방식

익스트로이드방식의 작동원리는 입력축과 출력축 원판에 하중을 작용시키고 롤러가 회전함에 따라 접촉 반지름이 변화하여 이것의 반지름 비율에 의해 변속이 된다. 익스트로이드방식은 구동 원리상 뒷바퀴 구동차량에 사용할 수 있는 구조를 지녔으며 현재 뒷바퀴 구동 차량에 설치되고 있다.

그리고 익스트로이드 방식은 넓은 변속범위와 높은 효율성, 정숙성을 지닌 장점이 있으나 큰 출력 및 회전력의 높은 강성을 요구하며, 변속기의 무게가 커지고 또는 미끄러짐 방지를 위해 특수오일을 사용하여야 하는 결점이 있다.

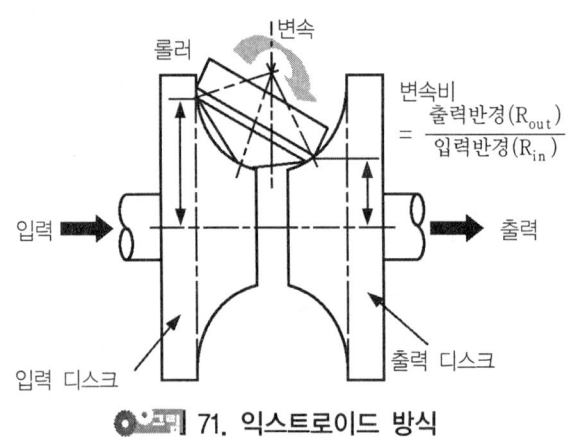

그림 71. 익스트로이드 방식

5.4. 무단변속기의 구성요소와 작동

5.4.1. 토크컨버터(torque converter)

토크컨버터는 엔진의 동력을 변속기로 전달해 주는 유체 동력학적 동력 전달장치이며, 현재 거의 모든 자동변속기에 사용되고 있는 매우 중요한 장치이다. 특히, 무단변속기용 토크컨버터는 자동변속기의 주요 구성부품을 공용화하고 있으며 록업(lock up)클러치의 강성화와 정숙성 확보, 록업 영역의 확대로 낮은 연료 소비율 실현 및 출발 성능 등이 향상 되었다.

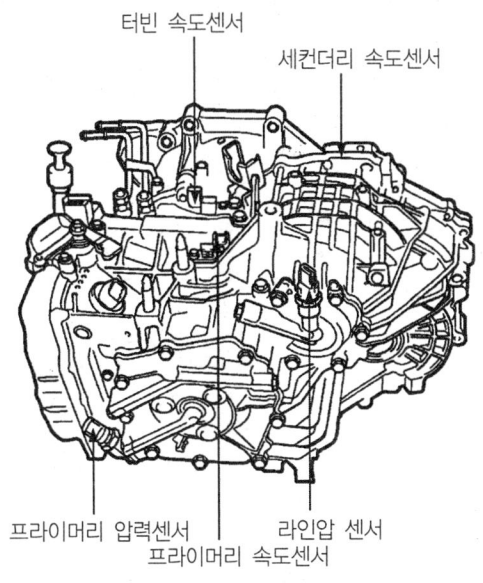

그림 72. 무단변속기의 외부 구성부품

5.4.2. 오일펌프(oil pump)

자동변속기의 오일펌프는 토크컨버터의 바로 뒷부분이나 또는 변속기 케이스의 맨 뒤쪽에 설치되며, 어떤 경우에는 밸브보디 내에 설치하기도 한다. 오일펌프는 항상 엔진에 의해 구동되는데 토크컨버터의 뒤쪽에 설치될 경우 토크컨버터의 임펠러 커버 허브에 의해 구동되며, 변속기 케이스 뒤쪽이나 밸브보디 내에 설치될 경우에는 토크 컨버터 커버와 연결된 별도의 오일펌프 구동축에 의해 구동된다.

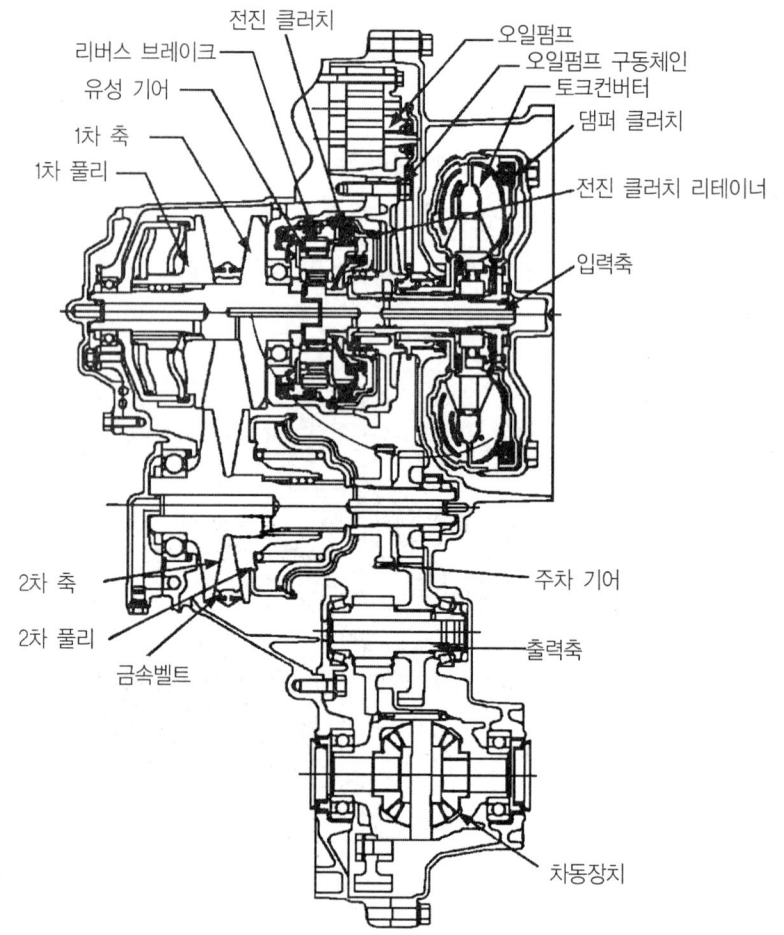

그림 73. 무단변속기의 전체 구성도

    오일 팬으로부터 흡입되는 오일은 반드시 오일필터를 거쳐 불순물이 걸러지도록 되어 있고 토출 압력은 유압 제어장치와 연결되어 엔진 회전속도와 관계없이 일정하게 유지된다. 그리고 이 펌프는 설치 상에 제약이 따르므로 체인을 통해 구동이 되나 일부 자동 변속기에서는 밸브보디 내에 설치된 것도 있다.

    외접 기어펌프의 특징은 흡입구멍과 토출 구멍사이에 거리가 짧은데 비해 실(seal)면이 길기 때문에 효율이 가장 좋다. 또한 다른 오일펌프에 비해 소음도 낮으나 구조상 다른 오일펌프에 비해 많은 공간을 차지하는 결점이 있다. 그림 74는 외접기어 펌프의 구조를 나타내었다.

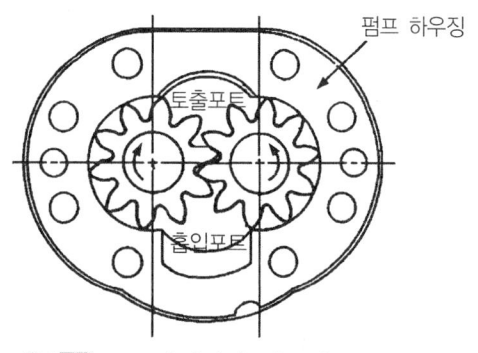

그림 74. 외접기어 펌프의 구조

5.4.3. 무단변속기용 오일

자동변속기 오일은 점도가 낮아지면(고온일 때) 제어밸브, 클러치나 브레이크의 피스톤 실(seal) 등으로부터 오일의 누출이 증대되어 유압이 저하하는 원인이 되므로 정밀 제어가 어렵다. 또한 유성이 저하되므로 마모가 증대되고 오일의 온도가 상승한다. 이에 따라 오일펌프의 효율도 저하된다.

반대로 점도가 높아지면(저온일 때) 내부마찰, 관로저항 등에 의한 온도 상승과 동력 손실을 피할 수 없다. 그리고 제어밸브 등의 작동이 원활하지 못하여 변속 불량을 유발하는 경우도 있을 수 있다. 따라서 자동변속기용 오일은 점도 지수가 커 온도변화에 대하여 점도 변화가 적어야 한다.

5.4.4. 오일필터(oil filter)

기존의 자동변속기용 오일필터에 비해 높은 밀도의 부직포를 사용하였으며, 오일 흡입구 주위에 자석을 설치하여 오일의 청정도를 향상시키고 벨트 작동의 신속성을 향상시켰다.

그림 75. 오일필터의 구조

5.4.5. 밸브보디 분리판(separating plate)

무단변속기에는 벨트를 잡기 위해 풀리에 작용하는 유압을 기존 자동변속기에 비해 고압으로 제어되므로 밸브보디 분리판에 발포 고무를 코팅한 개스킷을 사용하여 기밀 성능을 높이고 유압 손실을 감소시킨다.

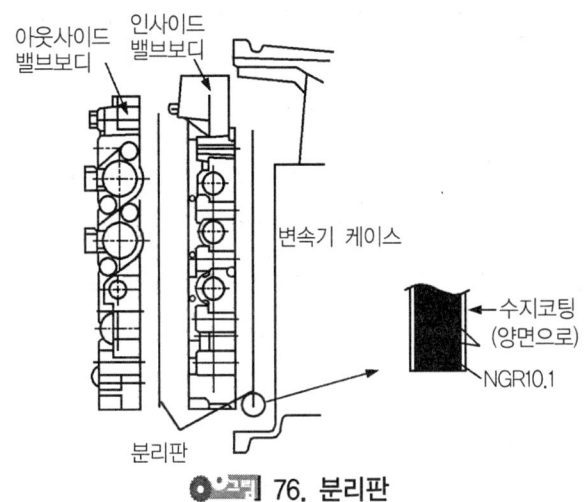

그림 76. 분리판

5.4.6. 무단변속기 케이스

내구성, 신속성 및 저속성을 확보하고, 높은 부하상태에서 변형에 의한 풀리의 진동을 억제시키기 위해 케이스의 두께 및 리브(rib)를 보강하고 있다.

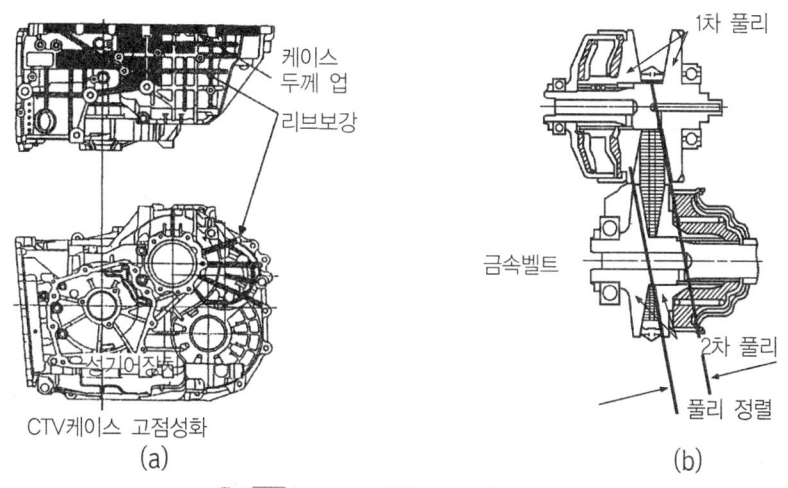

그림 77. 무단변속기 케이스의 구조

5.4.7. 전·후진장치

무단변속기의 변속은 가변풀리에 의하므로 별도의 변속장치가 필요 없다. 그러나 무단변속기를 설치한 차량도 후진을 하여야 한다. 이를 위해 전·후진장치를 두고 있다. 전·후진장치의 작동은 유성 기어세트를 사용하며, 유성 기어세트의 구성은 링 기어 유성 캐리어, 선 기어, 더블 피니언(double pinion) 등이다. 이것은 전진에서 후진으로의 동력 전달방향을 변환할 때 회전방향을 바꾸기 위한 기구이다.

그리고 유성 기어장치를 제어하기 위한 클러치 및 브레이크가 있으며, 전진할 때 캐리어를 직접 구동하기 위한 전진 클러치 1세트와 후진에서 링 기어를 케이스에 고정하기 위한 후진 브레이크 1세트가 마련되어 있다.

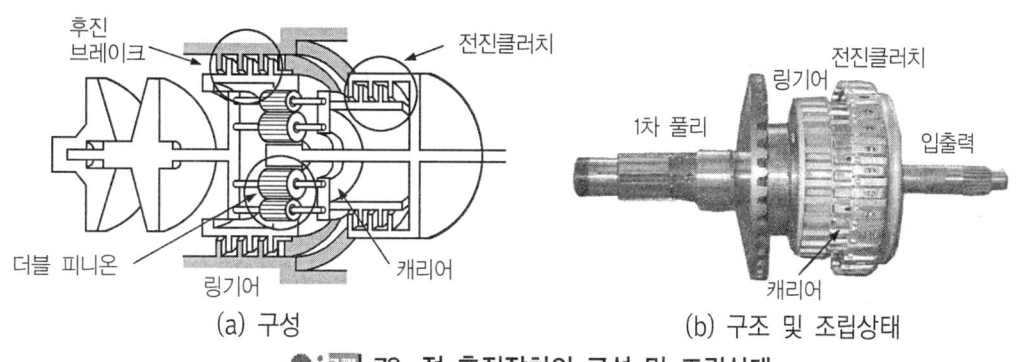

그림 78. 전·후진장치의 구성 및 조립상태

5.4.8. 가변 풀리

무단변속기에서 변속비율이 제어되는 모든 것은 가변 풀리에서 이다. 즉 지름이 다른 풀리 2개가 벨트를 통하여 연결되어 있으며, 각 풀리는 벨트가 설치되어 지름을 변경할 수 있도록 되어 있다. 풀리의 지름변경은 1차 풀리 피스톤과 2차 풀리 피스톤에 의한다. 각 풀리장치 즉, 구동과 피동 풀리는 고정 및 이동 시브(sheave)로 구성되어 있다.

고정 시브와 이동 시브사이에는 볼 스플라인(ball spline)을 사용하여 축방향 이동은 자유스럽지만 회전운동은 제한을 받는다. 이렇게 이동 시브가 축방향으로 이동함에 따라 벨트의 접촉 반지름이 바뀌게 되어 풀리 비율이 변화한다. 벨트의 접촉력을 발생시키는 유압실은 피스톤, 이동 풀리 및 풀리 커버로 구성되어 있다.

유압실에 작용하는 유압은 유압장치에 의해 제어되는데 정압 요소와 피스톤 회전에 의해 발생되는 원심 유압요소로 구분된다. 특히 피동 풀리가 고속으로 회전하는 경우 원심 유압은 벨트 제어 성능에 영향을 줄 정도로 크기 때문에 원심 유압을 상쇄시키기 위해 반대방향의 원심 유압을 발생시키는 유압 실을 설치하고 있다.

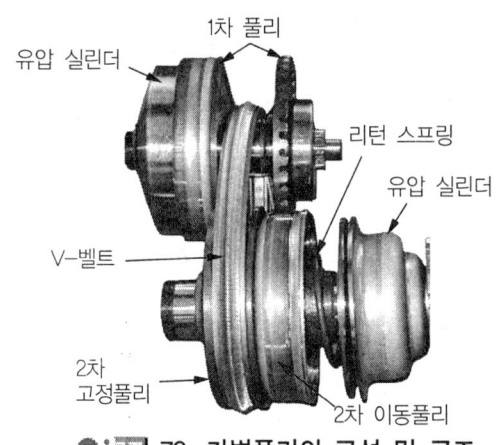

그림 79. 가변풀리의 구성 및 구조

[1] 1차 풀리

1차 풀리 즉, 구동 풀리는 그림 80(a)에 나타낸 바와 같이 더블 피스톤을 사용한다. 이것은 1차 풀리의 역할이 구동 중 변속비율 제어와 관련이 있음을 의미한다.

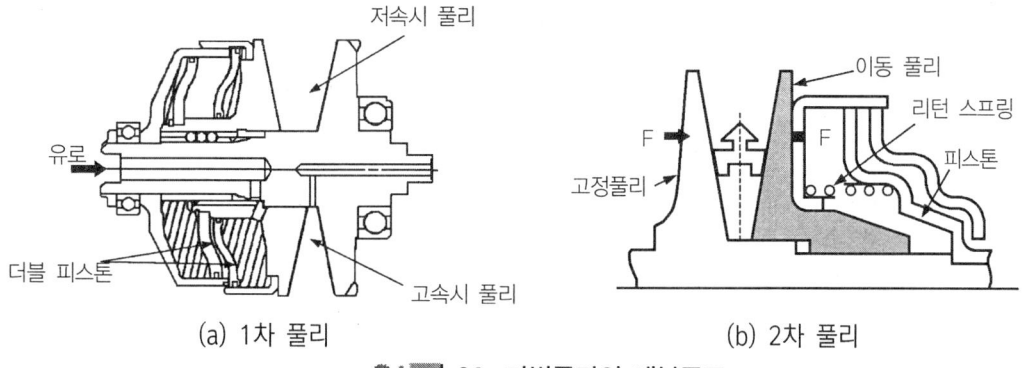

80. 가변풀리의 내부구조

저속단계로 운행 중인 자동차를 고속단계로 변속을 하기 위해서는 1차 풀리의 유압실에 유압을 가하게 되는데 이때 벨트는 가장 안쪽에 위치하고 있다가 바깥쪽으로 이동을 한다. 이때 벨트가 위치해 있는 풀리의 지름 비율이 곧 변속 비율이 된다.

구성을 보면 고정 풀리의 끝부분은 유성 기어장치의 캐리어와 물리도록 스플라인이 가공되어 있으며, 이동 풀리는 축방향의 이동을 원활히 하면서 회전방향의 움직임을 제한하기 위한 볼 스플라인이 3개씩 120°의 간격으로 3군데에 총 9개가 설치되어 있다. 특히 이 볼은 매우 정밀성을 요구하므로 함부로 분해해서는 안 되며 분해하였을 경우 재 사용할 때에는 유압계통에 문제를 일으킬 수 있으므로 신중을 기해야 한다.

[2] 2차 풀리

2차 풀리의 내부구조 및 원리는 1차 풀리와 거의 비슷하다. 그러나 역할이 다르므로 일부 구조는 차이가 있다. 1차 풀리가 변속비율 제어가 주 역할이었다면 2차 풀리는 벨트의 장력 제어가 주 역할이다. 즉, 1차 풀리와 항상 연동하여 움직이지만 벨트의 장력 상태에 따라 유압을 적절히 제어하도록 되어있다. 그리고 피스톤 유압실 내부에는 리턴스프링이 설치되어 있으며, 이것은 엔진의 가동을 정지하여 유압이 작용하지 않을 때 벨트의 긴장감을 항상 유지하기 위한 안전장치이다.

기타 고정 시브 및 이동 시브로 구성되어 있으며 이동 시브의 원활한 축방향 이동 및 회전방향의 회전을 억제하기 위한 볼 스플라인이 3개씩 120°의 간격으로 3군데 설치되어 있다.

5.5. 무단변속기의 전자제어

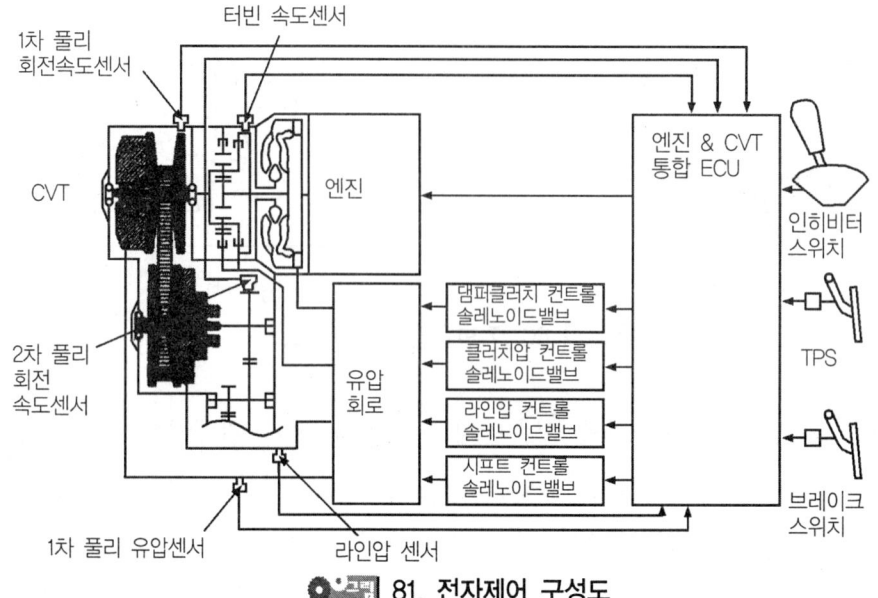

그림 81. 전자제어 구성도

5.5.1. 각종 액추에이터와 센서의 구성 및 작동원리

[1] 솔레노이드밸브

솔레노이드밸브의 기준 유압을 낮추는 것은 기존의 자동변속기에 비해 소형화하고 비용 절감, 소음 저하를 실현하였으며, 소형화에 의해 작동부분의 질량이 가볍게 되므로 작동부분에 작동하는 전자력, 스프링 장력도 작게 되므로 작동할 때 에너지를 낮게 하고 내구 성능도 대폭 향상되었다.

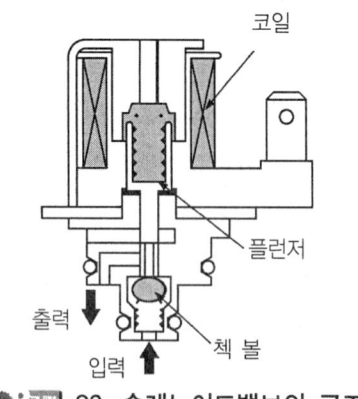

그림 82. 솔레노이드밸브의 구조

이것에 의해 주행 중에는 항상 작동되는 무단변속기의 솔레노이드밸브는 가혹한 운전 조건에서도 문제가 없는 내구성능과 신속성능을 확보하고 있다.

[2] 오일 온도(유온)센서

변속기 오일의 온도를 서미스터로 검출하여 댐퍼클러치 작동 및 미 작동영역을 검출하고 변속할 때 유압제어 정보 등으로 사용한다.

[3] 유압센서

무단변속기의 유압센서는 라인압력 또는 1차 풀리쪽 압력 검출용과 2차 풀리쪽 압력 검출용 2개가 설치된다. 유압센서는 물리량인 압력을 전기량인 전압 또는 전류로 변화하는 것을 이용한 것이며 검출압력의 범위는 $0 \sim 80 kg_f/cm^2$이고, 입력범위는 $0.5 \sim 4.5V$이다.

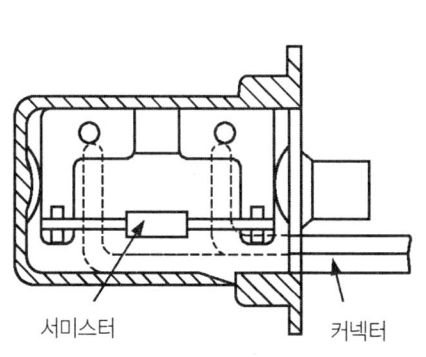

그림 83. 오일 온도센서의 구조

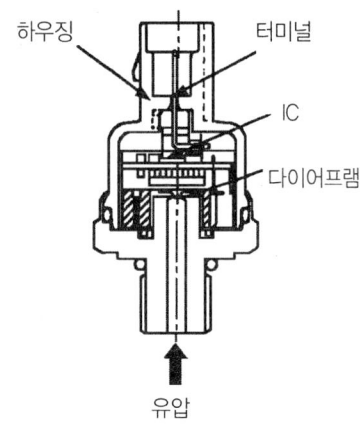

그림 84. 유압센서의 구조

[4] 회전속도 센서

회전속도 센서의 종류에는 터빈 회전속도 센서, 1차 풀리 회전속도 센서, 2차 풀리 회전속도 등 3가지가 있으며, 1, 2차 풀리 회전속도 센서는 공용화가 가능하다. 회전속도 센서는 홀 센서(hall sensor)형식이다.

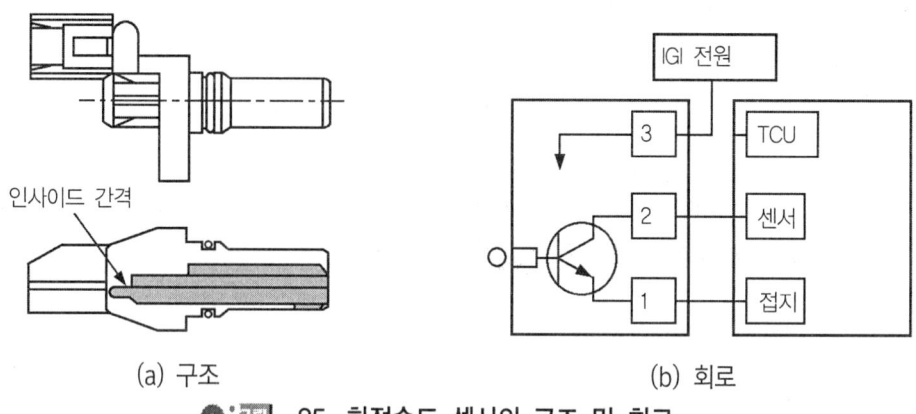

   (a) 구조　　　　　　　　　　(b) 회로

　　　　85. 회전속도 센서의 구조 및 회로

5.5.2. 유압 제어계통

　유압 제어장치는 유압을 발생시키는 오일펌프, 컴퓨터(CVT 컨트롤 유닛)의 전기신호를 받아 유압을 조절하는 솔레노이드밸브, 솔레노이드밸브에서의 제어압력을 기초로 작동하는 컨트롤밸브 및 라인압력을 일정한 압력으로 조정하는 레귤레이터밸브 그리고 이들을 구성하는 밸브보디 등으로 구성되어 있다.

　컴퓨터는 각 센서 정보에서 신호를 받아 4개의 솔레노이드밸브를 구동하고 주행조건에 대한 제어를 실행한다. 유압제어에는 라인압력 제어, 변속비율 제어, 출발 제어, 클러치 압력 제어 등이 있다.

6 드라이브라인·뒷차축 어셈블리 및 바퀴

6.1. 드라이브라인(drive line)

① 드라이브라인은 변속기의 출력을 구동축에 전달하는 부분이며 FR형식은 추진축과 자재이음, 슬립이음으로 되어 있으며, FF형식은 이러한 구성품이 필요없이 구동축이 연결된다.

② 현가 스프링을 사이에 두고 프레임에 설치되어 있는 구동축은 노면으로부터의 충격과 적재량의 크기에 따른 스프링의 변형으로 상하운동을 한다.

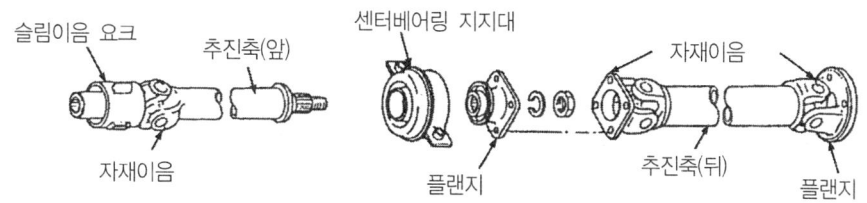

그림 86. 드라이브라인의 구성

③ 드라이브라인은 일정의 길이와 각도로 설치하는 것이 불가능하기 때문에 각도 변화에 대하여는 자재이음을, 길이의 변화에 대하여는 슬립이음을 사용한다.

6.1.1. 슬립이음(slip joint)

슬립이음은 변속기 주축 뒤끝에 스플라인을 통하여 설치되며, 차축의 상하운동에 따라 변속기와 종감속 기어사이에서 길이 변화를 수반하게 되는데 이때 추진축의 길이 변화를 가능하도록 하기 위해 두고 있다.

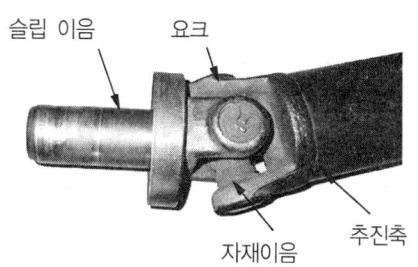

그림 87. 슬립이음, 자재이음

6.1.2. 자재이음(universal joint)

자재이음은 변속기와 종감속 기어사이의 구동 각도 변화를 주는 장치이며, 종류에는 십자형 자재이음, 플렉시블 이음, 볼엔드 트러니언 자재이음, 등속도 자재이음 등이 있다.

[1] 십자형 자재이음(훅 조인트)

이 형식은 중심부의 십자축과 2개의 요크(yoke)로 구성되어 있으며 십자축과 요크는 니들 롤러 베어링을 사이에 두고 연결되어 있다. 그리고 이 형식은 변속기 주축이 1회전하면 추진축도 1회전하지만 그 요크의 각속도는 변속기 주축이 등속도(等速度)회전하여도 추진축은 90°마다 변동하여 진동을 일으킨다. 이 진동을 감소시키려면 각도를 12~18° 이하로 하여야 하며 추진축의 앞·뒤에 자재이음을 두어 회전속도 변화를 상쇄시켜야 한다.

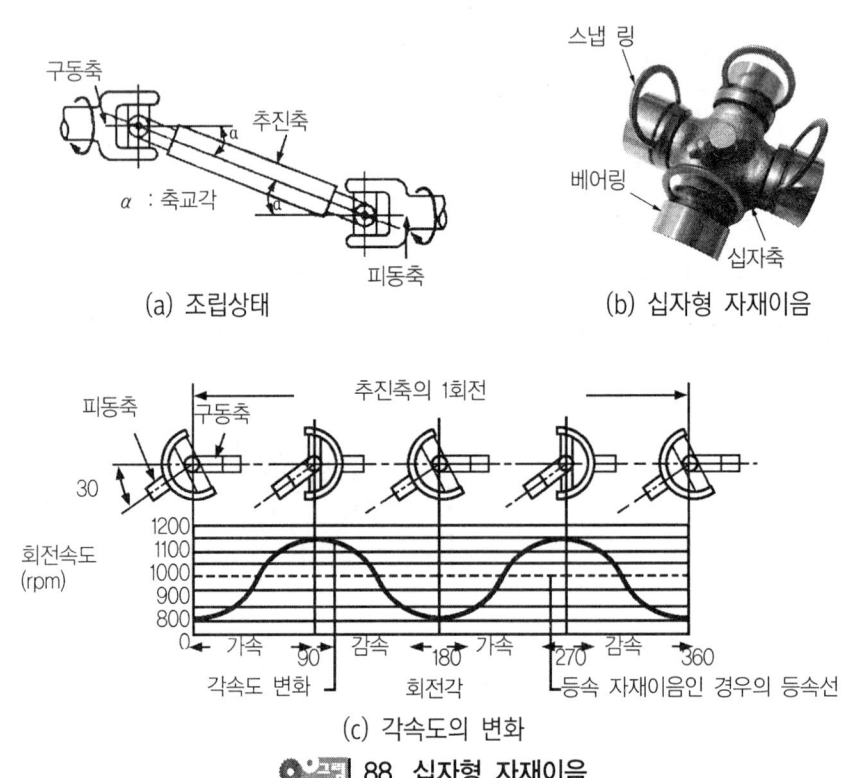

그림 88. 십자형 자재이음

[2] 플렉시블 이음(flexible joint)

이 형식은 3가닥의 요크사이에 가죽이나 경질 고무로 만든 커플링(coupling)을 끼우고 볼트로 조인 것이다. 이 형식은 마찰 부분이 없어 주유가 필요 없으며 회전이 조용하다. 그러나 구동축과 피동축의 경사각이 3~5° 이상 되면 진동을 일으키기 쉬워 동력전달 효율이 저하한다.

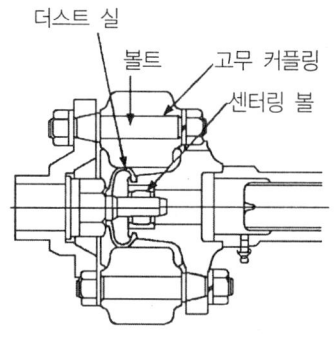

그림 89. 플렉시블이음

[3] 등속도(CV) 자재이음

일반적인 자재이음에서는 동력 전달각도 때문에 추진축의 회전 각속도가 일정하지 않아 진동을 수반하는데 이 진동을 방지하기 위해 개발 된 것이다. 드라이브라인의 각도 변화가 큰 경우에는 동력전달 효율이 높으나 구조가 복잡하다. 이 형식은 주로 앞바퀴 구동방식(FF) 차량의 차축에서 사용된다. 종류에는 트랙터형, 벤딕스 와이스형, 제파형, 파르빌레형, 이중 십자이음이 있다.

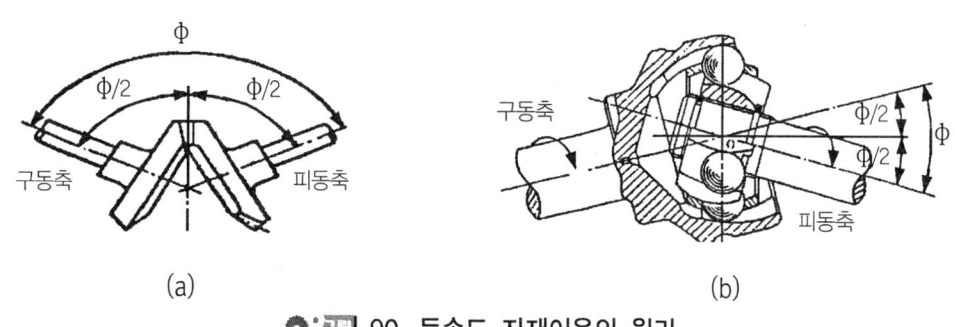

그림 90. 등속도 자재이음의 원리

(1) 트랙터형(tractor type)

이 형식은 양쪽 요크사이에 2개의 미끄럼 운동부가 있으며, 십자형 자재이음을 2개 합친 것과 같다.

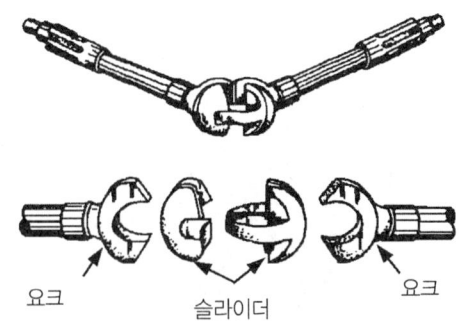

그림 91. 트랙터형

(2) 벤딕스 와이스형(bendix weiss type)

이 형식은 동력전달용으로 4개의 볼(ball)을 사용하며, 그 중심에 볼을 1개 두고 중심을 잡도록 하고 있으며 동력전달용 볼이 안내 홈을 따라 움직여 그 중심은 축이 형성하는 각의 2등분 선상에 있게 되어 있다. 이 형식은 볼의 수가 적어 용량이 작기 때문에 중심 지지용 베어링이 2개가 필요하다.

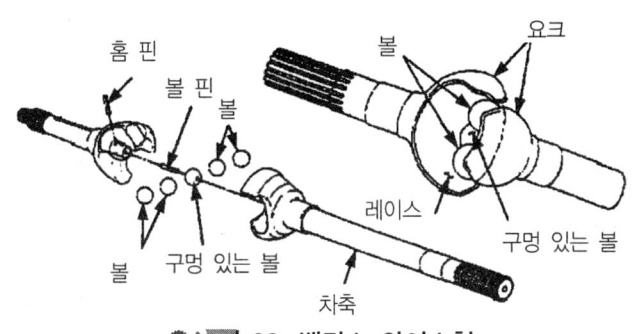

그림 92. 벤딕스 와이스형

(3) 제파형(rezeppa type)

이 형식은 안내 홈과 볼을 이용하는 점은 벤딕스 와이스형과 비슷하나 축이 만나는 각도에 따라 볼 리테이너(ball retainer)가 움직여 볼의 위치를 바른 곳에 유지시키게 되어 있다.

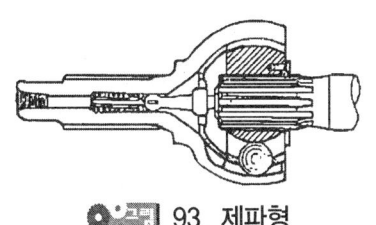

그림 93. 제파형

(4) 파르빌레형(parville type)

이 형식은 제파형을 개량한 것으로 아우터 레이스(outer race)의 안쪽 면과 인너 레이스(inner race)의 바깥쪽 면이 같은 중심을 갖는 둥근 모양이며, 리테이너를 사이에 두고 조립되어 있다. 이에 따라 각도를 이룰 때에는 아우터 레이스와 인너 레이스가 리테이너를 사이에 두고 미끄럼 운동을 하여 소정의 각도를 이루도록 한다. 또 볼 홈은 각도를 이룰 때 홈의 모양과 리테이너에 의해 볼을 소정의 위치에 유지시킨다.

구조가 간단하고 용량이 커 앞바퀴 구동차량에서 사용한다. 또한 변속기 쪽에 있는 것을 더블 오프셋 이음(double off-set Joint), 바퀴 쪽에 있는 것을 버필드 이음(birfield joint)라 부른다.

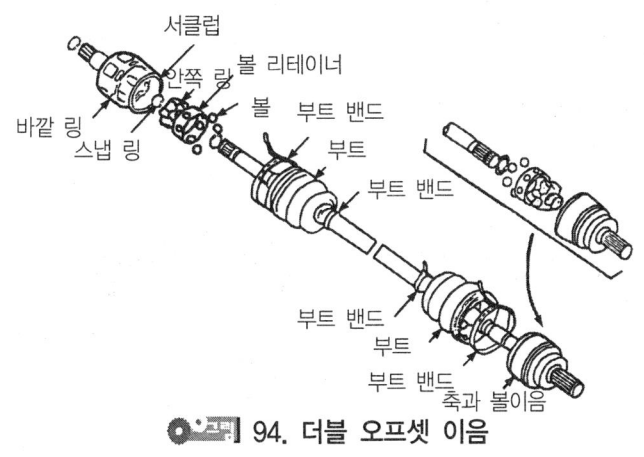

그림 94. 더블 오프셋 이음

(5) 2중 십자이음

이 형식은 십자형 자재이음 2개를 마주 대고 중심 요크로 결합한 것이며, 중심 지지용 볼을 설치하고 있다.

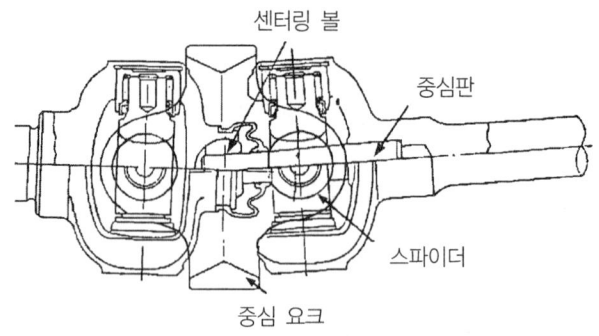

그림 95. 2중 십자이음

6.1.3. 추진축(propeller shaft)

추진축은 끊임없이 변화하는 엔진의 동력을 받으면서 고속회전하고 강한 비틀림을 받으므로 비틀림 진동을 일으키거나 축이 구부러지거나 기하학적인 중심과 질량 중심이 일치하지 않으면 휠링(whirling)이라는 굽음 진동을 일으킨다. 이에 견딜 수 있도록 속이 빈 강관(steel pipe)을 사용한다. 회전평형을 유지하기 위해 평형추가 부착되어 있으며 또 그 양쪽에는 자재이음의 요크가 있다.

축간거리(軸間距離)가 긴 자동차에서는 추진축을 2~3개로 분할하고, 각 축의 뒷부분을 센터 베어링으로 프레임에 지지하고, 또 대형 자동차의 추진축에는 비틀림 진동을 방지하기 위한 토션 댐퍼(torsional damper)를 두고 있다.

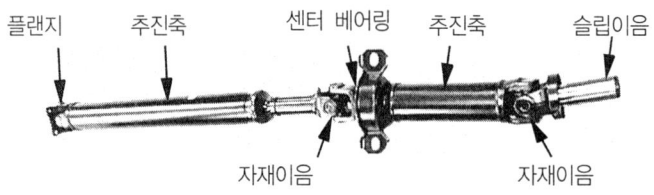

그림 96. 추진축 및 센터 베어링

6.1.4. 센터베어링

앞, 뒤 추진축의 중간을 지지하고 앞 추진축의 뒤끝의 스플라인축에 설치되어 있으며, 센터베어링 주위를 둘러싸고 있는 탄성체인 고무 부싱이 베어링을 통해서 전달되는 추진축의 진동을 방지하여 프레임이나 차체로 전달되지 않도록 하는 역할을 한다.

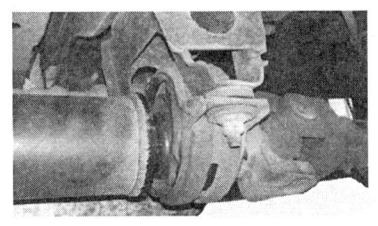 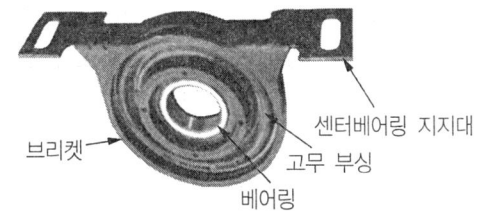

(a) 센터베어링의 설치상태   (b) 센터베어링의 구조

그림 97. 센터 베어링의 구조

6.1.5. 구동축(drive shaft)

① FF자동차에서 차동기어(differential gear)로부터 구동바퀴로 동력을 전달하는 축이며, 동력을 보다 원활하게 전달하기 위해 좌우축의 길이가 같은 형과 트랜스 액슬의 위치에 따라 보조축을 사용하는 형이 있다(대부분 양축 길이가 상이하다).

② 등속이음은 바퀴의 상하운동에 의한 구동축의 각도와 길이의 변화를 흡수하기 위해 바퀴측(내측)에는 버필드형 이음을 차동 기어측(외측)에는 트리포드형 또는 더블 오프셋형 이음을 사용하고 있다.

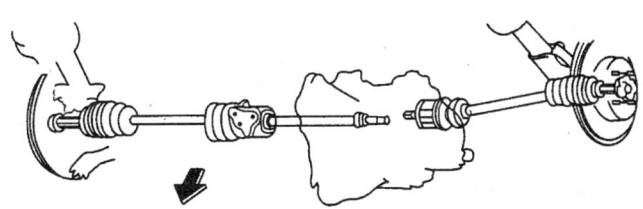

그림 98. 앞바퀴 구동 차축

6.2. 종감속 기어와 차동장치
6.2.1. 종감속 기어(final reduction gear)

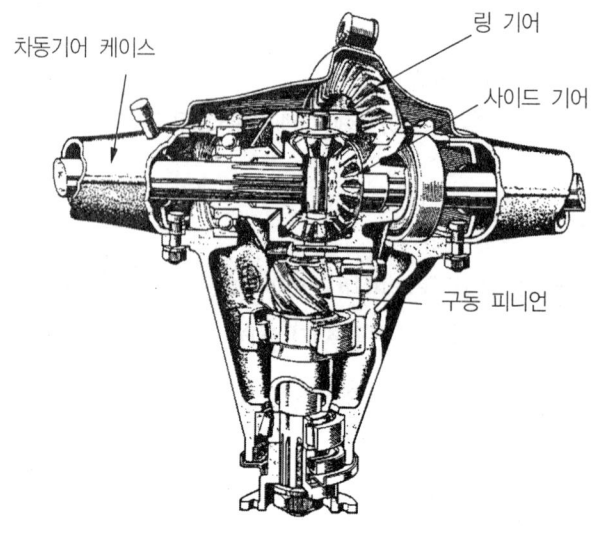

그림 99. FR차량의 종감속 기어와 차동기어장치의 구조

[1] 종감속 기어 기능 및 종류

　엔진의 동력을 변속기에서 변환시켜 FR의 경우는 추진축과 자재이음을 통하여 종감속 및 차동기어를 거쳐 구동축에 연결되나, FF의 경우는 변속기 안에 있는 종감속 및 차동기어를 거쳐 구동축을 통해서 구동바퀴로 회전력을 전달한다. 종감속 기어는 주행에 필요한 충분한 회전력을 확보하고, FR차량의 경우에는 추진축의 회전을 구동축에 직각으로 전달하는 기능도 담당한다.

　종감속 기어는 구동 피니언(drive pinion)과 링 기어(ring gear)로 구성되어 있고 종감속 기어와 차동기어를 일체로 리어 액슬 하우징(rear axle housing)내에 조립되어 있다. 종감속의 종류에는 웜과 웜 기어, 스퍼베벨 기어, 스파이럴 베벨기어, 하이포이드 기어(hypoid gear)가 있다.

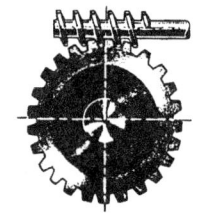 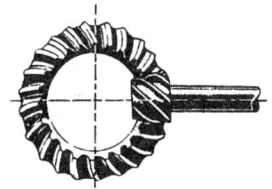 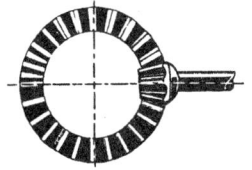 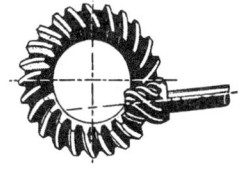

 (a) 웜기어   (b) 스퍼 베벨 기어   (c) 스파이럴 베벨 기어   (d) 하이포이드 기어

100. 종감속 기어의 종류

[2] 하이포이드 기어

하이포이드 기어(hypoid gear)는 링 기어의 중심보다 구동 피니언의 중심이 10~20% 정도 낮게 설치된 스파이럴 베벨기어의 전위(off-set) 기어이다.

(1) 하이포이드 기어의 장점
① 구동 피니언의 오프셋에 의해 추진축 높이를 낮출 수 있어 자동차의 중심이 낮아져 안전성이 증대된다.
② 동일 감속비, 동일 치수의 링 기어인 경우에 스파이럴 베벨 기어에 비해 구동 피니언을 크게 할 수 있어 강도가 증대된다.
③ 기어 물림률이 커 회전이 정숙하다.

(2) 하이포이드 기어의 단점
① 기어 이의 폭방향으로 미끄럼 접촉을 하므로 압력이 커 극압 윤활유를 사용하여야 한다.
② 제작이 조금 어렵다.

[3] 종감속비

종감속비는 링 기어의 잇수와 구동 피니언의 잇수비로 나타낸다.

$$종감속비 = \frac{링기어의\ 잇수}{구동피니언의\ 잇수}$$

종감속비는 나누어서 떨어지지 않는 값으로 하는데 그 이유는 특정의 이가 항상 물리는 것을 방지하여 이의 편 마멸을 방지하기 위함이다. 또 종 감속비는 엔진의 출력, 차량중량, 가속성능, 등판능력 등에 따라 정해지며, 종 감속비를 크게 하면 가속성능과 등판능력은 향상되나 고속성능이 저하한다. 그리고 변속비×종 감속비를 총 감속비라 한다. 이에 따라 변속기어가 톱 기어이면 엔진의 감속은 종 감속기어에서만 이루어진다.

6.2.2. 차동장치(differential)

[1] 차동장치의 개요

차동장치는 자동차가 선회할 때 양쪽 바퀴가 미끄러지지 않고 원활하게 선회하려면 바깥쪽 바퀴가 안쪽 바퀴보다 더 많이 회전하여야 하며, 또 요철(凹凸)노면을 주행할 때에도 양쪽 바퀴의 회전속도가 달라져야 한다. 즉, 차동장치는 노면의 저항을 적게 받는 구동바퀴쪽으로 동력이 더 많이 전달될 수 있도록 하며 차동 사이드 기어, 차동 피니언, 피니언축 및 케이스로 구성되어 있다.

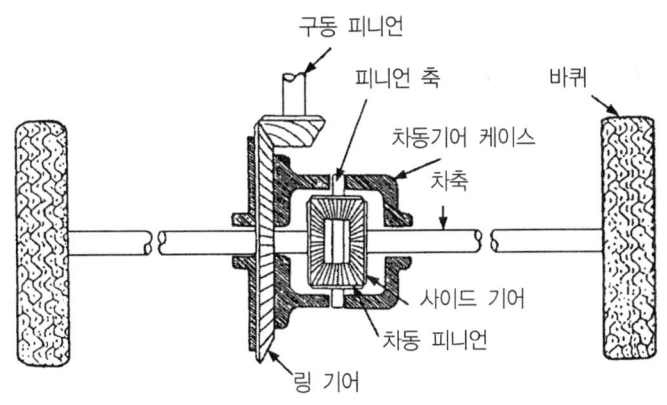

101. 차동장치의 구성도

[2] 차동장치의 원리

차동장치는 래크와 피니언의 원리를 응용한 것이며, 양쪽의 래크 위에 동일한 무게를 올려놓고 핸들을 들어올리면 피니언에 걸리는 저항이 같아져 피니언이 자전(自轉)을 하지 못하므로 양쪽 래크와 함께 들어올려진다(자동차가 직진할 때).

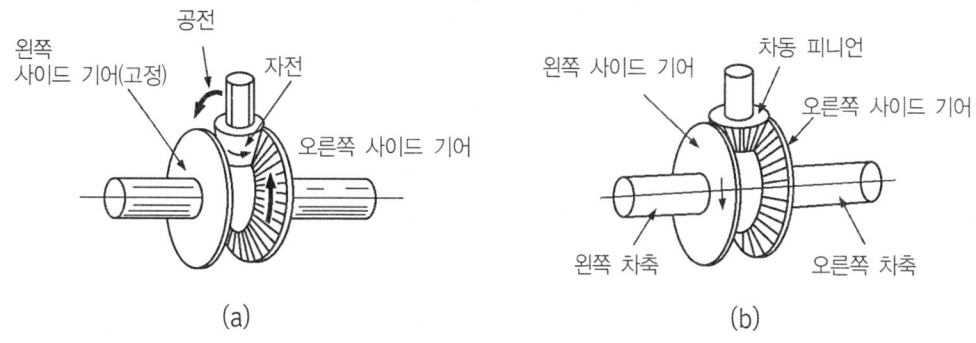

그림 102. 차동장치의 원리

그러나 래크 한쪽의 무게를 가볍게 하고 피니언을 들어올리면 가벼운 래크를 들어올리는 방향으로 피니언이 자전을 하며 양쪽 래크가 올라간 거리를 합하면 피니언을 들어올린 거리의 2배가된다(자동차가 선회할 때). 여기서 래크를 사이드 기어로 바꾸고 좌우 차축 축을 연결한 후 차동 피니언을 종감속 기어의 링 기어로 구동시키도록 하고 있다.

[3] 차동장치의 작용

자동차가 평탄로를 직진할 때에는 좌우 구동바퀴의 회전저항이 같기 때문에 좌우 사이드 기어는 동일한 회전속도로 차동 피니언의 공전(空轉)에 따라 전체가 1개의 덩어리가 되어 회전한다.

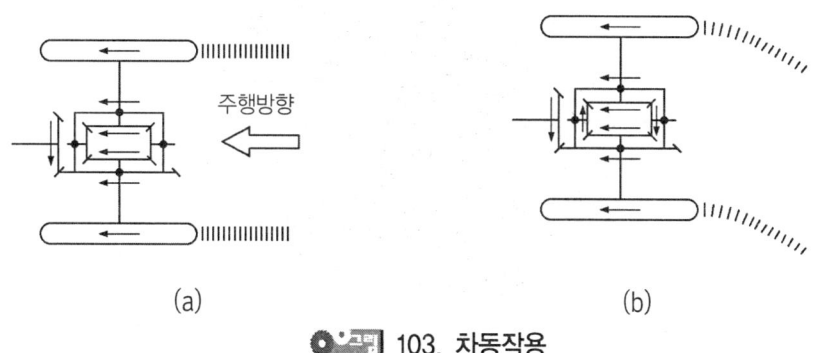

그림 103. 차동작용

그러나 차동작용은 좌우 구동바퀴의 회전 저항차이에 의해 발생하고, 바퀴를 통과하는 노면의 길이에 따라 회전하므로 커브 길을 선회할 때 안쪽 바퀴는 바깥쪽 바퀴보다 저항이 증대되어 회전수가 감소하며 그 분량만큼을 바깥쪽 바퀴를 가속시킨다. 그리고 한쪽 사이드기어가 고정되면(가령, 오른쪽 바퀴가 진흙탕에 빠진 경우) 이때는 차동 피니언이 공전하려면 고정된 사이드기어(왼쪽) 위를 굴러가지 않으면 안되므로 자전을 시작하여 저항이 적은 오른쪽 사이드 기어만을 구동시킨다.

6.2.3. 자동 제한 차동장치(LSD : limited slip differential)

[1] 자동 제한 차동장치의 개요

일반적인 차동장치는 노면(路面)이 양호한 곳을 주행할 때에는 좌·우 바퀴에 동일한 크기의 동력이 분배되지만, 커브 길을 선회하거나 미끄럼이 생기기 쉬운 도로에서는 노면의 저항이 작은 쪽 바퀴가 공전하여 구동력이 감소되고, 반대쪽 구동바퀴는 저항이 증가되어 회전을 하지 못한다.

이것을 방지하기 위해 미끄럼으로 공전하고 있는 바퀴의 구동력을 감소시키고 반대쪽 저항이 큰 구동바퀴에 공전하고 있는 바퀴의 감소된 분량만큼의 동력을 더 전달시킴으로서 미끄럼에 따른 공전없이 주행할 수 있도록 하는 장치이다.

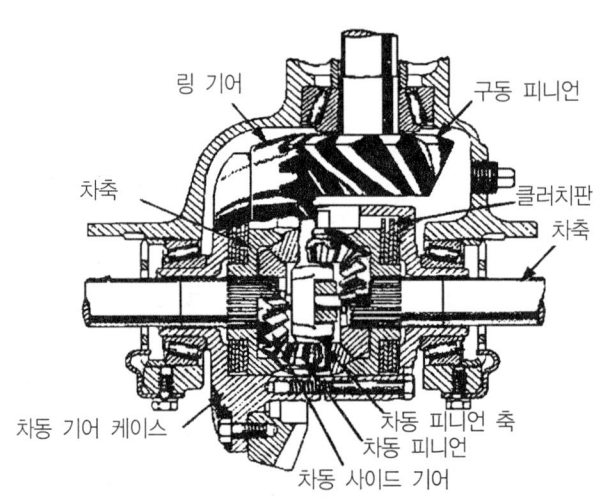

104. 자동 제한 차동장치의 단면도

(1) 장점

① 미끄러운 노면에서 출발이 쉽다.
② 미끄럼이 방지되어 타이어 수명을 연장할 수 있다.
③ 고속 직진주행을 할 때 안전성이 좋다.
④ 요철 노면을 주행을 할 때 뒷부분의 흔들림을 방지할 수 있다.

[2] 다판 클러치사용 자동 제한 차동장치의 작동

이 장치는 자동차가 직진할 경우에는 양 피니언축이 각각 클러치를 작용시키는 위치에 있다. 이에 따라 차동장치의 작용을 하지 않고 전체가 하나로 되어 구동한다. 그러나 한쪽 바퀴의 저항이 감소하여 반대편 바퀴보다 회전속도가 빨라지면 저항이 작아진 뒷차축의 회전이 가장 빠르게 되고 차동 기어 케이스가 다음을 따르고 저항이 큰 뒷차축의 회전은 가장 느리게 된다.

이 경우 일반적인 차동장치에서는 링 기어의 회전력이 양쪽의 뒷차축에 동일하게 분배되지만 이 형식에서는 양쪽의 클러치가 피니언 축에 의하여 발생하는 압착력 하에서 미끄러지면서 회전하게 되어 회전이 빠른 쪽의 뒷차축이 클러치를 거쳐 차동기어 케이스를 구동하기 때문에 그 회전력을 저항이 큰 뒷차축에 더하게 된다.

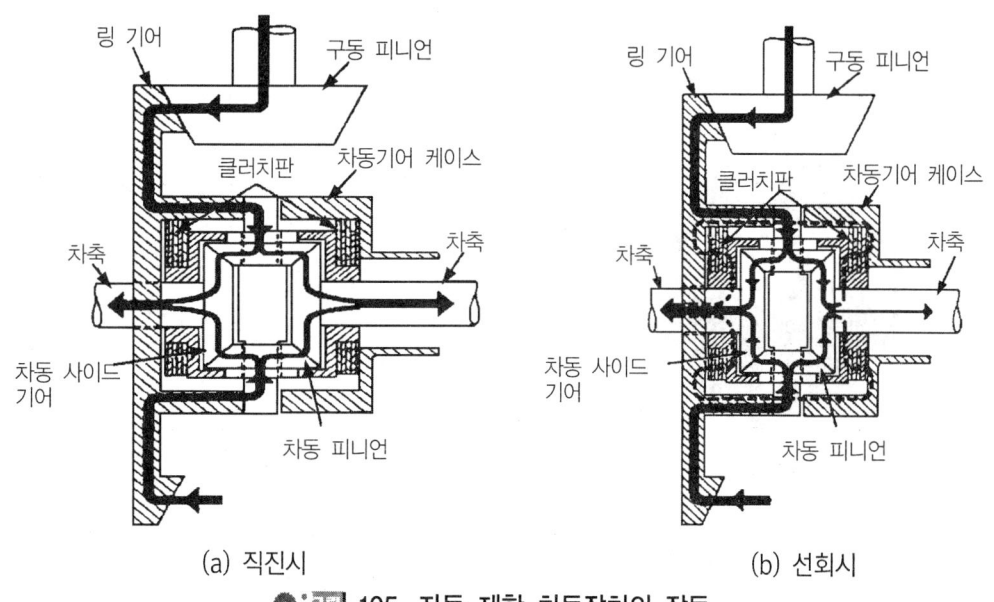

(a) 직진시   (b) 선회시

105. 자동 제한 차동장치의 작동

또 한쪽바퀴가 진흙탕 길에 빠져 타이어와 노면의 점착력이 감소되면 공전하는 쪽의 바퀴 저항과 비슷한 회전력이 반대쪽 바퀴에 더해지므로 쉽게 빠져 나올 수 있다.

[3] 넌 스핀(non-spin) 차동장치의 작동

이 장치는 차동기어 케이스가 구동되면 직진상태에서는 차동기어 케이스 → 스파이더 → 클러치 → 사이드기어 → 뒷차축 순서로 동력이 전달된다. 그러나 자동차가 선회를 시작하면 바깥쪽 바퀴가 안쪽 바퀴보다 더 빨리 회전하기 때문에 뒷차축과 직결된 클러치가 기어 이의 백래시 범위에서 회전방향으로 나아가게 된다. 이때 중심 캠도 회전하려고 하나 키(key)에 의해 움직임이 제한되어 있고, 또 상태 편의 클러치와도 물려있어 움직일 수 없다. 이에 따라 바깥쪽 클러치가 중심 캠의 이에 의해 밀어 올려져 스파이더와 클러치의 물림이 풀린다. 스파이더와 클러치의 물림이 풀리면 바깥쪽 클러치가 양쪽 바퀴의 회전속도 차이로 회전방향으로 나가 클러치의 이가 분리되며, 클러치 이가 분리되면 스프링의 장력으로 다음의 이와 물리게 된다.

이와 같은 작용을 반복하여 차동작용을 하며 선회할 때에는 바깥쪽 바퀴가 프리 휠링(free wheeling)되어 안쪽 바퀴만 구동된다. 또 한쪽 바퀴가 진흙탕에 빠졌을 경우에는 양쪽의 뒷차축이 직결된 것과 같이 되어 점착력이 작아진 쪽의 바퀴에 관계없이 주행할 수 있다.

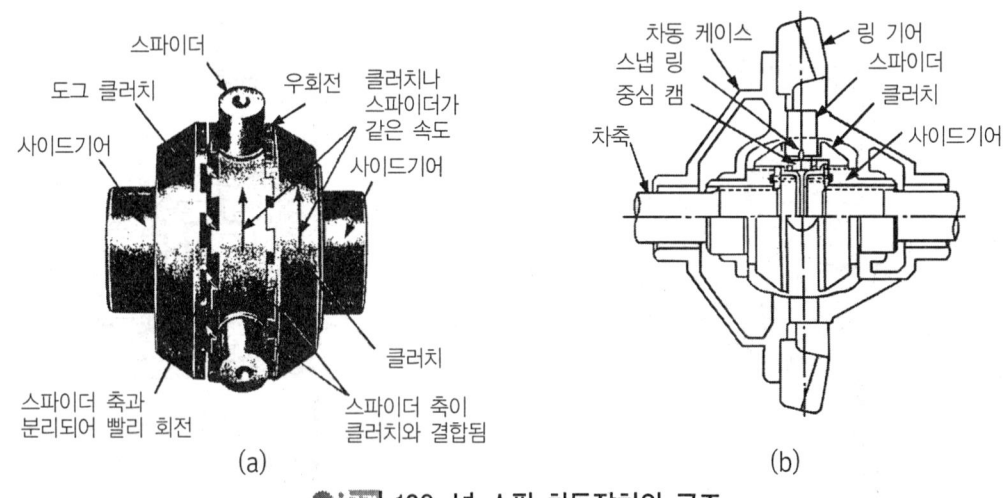

106. 넌 스핀 차동장치의 구조

6.3. 뒷차축(axle shaft)

뒷차축은 바퀴를 통하여 차량의 중량을 지지하는 축이며, 구동축과 유동축(遊動軸)이 있다. 구동축은 종 감속기어에서 전달된 동력을 바퀴로 전달하고 노면에서 받는 힘을 지지하는 일을 한다.

앞바퀴 구동방식의 앞 뒷차축, 뒷바퀴 구동방식의 뒤 뒷차축, 4륜 구동방식의 앞·뒤 뒷차축이 구동축에 속한다. 유동축은 차량을 중량만 지지하므로 구조가 간단하다. 여기에서는 구동축에 대해서만 설명하기로 한다.

6.3.1. 앞바퀴 구동(FF)방식의 앞 차축

이 형식은 앞바퀴 구동방식 승용자동차나 4바퀴 구동방식의 구동축으로 사용되며 등속(CV)자재 이음을 설치한 구동축과 조향너클, 차축 허브, 허브 베어링 등으로 구성되어 있다.

동력의 전달은 앞바퀴 구동방식은 트랜스액슬에서 직접 앞 차축으로 보내지며, 4륜 구동방식에서는 트랜스퍼 케이스 → 앞 추진축 → 앞 종감속 기어를 통하여 양끝에 등속 자재 이음이 설치된 앞 차축과 차축 허브를 거쳐 앞바퀴로 보내진다. 차량의 하중은 바퀴에서 차축 허브를 거쳐 허브베어링에 전달된 반력(反力) 조향 너클과 현가 스프링을 통하여 차체에 전달되므로서 지지된다.

6.3.2. 뒷바퀴 구동(FR)방식의 뒤 차축 지지방식

이 방식은 차동장치를 거쳐 전달된 동력을 뒷바퀴로 전달하며 뒤차축의 끝 부분은 스플라인을 통하여 차동 사이드기어에 끼워지고, 바깥쪽 끝에는 구동바퀴가 설치된다. 뒤차축의 지지방식에는 전부동식, 반부동식, 3/4부동식 등 3가지가 있다.

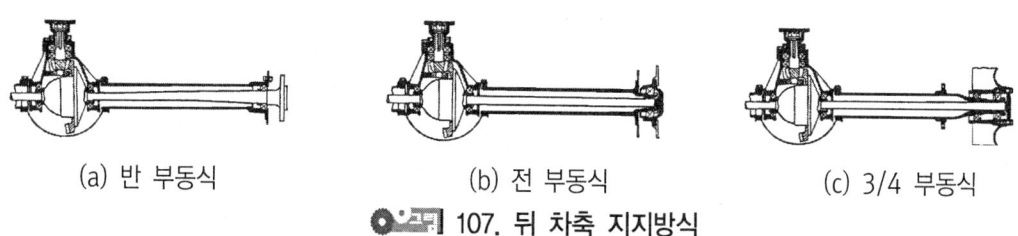

(a) 반 부동식　　　　(b) 전 부동식　　　　(c) 3/4 부동식

107. 뒤 차축 지지방식

[1] 전부동식

이 형식은 안쪽은 차동 사이드기어와 스플라인으로 결합되고, 바깥쪽은 차축 허브와 결합되어 차축 허브에 브레이크 드럼과 바퀴가 설치된다. 차축 허브에 2개의 베어링이 끼워지며 동력전달은 종 감속기어 → 차동장치 → 뒤차축 → 차축 허브 → 바퀴순서로 이루어지며 뒤 차축은 동력만 전달한다. 이에 따라 바퀴를 빼지 않고도 뒤 차축을 빼낼 수 있다. 그리고 차량에 가해지는 하중 및 충격과 바퀴에 작용하는 작용력 등은 차축 하우징이 받는다.

[2] 반부동식

이 형식은 구동바퀴가 직접 뒤차축 바깥에 설치되며, 뒤차축의 안쪽은 차동 사이드기어와 스플라인으로 결합되고 바깥쪽은 리테이너(retainer)로 고정시킨 허브베어링과 결합된다. 이에 따라 내부 고정장치를 풀지 않고는 차축을 빼낼 수 없다. 뒷바퀴 구동방식 승용자동차에서 많이 사용된다. 반부동식은 차량 하중의 1/2을 뒷차축이 지지한다.

[3] 3/4 부동식

이 형식은 뒤 뒷차축 바깥 끝에 차축 허브를 두고, 차축 하우징에 1개의 베어링을 두고 허브를 지지하는 방식이다. 3/4 부동식은 뒤차축이 차량 하중의 1/3을 지지한다.

6.3.3. 차축 하우징(axle housing)

차축 하우징은 종감속 기어, 차동장치 및 뒷차축을 포함하는 튜브 모양의 고정축이며 중간에는 종 감속기어와 차동장치의 지지를 위해 둥글게 되어 있고, 양끝에는 플랜지 판이나 현가 스프링 지지부분이 마련되어 있다.

차축 하우징의 종류에는 벤조형, 분할형, 빌드업형 등 3가지가 있다.

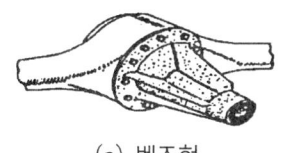 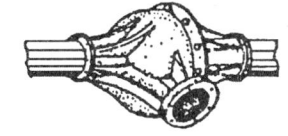 

(a) 벤조형　　　　　　　(b) 스플릿형　　　　　　(c) 빌드업형

108. 차축 하우징의 종류

6.4. 바퀴

바퀴는 휠(wheel)과 타이어(tire)로 구성되어 있다. 바퀴는 차량의 하중을 지지하고, 제동 및 주행할 때의 회전력, 노면에서의 충격, 선회할 때의 원심력, 차량이 경사졌을 때의 옆 방향 작용을 지지한다. 휠은 타이어를 지지하는 림(rim)과 휠을 허브에 지지하는 디스크(disc)로 되어 있으며 타이어는 림베이스(rim base)에 끼워진다.

6.4.1. 휠의 종류와 구조

휠은 크게 림과 휠 디스크 등으로 구성된다. 림은 타이어를 유지하는 부분이고 휠 디스크는 허브에 장착하기 위한 부분이다. 트럭과 버스용에서는 림부분에 사이드 림을 사용하여 타이어를 유지하고, 타이어의 탈착을 용이하게 할 수 있도록 되어 있다.

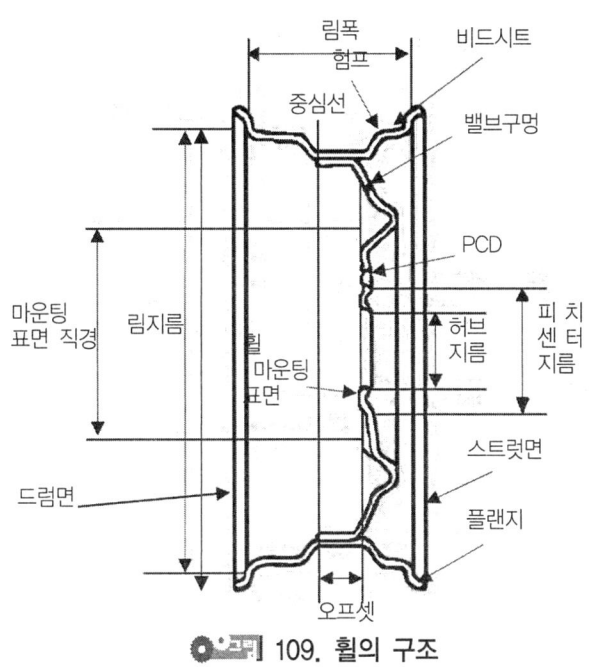

109. 휠의 구조

휠의 종류에는 연강판을 프레스 성형한 디스크를 림과 리벳이나 용접으로 접한 디스크 휠(disc wheel), 림과 허브를 강철선의 스포크로 연결한 스포크 휠(spoke wheel) 및 방사선 상의 림지지 대를 둔 스파이더 휠(spider wheel)이 있다.

[1] 림 부위

타이어와 밀착되어 공기압을 유지시켜주는 부위이다. 표기시 그 폭이 인치로 표시된다.

① 림 : 림은 타이어를 장착 유지시켜 주는 부분이며 림폭은 타이어의 편평비와 밀접한 관계가 있다.

② 오프셋 : 림의 중심에서 디스크 취부면까지의 거리를 의미한다. ET로 표시하며 승용차의 경우 플러스(+), 지프차의 경우 마이너스(-)오프셋이 되는 경우가 많다.

③ 험프(hump) : 타이어에 작용하는 횡력(side thrust)에 의해 타이어의 비드(bead) 부분이 림의 중심부(well)로 미끄러지는 것을 방지하기 위한 안전 두둑(ridge)이다.

④ 비드 시트(bead seat) : 타이어의 비드 베이스가 밀착하는 림의 부분을 말한다. 둘레 방향으로 어긋나지 않도록 널링 공구(knurling tool)로 가공되어 있는 림도 있다.

[2] 디스크 부위

휠의 디자인이 구사되어 있는 전면 부위를 말하며 차체와 체결하여 주는 허브(Hub) 축, 볼트구멍 등이 포함되어 있다.

① 허브(Hub) : 휠의 중앙부분에 있는 구멍으로 차축과 체결되는 부분
② PCD(Pitch center diameter) : 휠이 차에 지탱할 목적으로 뚫은 구멍의 각 중심선을 연결한 원의 지름
③ 플랜지(Flange) : 타이어의 비드부분을 지탱시켜 주는 부분

[3] 밸브구멍

타이어에 공기를 넣고 빼는 구멍으로 밸브 스템(valve stem)을 설치한다. 밸브 스템에는 밸브 코어(core)를 넣고 코어는 속에 작은 패킹을 스프링으로 밀어 공기를 밀폐하는 첵밸브이며 캡은 코어를 보호하는 역할과 이 물질이 침투하지 않게 한다.

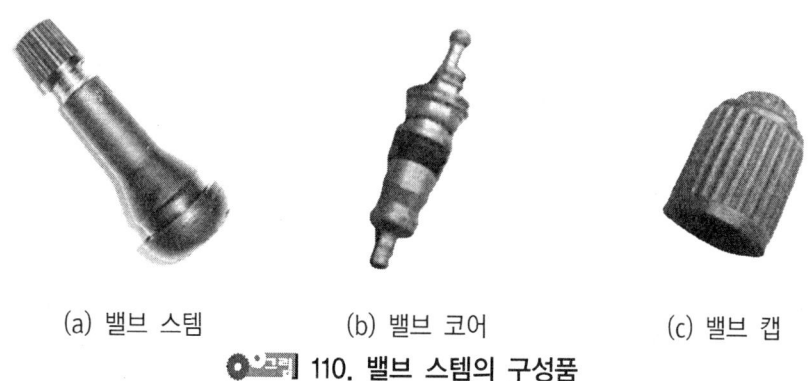

(a) 밸브 스템 (b) 밸브 코어 (c) 밸브 캡

110. 밸브 스템의 구성품

6.4.2. 휠의 종류

[1] 디스크 휠(disc wheel)

연강판을 프레스로 성형한 디스크를 리벳이나 용접으로 접합한 것이다. 강도가 좋고 구조가 간단하며, 대량 생산성이 좋으며, 비교적 값이 싸서 널리 이용된다. 중량이 무거워 가볍게 할 목적으로 구멍이 많이 뚫려있다.

[2] 스포크타입 휠(spoke type wheel)

링과 허브를 강철선의 스포크로 연결한 것으로 자전거의 휠과 같은 구조로 되어 있다. 경량이며, 탄성이 좋고 냉각성능도 우수하다. 그러나 구조가 복잡하고 변형되었을 시 정비의 어려움이 있다.

[3] 디쉬타입 휠(dish type wheel)

디스크를 완전히 막아 놓은 휠을 말한다. 접시처럼 생겨서 디쉬(dish) 휠이라 부른다. 휠 스포크에서 발생할 수 있는 공기의 와류현상을 차단하기 때문에 공기저항에 유리하나 브레이크 냉각에 도움이 되지 않고 무게도 무거워 현재는 잘 사용하지 않는다.

그림 111. 휠의 종류

[4] 메쉬타입 휠(mesh type wheel)

스포크 휠에서 좀 더 복잡하고 정교하게 변형된 디자인으로 5~6개의 스포크 휠 보다 스포크의 숫자가 훨씬 많아서 휠 자체의 내구성이 뛰어나다.

[5] 핀타입 휠(pin type wheel)

핀타입은 스포크 타입보다 가느다란 스포크를 가지고 있으며 개수가 약간 더 추가된 형태로 휠 자체의 소재나 제작기법이 완벽하지 않으면 내구성이 문제가 있을 수 있다.

[6] 에어로타입 휠(aero type wheel)

바람개비의 형상을 닮은 디자인을 하고 있는 타입으로 에너지 효율성을 높이기 위한 방법으로 휠에서 발생하는 저항을 줄이기 위해 에어로 타입의 휠을 많이 사용하고 있다.

6.4.3. 림의 분류 및 표시

림의 모양에 따라 다음과 같이 분류하나 더 많은 형태로 세분하기도 한다. 적용할 자동차에 따라 림의 종류가 선택된다.

[1] 림의 분류

① 2분할 림(2split rim) : 림과 디스크를 일체로 프레스 가공하여 볼트로 결합한 구조이다. 직경이 비교적 작은 승용차에 주로 쓰인다.
② 드롭센터 림(drop center rim) : 중앙부의 바닥이 깊은 형으로 승용차나 소형 트럭 등에 쓰인다.
③ 광폭 드롭센터 림(wide base drop center rim) : 폭이 넓고 가운데 부분이 깊은 림이다. 주로 대형차에 이용된다.
④ 광폭 평저 림(inter rim) : 림의 폭을 크게 하여 타이어의 안정성을 향상시킨 것이다. 버스나 트럭 등의 대형자동차에 주로 쓰인다.

이외에도 안전 리지드 림(safety rigid rim), 반 드롭 센터 림(semi drop center rim) 등으로도 분류한다.

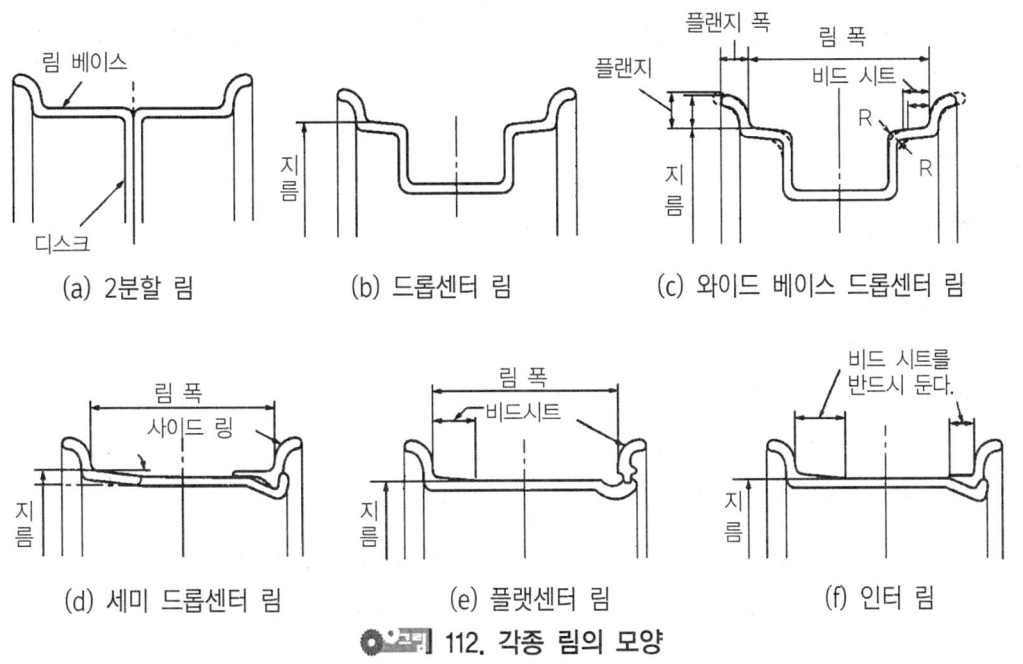

112. 각종 림의 모양

[2] 림의 표시기호 및 호칭

림은 너비(인치로 표시), 플랜지 형상, 림 지름(인치로 표시), 림의 종류로 표시한다.

표시기호	림폭(in)	림 직경(in)	참고사항
$6\frac{1}{2}J \times 13H\ RO\ 35$	$6\frac{1}{2}$	13	J : 램 플랜지의 형상 기호 H : 바깥쪽 비드 시트의 험프 RO 35 : 림 오프셋 35mm
6J×14DC	6	14	DC : 림의 종류(drop center rim)
7J×16 H2	7	16	H2 : 림 어깨 당 각 1개씩 2개의 험프
9.00×22.5	9.00	22.5	.5는 15° 깊은 홈 림을 의미함.(15° DC)
9.00-20	9.00	20	SDC : Semi-Drop Center(얕은 홈 림)
W9×28	9	28	W : Wide width Rim(광폭 림)
3.75-13	3.75	13	P : 플랜지 형상 기호
6.50H-16SDC	6.50	16	H : 플랜지 형상 기호 SDC : Semi-Drop Center

× : 일체식 깊은 홈 림, 15° 깊은 홈 림 또는 광폭의 깊은 홈 림
- : 얕은 홈 림, 광폭의 얕은 홈 림

이 외에도 림의 형상 호칭기호에는 FH : 바깥쪽에 flat hump, FH2 : 양쪽에 flat hump, CH : combination hump, EH : 확장된 험프(extended hump), TD 등이 사용된다.

TD는 타이어의 승차감을 향상시키기 위해 플랜지 높이를 낮춘 특수한 림을 말한다. 비드 시트용 그루브(groove)는 타이어의 공기압이 손실되어도 비드가 밀려나지 않도록 비드의 형상에 맞추어져 있다. TD휠의 경우, 림의 폭과 직경을 mm 단위로 표시한다.

6.4.4. 타이어(tire)

[1] 타이어의 분류

① 타이어는 사용 공기압력에 따라 고압 타이어, 저압 타이어, 초저압 타이어 등이 있다.
② 튜브(tub)유무에 따라 튜브 타이어와 튜브 없는 타이어가 있다. 튜브 없는 타이어의 특징은 다음과 같다.
　㉮ 튜브가 없어 조금 가벼우며, 못 등이 박혀도 공기누출이 적다.
　㉯ 펑크수리가 간단하고, 고속주행을 할 때에도 발열이 적다.
　㉰ 림이 변형되어 타이어와의 밀착이 불량하면 공기가 새기 쉽다.

㉣ 유리조각 등에 의해 손상되면 수리가 어렵다.
③ 형상에 따른 분류에는 보통(바이어스)타이어, 레이디얼 타이어, 스노우 타이어, 편평 타이어 등이 있다.

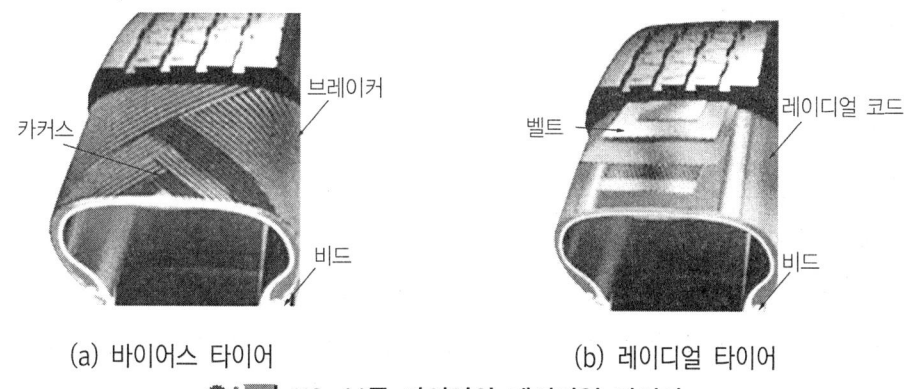

(a) 바이어스 타이어   (b) 레이디얼 타이어
113. 보통 타이어와 레이디얼 타이어

(1) 보통(바이어스)타이어

　이 타이어는 카커스 코드(carcase cord)를 빗금(bire)방향으로 하고, 브레이커(breaker)를 원둘레 방향으로 넣어서 만든 것이다.

(2) 레이디얼(radial) 타이어

　이 타이어는 카커스 코드를 단면방향으로 하고, 브레이커를 원둘레방향으로 넣어서 만든 것이다. 따라서 반지름 방향의 공기 압력은 카커스가 받고, 원둘레 방향의 압력은 브레이커가 지지한다.

　1) 타이어의 특징
　① 타이어의 편평율을 크게 할 수 있어 접지면적이 크다.
　② 특수 배합한 고무와 발열에 따른 성장이 적은 레이온(rayon)코드로 만든 강력한 브레이커를 사용하므로 타이어 수명이 길다.
　③ 브레이커가 튼튼해 트레드가 하중에 의한 변형이 적다.
　④ 선회할 때 사이드슬립이 적어 코너링 포스(cornering force : 구심력)가 좋다.

⑤ 전동저항이 적고, 로드 홀딩(road holding)이 향상되며, 스탠딩 웨이브(standing wave)가 잘 일어나지 않는다.
⑥ 고속주행을 할 때 안전성이 크다.
⑦ 브레이커가 튼튼해 충격 흡수가 불량하므로 승차감이 나쁘다.
⑧ 저속에서 조향핸들이 다소 무겁다.

(3) 스노(snow)우 타이어

이 타이어는 눈길에서 체인을 감지 않고 주행할 수 있도록 제작한 것이며, 중앙부의 깊은 리브 패턴이 방향성을 주고, 러그 및 블록 패턴이 견인력을 확보해준다. 스노우 타이어는 제동성능과 구동성능을 발휘하도록 다음과 같이 설계되어 있다.

① 접지면적을 크게 하기 위해 트레드 폭이 보통 타이어보다 10~20% 정도 넓다.
② 홈이 보통 타이어보다 승용차용은 50~70% 정도 깊고, 트럭 및 버스용은 10~40% 정도 깊다.
③ 내마멸성, 조향성, 타이어 소음 및 돌 등이 끼워지는 것에 대해 고려되어 있다.
④ 스노우타이어를 사용할 때 주의사항
　㉮ 바퀴가 고정(lock)되면 제동거리가 길어지므로 급제동을 하지 말 것
　㉯ 스핀(spin)을 일으키면 견인력이 급감(急減)하므로 출발을 천천히 할 것
　㉰ 트레드 부가 50% 이상 마멸되면 체인을 병용할 것
　㉱ 구동바퀴에 걸리는 하중을 크게 할 것

한편, 스노우타이어에는 특수 스터드(stud)를 박은 스파이크(spike)타이어가 있다. 이 타이어는 빙판 길에서 양호한 주행성을 부여하지만 포장 노면에 손상을 주므로 사용이 금지되고 있다.

최근에는 스터드 리스(stud less)타이어가 개발되어 사용되고 있다. 이 타이어는 빙판 노면에서도 점착력이 크며, 트레드 부분이 저온에서 경화(硬化)가 적고 부드러워 접지면적이 증가하여 노면과 트레드가 마찰을 일으킬 수 있도록 한다. 그러나 전동저항이 크고, 연료 소비율 증가, 내마멸성 저하 등의 문제점이 있다.

(4) 편평 타이어

이 타이어는 타이어 단면의 가로, 세로 비율을 적게 한 것이며 타이어 단면을 편평하게 하면 접지면적이 증가하여 옆 방향 강도가 증가한다. 또 제동·출발 및 가속을 할 때 내 미끄럼 성능과 선회 성능이 좋아진다. 편평 타이어의 장점은 다음과 같다.

① 보통 타이어보다 코너링 포스가 15% 정도 향상된다.
② 제동 성능과 승차감이 향상된다.
③ 펑크가 났을 때 공기가 급격히 빠지지 않는다.
④ 타이어 폭이 넓어 타이어 수명이 길다.

승용차용 타이어 편평비는 $\frac{타이어 높이}{타이어 폭}$의 비율이며 0.96 → 0.86 → 0.82 순으로 내려갈수록 타이어 폭이 점차 넓어진다. 편평비의 측정은 타이어를 휠에 조립한 후 공기를 주입하고 하중을 가하지 않은 상태에서 트레드 패턴, 문자 등을 포함하지 않은 상태에서 한다. 편평비가 0.6일 때 60시리즈라고 하며 이것은 폭이 100일 때 높이가 60인 타이어를 말한다.

[2] 타이어의 구조

(1) 트레드(tread)

트레드는 노면과 직접 접촉하는 고무 부분이며, 카커스와 브레이커를 보호하는 부분이다.

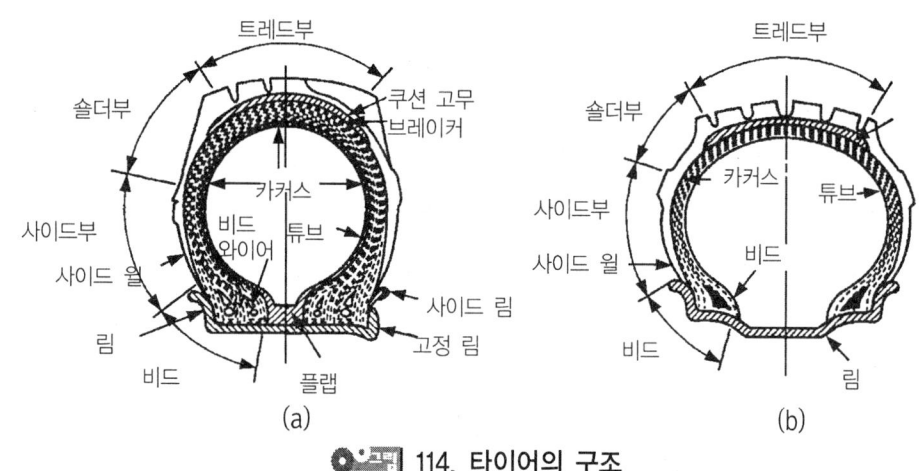

114. 타이어의 구조

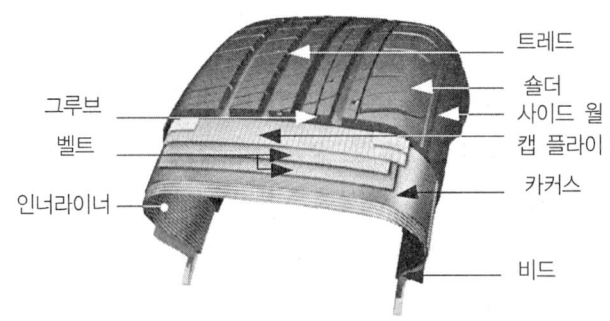

그림 115. 타이어의 각부명칭

1) 트레드 패턴의 필요성
① 타이어의 사이드슬립이나 전진방향의 미끄럼을 방지한다.
② 타이어 내부에서 발생한 열을 방산(放散)한다.
③ 트레드에서 발생한 절상(切傷)의 확산을 방지한다.
④ 구동력이나 선회성능을 향상시킨다.

2) 트레드 패턴의 종류
① 리브 패턴(rib pattern) : 이 패턴은 타이어 원둘레 방향으로 몇 개의 홈을 둔 것이며, 사이드슬립에 대한 저항이 크고, 조향성능이 양호하며 포장도로에서 고속 주행에 알맞다.
② 러그 패턴(lug pattern) : 이 패턴은 타이어 회전방향의 직각으로 홈을 둔 것이며, 전·후진방향에 대해서 강력한 견인력을 발휘하며 제동성능과 구동성능이 우수하다.
③ 블록 패턴(block pattern) : 이 패턴은 눈 위나 모래 길 같은 연약한 노면을 다지면서 주행할 수 있어 사이드슬립을 방지할 수 있다.
④ 리브 러그 패턴 : 이 패턴은 타이어 숄더(shoulder)부에 러그 패턴을, 트레드 중앙부에는 지그재그형의 리브패턴을 사용하여 양호한 도로나 험악한 노면에서 모두 사용할 수 있다.
⑤ 슈퍼 트랙션 패턴(super traction pattern) : 이 패턴은 러그 패턴의 중앙부에 연속된 부분을 없애고 진행 방향에 대해 방향성을 가지게 한 것이며 기어(gear)와 같은 모양으로 되어 연약한 흙을 확실히 잡으면서 주행할 수 있다.

(a) 리브형 패턴　　　　(b) 러그형 패턴　　　　(c) 리브-러그 패턴

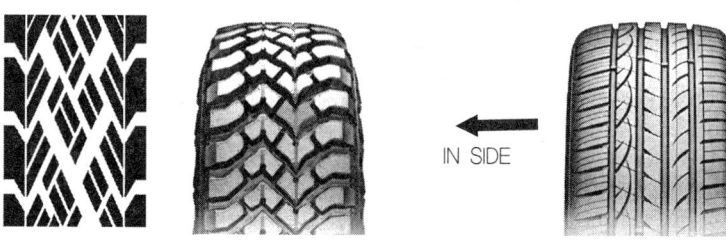

(d) 블록형 패턴　　　　(e) 비대칭 패턴

116. 트레드 패턴의 종류

⑥ 오프 더 로드 패턴(off the road pattern) : 이 패턴은 진흙길에서도 강력한 견인력을 발휘할 수 있도록 러그 패턴의 홈을 깊게 하고 폭을 넓게 한 것이다.

⑦ 비대칭 패턴(asymmetrical pattern) : 좌우 패턴이 서로 다른 구조를 지니고 있어 타이어와 지면이 접촉하는 힘이 균일하고 내마모성과 제동성이 뛰어나다는 장점이 있다.

(2) 브레이커(breaker)

브레이커는 트레드와 카커스사이에 있으며, 몇 겹의 코드층을 내열성의 고무로 싼 구조로 되어 있다. 브레이커는 트레드와 카커스의 분리를 방지하고 노면에서의 완충작용도 한다.

(3) 카커스(carcass)

카커스는 타이어의 뼈대가 되는 부분이며, 공기압력을 견디어 일정한 체적을 유지하고 하중이나 충격에 따라 변형하여 완충작용을 한다. 카커스를 구성하는 코드 층의 수를 플라이 수(ply rating : PR)라고 한다.

(4) 비드부분(bead section)

비드부분은 타이어가 림과 접촉하는 부분이며, 비드부분이 늘어나는 것을 방지하고 타이어가 림에서 빠지는 것을 방지하기 위해 내부에 몇 줄의 피아노선이 원둘레 방향으로 들어 있다.

(5) 사이드 월(side wall)

트레드에서 비드부까지의 카커스를 보호하기 위한 고무층이며, 노면과는 직접 접촉하지 않는다. 그러나 하중이나 노면으로부터의 충격에 의하여 계속적인 굴곡운동을 하게 되므로 굴곡성 및 내피로성이 높은 고무이어야 하며, 규격, 하중, 공기압 등 타이어의 기본 정보가 문자로 각인된 부위이다.

(6) 숄더(shoulder)

트레드와 사이드 월사이에 자리잡고 있다. 타이어에서 가장 두꺼운 고무층으로 설계되어 트레드 부위에서 이상이 생길 경우 타이어를 교체하여야 한다.

(7) 벨트(belt)

스틸와이어 또는 섬유로 구성되어 있다. 트레드와 카커스사이에서 주행시 노면 충격을 감소시키는 역할과 동시에 트레드 노면에 닿는 부위를 넓게 유지시켜 주행 안정성을 우수하게 한다. 트레드가 마모되면 가장먼저 보이는 부분이다.

(8) 인너라이너(inner liner)

튜브리스 타이어에서만 볼 수 있으며 튜브를 대신하여 공기 밀폐성이 우수한 고무층으로 이루어져 있다.

(9) 캡 플라이(capply)

벨트 위쪽에 부착되는 특수 코드지로 주행시 성능을 향상시켜준다.

[3] 타이어의 치수표시

① 인치 식

㉮ 고압 타이어 = 외경×폭-PR = 32×6-PR

㉯ 저압 타이어 = 폭-내경-PR = 7.50-20-12PR

② 밀리미터식 = 폭-내경 = 135-380

③ 복합식 : 폭(mm) SH내경(inch)

165 SH 13

S : 허용 최고속도 180km/h
H : 허용 최고속도 210km/h

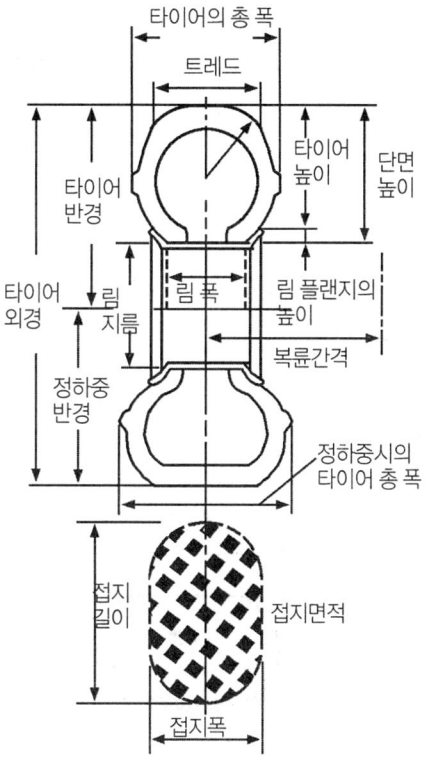

117. 타이어의 치수

㉮ 바이어스 타이어의 경우
- 5.60 - 13 6PR(타이어의 폭 5.60", 림 직경 13"6PR)
- D78S14 - 4PR(D: 부하능력)

㉯ 레이디얼 타이어의 경우
- 195/70 HR14(타이어의 폭 195mm, 편평비 : 0.7, 최고 제한속도 210km/h 레이디얼 타이어, 림 직경 14″)
- ER70-14(E : 부하능력)

[4] 최대 속도표시

타이어가 안전한 상태에서 주행 가능한 최대 속도를 속도기호로 나타낸다.

속도기호	G	J	K	L	M	N	P	Q	R
MAX속도(KPH)	90	100	110	120	130	140	150	160	170
속도기호	S	T	U	H	V	W	Y	VR	ZR
MAX속도(KPH)	180	190	200	210	240	270	300	OVER 210	OVER 240

[5] 편평비(편평율)

편평비란 타이어 단면폭에 대한 단면 높이의 비를 말하며 시리즈라고도 한다. 편평비가 낮을수록 고성능 타이어이다.

타이어의 편평비(%) = 타이어 단면높이/타이어 폭 × 100%

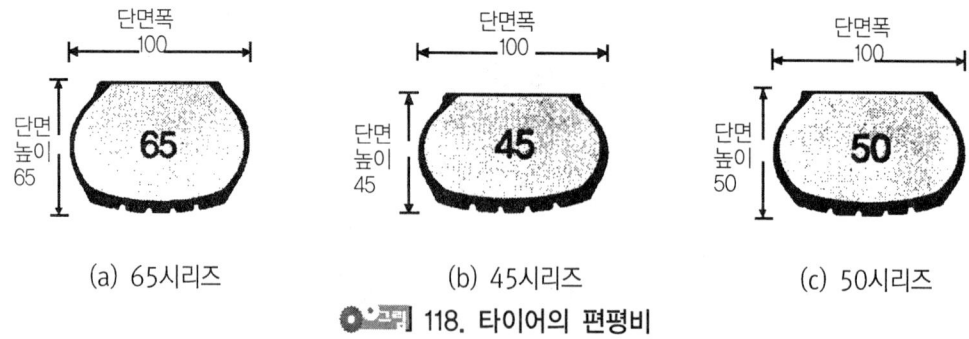

(a) 65시리즈   (b) 45시리즈   (c) 50시리즈

그림 118. 타이어의 편평비

[6] 타이어에서 발생하는 이상현상

(1) 스탠딩 웨이브현상(standing wave)

이 현상은 타이어 접지면에서의 찌그러짐이 생기는데 이 찌그러짐은 공기압력에 의해 곧 회복이 된다. 이 회복력은 저속에서는 공기압력에 의해 지배되지만, 고속에서는 트레드가 받는 원심력으로 말미암아 큰 영향을 준다. 또 타이어 내부의 고열로 인해 트레드부가 원심력을 견디지 못하고 분리되며 파손된다.

스탠딩 웨이브의 방지방법은 타이어 공기 압력을 표준보다 15~20% 높여 주거나 강성이 큰 타이어를 사용하면 된다. 타이어의 임계 온도(臨界溫度)는 120~130℃이다.

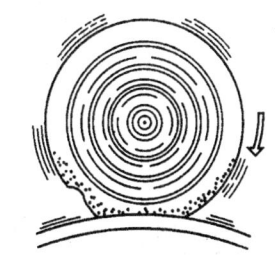

그림 119. 스탠딩 웨이브 현상

(2) 하이드로 플래닝(hydro planing : 수막현상)

이 현상은 물이 고인 도로를 고속으로 주행할 때 일정 속도 이상이 되면 타이어의 트레드가 노면의 물을 완전히 밀어내지 못하고 타이어는 얇은 수막(水膜)에 의해 노면으로부터 떨어져 제동력 및 조향력을 상실하는 현상이다. 이를 방지하는 방법은 다음과 같다.

① 트레드 마멸이 적은 타이어를 사용한다.

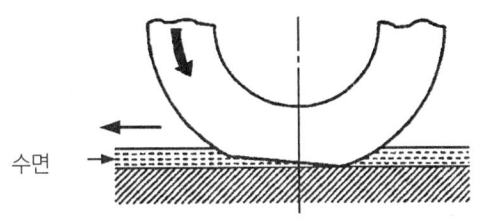

그림 120. 하이드로 플래닝 현상

② 타이어 공기 압력을 높이고, 주행속도를 낮춘다.
③ 리브 패턴의 타이어를 사용한다. 러그 패턴의 경우는 하이드로 플래닝을 일으키기 쉽다.
④ 트레드 패턴을 카프(calf)형으로 세이빙(shaving)가공한 것을 사용한다.

[7] 바퀴평형(wheel balance)

바퀴평형에는 정적평형(靜的 平衡)과 동적평형(動的平衡)이 있다.

(1) 정적평형

이것은 타이어가 정지된 상태의 평형이며, 정적 불평형에서는 바퀴가 상하로 진동하는 트램핑(tramping : 바퀴의 상하 진동)현상을 일으킨다.

(2) 동적평형

이것은 회전 중심축을 옆에서 보았을 때의 평형, 즉, 회전하고 있는 상태의 평형이다. 동적 불평형이 있으면 바퀴가 좌우로 흔들리는 시미(shimmy : 바퀴의 좌우 진동)현상이 발생한다.

[8] 바퀴 로테이션(wheel rotation)

바퀴는 설치된 위치마다 마멸이 동일하지 않으며 도로 조건, 휠 얼라인먼트, 하중의 분포, 운전방법 등에 따라 그 마멸이 변화한다. 따라서 정기적으로 점검하고, 각각의 마멸을 보완할 수 있도록 6,000~8,000km주행마다 그 위치를 교환하여야 한다.

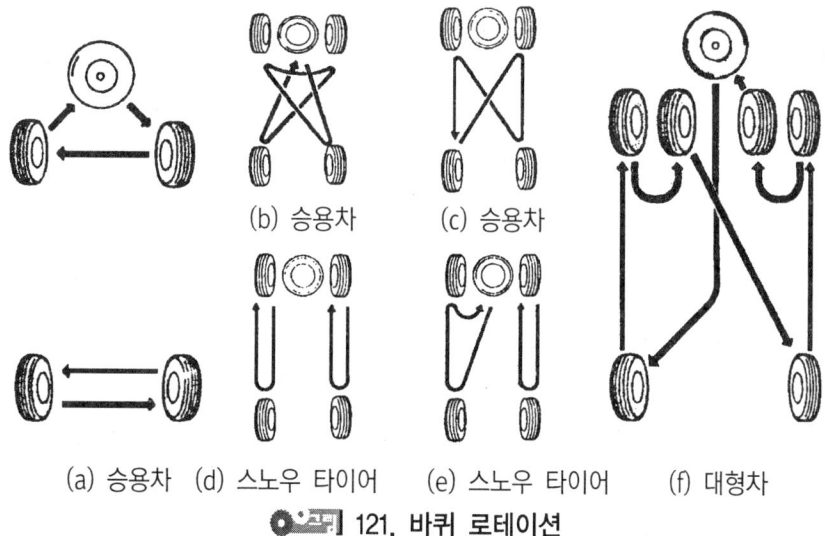

그림 121. 바퀴 로테이션

6.5. TPMS(tire pressure monitoring system)

타이어 공기압 경보장치(TPMS)는 각각의 휠 안쪽에 장착되어 타이어압력, 온도, 배터리정도, ID, 위상차 등을 측정하여 TPMS ECU로 RF전송하는 타이어 압력센서와, 그리고 타이어 압력센서로부터 측정데이터를 수신 받아 타이어 압력상태를 판단 후 경고등 제어에 필요한 신호를 출력하는 ECU로 구성되어있다.

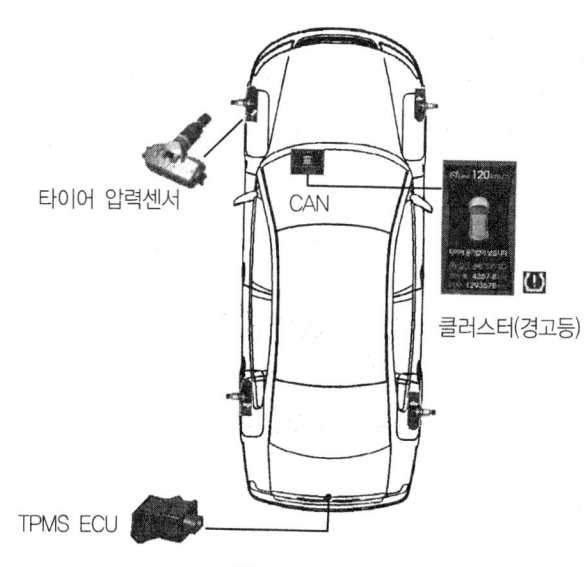

그림 122. TPMS의 구성

TPMS시스템에 고장이 기억된 경우 또는 타이어 압력이 규정값 이하가 되면 시스템 고장과 저압상태임을 알려주는 저압 경고등 즉, 트레드 램프와 "공기압이 낮습니다." 라고 디스플레이 표출되어 운전자에게 알려주는 클러스터로 구성되어 있다.

[1] 타이어 압력 센서(pressure sensor)

타이어 압력센서는 휠의 림(rim)에 장착되며, 스페어타이어에는 장착되지 않는다. 바깥으로 돌출된 알루미늄바디 부분이 센서의 안테나 역할을 겸한다. 센서 내부에는 소형 배터리가 내장되어 있으며 센서 모드 변경을 위해 TPMS 모듈로부터 LF(low frequency)신호를 받는 수신부가 센서 내부에 내장되어 있다.

압력센서는 타이어의 압력뿐 아니라 타이어 내부의 온도를 측정하여 TPMS ECU로 RF(radio frequency) 전송을 한다. 압력센서 신호세기와 센서 내 가속도 센서 등을 이용하여 센서의 위치를 파악한다.

123. 타이어 압력센서

7 4바퀴 구동장치(4WD)

7.1. 4바퀴 구동장치의 개요

4바퀴 구동장치(4WD)는 구동력 확보에 의한 주파성 향상이나 차량 안정성, 조종성 향상 등을 목적으로 한 앞·뒤 바퀴 구동력 분배 기능뿐만 아니라 차동장치나 조작 기구를 이용하여 선회할 때 앞·뒤 바퀴의 선회 반지름에 생기는 회전차이를 흡수하는 기능 등을 가지고 있다. 4바퀴 구동장치의 특징으로는 다음과 같다.

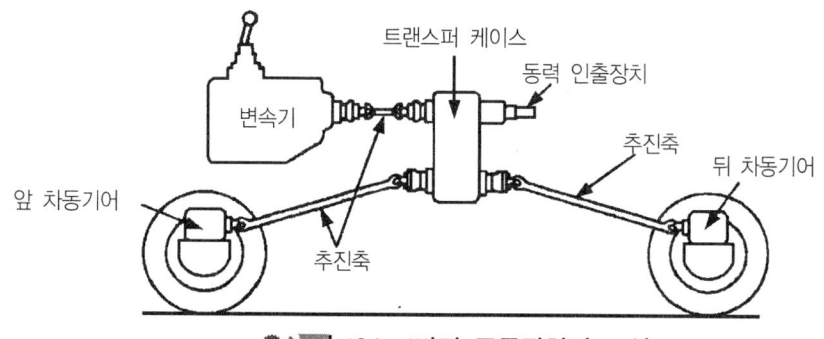

124. 4바퀴 구동장치의 구성

[1] 등판능력 및 견인력 향상

4개의 바퀴에 균등하게 구동력을 배분함으로서 등판능력 및 견인력을 향상시킨다.

[2] 조향성능과 안정성 향상

앞 엔진 앞바퀴 구동방식(FF) 차량은 언더 스티어링(under steering)으로 주행하려고 하고, 앞 엔진 뒷바퀴 구동방식(FR) 차량은 오버 스티어링(over steering)으로 주행하려고 한다.

그러나 4바퀴 구동장치 차량은 뉴트럴 스티어링(neutral steering) 주행을 하여 조향성능이 우수하고 원활한 출발 및 가속이 가능하며, 고속주행에서도 우수한 직진 안정성을 발휘한다. 또한 선회할 때 방향 안정성이 향상된다.

[3] 제동력 향상

2바퀴 구동방식 차량은 앞바퀴와 뒷바퀴 중 먼저 고착(lock)되는 바퀴의 코너링포스가 현저히 떨어져 조향성능이 극도로 떨어지는데 반하여 4바퀴 구동방식 차량은 4바퀴가 고착될 때까지 코너링포스 저하가 적으므로 그만큼 높은 감속도로 제동력이 좋아진다.

[4] 연료 소비율이 크다.

낮은 마찰계수 노면에서는 우위성은 인정되나 연료 소비율은 크다. 이유는 2륜 구동방식 차량에 비해 중량이 증가되고 4바퀴 구동용 동력전달장치의 회전방향 변환, 종감속에 의한 동력전달 손실, 관성 중량의 영향에 기인된다.

(1) 4바퀴 구동장치의 장점

① 구동력이 균등하게 배분되므로 험난한 도로나 눈길에서의 주행능력이 우수하다.

② 앞·뒷바퀴로 구동력이 분배되므로 등판능력이 향상된다.

③ 차동장치나 조작기구를 이용하여 선회할 때 앞·뒷바퀴의 선회 반지름 차이에 의해 발생하는 회전차이를 흡수하므로 방향 안정성이 향상되고, 높은 선회속도를 유지할 수 있다.

④ 고 출력 차량에서 급발진 및 가속할 때의 타이어 점착력보다 구동력이 커서 발생하는 공전을 방지한다.

⑤ 2바퀴 구동방식 차량은 제동할 때 먼저 고착되는 바퀴의 코너링 포스가 현저히 감소하여 조향성능이 매우 저하되지만, 4바퀴 구동방식 차량은 4개의 바퀴가 모두 고착(lock)될 때까지 코너링포스 저하가 적으므로 급제동을 할 때에도 높은 조향 안정성 확보가 가능하다.

7.2. 4바퀴 구동장치의 기본형식 및 특징

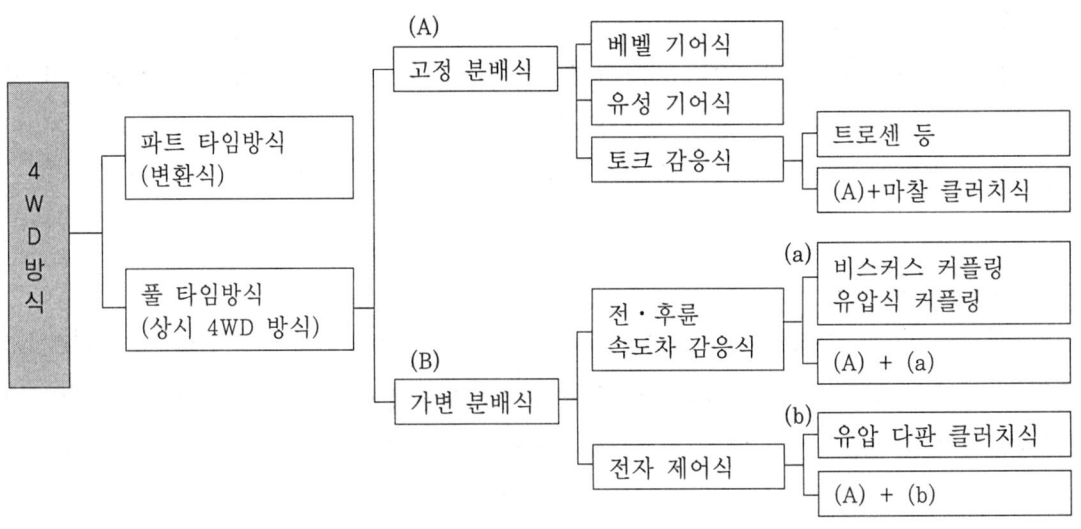

7.2.1. 파트 타임형식(part time type)

이 형식은 필요에 따라 수동조작으로 앞·뒷바퀴를 기계적으로 직결하는 것이며, 4바퀴가 마찰계수가 같은 노면에 있을 때는 앞·뒷바퀴 구동력 분배는 동적하중 분배에 비례하고, 어느 한쪽이 미끄럼을 일으켜도 타이어의 점착력에 해당하는 구동력이 분배된다. 엔진을 세로방향으로 배치한 앞 엔진 앞바퀴 구동(FF)차량의 경우 생산비용 면에서 매우 유리하고 주행할 때 일반 도로에서는 2바퀴 구동으로 하면 동력손실이 적어 경제적인 운행이 가능하다.

그러나 앞·뒷바퀴의 구동축이 같은 회전을 하기 때문에 내륜 차이에 의해 타이어와 노면사이에 강제 미끄럼이 생기는 "타이트 코너 브레이크 현상"이 발생하여 타이어 마모가 증가하고 연료 소비율이 커진다.

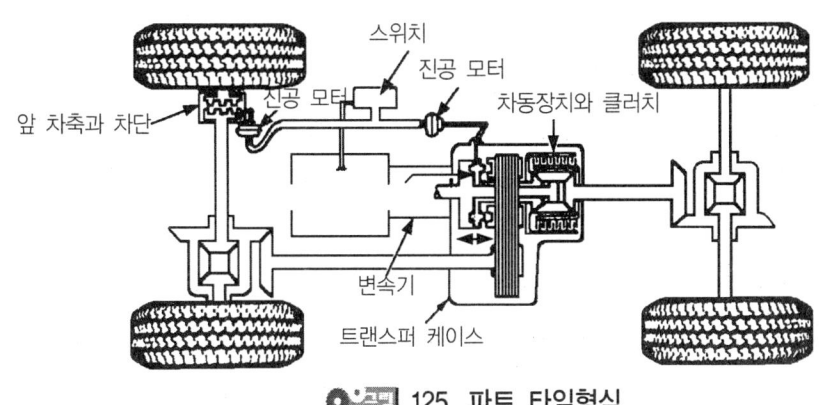

125. 파트 타임형식

타이트 코너 브레이크(tight corner brake)는 커브에서는 뒷바퀴는 앞바퀴보다 안쪽을 통과하며, 이를 "내륜 차이"라고 한다. 또, 구동바퀴의 중심에 차동장치가 설치되는 것으로부터 알 수 있듯이, 바깥쪽 바퀴가 앞쪽 바퀴보다 긴 거리를 통과한다.

따라서 앞·뒷바퀴를 같은 회전수로 회전시키는 "파트타임 4바퀴 구동방식"에서는 진행거리가 가장 긴 앞바퀴의 바깥쪽 타이어의 회전수가 부족하게 되어 미끄러지게 된다. 이때 운전자는 브레이크페달을 밟은 것처럼 느끼기 때문에 이것을 "타이트 코너 브레이크"라고 부른다. 이러한 현상은 차고에 넣을 때나 작은 건조한 노면의 커브를 돌 때 발생하며, 큰 코너를 회전할 때는 내륜 차이가 문제가 되지 않을 정도로 선회반지름이 크기 때문에 운전자는 잘 느끼지 못하게 된다.

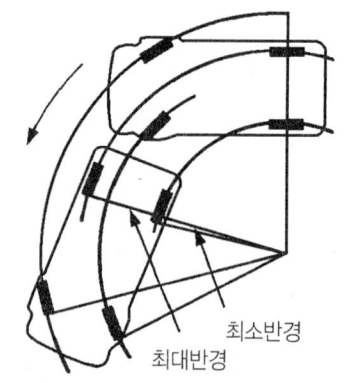

그림 126. 타이트 코너 브레이크

또, 미끄러운 노면이나 눈길에서는 각 타이어가 약간씩 미끄러지기 때문에 회전수 차이가 해소되어 브레이크 현상은 발생하지 않는다. 그밖에, 트랜스퍼 케이스에 습식 다판 클러치를 사용하는 자동변속기와 결합된 4바퀴 구동방식이나, 앞바퀴와 뒷바퀴 사이의 회전수 차이를 해소하는 중간 차동장치를 사용하는 풀타임방식에서는 이 현상이 발생하지 않는다.

7.2.2. 풀타임형식(pull time type)

엔진 동력을 항상 4바퀴에 전달하는 방식으로 기구가 복잡하여 가격이 비싸며, 연료 소비율이 큰 단점이 있었으나, 최근에는 연료 소비율이 향상되었으며, 험한 도로 및 가혹한 사용 조건뿐만 아니라, 포장도로에서도 안정성이 입증되어 많이 실용화되고 있다.

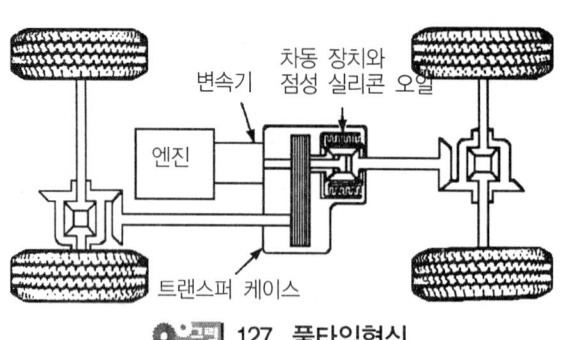

그림 127. 풀타임형식

앞·뒷바퀴 구동력 전달기구의 차이에 따라서 구동력을 앞·뒷바퀴에 항상 일정한 비율로 분배하는 "고정 분배방식"과 노면상황 및 주행상태에 따라서 구동력 분배를 가변으로 하는 "가변 분배방식"이 있다.

[1] 고정 분배방식

2바퀴 구동방식에서 차동장치가 선회할 때 좌우 구동바퀴의 진행거리 차이를 흡수하여 회전수를 변화시키는 것처럼, 풀타임 4바퀴 구동장치에서는 중앙 차동장치를 두어 앞바퀴와 뒷바퀴가 진행한 거리의 차이에 맞추어 회전수를 흡수하고, 앞·뒷바퀴에 일정한 비율로 구동력을 분배하는 방식이다.

분배 비율은 최대 구동력 확보 및 바퀴 스핀방지를 위하여 앞·뒷바퀴의 동적 하중 배분에 거의 비례하여 설정되는 것이 일반적이며, 차동장치에는 베벨기어나 유성기어가 사용된다. 또, 2바퀴 구동방식에서 좌우 구동바퀴의 차이가 큰 경우 차동장치를 제한하는 것처럼, 앞·뒷바퀴 한쪽이 공회전하면 변속레버의 스위치로 중심 차동장치를 고정하여 앞·뒷바퀴가 같이 회전하게 함으로서 자동차를 움직이게 한다.

[2] 가변 분배방식(torque split type)

앞·뒷바퀴 회전차이에 따라 구동력을 자동적으로 분배하며, "비스커스 구동(viscous drive)방식"과 "유압 다판 클러치 방식"으로 크게 나뉜다. 이것들을 단독으로 전후 구동계통에 배치하거나, 차동 제한기구로서 차동기어에 병렬로 배치하여 앞·뒷바퀴로 구동력 분배를 가변으로 하게 된다.

이들 방식은 주행상태에 따라서 앞·뒷바퀴로 구동력을 분배시키는 기능 외에 타이어 슬립 한계를 높여서 주행 및 조정 안정성, 제동 안정성, ABS제어 성능을 향상시키는 기능을 한다. 마찰 클러치를 이용한 회전 감응방식 앞·뒷바퀴 회전차이에 따라 차동 제한 토크가 증감되는 회전속도 차이 감응방식, 전자제어에 의해 차동 제한 회전력을 가변제어하는 방식이 있으며, 어느 것이나 차동 제한 회전력을 발생시켜 저속 회전측의 전달력을 증대시키는 작용을 한다.

7.3. 4바퀴 구동장치의 분류 및 작동
7.3.1. 고정 분배방식

풀타임방식으로 채용된 차동장치 중에서 여기서는 차동 제한장치를 병용하지 않는 방식의 차동기능과 구동력 분배 비율을 설명한다.

[1] 베벨 기어방식

차량의 목적이나 성격으로부터 등 토크분배가 필요한 동시에 지름방향의 치수에 제약이 있을 때나 차동장치와의 공용화(共用化)에 의한 신뢰성 확보 등의 이유에서 스트레이트 베벨기어(straight bevel gear)가 사용된다. 잇수의 선정은 피니언이 10~11, 사이드 기어는 14~25가 일반적이다. 피니언을 같은 간격으로 배치하는 잇수 조건은 좌우 사이드 기어의 잇수의 합이 피니언 개수의 정수배가 되지 않으면 안 된다.

[2] 유성 기어방식

단순 유성 기어방식이나 이중 유성 기어방식은 일반적으로 차량 목적이나 성격 등으로부터 일정한 비율의 토크 분배가 필요한 동시에 축방향의 크기에 제약이 있을 때 등에 채용되는 일이 많다.

(1) 구성

단순 유성 기어방식은 입력은 캐리어이고, 앞바퀴 출력은 선 기어이며 뒷바퀴 출력요소는 링 기어이다. 이중 유성 기어방식은 입력은 링 기어이고 앞바퀴 출력은 캐리어이며 뒷바퀴 출력요소는 선 기어이다.

(2) 잇수 선정

유성기어는 여러 개의 피니언이 맞물리는 점에 작용하는 하중을 분담하기 위하여 장치의 컴팩트화가 가능하지만 기어의 조립성능이나 회전 중의 동적 평형을 고려해서 피니언의 배치와 개수, 각 기어의 잇수를 선정할 필요가 있다.

7.3.2. 가변 분배방식

비스커스 변속기나 유압 다판 클러치를 단독으로 배치하는 방식과 고정 분배 비율을 차동장치의 차동 제한기구를 병렬로 배치하는 방식의 구동력 분배이다.

[1] 비스커스 변속기 방식
(1) 기능

변속기의 출력을 앞바퀴(또는 뒷바퀴)에 직접 전달하고, 뒷바퀴는 비스커스 변속기를 통해 전달하는 경우 낮은 마찰의 도로에서의 직접 구동바퀴의 슬립이나 선회할 때에 앞바퀴가 뒷바퀴보다도 빨리 회전하여 회전속도 차이가 생기면 비스커스 변속기 내의 실리콘 오일의 전단 응력에 의해 전달력이 발생하고 뒷바퀴(또는 앞바퀴)에 회전력을 전달한다. 앞바퀴의 회전이 기어로 트랜스퍼 케이스 기어로 전달되면 비스커스 커플링(viscous coupling)을 이용하여 뒷바퀴에 구동력을 전달한다.

고정 분배방식에서 사용되는 중앙 차동 기어장치가 없으므로 구조가 간단하며 기존의 앞바퀴 구동방식(FF)차량의 적용도 비교적 간단하다. 비스코스 커플링은 점성 유체(실리콘 오일)의 전단저항을 이용하여 회전력을 전달하는 일종의 점성 클러치로서 엔진 회전이 직접 전달되나 원활한 회전이 가능하다.

128. 비스커스 커플링의 구조

(2) 특징

주행 중 앞바퀴가 미끄러운 노면에서 공전하는 경우 앞·뒷바퀴의 회전수 차이에 따라서 뒷바퀴의 구동력을 크게 하여 주행이 가능하도록 한다.

선회할 때에는 4개의 바퀴 모두에서 코너링 포스가 발생하므로 앞바퀴 구동차량에서 발생하는 언더 스티어링 현상과 뒷바퀴 구동 차량에서 발생하는 오버 스티어링 현상이 없어지고, 뉴트럴 스티어링이 가능해져 안정된 조향성능이 확보된다.

(3) 전달 회전력 용량 설정

추진축 상에 배치하는 방식은 낮은 마찰도로에서의 출발 성능이 충분히 확보될 수 있도록 토크용량을 설정하면 높은 마찰도로에서의 극저속의 큰 조향각도 선회를 할 때에 타이트 코너 브레이크 현상이 발생하기 쉬우므로 이를 피하기 위해 용량을 적게 하면 고성능 엔진 차량에서는 낮은 마찰도로의 급발진을 할 때 직결 측의 구동바퀴 슬립이 과다하게 되어 조정성이나 안정성이 손상되기 쉽기 때문에 일반적으로 회전 차이가 20~40rpm일 때 전달 회전력에 의해 생기는 보타력의 증가나 차실 내의 부밍 노이즈 등이 어떤 허용값 이내로 되도록 선정한다.

[2] 유압 다판 클러치 방식

(1) 기능

변속기의 출력을 앞바퀴 또는 뒷바퀴에 직접전달하고, 뒷바퀴 또는 앞바퀴에 유압 다판 클러치를 통해 전달하는 방식이다. 뒷바퀴에 유압 다판 클러치를 통해 전달하는 경우 앞바퀴가 뒷바퀴 보다 빨리 회전하도록 했을 때 변속기 회전력, 앞바퀴 회전력, 뒷바퀴 회전력, 유압 다판 클러치의 전달력 관계가 성립한다.

(2) 전달 회전력 용량의 선정

회전력 용량은 최대 구동력이 발휘될 수 있도록 등판이나 가속할 때의 차량의 중심 이동을 고려하여 설정하지만 앞·뒷바퀴의 하중 분배나 유압 다판 클러치를 앞뒤 구동력의 어느 쪽에 배치하는가에 의해서도 용량 설정에 차이가 발생한다.

일반적으로 유압 실에 공급되는 서보 유압의 제어 폭은 유압 제어장치 등의 제약에 의해 소정의 값이 정해지기 때문에 설정에 용량에 충분한 여유가 있으면 서보 유압의 제어 폭에 대한 클러치를 누르는 힘의 변화량이 크게 되어 전달 토크 용량의 제어 정확도가 저하되고 타이트 코너링 브레이크 현상을 피하는 제어가 어렵다.

한편 용량이 부족하면 최대 구동력의 저하 및 페이싱의 융착이나 마멸의 원인도 되기 때문에 차량 목적이나 성격 등을 고려해서 설정한다.

[3] 차동장치와 차동 제한장치의 조합방식

유성기어의 각 입·출력요소사이에 비스커스 커플링이 부착된 차동 제한장치를 앞뒤 차축사이, 변속기 출력축과 뒷바퀴 출력축사이, 변속기 출력축과 앞바퀴 출력축사이에 배치하여 사용한다.

7.4. 전자제어장치
7.4.1. 전자제어장치의 구성

4바퀴 구동방식에서 구동력 분배나 차동 제한 제어에 전자제어를 채용하는 것에 의해 구동력이나 조향 안정성 향상, 제동 안정성, ABS의 제어성 향상 등을 높은 수준에서 실현이 가능하도록 한다.

이를 구현하기 위해 차량의 주행상태를 각종 센서를 통해 검출하고 마이크로컴퓨터 내에 미리 설정된 제어조건으로 유압 제어량을 결정한다. 듀티 솔레노이드밸브, ON/OFF 솔레노이드밸브 또는 비례 제어용 솔레노이드밸브를 구동하여 제어하는 방식이 일반적이고 전자제어방식 자동변속기나 ABS제어와 동일한 컴퓨터(ECU)를 사용하는 통합 제어방식도 있다.

7.4.2. 전자제어용 센서

엔진의 출력상태는 스로틀 포지션 센서나 흡입공기량 센서 등과 엔진 회전수로부터 추정 가능하며 컴퓨터(ECU)로부터의 정보에 의해서도 추정이 가능하다. 차량의 작동은 주행속도, 가속도, 조향각도 등을 검출하는 것에 의해 판단할 수 있으며 4바퀴 구동 제어는 앞·뒷바퀴의 슬립을 적게 하는 것이 주목적이며 주행속도는 중요한 입력요소이다.

슬립 검출은 차량의 실제 주행속도와 바퀴의 회전속도를 비교하는 방법이며, 2개 이상의 차륜 속도센서를 이용하여 슬립을 판정한다. 차속센서는 매우 낮은 주행속도로부터 응답성이나 높은 정밀도가 요구되는 전지 픽업이나 자기저항 소자형식이 채용된다.

또한 선회 성능향상을 위해 차량의 가로 방향 가속도나 조향 상태를 검출하여 제어하는 방법도 있다. 가속도 센서는 홀 소자를 이용하여 연속적으로 가속도를 검출하는 것이 있다. 조향각도는 조향축에 포토 트랜지스터와 발광다이오드를 조합해 넣은 것이 있다.

[1] 제어조건

차량 특성을 인출하기 위한 방법의 차이는 있지만 기본적으로는 앞·뒷바퀴 회전속도 차이를 적게 하여 구동력 성능의 향상을 꾀하는 것으로써 예로 보면 앞·뒷바퀴 회전차이의 정도를 2륜 구동으로부터 풀타임 방식으로 차동 제한과 단계적으로 변환되는 것이다. 또한 유압 다판 클러치 방식의 차동 제한이나 구동력 분배기구의 전달 회전력 용량을 스로틀밸브 열림량와 주행속도에 의해 미리 제어 맵 화하여 연속적으로 구동력 분배 제어를 행하는 방식도 있다. 이 제어 맵은 유압 다판 클러치의 전달 회전력 용량을 스로틀밸브 열림량에 비례하여 증가시키고 주행속도에 비례하여 적어지도록 설정된다.

이것에 의해 출발성능을 충분히 확보하고 적은 스로틀밸브 열림에서는 앞·뒷바퀴의 속도 차이에 의해 생기는 내부 순환 회전력이나 타이트 코너 브레이크 현상을 억제하고 있다. 여기서 앞·뒷바퀴 회전 차이가 설정 값을 초과하는 경우 회전력 용량을 더욱 더 증가시키는 제어도 더해진다. 이 4바퀴 구동장치가 갖는 능력을 선회향상에 적극적으로 이용하는 예로서 앞 엔진 뒷바퀴 구동(FR)을 기본으로 하는 차량의 가로방향의 가속도와 앞·뒷바퀴 차이로부터 앞바퀴의 구동력을 제어하는 것이다. 이 제어는 유압 다판 클러치의 전달 회전력 용량을 앞·뒷바퀴 회전차이에 비례하여 증가시키고 가로방향 가속도에 비례하여 감소하도록 설정하여 안정된 코너링을 얻도록 하는 것이다.

또한 앞·뒷바퀴 회전차이는 중요한 변수지만 타이어 공기압력, 적재 하중 등에 의해 변화하기 때문에 정상주행 중에 편차를 기억하여 회전차이를 교정하는 예도 있다. 한편 ABS제어와의 통합성도 중요한 과제이고 ABS가 작동할 때 유압 다판 클러치에 적당한 전달 회전력를 발생시켜 ABS의 제어성을 향상시키는 예도 있다. 4륜 조향장치나 트랙션 제어 등과 총합 제어화하여 각 제어사이의 통합성을 만족시킬 필요가 있다. 또한 입력 이상을 검출했을 때 페일 세이프도 각 장치에 일치시킬 필요도 있다.

[2] 유압제어 액추에이터

구동력 분배기구에는 전자제어가 쉬운 유압 다판 클러치를 채용하는 경우가 많고 이에 대한 요구되는 성능은 제어량에 대한 특성변화가 선형적이고, 유압 특성이 외부 요인에 영향을 적게 받으며, 동일한 제어량에 대해 특성 변화나 변동이 적고, 제어 응답성능이 우수해야 한다. 이를 구현하기 위해 액추에이터로서는 듀티 제어용 솔레노이드밸브나 비례 제어용 솔레노이드밸브가 사용된다.

7.5. LSD(limited slip differential)
7.5.1. LSD의 기능

4바퀴 구동방식 차량은 앞·뒷바퀴의 구동력을 배분하는데 반하여, 좌우 구동바퀴 또는 앞·뒤 구동바퀴 중 어느 한쪽이 마찰계수가 낮은 노면 상에 있게 되면, 타이어 하중이 감소하여 미끄러지면서 차동장치만으로는 총 구동력 감소로 주행 불능상태에 빠지게 된다.

이러한 문제를 방지하기 위하여 본래의 차동기능에 제한을 가하여 구동력을 확보하도록 하는 장치가 LSD(차동 제한장치)이다.

7.5.2. LSD의 장점

① 직진 안전성 향상 : 좌우 바퀴에 회전력을 알맞게 배분한다.
② 선회할 때 가속성능 향상 : 급선회할 때 바깥쪽 바퀴와 안쪽바퀴에 알맞도록 회전력을 배분한다.
③ 거친 노면에서 가속성능, 직진성능, 주파성능을 향상시킨다.
④ 구동바퀴의 슬립이 적으므로 타이어 수명이 연장된다.

7.5.3. 작동기구에 따른 분류

차동 제한 회전력을 발생시켜 저속쪽의 전달 회전력을 증대시키는 것으로서, 다음과 같은 종류가 있다.

[1] 회전력 감응방식

이 방식은 피니언 축 부분 캠 기구에 의한 스러스트 힘으로 마찰 클러치를 밀어 압착하거나, 웜 기어가 물릴 때의 잇면 마찰력을 이용한다.

[2] 마찰 클러치 방식

이 방식은 같은 토크 분배를 갖는 차동장치의 양쪽 사이드 기어와 차동장치 케이스 사이에 마찰 클러치를 설치하고 캠기구 등으로 클러치판을 누르는 방식이 일반적이다. 차동 제한 회전력 설정은 차량의 주파성능, 조종성능, 주행 안정성 등이나 구동 계통의 기계 손실에 미치는 영향이 크고 차량 목적이나 성격 등을 고려하여 설정한다.

클러치 마찰특성은 마찰 클러치의 압력판 사이에는 선회하거나 앞·뒷바퀴의 슬립 등에 의해 상대 슬립이 생기기 때문에 마찰 특성이 불안정하면 고착 슬립이나 이음 발생의 원인이 되기 때문에 마찰 특성은 경변화가 적은 안정된 특성이 얻어지도록 캠 홈의 제작 정밀도 향상, 마찰판 표면의 윤활유 홈 형상이나 표면 처리의 적정화, 윤활유에 마찰계수 조정제를 첨가하는 것 등의 방법이 채용된다.

[3] 웜 기어방식

이 방식은 구동기어의 맞물림 잇면과 각 회전 미끄럼 운동부분에 발생하는 마찰력을 이용하여 차동 제한 토크를 발생시키는 것이며 기어 제원인 비틀림 각도, 압력 각도 등이나 미끄럼운동 부분의 구성 부재를 선정하는 것으로 차동 제한 회전력이 결정된다.

[4] 회전속도 차이 감응방식
(1) 기능

이 방식은 좌우 또는 앞·뒷바퀴 사이에 회전차이가 생기면 차동 제한 회전력이 회전차이에 따라서 증감되는 형식으로 비스커스 커플링이나 유압 커플링 등이 이용되고 있다. 여기서는 일정한 분배 비율을 갖는 차동장치에 회전속도 차이 감응방식의 차동 제한기구를 부설한다.

(2) 구조 및 구성

앞 엔진 뒷바퀴 구동방식이나 세로배치 트랜스액슬 차량은 변속기 출력축 연장선상에 차동장치를 배치하며, 세로로 배치한 트랜스액슬 앞 뒤 구동바퀴의 한쪽 차동장치와 같은 축상에 차동장치를 연결해서 변속기 출력축과 차동장치의 앞·뒷바퀴 어느 쪽의 출력요소사이 또는 앞·뒷바퀴로의 출력요소사이에 차동 제한기구를 설치한다.

(3) 차동 제한 회전력 설정

차량의 주파 성능이나 주행 안정성능에 중심을 두면 차동 제한 회전력이 크게 되므로 비스커스 커플링의 배치나 전달 회전력 특성에 영향을 주는 파라미터를 적절히 선정하면 양호하다. 일반적으로 차동 제한 회전력 용량이 크면 앞·뒷바퀴 사이의 구동력이 강해지는 경향이 있고 제동성능이나 타이트 코너 브레이크의 영향 등도 고려하여 설정한다.

[5] 전자제어방식

(1) 기능

전자제어로 차동 제한 회전력을 연속 가변제어하는 방식으로 유압 다판 클러치를 누르는 힘을 제어하는 방식이 이용되고 있으며 여기서 일정한 분배 비율을 갖는 차동장치에 유압 다판 클러치 방식의 차동장치를 부설하는 경우에 한정한다.

(2) 구조 및 구성

차동 제한장치의 배치는 회전차이 감응방식과 같은 모양이지만 유압 다판 클러치를 누르는 힘으로 제어하는 유압제어 서보기구를 구비하기 위해 유압회로와 그의 유압 제어장치가 필요하다.

(3) 차동 제한 회전력 설정

최대 차동 제한 회전력은 임의로 설정할 수 있으나 일반적으로 유압실에 공급되는 서보 유압의 제어 폭은 유압 제어장치 등이 제약에 의해 소정의 값으로 제한된다. 그러므로 기준은 차동기어의 고정 분배 비율에 의해서도 다르고 차량 목적이나 성격 등을 고려해서 선정한다.

7.6. 전자제어 풀타임 4바퀴 구동방식

7.6.1. 전자제어 풀타임 4바퀴 구동방식의 개요

전자제어 풀타임 4바퀴 구동방식(4WD)은 퍼지(fuzzy) TCL과 결합시킬 때 효과적이다. 풀타임 4바퀴 구동방식의 제어기구는 센터 차동장치는 유압제어, 뒤 차동장치는 전류 제어로 되어 있다.

특히 전류로서 차동제어를 하는 전류 제어형 LSD는 새로운 기술이다. 기구나 작동기구에 대한 상세한 설명은 아직 불분명 하지만 전류의 강약을 조절하여 솔레노이드를 작동시킴으로써 차동 제한력이 변화하도록 하는 것이 작동원리이다. 단, 솔레노이드의 흡인력만으로써 강력한 LSD작용을 발생시키도록 한다면 상당한 전류가 필요하게 된다. 어느 정도 서보 유압을 보조력으로 사용하는 기구로 되어 있기 때문은 아니다.

7.6.2. 전자제어 풀타임 4바퀴 구동방식의 작동원리

센터 차동장치는 습식 다판 클러치로 구성되어 있으며, 유압을 전자제어하고, 차동 제한력을 변화시켜서 구동력(torque)의 분배를 변화시키는 기능으로 되어 있다. 즉 전자제어 분배 회전력(split torque)방식 센터 차동장치로 되어있다.

[1] 구동력 분배

통상 건조 노면을 기준으로서 가속 선회성능을 향상시킨 후에 상황이 양호한 분배(split)로 되어 있다. 기본적인 배분인 앞 바퀴쪽 32%, 뒤 바퀴쪽 68%로 설정하고, 뒤 차동 장치는 50%씩 분배비율로 되어 있다. 미끄러지기 쉬운 노면에서 뒷바퀴의 분배(split) 경향이 크게 될 때 및 엔진의 힘이 클 때에는 앞 바퀴쪽에 구동력을 많이 분배하여 앞바퀴 구동력을 증대시키고, 한계성능을 높이는 방향으로 제어한다.

선회성능이나 제동성능을 높이고 싶을 때는 기본적인 배분에 가깝도록 제어한다. 이 경우에 꼭 맞는 운전상황에서는 조향핸들을 최대로 꺾을 때(handle 각 최대), 고속으로 선회할 때(횡가속도 大) 또는 고속에서(주행속도 大) 브레이크를 조작할 때 등을 포함한다. 선회상황에서 센터 차동장치를 완전히 자유롭게 하면 차체가 휘말리는 경향이 있기 때문에 회전력을 분배하면서 회전차이를 흡수하는 회전력 분배(torque split)형 센터 차동장치 쪽이 조향 안전성이 좋다.

[2] 뒤 차동장치의 차동 제한

뒤 차동장치의 차동 제한(LSD)작용을 강력하게 할 경우는 뒷바퀴 한쪽이 슬립(slip)할 때 및 엔진출력이 클 때 등이다(험한 도로 주행성능, 진흙탕 탈출성능 등의 향상).

반대로 급제동을 할 때 조향핸들 조작이 클 때(조향핸들 각도가 크다), 주행속도가 고속일 때 등은 제동성능이나 선회성능을 높이기 때문에 LSD작용을 약화시키는 제어를 한다. 이 제어의 결과 눈길, 건조한 도로를 불문하고 전자제어 풀타임 4바퀴 구동장치가 선회성능에 최대로 우수하여 상당히 큰 횡가속도의 내구력을 얻을 수 있다.

조향핸들 수정 각도도 상당히 작아서 좋다. 더욱이 퍼지 TCL과 결합하면 선회반경 20m에서 가속 3초 후의 조향핸들의 수정각도는 퍼지 TCL이 없는 풀타임 4바퀴 구동형의 1/2 정도로 좋아진다.

8 자동차의 주행성능

8.1. 자동차 주행저항

차량이 주행할 때는 반드시 저항을 받게 되어 있는데 이것을 주행저항(running resistance)이라고 하며 이 저항이 커지면 큰 출력이 필요하고 반대로 저항이 적으면 작은 출력으로도 주행이 가능하게 된다.

주행저항은 차량 주행을 방해하는 측으로 작용하는 힘의 총칭으로서 구름저항, 공기저항, 등판저항, 가속저항의 4가지로 구성된다. 주행저항 식은 다음과 같다.

$$P = k_1 \times F \times V$$

P : 주행저항 마력(ps)
k_1 : 주행저항 계수
F : 주행저항력(kgf)
V : 주행속도(km/h)

8.2. 구름저항(rolling resistance, Rr)

바퀴가 수평노면을 굴러가는 경우 발생하는 저항으로 노면의 굴곡, 타이어 접지부분의 변형, 타이어와 노면의 마찰손실에서 발생하며 바퀴에 걸리는 차량 하중에 비례한다. 즉 바퀴가 수평 노면을 전동하는 경우 발생하는 저항과 에너지 손실에 의한 것으로 다음과 같은 저항 및 손실로 표현된다.

① 타이어 접지부분의 변형에 의해 발생하는 저항
② 노면이 변형하기 때문에 발생하는 저항
③ 노면이 평활하지 않는 경우에 생기는 저항
④ 타이어에서 발생하는 소음 등에 의한 손실
⑤ 베어링 등의 마찰에 의한 저항

구름저항은 여러 가지 원인에 의해 발생하기 때문에 바퀴에 걸리는 하중, 노면상태 및 주행속도에 따라 변하지만 일반적으로 하중에 비례하여 속도에 영향은 받지 않는다고 본다. 그리고 구름저항 계수가 타이어의 공기압력에 의해 변하는 것은 공기압력이 낮을수록 타이어 변형이 커지고, 타이어 변형이 커지면 전동할 때의 변형과 복원에 의한 에너지 손실이 커진다.

또한 접지부분에 있어서 타이어가 노면에서 미끄러지기 때문에 마찰에 의한 손실이 커지며 구름 저항계수는 타이어가 새것, 타이어 압력이 낮을 때, 주행속도가 증가할 때 크게 된다. 이 현상은 고속이 되면 급격히 증가되어 스탠팅 웨이브가 발생한다. 구름 저항은 다음 식으로 나타낸다.

$$R_r = \mu_r \times W$$

R_r : 구름저항(kgf)
μ_r : 구름저항 계수
W : 차량 총중량(kgf)

8.3. 공기저항(air resistance, Ra)

자동차의 주행을 방해하는 공기의 저항은 대부분 압력저항이며, 차체의 형상에 따라 기류의 박리에 의해 발생하는 맴돌이 형상 저항과 자동차가 양력에 의한 유도저항이다. 공기저항은 자동차의 투영면적과 주행속도의 곱에 비례한다.

자동차 공기저항은 압력 저항이 주된 것이지만 그 중 형상 저항이 전체의 60%를 차지한다.

① 형상저항 : 차체 형상에 의해 결정되며 전 투영면적에 적용되는 풍압에 의해 크게 작용한다(항력).
② 유로저항 : 고속이 되면 차체를 들어올리려는 힘이 발생한다(양력).
③ 마찰저항 : 공기의 점성 때문에 차체 표면과 공기사이에 발생한다.
④ 표면저항 : 차체 표면에 있는 요철이나 돌기 등에 의해 발생한다.
⑤ 내부저항 : 엔진 냉각 및 차량 실내 환기를 위해 들어오는 공기흐름에 발생한다.

공기저항은 다음 식으로 나타낸다.

$$R_a = \mu_a \times A \times V^2 = C_d \times (\rho/2) \times A \times V^2$$

R_a : 공기저항(kgf)
μ_a : 공기저항 계수
A : 전면 투영면적(m²)
C_d : 공기저항 계수
V : 주행속도(km/h)
P : 공기밀도

그리고 차체에 작용하는 공기력은 다음과 같다.

[1] 차체에 작용하는 3분력과 3모멘트

차체에 작용하는 공기력은 차체의 전후로 작용하는 항력, 옆으로 작용하는 횡력, 위 방향으로 작용하는 양력이 3분력이고, 각각의 모멘트 롤링, 피칭, 요잉 모멘트로서 3모멘트 등 6 자유도이다.

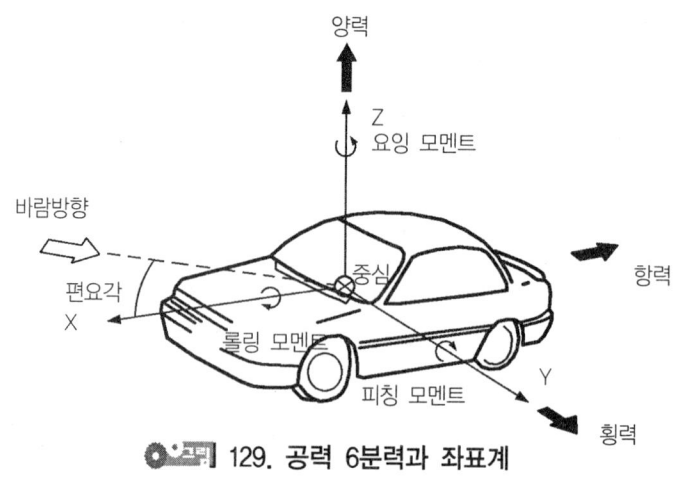

그림 129. 공력 6분력과 좌표계

[2] 항력과 롤링 모멘트

① 항력은 공기저항이라고도 하며, 평탄한 도로를 정상 주행하는 자동차에 가해지는 주행 저항은 주로 타이어와 노면사이의 구름저항과 공기저항이다. 항력은 속도의 2승에 비례하므로 고속이 될수록 주행저항이 차지하는 비율이 증가되어 공기저항을 줄일 수 있으면 고속주행에서 연료 소비율 향상 및 최고속도를 증가시킬 수 있다.

② 발생원인은 외부저항과 내부저항으로 구분된다.

 ㉮ 외부저항은 차체의 형상과 관계되는 것으로 돌기나 부가물에 의한 영향으로 구분된다.

 ㉯ 내부저항은 엔진 냉각을 요하는 통풍 저항과 브레이크 등의 부품의 냉각에 요하는 통풍 저항으로 구분된다.

(1) 저감 대책

① 차체 앞부분 : 에어댐 설치 등으로 공기저항을 줄임
② 차체 뒷부분 : 리어 스포일러 장착
③ 엔진 냉각풍 : 차체 후면에 배출하여 후면 부압 완화
④ 차체 외부 부가물 : 몰딩, 미러, 머드 가이드를 공기저항이 줄도록 설계
⑤ 롤링 모멘트를 줄이기 위해 ECS를 적용한다.

[3] 양력과 피칭 모멘트
(1) 발생원인

주행 중 상하 공기흐름의 속도차이가 나서 양력이 발생되는 것으로 차량이 고속주행할 때 양력이 크게 발생되며 차량이 들리는 현상으로 조정 안정성에 악 영향을 준다. 즉, 양력의 증가는 타이어 코너링 포스를 줄이기 때문에 일반적으로 안정성에 악영향을 주지만 차량의 조향특성에 대한 영향은 앞·뒷바퀴의 양력 분담과 현가장치의 특성에 따라 바뀐다. 양력의 주 요인은 차체 형상, 냉각 바람, 부가물에 영향이 있다.

(2) 저감 대책
① 해치백 차량이 노치백(세단)보다 유리하다.
② 리어 스포일러 장착
③ 차량 전면에 에어댐 설치
④ 냉각 바람 도입

[4] 횡력과 요잉 모멘트
(1) 발생원인

차량이 주행 중 바람이 가로방향에서 불 때 힘을 받으며, 이 횡력에 의해 주행방향 안정성에 영향을 받는다.

(2) 저감 대책
① 공기저항을 줄이기 위해 차체 형상을 유선형 화나 필러 등을 둥글게 한다.
② 고속주행을 할 때 풍압에 영향을 덜 받는 언더 스티어링 차량이 유리하다.
③ 유선 모멘트를 감소하기 위해 4륜 구동장치나 액티브 요잉 제어장치(active yawing control system)를 채용한다.

8.4. 등판 저항(gradient resistance, Rg)

자동차가 경사면을 올라갈 때 차량중량에 의해 경사면에 평행하게 작용하는 분력의 성분이다. 경사각을 경사면 구배율 %로 표시하면 된다.

경사면의 수직성분 $W \times \cos\theta$ 에 구름저항 계수 μ_r을 곱한 것은 등판할 때 구름저항 계수가 되지만 그 수직 값이 일반적으로 작기 때문에 구름 저항의 구배에 의한 무시하는 것이 일반적이다.

내리막길에서는 등판저항이 반대로 되며 구름저항이나 공기저항보다 등판저항의 절대 값이 크게 되면 차량속도도 빨라지게 된다. 등판저항은 다음 식으로 나타낸다.

$$R_g = W \times \sin\theta$$

R_g : 등판 저항(kgf)
W : 차량 중량(kgf)
θ : 각 면의 경사각(deg)

8.5. 가속저항(acceleration resistance, Ri)

자동차의 주행속도를 변화시키는데 필요한 힘을 가속저항이라 하며, 자동차의 관성을 이기는 힘이므로 "관성저항"이라고도 할 수 있다.
① 차량 구동계통 회전부분의 회전속도를 상승시키는 힘
② 회전부분을 삭제한 차량의 가속부분만 고려한 힘

회전부분 상당중량은 차량 변속비에 따라 상이하고 저속에서 중요한 인자가 된다. 가속 저항은 다음 식으로 나타낸다.

$$R_i = (a/g) \times (1+\varepsilon) \times W$$

R_i : 가속저항(kgf), W : 차량 중량(kgf)
a : 가속도(m/s^2), ε : 회전부분 상당 관성계수
g : 중력 가속도(m/s^2)

8.6. 전 주행저항(total running resistance, Rt)

자동차의 주행저항은 주행조건에 따라 여러 가지 상태로 나타낼 수 있으며 구분은 다음과 같이 된다.
① 평탄한 도로 등속주행 : 전 주행저항 = 구름저항+공기저항
② 경사로 등속주행 : 전 주행저항 = 구름저항+공기저항+등판저항

③ 평탄한 도로 등 가속주행 : 전 주행저항 = 구름저항+공기저항+가속저항
④ 경사로 등 가속 주행할 때 : 전주행저항 = 구름저항+공기저항+가속저항+등판저항

8.7. 구동력(tractive force)

구동력은 구동바퀴가 자동차를 미는 힘을 말하며, 구동바퀴의 반경을 R(m), 축의 회전력을 T(kgf·m)라 하면 구동력 F(kgf)는 다음과 같은 식으로 나타낼 수 있다.

$$F = \frac{T}{R}$$

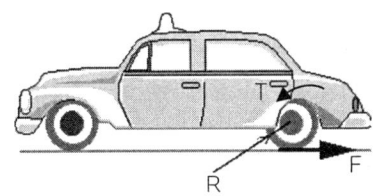

130. 구동력과 축 회전력과의 관계

8.8. 변속비(gear ratio)

변속기는 여러 개의 기어로 구성 조립되어 있으며 기어물림에 따라 구동바퀴에 전달되는 구동토크와 회전속도를 변화시킨다. 예를 들면 변속레버를 저속으로 선택하면 바퀴의 회전속도는 느리지만 축의 토크는 증가한다. 이와 같이 토크의 증대를 가져오는 것이 변속비이고, 변속비는 다음과 같이 구한다.

$$변속비(i) = \frac{출력(피동)기어 잇수(Z_o)}{입력(구동)기어 잇수(Z_i)} = \frac{입력축(엔진) 회전속도(N_i)}{출력축(추진축) 회전속도(N_o)}$$

$$= \frac{B}{A} \times \frac{D}{C}$$

변속비 > 1 : 감속

변속비 < 1 : 증속(오버 드라이브)

변속비 = 1 : 등속(직결)

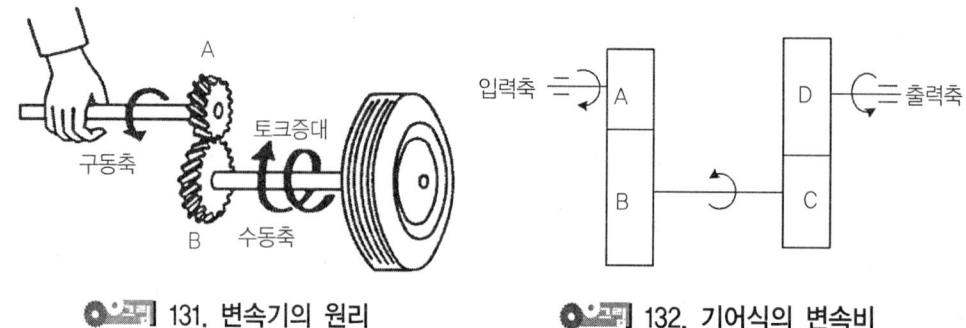

그림 131. 변속기의 원리   그림 132. 기어식의 변속비

이 변속비는 종감속 기어비와 함께 자동차의 주행성능 즉 최고속도, 가속성능, 등판성능, 연료소비율 등에 아주 밀접한 관계가 있을 뿐만 아니라 엔진소음과 배출가스에도 영향을 준다. 자동차의 경우 변속은 변속기 이외에 최종 감속기어로도 감속을 하고 있으므로 엔진과 구동바퀴 사이의 변속비를 총 감속비라 한다.

총 감속비(i_t) = 변속기의 변속비(i_m) × 종감속 기어의 감속비(i_f)

또, 구동 휠이 발생하는 구동토크는 엔진의 축 토크에 총 감속비를 곱한 것으로 다음과 같이 나타낸다.

구동토크(T) = 엔진의 축토크(TE) × 총감속비(i_t) × 전달효율(η_t)

8.9. 변속비와 주행속도

8.9.1. 변속비의 계산

그림 133과 같이 전진 4단 후진 1단의 변속기에서 엔진이 2,000rpm으로 회전할 때 변속비와 추진축의 회전수는 다음과 같이 구한다.

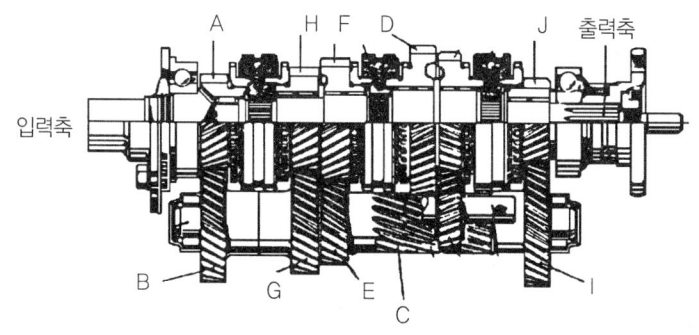

[각 기어의 잇수]

기호	구 분	잇수	기호	구 분	잇수
A	제4속 주축기어 잇수	20개	B	제4속 부축기어 잇수	35개
C	제3속 부축기어 잇수	30개	D	제3속 주축기어 잇수	25개
E	제2속 부축기어 잇수	25개	F	제2속 주축기어 잇수	30개
G	제1속 부축기어 잇수	20개	H	제1속 주축기어 잇수	35개
I	제5속 부축기어 잇수	35개	J	제5속 주축기어 잇수	15개

133. 변속기 및 주축 회전수 구하기

① 제1속의 변속비는 변속기어 ABGH가 물리므로

$$i_1 = \frac{B}{A} \times \frac{H}{G} = \frac{35}{20} \times \frac{35}{20} = 3.06$$

② 제2속의 변속비는 변속기어 ABEF가 물리므로

$$i_2 = \frac{B}{A} \times \frac{F}{E} = \frac{35}{20} \times \frac{30}{25} = 2.10$$

③ 제3속의 변속비는 변속기어 ABCD가 물리므로

$$i_3 = \frac{B}{A} \times \frac{D}{C} = \frac{35}{20} \times \frac{25}{30} = 1.46$$

④ 제4속의 변속비는 직결이므로

$$i_4 = 1.00$$

⑤ 제5속의 변속비는 변속기어 ABIJ가 물리므로

$$i_5 = \frac{B}{A} \times \frac{I}{J} = \frac{35}{20} \times \frac{15}{35} = 0.75$$

또, 추진축의 회전수는 다음과 같다.

⑥ 제1속에서 $P_1 = \dfrac{2000}{3.06} = 654 \text{rpm}$

⑦ 제2속에서 $P_2 = \dfrac{2000}{2.10} = 952 \text{rpm}$

⑧ 제3속에서 $P_3 = \dfrac{2000}{1.46} = 1370 \text{rpm}$

⑨ 제4속에서 $P_4 = \dfrac{2000}{1.00} = 2000 \text{rpm}$

⑩ 제5속에서 $P_5 = \dfrac{2000}{0.75} = 2666 \text{rpm}$

8.9.2. 자동차의 주행속도

자동차의 주행속도는 주행저항을 고려하지 않으면 엔진의 회전수, 변속비, 종감속비, 바퀴의 지름에 따라서 결정이 된다. 즉, 자동차의 주행속도는 다음과 같이 된다.

$$V = \frac{\pi \times D \times N}{i_m \times i_f} \times \frac{60}{1000} (\text{km/h})$$

V : 자동차 주행속도(km/h)　　D : 바퀴의 지름(m)
im : 변속비　　　　　　　　　if : 종감속비
N : 엔진 회전수(rpm)

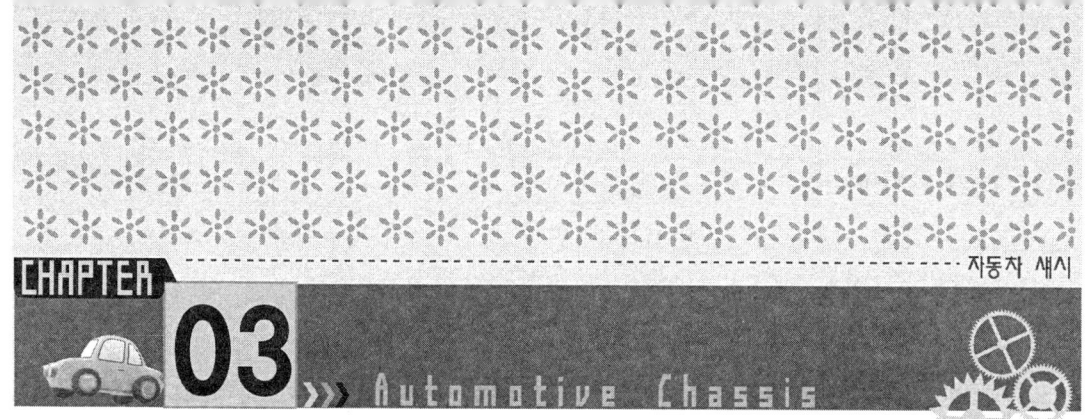

현가장치 [suspension system]

1 현가장치의 개요

현가장치(suspension system)는 주행 중 도로노면으로부터 오는 끊임없는 충격을 타이어가 1차적으로 받고 현가장치를 통해 차체로 전달된다. 이때 현가장치는 진동이나 충격을 흡수하여 차체 각부의 파손을 방지하며 승차감각과 자동차의 안전성을 향상시키는 중요한 장치이다.

현가장치는 자동차의 움직이는 부위(차축, 암)와 움직이지 않는 부위(차체 또는 프레임)사이에 설치되며 완충장치를 포함하여 프레임(또는 보디)과 차축사이를 연결하고 있는 기구를 말한다. 주로 사용되고 있는 현가장치는 코일스프링(coil spring), 판스프링(leaf spring), 쇽업소버(shock absorber), 토션바 스프링(torsion bar spring), 에어스프링(air spring) 등이 있다. 어떤 종류의 현가장치를 사용하든지 노면이 볼록하게 튀어 올라오면 현가장치는 압축되고 노면이 움푹 들어가면 현가장치는 신장 되면서 충격을 흡수한다.

현가장치는 구동바퀴의 구동력, 제동할 때의 제동력 등을 차체(또는 프레임)에 전달하고 또 선회할 때의 원심력을 이겨내 바퀴가 차체에 대해 바른 위치를 갖게 하는 작용도 한다.

[1] 현가장치의 구비조건

① 도로 면에서 받는 충격을 완화하기 위해 상·하방향의 연결이 유연하여야 한다.
② 바퀴에 발생하는 구동력, 제동력 및 선회할 때의 원심력 등을 이겨낼 수 있도록 수평방향의 연결이 튼튼하여야 한다.
③ 가벼워야 한다(스프링 질량의 절반은 스프링 아래질량으로 취급한다).
④ 설치공간을 적게 차지해야 한다.
⑤ 정비가 쉬워야 한다.
⑥ 적차 또는 공차상태를 막론하고 가능한 차체의 고유진동수가 같도록 해야 한다.
⑦ 적차 또는 공차상태에서도 차체의 최저 지상고는 가능한 변화가 적어야 한다.

1.1. 판 스프링(leaf spring)

판 스프링은 스프링 강을 적당히 구부린 띠 모양으로 된 것을 몇 장 겹쳐서 그 중심에서 센터 볼트(center bolt)로 조인 것이다. 맨 위쪽에 길이가 가장 긴 주 스프링 판의 양끝에는 스프링아이(spring eye)를 두고 섀클 핀을 통하여 차체에 설치하게 되어 있다. 스프링아이 중심사이의 거리를 스팬(span), 판스프링의 휨량을 캠버(camber)라 한다.

판스프링을 차체에 설치한 부분을 브래킷 또는 행거(bracket or hanger)라 하며, 다른 끝은 섀클(shackle)이라 한다. 섀클은 스팬의 길이 변화를 위하여 설치하며 사용되는 부싱에 따라 고무부싱 섀클, 나사 섀클, 청동 부싱 섀클 등이 있다. 차축과 스프링은 스프링 중앙부근에 U-볼트로 설치되어 있으며 차축이 스프링 위쪽에 설치되는 언더헝 방식(under hung type)과 차축을 스프링 아래쪽에 설치하는 오버헝 방식(over hung type)이 있다.

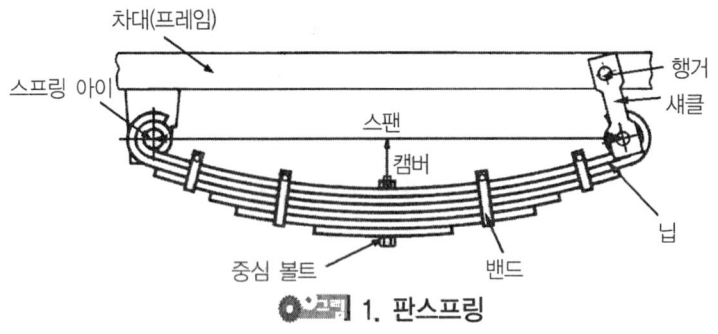

1. 판스프링

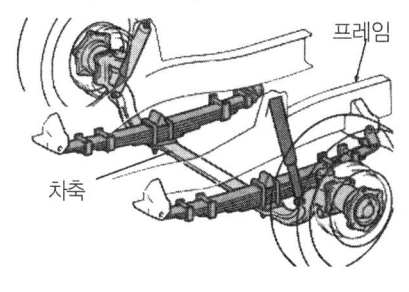
(a) 오버헝 방식

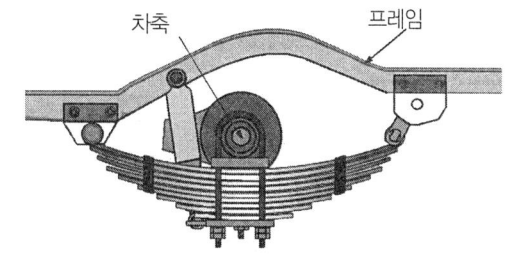
(b) 언더헝 방식

○그림 2. 판스프링의 종류

[1] 판스프링의 특징
① 스프링 자체의 강성에 의해 차축을 정해진 위치에 지지할 수 있어 구조가 간단하다.
② 판간 마찰에 의한 진동 억제작용이 크다.
③ 내구성이 크다.
④ 판간 마찰 때문에 작은 진동 흡수가 곤란하다.
⑤ 호치키스 구동방식에서는 너무 유연한 스프링을 사용하면 차축의 지지력이 부족하여 차체가 불안정하게 된다.

1.2. 코일스프링(coil spring)

코일스프링은 스프링 강을 코일모양으로 제작한 것이며, 외부의 힘(外力)에 의해 변형되는 경우 판스프링은 구부러지면서 응력을 받으나 코일스프링은 코일 1개 단면마다 비틀림에 의해 응력을 받는다. 미세한 진동에도 민감하게 작용하므로 현재의 승용차에서는 앞·뒷차축에서 모두 사용되고 있다.

[1] 코일스프링의 특징
① 단위 무게에 대한 에너지 흡수율이 크다.
② 제작비가 적고, 스프링작용이 유연하다.
③ 판간 마찰이 없어 진동 감쇠작용을 하지 못한다.

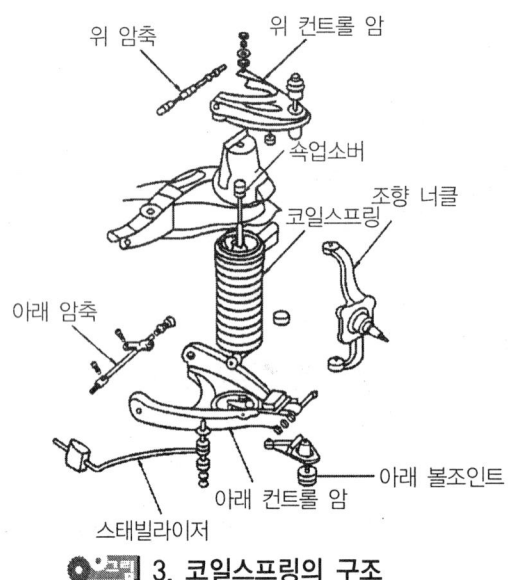

3. 코일스프링의 구조

④ 옆방향 작용력에 대한 저항력이 없어 차축에 설치할 때 쇽업소버나 링크기구가 필요해 구조가 복잡해진다.

1.3. 토션 바 스프링(torsion bar spring)

 토션 바 스프링은 스프링 강의 막대(torsion bar)로 되어 있으며, 양단의 스플라인 부분을 차륜에 연결된 스프링 레버에 끼워, 차체와 차륜사이의 스프링기능을 보완하는 부품이다. 토션 바는 주로 강봉이 사용되나 가끔은 중공(中空), 사각형, 또는 겹판형식도 사용된다. 비틀었을 때 탄성에 의해 제자리에 되돌아가려고 하는 성질을 이용한 것이다. 스프링의 힘은 바(bar)의 길이와 단면적에 따라 정해지고, 코일스프링과 같이 진동의 감쇠작용이 없기 때문에 쇽업쇼버를 병용해야 한다.

 토션 바 스프링은 단위 중량당의 에너지 흡수율이 판스프링의 3배, 코일스프링의 1.4배 정도로 다른 스프링에 비해 크므로 가볍게 할 수 있고 구조도 간단한 장점이 있다. 또 설치방식에는 차체에 평행하게 설치하는 세로방식과 직각으로 설치하는 가로방식이 있는데 세로방식이 바의 길이에 제한이 없고 설치장소를 크게 차지하지 않는 장점이 있다.

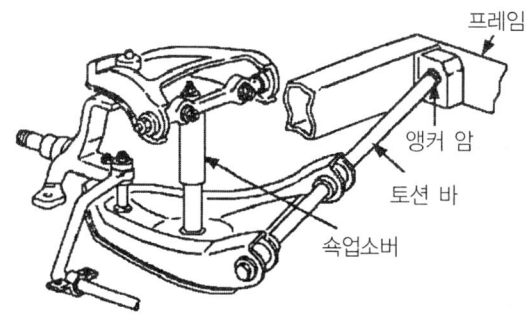

그림 4. 토션 바 스프링

또 토션 바 스프링은 오른쪽의 것과 왼쪽의 것으로 구분되어 있고 그 비틀림의 방향에 의한 앞뒤 구분을 정확하게 하는 것이 중요하다. 따라서 위치를 바꾸어 설치하지 않도록 하여야 한다.

1.4. 쇽업소버(shock absorber)

자동차에 판스프링이나 코일스프링만 설치되어 있으면 노면에서 충격을 받을 때 원만하게 흡수하지 못하고 바퀴 또한 너무 진동이 심하게 발생하므로 승차감이 좋지 않게 된다. 이때 쇽업소버는 도로 면에 의해 일어난 스프링의 진동을 재빨리 흡수하여 승차감을 향상시키고, 동시에 스프링의 피로를 적게 하기 위해 설치되는 것이다. 또 이것에 의해 고속주행 조건의 하나인 로드홀딩(road holing)도 현저하게 향상된다.

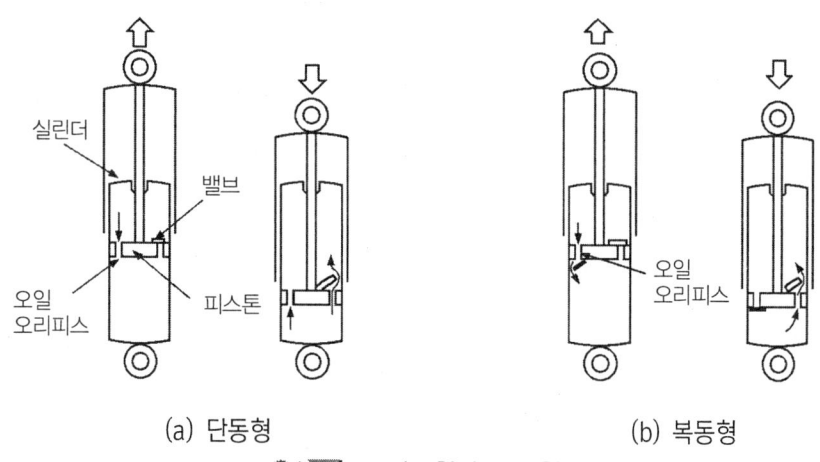

(a) 단동형　　　　　　　(b) 복동형

그림 5. 단동형과 복동형 쇽업소버

쇽업소버는 스프링의 상하 운동에너지를 열에너지로 변환시키는 일을 하여 상하운동 시 흔들림을 방지한다. 작동형식에 의한 분류로 리바운드(rebound)할 때에만 감쇠력이 발생하는 단동형(single acting type)과 바운드(bound), 리바운드의 양쪽에서 감쇠력을 발생하는 복동형(double acting type)이 있으며 종류에는 통형, 레버형, 개스형이 있다.

1.4.1. 쇽업소버의 필요성

[1] 스프링과 충격의 관계

자동차가 정지상태일 때에는 현가장치에 설치된 스프링은 차체의 하중을 받아 조금 수축된 상태로 안정되어 있다. 그러나 주행을 시작하면 하중 이동이나 노면의 굴곡을 타이어가 받으며 스프링이 여기에 연결되어 신축을 되풀이한다. 한번 충격을 받은 스프링은 그대로 장시간 신축을 되풀이하고 좀처럼 움직임을 멈추려고 하지 않는다. 이것은 스프링의 특성이며, 따라서 쇽업소버의 작용이 필요하게 된다.

쇽업소버는 움직임을 멈추려고 하지 않는 스프링에 대하여 역방향으로 힘을 발생시켜 진동의 흡수를 앞당긴다. 즉 스프링이 수축하려고 하면 쇽업소버는 수축하지 않도록 하는 힘(압축 감쇠력)을 발생시키고 반대로 스프링이 늘어나려고 하면 늘어나지 않도록 하는 힘(리바운드 감쇠력)을 발생시킨다.

[2] 조종 안정성과 승차감에의 공헌

자동차의 운행은 정지상태에서 발진으로 시작된다. 이때 스쿼트(squart)상태가 발생한다. 스쿼트 상태란 자동차의 앞부분은 들리고 뒤는 내려앉는 상태로 주행 중 급가속할 때도 볼 수 있는데 이것은 가속도가 붙으면서 차체의 무게중심을 축으로 한 회전력이 발생 때문이다. 자동차를 운행하다가 감속을 하거나 정지할 때에는 노스 다이브(nose dive)라는 상태가 된다.

노스 다이브란 브레이크페달을 밟는 정도에 따라 앞은 내려앉고 뒤는 떠오르는 상태를 말한다. 또한 자동차가 선회 주행하는 경우에는 자동차의 바깥쪽이 내려가고 안쪽은 올라가게 되는데 이것을 롤(Roll)이라 한다. 자동차가 요철노면을 주행하는 경우에는 자동차 전체가 처음에는 올라가고 그 후 내려가는데 이것을 바운싱(bouncing)이라 한다.

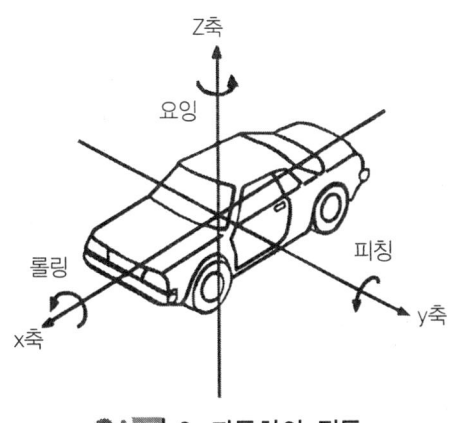

그림 6. 자동차의 진동

또한 작은 요철을 통과할 때는 앞과 뒤가 시간차이를 두고 들려서 앞과 뒤가 역방향으로 진동을 하는 것을 피칭(pitching)이라 한다. 이처럼 자동차는 항상 자세가 흐트러지면서 주행하고 있고 흐트러진 자세를 바로잡는 역할을 하는 것이 쇽업소버이다.

이 외에 쇽업소버는 도로의 기복상태가 현가장치에 미쳐서 일어나는 불쾌한 움직임도 감소시킨다. 차체가 천천히 상하진동을 반복하여 불쾌하게 느껴지는 승차감을 개선하는 역할도 한다.

1.4.2. 감쇠력의 기구와 그 기본원리

[1] 감쇠력

감쇠력이란 어떤 진동에 대하여 일정 상태까지 그 진동을 정지시키는 힘을 말한다. 감쇠력은 진동방향에 대하여 역방향으로 움직이는 힘으로 스프링이 늘어나려고 하면 늘어나지 않는 방향으로, 수축하려고 하면 수축하지 않는 방향으로 힘을 발생한다.

[2] 단동식과 복동식

감쇠력은 그 작용하는 방향에 따라 2가지로 구별할 수 있다. 스프링이 수축될 때 이를 억제하는 압축(compression) 감쇠력과 스프링이 다시 늘어날 때 이를 천천히 늘어나게 하는 신장(rebound) 감쇠력이 있다. 이에 따라 쇽업소버도 그 감쇠하는 방향에 따라 구별할 수 있다. 즉 압축이나 신장할 때 한쪽으로만 감쇠력이 작용하는 단동식과 압축이나 신장의 양쪽 방향 모두 감쇠력이 작용하는 복동식(double action)이 있다.

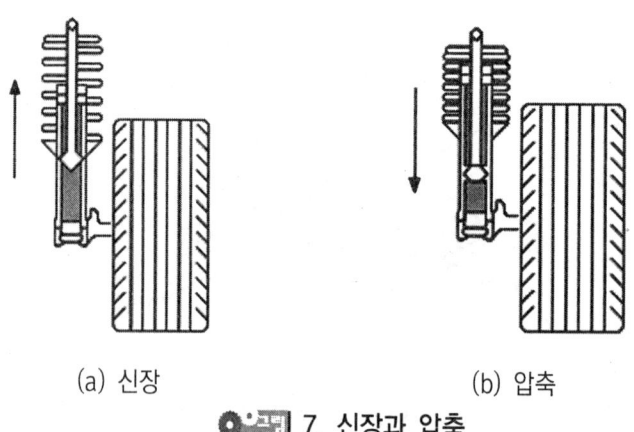

(a) 신장 (b) 압축

그림 7. 신장과 압축

대부분의 유압식 쇽업소버는 압축이나 신장 한쪽 방향으로만 감쇠력이 작용하는 단동식이며, 가스 봉입 쇽업소버(드가르봉형)는 복동식으로 작용하고 있어 스쿼트현상이나 노스 다이브 또는 롤링현상 제어에 효과적이다. 압축과 신장에서의 감쇠력 배분 비율은 제품마다, 차종마다 다르게 하며, 3 : 7 또는 2 : 8이 주종을 이루고 있으나 5 : 5에 달하는 것도 있다.

[3] 감쇠력의 기구

감쇠력의 원리는 주사기로 설명할 수 있다. 액체를 넣은 주사기를 누르면 저항감이 있으며 이 저항감은 주사기의 피스톤 부분을 누르는 속도에 의해 변화한다. 빠르게 누르면 저항감이 커지고 천천히 누르면 저항감이 적어진다. 또 같은 속도로 눌렀다고 하더라도 출구의 지름이 크면 저항감은 적어진다. 이 저항감이 쇽업소버의 감쇠력이다. 쇽업소버는 주사기의 액체가 오일과 가스로 되어있다.

그리고 바깥쪽에 구멍이 마련된 것이 아니라 피스톤에 구멍이 마련되어 있다. 쇽업소버는 이 피스톤의 속도에 따라서 변화하는 감쇠력의 특성을 감쇠력 속도 특성이라 부른다. 또 피스톤에 구멍 외에도 밸브가 있고, 밸브의 편성에 의해 피스톤 작동 속도가 동일하여도 감쇠력은 변할 수 있는 구조로 되어 있다. 쇽업소버의 특성을 나타내는 기준으로서 피스톤의 속도가 0.3m/s일 때의 감쇠력을 기준 감쇠력으로 하고 있다.

1.4.3. 쇽업소버의 종류

[1] 통형(telescopic type)

통형 쇽업소버는 텔리스코핑형(telescoping type)이라고도 부르며, 안내를 겸한 가늘고 긴 실린더의 조합으로 되어 있으며, 내부에는 차축과 연결되는 실린더와 차체에 연결되는 피스톤이 있고, 실린더 내에는 오일이 가득 들어있다. 피스톤에는 오일이 통과하는 작은 구멍(orifice)이 있으며, 이 구멍에는 구멍을 개폐하는 밸브가 설치되어 있다.

이 형식은 링크나 로드를 사용하지 않고 섀시 스프링과 함께 직접 설치할 수 있어 링크기구 등에 의한 마찰손실이 적고, 실린더 내에서 발생하는 유압도 비교적 낮으며, 구조가 간단하여 대량 생산이 쉬운 장점이 있다. 그러나 피스톤 행정이 길고 실린더 제작 등이 조금 어렵다.

통형 쇽업소버의 단동형은 리바운드 할 때(스프링이 늘어날 때) 통과하는 오일의 저항으로 진동을 제어하고, 바운드 할 때(스프링이 압축될 때)에는 피스톤에 설치된 밸브가 열려 오일이 저항없이 통과한다. 따라서 이때에는 진동 제어작용을 하지 않는다.

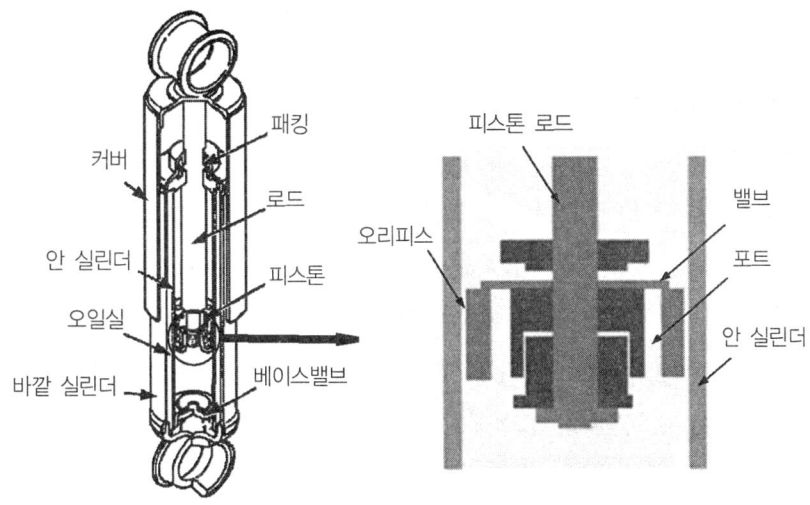

8. 유압형 쇽업소버의 구조

그러나 복동형은 바운드 및 리바운드 할 때 모두 저항이 발생하도록 되어 있다. 단동형은 바운드할 때에는 저항이 없어 차체에 충격을 주기 않기 때문에 좋지 못한 도로에서 유리하고 복동형은 출발할 때, 또는 제동할 때의 노스 업(nose up)이나 노스다운(nose down)을 방지하여 주행 안정성을 높일 수 있으나 구멍이나 밸브기구가 복잡해진다.

(1) 오리피스

피스톤이 정지해 있을 때, 피스톤과 베이스밸브에는 오일통로로서 작은 틈이 존재한다. 이 틈을 오리피스라고 부른다. 피스톤이 움직이기 시작했을 때나 매우 느린 속도에서 오일은 오리피스만을 통해 이동하며, 이 사이 오일통로의 크기는 일정하다. 이 영역의 피스톤 속도를 저속역(약 0.10m/Sec)이라고 한다.

오일경로의 크기가 일정해도 피스톤의 속도에 의해 감쇠치는 변화하며, 오리피스만이 오일경로의 요소인 경우의 감쇠치 변화를 오리피스 특성이라고 부른다. 자동차의 쇽업소버의 경우, 오리피스 특성은 노면상황의 변화, 곡률이 큰 선회시 등의 성능에 많이 관여한다.

(2) 밸브

피스톤밸브·베이스밸브에는 포트라 불리는 오일경로가 있는데, 밸브는 이 포트를 막는 형태로 장착되어 있는 판 모양의 용수철이다. 피스톤이 정지 혹은 저속역인 경우, 밸브는 포트를 완전하게 막고 있어 오일은 포트를 통과할 수 없다.

그러나 피스톤 속도가 일정치를 넘으면 밸브는 밀어올려져(피스톤이 내려가는 경우) 오일은 포트를 통과하기 시작한다. 피스톤 속도가 증가함에 따라 밸브는 크게 변형되어 오일경로가 점차 커져간다. 이 과도기의 피스톤 속도를 중속역(약 0.10~0.30m/sec)이라고 하며, 이때의 감쇠치 변화를 밸브특성(또는 밸브+포트 특성)이라고 부른다.

밸브특성은 곡률이 높은 선회시 등의 성능에 깊게 관여한다. 또, 밸브는 통상 한쪽 편밖에 움직이지 않으며 피스톤이 반대쪽으로 움직이는 경우(예 : 복동식 쇽업소버 축소시의 피스톤 밸브)에는 포트는 여전히 막힌 채가 된다. 이 경우, 오일통로는 오리피스뿐이다.

(3) 포트

피스톤 밸브·베이스밸브에는 오일이 통과하는 경로로서 포트라 불리는 구멍이 있다. 피스톤 속도가 일정 이상이 되면 밸브가 완전히 열리며, 포트의 크기에 의해 오일 경로의 크기가 결정된다. 이 포트에 따라서만 감쇠치가 결정되는 피스톤 속도역을 고속역이라고 하며, 그 때의 감쇠치 특성을 포트 특성이라고 부른다. 포트 특성은 요철 등을 넘는 경우와 같은, 노면의 급격한 변화시의 성능에 깊게 관여한다.

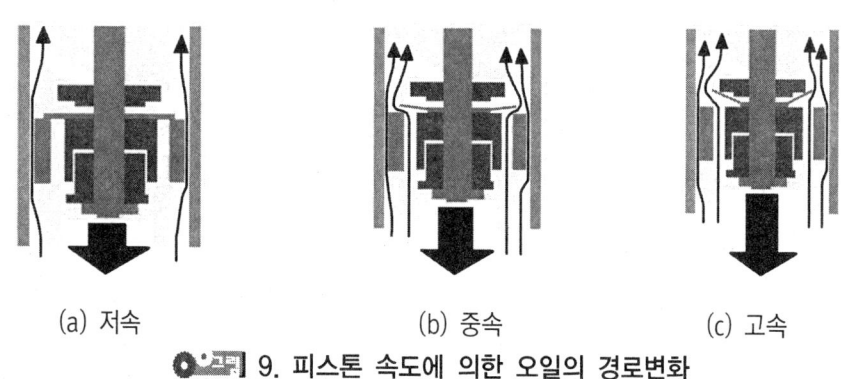

(a) 저속　　　　(b) 중속　　　　(c) 고속

그림 9. 피스톤 속도에 의한 오일의 경로변화

[2] 레버형(lever type)

링크와 레버를 사이에 두고 설치된다. 피스톤과 레버, 실린더 및 앵커축으로 구성되어 있다. 작동방법은 충격을 받고 압축되었던 스프링이 펴지면서 레버는 아래로 내려가게 되고, 이 움직임에 의해 피스톤이 밀려지면 실린더 내의 오일이 릴리스밸브의 스프링에 대항하여 밸브를 통하여 나가며, 이때의 오일이 받는 유동저항으로 진동 감쇄 작용을 한다.

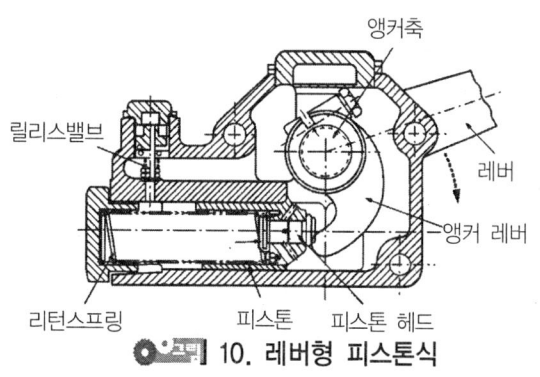

그림 10. 레버형 피스톤식

스프링이 압축되면 레버가 위로 올라가고, 이에 따라 피스톤이 리턴 스프링의 장력으로 원위치로 돌아오며 실린더 내에는 오일이 가득차게 된다.

(1) 레버형 쇽업소버의 특징

① 피스톤과 실린더사이의 기밀유지가 쉽다.
② 저점도의 오일을 사용할 수 있다.
③ 온도변화에 의한 감쇠력의 영향이 적다.
④ 링크나 레버를 이용하므로 차체에 설치하기가 쉽다.
⑤ 구조가 복잡하다.

[3] 드가르봉형(가스 봉입) 쇽업소버

드가르봉형도 유압형 쇽업소버의 일종이기는 하지만 프리 피스톤(free piston)을 두고, 그 밑에 높은 압력(20~30kgf/cm²)의 질소가스가 들어 있어 내부에 압력이 걸려있는 점과 1개의 실린더로 되어있는 것이 다르다.

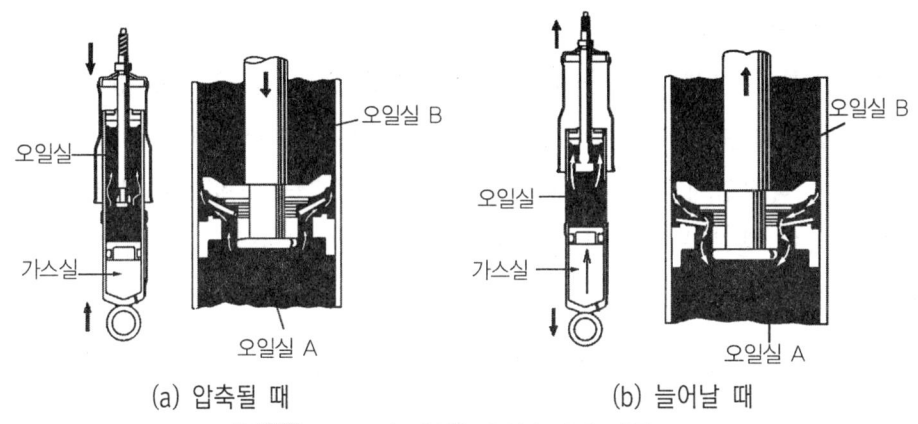

(a) 압축될 때   (b) 늘어날 때

11. 드가르봉형 쇽업소버의 작동

(1) 드가르봉형 쇽업소버의 특징

① 실린더가 1개이므로 구조가 간단하다.
② 작동할 때 오일에 기포가 쉽게 발생되지 않기 때문에 오랫동안 작동되어도 감쇠 효과가 떨어지지 않는다.

③ 실린더가 1개로 되어 있기 때문에 열 방출성능이 좋다.
④ 내부에 압력이 걸려 있기 때문에 분해하는 것은 위험하다.

(2) 드가르봉형 쇽업소버의 작동

작동은 쇽업소버가 압축될 때에는 오일이 오일 실(oil chamber) A(피스톤 아래쪽)의 유압에 의해 피스톤에 설치되어 있는 밸브의 바깥둘레가 열려지며, 이에 따라 오일이 오일 실 B에 유입된다. 이때 밸브를 통과하는 오일의 유동저항이 있으므로 피스톤이 내려감에 따라 프리 피스톤도 압축된다.

쇽업소버의 작동이 중지되면 프리 피스톤 밑 부분의 질소가스가 팽창하여 프리 피스톤을 밀어 올리므로 오일 실 A의 오일에 압력을 가한다. 또 쇽업소버가 늘어날 때에는 피스톤의 밸브는 바깥둘레를 지점으로 하여 오일이 오일 실 B에서 A로 이동하나 오일 실 A의 압력이 저하되기 때문에 프리 피스톤이 올라간다. 또 늘어남이 중지되면 프리 피스톤은 원래의 위치로 되돌아간다.

[4] 스프링 오프셋(spring off set)

일반적으로 맥퍼슨식의 현가방식은 코일스프링에 쇽업소버를 설치하는데 이때 스프링 중심선과 피스톤 로드의 중심선에 맞지 않고 약간 경사지게 설치하였다. 이것을 스프링 오프셋이라 하며 쇽업소버의 마찰력을 감소시켜 승차감을 향상시킨다.

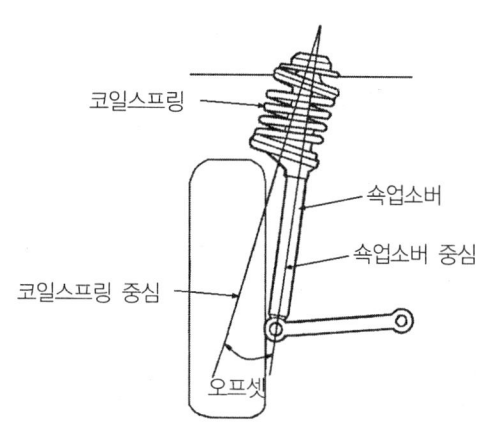

12. 스프링 오프셋

1.5. 스태빌라이저(stabilizer)

스태빌라이저는 토션바 스프링의 일종이며, 양끝이 좌·우의 컨트롤 암에 연결되며 중앙부는 차체에 설치되어 커브 길을 선회할 때 차체가 롤링(rolling : 좌우 진동)하는 것을 방지하며, 차체의 기울기를 감소시켜 평형을 유지하는 기구이다.

13. 스태빌라이저

1.6. 고무 스프링(rubber spring)

고무 스프링은 비선형이다. 형상을 변하게 할 뿐만 아니라 재료, 경도, 상대적인 크기를 변하게 함에 따라 스프링 상수를 변경시킬 수 있다. 고무 스프링에는 천연 고무(NR)가 일반적으로 가유성형 하여 이것을 금속편과 접착시켜서 사용하고, 내유성(耐油性)이 필요한 곳은 합성 고무를 사용한다. 보다 높은 감쇠(減衰) 성능이 필요한 경우는 스틸렌 브타젠의 합성 고무(SBR)가 사용되는 경우가 있다.

2. 현가장치(suspension system)의 종류

2.1. 앞 현가장치(front suspension)

앞 현가장치는 프레임과 차축사이를 연결하여 차량의 중량을 지지하고, 바퀴의 진동을 흡수함과 동시에, 조향기구의 일부를 설치하고 있다. 또한 앞 현가장치는 앞 차축의 형식에 따라 일체 차축 현가방식과 독립 현가방식(분할 차축방식 현가장치)으로 나눌 수 있으며, 일반적으로 승차감이나 조종성을 중요시하는 승용차에서는 독립 현가방식을 많이 사용하고, 화물차에서는 일체 차축 현가방식을 많이 사용한다.

2.1.1. 일체 차축 현가방식(solid axle suspension)

이 방식은 일체로 된 차축에 양쪽 바퀴가 설치되고 다시 이것이 스프링을 거쳐 차체에 설치된 형식으로 화물차의 앞·뒤 차축에서 주로 사용된다. 스프링으로는 판스프링이 주로 사용되며 그 배치에 따라 평행 판스프링형식과 옆 방향 판스프링형식이 있다.

일반적으로 평행 판스프링형식이 사용되고 이외에 코일스프링, 공기 스프링, 토션 바 스프링 등이 사용된다.

[1] 일체 차축 현가장치의 장점
① 휠 얼라인먼트 변화와 타이어 마모도 적다.
② 강도가 크고 부품수가 적어 구조가 간단하고, 가격이 싸다.
③ 공간을 적게 차지하여 차체 바닥(floor)을 낮게 할 수 있다.
④ 선회할 때 차체의 기울기가 적다.

[2] 일체 차축 현가장치의 단점
① 스프링 하중이 무겁고 좌우 바퀴 한쪽이 충격을 받아도 연동되거나 가로방향 진동이 생겨 승차감과 조종 안정성이 나쁘다.
② 구조가 간단하여 휠 얼라인먼트의 설계 자유도가 적고 조종 안정성 튜닝 여지가 적다.
③ 스프링 밑 질량이 커 승차감이 불량하다.
④ 앞바퀴에 시미 발생이 쉽다.
⑤ 스프링 정수가 너무 적은 것은 사용하기 어렵다.

2.1.2. 독립 현가방식(independent suspension)

독립 현가방식은 차축을 분할하여 양쪽 바퀴가 서로 관계없이 움직이게 하며 승차감이나 안정성이 향상되게 하는 것으로서 위시본(wishbone)형식과 맥퍼슨(macpherson)형식으로 크게 나눌 수 있는데, 요즘 생산되는 모든 승용차는 거의 맥퍼슨형식의 현가장치를 채택하고 있다.

위시본 형식은 위·아래 컨트롤 암, 조향 너클(steering knuckle), 코일스프링(coil spring) 등으로 구성되어 있어 바퀴가 스프링에 의해 완충되면서 상하운동을 하게 되어 있다. 이 형식에서는 바퀴에 발생하는 제동력이나 선회력(cornering force)은 모두 컨트롤 암이 지지하고 스프링은 수직방향의 하중만을 지지하는 구조로 되어 있다.

맥퍼슨형식은 조향 너클과 일체로 되어 있으며, 쇽업소버가 내부에 포함되어 있는 스트럿(strut) 및 볼이음, 컨트롤 암, 스프링 등으로 구성되어 있다.

위시본 형식에 비하여 구조가 간단하고 구성부품이 적고 정비가 용이하며 스프링 아래 무게를 가볍게 할 수 있기 때문에 로드 홀딩(road holding) 및 승차감이 좋아 현재 널리 사용되는 형식이다.

[1] 독립 현가방식의 장점
① 스프링 밑질량이 작아 승차감이 좋다.
② 무게중심이 낮아 안전성이 향상된다.
③ 옆방향 진동에 강하고 타이어의 접지성능이 양호하다.
④ 휠 얼라인먼트 자유도가 크고 튜닝 여지가 많다.
⑤ 현가 암 등을 이용하여 방진을 할 수 있어 소음방지에도 유리하다.
⑥ 바퀴의 시미현상이 적으며, 로드 홀딩(road holding)이 우수하다.
⑦ 스프링 정수가 작은 것을 사용할 수 있다.

[2] 독립 현가방식의 단점
① 부품수가 많고 높은 정밀도가 요구되므로 가격이 비싸다.
② 휠 얼라인먼트 변화에 따른 타이어 마모가 크다.
③ 쇽업소버, 링크 등을 함께 설치해야 하므로 설치 공간을 크게 차지한다.
④ 각 특성에 따른 정밀한 튜닝이 필요하다.
⑤ 앞뒤의 강성을 낮게 하기 어렵기 때문에 소음이 발생하기 쉽다.
⑥ 구조가 복잡하므로 값이나 취급 및 정비 면에서 불리하다.
⑦ 볼 이음 부분이 많아 그 마멸에 의한 휠 얼라인먼트가 틀려지기 쉽다.
⑧ 바퀴의 상하운동에 따라 윤거(tread : 輪距)나 휠 얼라인먼트가 틀려지기 쉬워 타이어 마멸이 크다.

2.2. 뒤 현가장치(rear suspension)

뒤 현가장치는 일반적으로 일체 차축 현가방식을 많이 사용하고 있으나 승용차에서는 승차감이나 안정성을 높이기 위해 독립 현가방식을 사용하고 있다.

2.2.1. 일체 차축 현가방식(rigid axle suspension type)

일체 차축방식은 좌우의 바퀴를 하나의 차축으로 연결해 스프링을 거쳐 차체를 떠받치는 현가방식으로 판스프링(laminated leaf Spring), 코일스프링(coil spring), 공기스프링형(air spring) 등이 있다.

2.2.2. 독립 현가방식(independent suspension)

뒤 현가장치를 독립 현가방식으로 하면 스프링 아래 무게를 가볍게 할 수 있기 때문에 승차감이나 안정감이 좋아지고 차체의 바닥을 낮출 수 있어 실내 공간이 커지는 등의 이점이 있어 스포츠카나 일부 승용차에 사용하고 있다.

3 현가방식의 종류

3.1. 일체 차축 현가방식의 종류

일체 차축 현가방식은 다음과 같이 그 결합방법 및 구성요소에 따라 몇 가지로 다시 분류된다.

3.1.1. 평행 링크방식(parallel link type)

2개의 판스프링을 평행으로 배치하여 차축을 지지하는 형식으로 대형 화물차, 승합차 등에 많이 사용되며 승용차에는 승차감이 나쁘므로 거의 사용되지 않는다.

[1] 평행 링크방식의 장점
　① 구조가 단순하므로 가격이 싸며, 구조 부재로서의 강도 신뢰성이 높다.
　② 바닥(floor)을 낮게 할 수 있다.

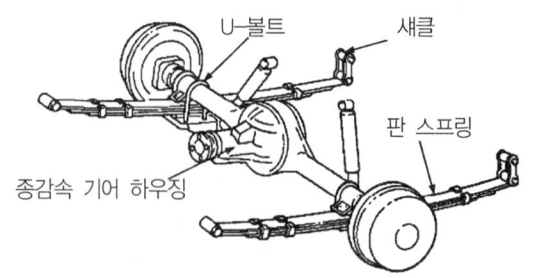

그림 14. 일체 차축 판스프링 현가장치의 구조

③ 무게 변화가 큰 차량에서 승차감을 크게 손상시키지 않으면서 차고 변화를 적게 할 수 있다.

[2] 평행 링크방식의 단점
① 판스프링 자체 무게가 무거우므로 접지성능이 떨어지고 구조상 레이아웃(layout) 자유도가 작아 조정 안정 성능이 불량하다.
② 스프링의 강도(rate)를 부드럽게 할 수가 없어 승차감이 불량하다.

3.1.2. 링크(link)방식(3, 4, 5링크)

차축과 차체의 위치 결정은 여러 개의 링크로 하고 쇽업소버와 스프링은 충격 완화 작용만 하는 방식이다.

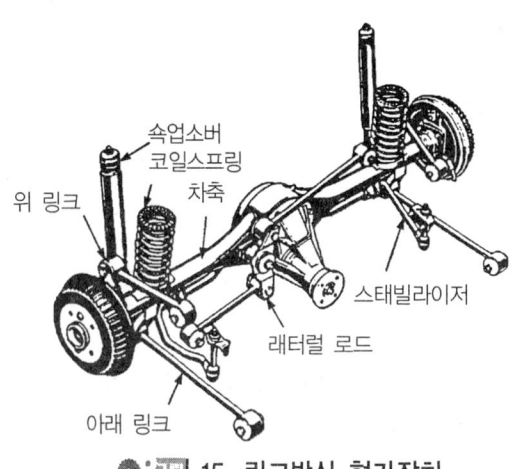

그림 15. 링크방식 현가장치

[1] 링크방식의 장점

① 무게가 가볍고, 접지성능이 양호하다.

② 레이아웃 설계 자유도가 있어 조정 안정성능이 양호하다.

③ 스프링 강도를 낮게 조정할 수 있다.

④ harshness(불쾌한 소리나 진동)억제가 가능하다.

[2] 링크방식의 단점

① 평행 링크방식보다 부품수가 많아 가격이 비싸다.

② 각 링크의 움직임, 공진, 고무 부싱의 신뢰성에 세심한 주의가 요구된다.

3.1.3. 토션 빔 차축(torsion beam axle)방식

일체 차축 현가방식 중 경량의 앞바퀴 구동차량의 뒷 현가장치에 적합한 형식으로 좌우의 차축을 연결한 빔이 있고 이 양 끝에 트레일링 암(trailing arm)을 결합시켜 이 암만으로 앞·뒤 방향의 위치 결정과 힘을 감당하게 하는 형식이다.

[1] 토션 빔 차축방식의 장점

① 구조가 간단하므로 가격이 싸다.

② 쇽업소버와 스프링의 배치에 따라서는 바닥(floor)을 낮고 넓게 할 수 있다

③ 빔으로 롤(roll)의 강성 조정이 가능하다.

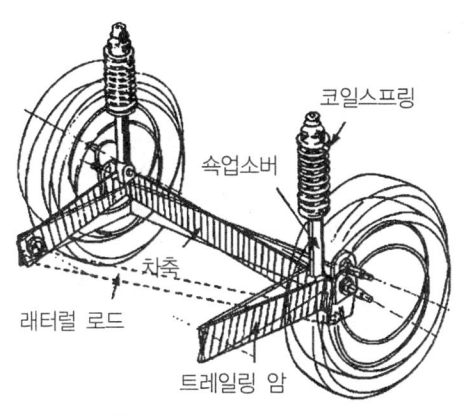

그림 16. 토션 빔 차축방식

[2] 토션 빔 차축방식의 단점
① 현가장치 전체를 결합하는 부위가 전방의 2곳뿐이므로 이 부분의 고무 부싱의 강성이 중요하며, 변형되면 harshness를 감소시키는 것이 어렵다.
② 가로방향의 힘에 대해서도 2개의 부싱이 담당하므로 변형으로 불균형을 초래할 가능성이 있다.

3.2. 독립 현가방식의 종류
3.2.1. 스윙 차축(swing axle)방식
좌우 각각의 차축이 중심 부근에서 결합되어 독립적으로 상하운동하며 이 차축 위에 쇽업소버와 스프링을 설치하는 형식으로 차축이 상하로 움직임에 따른 수평방향의 각도 변화가 곧바로 타이어의 캠버 변화로 이어진다.

[1] 스윙 차축방식의 장점
① 구조가 단순하므로, 무게가 가볍고 가격이 싸다.
② 차체의 공간을 낮고 넓게 할 수 있다.
③ 선회할 때 횡 가속도에 의한 캠버 변화로 언더 스티어링 효과가 발생하여 안정적이다.

[2] 스윙 차축방식 단점
선회할 때 횡 가속도가 커지면 차체가 공중에 떠 캠버가 바깥 방향으로 변하여 오버 스티어링현상 발생으로 조정 안정성능이 불량하다.

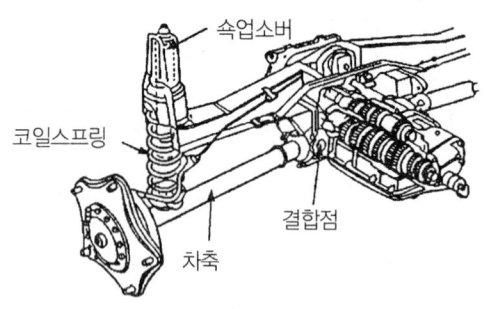

17. 스윙 차축방식

3.2.2. 세미 트레일링 암(semi trailing arm) 방식

뒷바퀴 전용 현가방식으로 차축 앞쪽에서 차체의 피벗(pivot)과 차축을 A형의 암으로 결합하는 형식을 트레일링 방식이라 하는데 이중 암 회전축이 비스듬하게 설정된 것을 세미 트레일링 암방식이라 한다. 최근에는 뒷바퀴 구동방식의 감소와 더불어 사용되지 않고 있다.

[1] 세미 트레일링 암 방식의 장점
① 회전축의 각도에 따라 스윙 차축형에 가깝기도 하고 풀 트레일링 암형이 되기도 한다.
② 회전축을 3차원적으로 튜닝 할 수가 있다.

[2] 세미 트레일링 암 방식의 단점
① 타이어에 횡력(橫力)이나 제동력이 작용될 때 연결점 부위에 모멘트가 발생하여 이것이 타이어의 슬립 앵글을 감소시켜 오버 스티어링현상을 만든다.
② 종감속 기어가 현가 암 위에 고정되기 때문에 그 진동이 현가장치로 전달되므로 차단 필요성이 있다.
③ 부품수가 많고 가격이 비싸다.

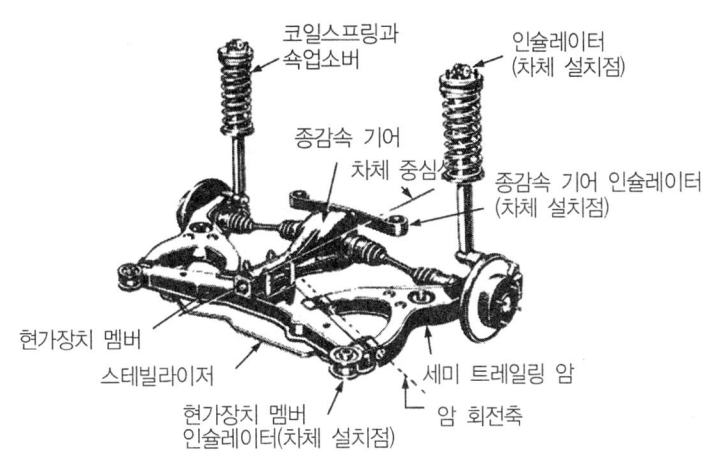

18. 세미 트레일링 암방식

3.2.3. 스트럿방식(strut type : 맥퍼슨형식)

쇽업소버를 바퀴의 위치를 결정하는 스트럿(strut : 기둥)으로 이용하는 형식으로서 모든 승용차의 앞바퀴 현가장치로 사용되며, 일부 차량에서는 뒷바퀴 현가장치로도 이용된다. 이 형식은 쇽업소버가 내부에 들어 있는 스트럿 및 볼 이음, 컨트롤 암, 스프링으로 구성되어 있다.

스트럿 위쪽에는 현가 지지를 통하여 차체에 설치되며 현가 지지에는 스러스트 베어링(thrust bearing)이 들어 있어 스트럿이 자유롭게 회전할 수 있다. 그리고 아래쪽에는 볼 이음을 통하여 현가 암에 설치되어 있다.

코일스프링을 스트럿과 스프링 시트사이에 설치하며, 스프링 시트는 현가 지지의 스러스트 베어링과 접촉되어 있다. 따라서 차량 중량은 현가 지지를 통하여 차체를 지지하고 조향할 때에는 조향 너클과 함께 스트럿이 회전한다. 스트럿방식의 장·단점은 다음과 같다.

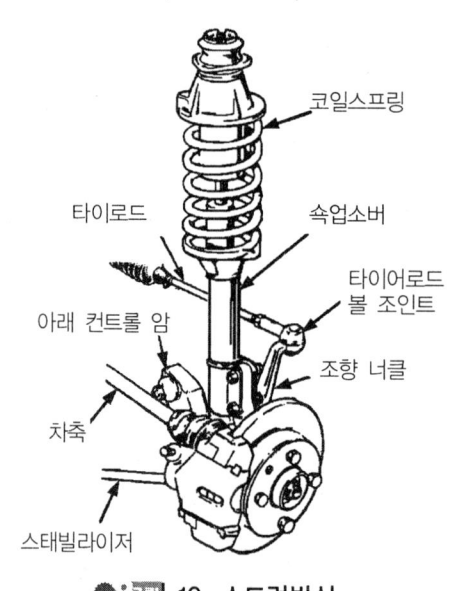

그림 19. 스트럿방식

[1] 스트럿방식의 장점

① 공간을 적게 차지하여 실내공간을 크게 할 수 있다.
② 스프링 무게가 가벼워 승차감과 접지성능이 양호하다.
③ 차체 측의 피벗(pivot)점의 간격이 커 강도 면에서 유리하다.

④ 휠 얼라인먼트의 제조 오차가 적다.
⑤ 구조가 간단하고 가볍고 가격이 싸다.
⑥ 구조가 간단해 마멸되거나 손상되는 부분이 적으며 정비작업이 쉽다.
⑦ 스프링 밑 질량이 작아 로드 홀딩이 우수하다.
⑧ 엔진 실의 유효 체적을 크게 할 수 있다.

[2] 스트럿방식의 단점

스트럿축과 하중축이 어긋나 스트럿에 휘어지는 모멘트가 발생하며, 이 모멘트가 쇽업소버의 미끄럼운동부분의 마찰을 발생시켜 승차감 약화를 초래한다.

3.2.4. 더블 위시본방식(double wishbone type)

새의 앞가슴 즉, A형의 뼈대(컨트롤 암)를 아래·위로 2개 사용하는 형식으로 앞바퀴 현가방식으로 널리 보급 애용되다가 그 후 맥퍼슨형식이 나오면서 거의 사용하지 않게 되었다. 이 형식은 제동력이나 선회 구심력은 모두 현가 암이 지지하고 쇽업소버와 스프링은 수직방향의 하중만을 지지하는 구조로 되어있는데 아래·위 컨트롤 암의 길이가 같은 평행사변형과 아래 컨트롤 암의 길이가 더 긴 SLA(short long arm)형식이 있다.

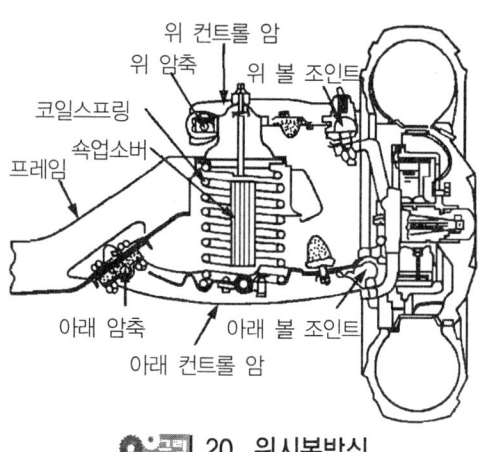

그림 20. 위시본방식

[1] 평행 사변형형식

이 형식은 위·아래 컨트롤 암을 연결하는 4점이 평행사변형을 이루고 있는 것이며, 바퀴가 상하운동을 하면 조향 너클과 연결하는 2점이 평행이동을 하게 되어 윤거가 변화하므로 타이어 마멸이 촉진된다. 그러나 캠버의 변화가 없으므로 선회할 때에 안전성이 증대된다.

[2] SLA형식(short long arm type)

이 형식은 아래 컨트롤 암이 위 컨트롤 암보다 긴 것이며, 바퀴가 상하운동을 하면 위 컨트롤 암은 작은 원호를 그리고, 아래 컨트롤 암은 큰 원호를 그리게 되어 컨트롤 암이 움직일 때마다 캠버(camber)가 변화하는 결점이 있다.

4 공기 현가장치(air suspension system)

4.1. 공기 현가장치의 개요

공기 현가장치는 압축성 유체인 공기의 탄성을 이용하여 스프링 효과를 얻는 것으로 공기압축기, 서지탱크, 공기스프링, 레벨링밸브 및 링크 등으로 되어 있으며, 공기압축기에 의해 압축된 공기가 각 기구를 통해 차체를 표준 위치로 유지하도록 되어 있다.

구조가 복잡해 소형차에는 거의 사용하지 않으며 대형차나 버스 등에 사용이 된다. 금속스프링과 비교하면 다음과 같은 특징이 있다.

① 금속스프링에 비하여 낮은 스프링상수를 얻기가 쉽기 때문에 승차감이 향상한다.
② 스프링 특성은 기본적으로는 비선형이고, 또 그 설정은 설계에 따라 다양하게 선택할 수가 있다.
③ 스프링 상수는 공기의 압력에 비례하므로 하중의 변화에 관계없이 고유 진동수가 거의 일정하게 되어 승차감이 안정적이다.
④ 차고 조정기구와 조합하기가 용이하므로 하중의 변화에 관계없이 차고를 일정하게 유지할 수가 있다.
⑤ 고주파의 진동의 절연성이 우수하다.

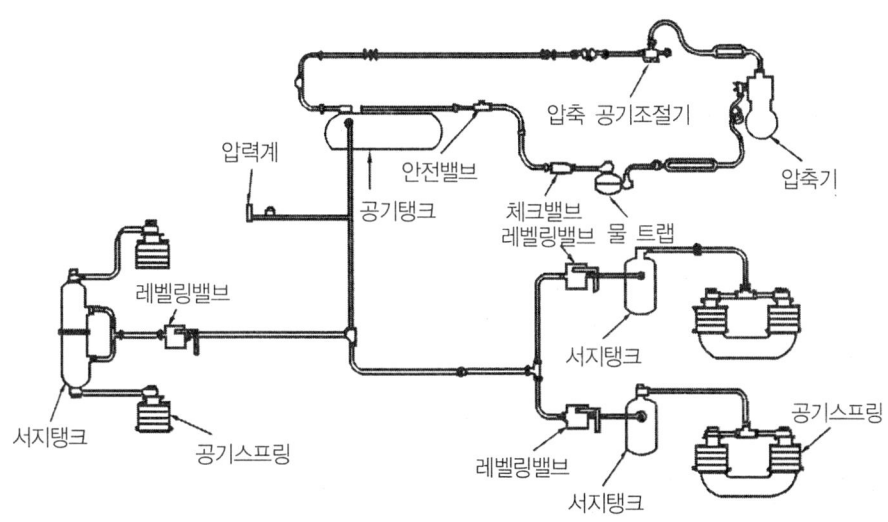

■ 21. 공기 현가장치 구성도

⑥ 자동차의 바퀴를 잡아주는 기구가 복잡하게 된다.
⑦ 낮은 스프링 상수 때문에 롤(roll), 피칭(pitching)을 일으키기 쉽고, 이를 방지하는 기구가 필요로 한다.
⑧ 다른 스프링에 비하여 비싸다.
⑨ 공기압력을 하중에 따라 조정하는 장치와 압축공기를 만드는 압축기 등이 필요하며 구조가 복잡하다.

4.1.1. 공기 스프링의 주파수

벨로우즈 타입은 부하가 최대로 걸렸을 때 90~150cpm(cycle per minute)정도이고 다이어프램 타입은 60~90cpm 정도이다. 벨로우즈 타입이 다이어프램 타입보다 높은 이유는 고압용이고 또 구조가 더욱 강성이 높기 때문이다.

4.1.2. 공기 스프링의 특성

진동 주파수는 스프링에 가해지는 하중이 증가함에 따라 감소하고, 하중이 감소하면 증가한다. 이렇게 진동 주파수의 변화는 승차감에 아주 중요한 역할을 한다.

판스프링이나 코일스프링에서는 스프링에 가해지는 하중이 감소함에 따라 진동 주파수가 크게 증가한다. 즉 최대 하중이 걸렸을 때 주파수가 60cpm이면 하중이 최소일 때(짐을 다 내렸을 경우나 승차인원이 다 내렸을 경우)는 주파수가 300cpm에 도달하게 되어 승차감이 아주 거칠게 된다.

그러나 공기 스프링의 경우에는 스프링에 가해지는 하중이 최대이거나 최소인 경우에도 진동 주파수는 60~120cpm으로 그 범위가 아주 좁아 적재물의 하중변화에도 승차감을 좋게 유지할 수 있다. 이렇게 되는 이유는 판스프링이나 코일스프링과 같은 금속 스프링은 스프링에 가해지는 정적인 하중의 변화에 대하여 스프링의 높이는 직선적으로 변한다.

공기 스프링에서 하중의 변화에 대하여 공기 스프링은 하중의 변화에 대한 높이를 일정하게 유지할 수 있는 것이 큰 장점이다. 공기 스프링에서 진동 주파수에 큰 영향을 주는 것 중의 하나가 공기 스프링의 체적이다. 따라서 자동차에서 최대 적재상태와 최소 적재상태 사이에는 공기 스프링의 체적을 변화시켜 줌으로서 최적의 승차감을 이룰 수 있게 할 수 있다.

4.2. 공기 현가장치의 구조 및 기능

4.2.1. 공기압축기(air compressor)

공기압축기는 엔진 회전속도의 1/2로 구동되어 공기를 압축하는 역할을 하며, 압축공기는 대기를 흡입하여 압축한 다음 송출되기 때문에 압축열에 의해서 발생된 수증기가 포함되어 있으므로 공기압축기와 공기탱크 사이에 설치되어 있는 공기 드라이어에 의해서 수증기가 제거된 후 공기탱크에 공급된다.

실린더헤드에는 흡입밸브를 열어 압축기의 압축작용을 정지시키는 언로더밸브와 공기탱크 내의 압력을 $5~7kgf/cm^2$로 유지시키는 압력조정기가 설치되어 있기 때문에 공기압축기가 필요 이상으로 구동되는 것을 방지하고 동시에 공기탱크 내의 압력을 일정하게 유지시킨다.

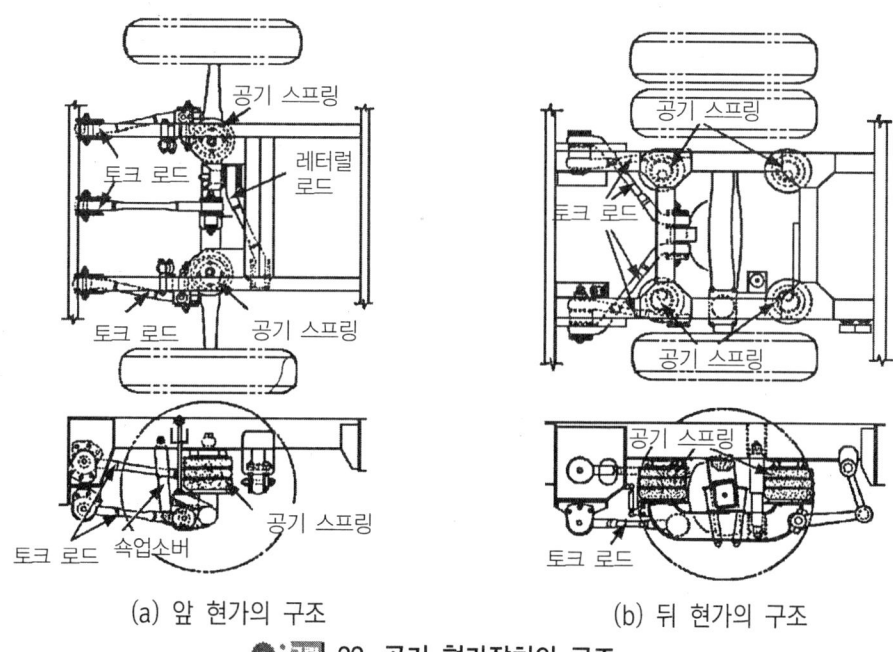

(a) 앞 현가의 구조   (b) 뒤 현가의 구조

22. 공기 현가장치의 구조

4.2.2. 서지탱크(surge tank)

벨로즈형의 경우 공기스프링의 내부압력에 대한 변화를 완화시켜 스프링작용을 연하게 하기 위한 것이며 벨로즈마다 설치되어 있다.

4.2.3. 공기 드라이어(air dryer)

공기 드라이어는 압축공기 중에 포함되어 있는 수증기를 제거하는 역할을 하는 것으로 공기압축기에서 송출된 압축공기 중의 수분을 흡수하여 제거하는 건조제, 압력조정기의 신호를 받으면 공기 드라이어 내부의 압력을 개방하는 퍼지밸브, 건조제에서 수분이 흡수된 공기가 흐르도록 하는 퍼지탱크, 동절기에 배출구의 동결을 방지하기 위하여 배출구 부근을 가열하는 히터 또는 서모스타트 등으로 구성되어 있다.

4.2.4. 공기탱크(air tank)

공기탱크는 프레임의 사이드멤버에 설치되어 공기압축기에서 공급되는 공기를 저장하는 역할을 한다.

공기탱크 내의 압력이 규정 이상이 되면 열려 압축공기를 대기 중으로 방출시켜 탱크와 각 작동부의 안전을 유지시키는 역할을 하는 안전밸브와 주행 후 공기탱크의 수분을 배출시키기 위한 드레인 코크가 설치되어 있다.

4.2.5. 공기 스프링밸브(air spring valve)

공기 현가장치에서, 컴프레서에서 압송된 공기는 체크밸브를 지나 메인탱크로 보내지고 이곳으로부터 앞과 뒤쪽의 레벨링밸브의 작동에 의하여 압축공기는 자동차가 표준 높이에 이르기까지 서지탱크(surge tank)와 벨로즈(bellows)라 불리는 막판으로 보내지게 된다. 이때 공기의 통로 크기를 가감할 수 있는 공기 스프링 밸브를 설치하여 벨로즈와 서지탱크와의 압력을 가감하는 밸브를 말한다.

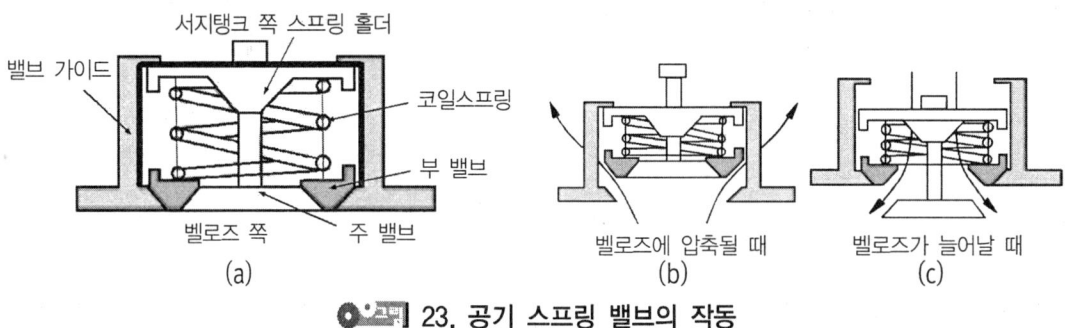

그림 23. 공기 스프링 밸브의 작동

4.2.6. 공기 스프링(air spring)

공기 스프링에는 벨로즈 형식(bellows type)과 다이어프램 형식(diaphragm type), 복합형(combined type)이 있으며, 공기탱크와 스프링사이의 공기통로를 조정하여 도로 상태와 주행속도에 가장 적합한 스프링 효과를 얻을 수 있게 되어 있다.

공기스프링의 재질은 질기고, 나일론이 강화된 네오프렌(neoprene)이라는 합성고무를 주 원료로 사용하는데 이는 보통의 온도에서 사용하는 재질이다. 아주 고온의 조건 하에서 사용하는 고무의 재질은 뷰틸(butyl) 고무를 사용한다. 공기 스프링은 이러한 고무 재질들을 코팅한 레이온(rayon)이나 나이론(nylon) 코드를 만들어 이 코드를 어긋나게 두겹 내지 세겹으로 하여 제작한다.

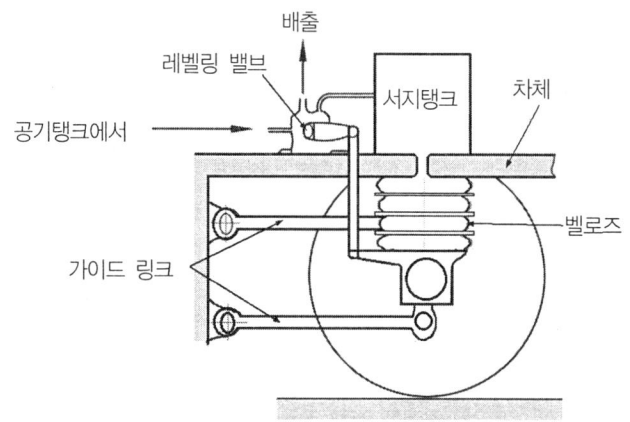

그림 24. 공기 스프링의 구조

[1] 벨로즈 형식(bellows type)

벨로즈형은 주름상자 모양으로 되어 있으며, 그 신축에 따라 내부의 용적과 압력이 변화해서 스프링 작용을 한다. 벨로즈형 공기 스프링은 기밀성이 좋은 고무를 사용한 내부층과 나일론 코드층으로 되어있고 내부 압력에 견딜 수 있는 강도를 가진 중간층과 신축 피로나 노화에 강한 고무를 사용한 바깥층의 3층으로 되어 있으며, 변형을 방지하기 위해 골부분에는 보호링이 들어있다. 차에 설치하는 방법은 아래, 위쪽에 설치되어 있는 플레이트를 이용한다.

(a) 벨로즈 형식　　(b) 다이어프램 형식　　(c) 복합형

그림 25. 공기 스프링의 종류

[2] 다이어프램 형식(diaphragm type)

다이어프램 형식은 신축함에 따라 고무막이 뒤집히는 형식으로 피스톤, 다이어프램 및 밴드 등으로 구성되어 있다. 다이어프램의 윗부분은 플레이트에 결합되고, 아래 부분은 피스톤의 머리 부분에 결합되어 있으며 주위는 밴드로 둘러싸여서 팽창이 제한되어 있다.

[3] 복합형(combined type)

복합형은 벨로즈형과 다이어프램을 복합한 형식이며, 일반적으로 벨로즈형과 복합형을 많이 사용한다.

4.2.7. 레벨링밸브(leveling valve)

레벨링밸브는 공기스프링 현가장치의 핵심이 되는 중요한 부분이며, 주행 중의 작은 진동에는 작동하지 않으나 하중에 의해 차량의 높이가 변화하게 되면 압축공기를 스프링에 보내거나 배출시켜 자동차의 높이를 일정하게 유지하는 작용을 한다.

차량이 롤링할 때 내려가는 쪽의 스프링에 압축공기를 더 공급하고, 올라가는 쪽의 압축공기를 배출시켜 롤링을 억제하여 승차감을 좋게 하도록 한다. 그리고 버스의 경우 승객이 승차할 때 앞쪽 양측 스프링의 압축공기를 배출시켜 답판 높이를 낮추어 승차하기 쉽도록 할 수 있다.

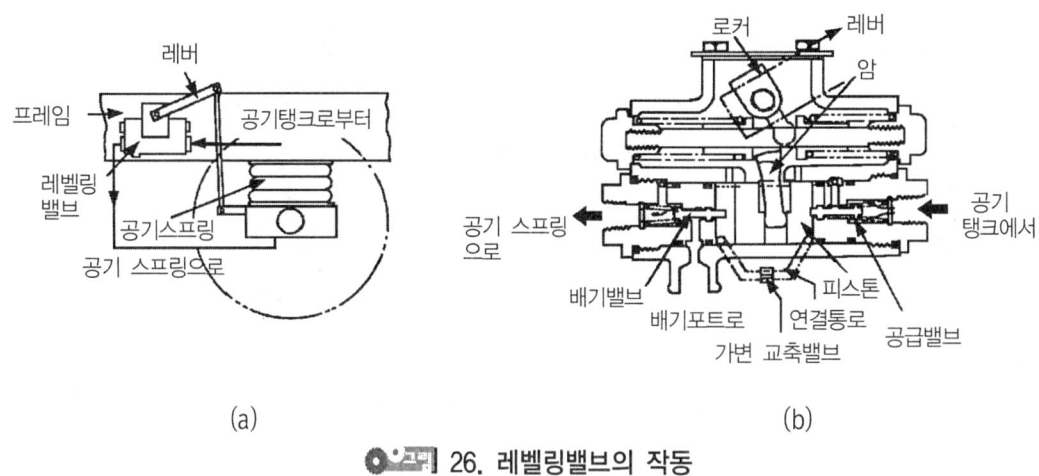

그림 26. 레벨링밸브의 작동

4.3. 자동차 진동

자동차는 현가 스프링에 의해 지지되는 스프링 위 질량(質量)과 타이어와 현가장치 사이에 있는 스프링 아래 질량으로 분류되며 각각의 고유진동에는 다음과 같은 것들이 있다.

4.3.1. 스프링 위 질량진동

① 바운싱(bouncing : 상하진동) : 이 진동은 차체가 Z축 방향과 평행운동을 하는 고유진동이다.
② 피칭(pitching : 앞뒤진동) : 이 진동은 차체가 Y축을 중심으로 하여 회전운동을 하는 고유진동이다.
③ 롤링(rolling : 좌우진동) : 이 진동은 차체가 X축을 중심으로 하여 회전운동을 하는 고유진동이다.
④ 요잉(yawing : 차체 후부진동) : 이 진동은 차체가 Z축을 중심으로 하여 회전운동을 하는 고유진동이다.

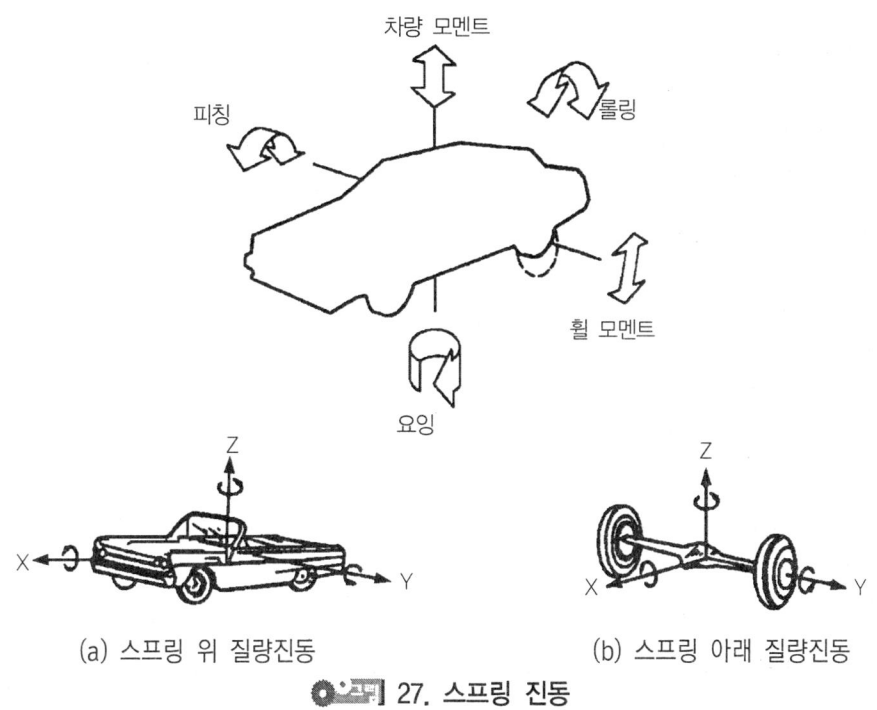

(a) 스프링 위 질량진동　　(b) 스프링 아래 질량진동

27. 스프링 진동

4.3.2. 스프링 아래 질량진동

① 휠 홉(wheel hop) : 이 진동은 차축이 Z방향의 상하 평행운동을 하는 고유진동이다.
② 휠 트램프(wheel tramp) : 이 진동은 차축이 X축을 중심으로 하여 회전운동을 하는 고유진동이다.
③ 와인드 업(wind up) : 이 진동은 차축이 Y축을 중심으로 회전 운동을 하는 고유진동이다.

4.4. 진동수와 승차감

자동차에서 멀미나 피로를 느끼는 것은 자동차의 이상 진동이 사람의 뇌에 작용하여 자율 신경에 영향을 주기 때문이다. 사람이 걸어갈 때 머리의 상하진동은 60~70 cycle/min이고 뛰어갈 때는 120~160cycle/min이라고 하며 일반적으로 60~120cycle/min의 상하진동을 할 때 가장 좋은 승차감을 얻을 수 있다고 한다. 진동수가 120 cycle/min을 넘으면 딱딱해지고, 45cycle/min 이하에서는 멀미를 느끼게 된다.

4.5. 스프링 정수와 진동수

스프링은 훅의 법칙(hook's law)에 따라 가해지는 외부의 힘과 그 때의 변형은 비례한다. 따라서 외부에서 가해진 힘을 변형으로 나눈 값은 항상 일정하다. 이 값을 스프링 정수라 하며, kgf/mm를 단위로 사용한다.

$$k = \frac{w}{a}$$

w : 외부에서 가해진 힘(하중, kgf)
a : 변형(mm)
k : 스프링정수(kgf/mm)

스프링정수란 스프링의 세기를 표시한다. 강한 스프링은 스프링정수가 크고, 약한 스프링은 스프링정수가 작다. 또 스프링정수와 외부에서 가해진 힘, 진동수와의 관계는 다음 공식으로 표시된다.

$$c = \frac{1}{2\pi}\sqrt{\frac{k \cdot g}{w}}$$

g : 중력 가속도(9.8m/s^2)
c : 진동수(cycle/sec, Hz)

위 공식에서 g와 π는 일정하기 때문에 진동수는 스프링정수에 비례하고 외부에서 가해지는 힘(하중)에 반비례한다. 따라서 스프링정수를 일정하게 하고 하중을 증가시키면 진동수가 감소한다. 또 하중을 일정하게 하고 진동수를 작게 하려면 스프링 정수가 작은 스프링을 사용하여야 한다. 그러나 너무 작은 스프링 정수의 스프링을 사용하면 변형이 커져 강도와 주행 안정성에 좋지 않은 영향을 준다.

5 전자제어 현가장치(ECS)

생활의 안전성이 향상될수록 운전자들은 자동차에 대한 쾌적하고 안락한 성능을 요구한다. 이에 따라 ECS(electronic control suspension system)는 주행조건, 도로 면의 상태, 운전자의 선택 등에 의하여 자동차의 높이와 스프링 상수 및 감쇠력의 변화를 ECS ECU에서 자동적으로 제어하는 현가장치이다.

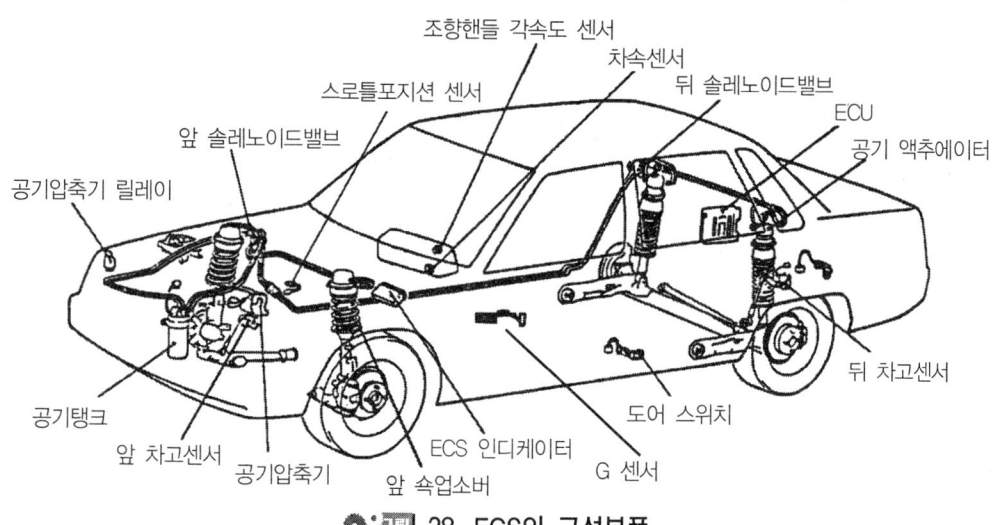

그림 28. ECS의 구성부품

그리고 전자제어 현가장치의 기능은 다음과 같다.
① 급커브에서 원심력에 의한 차량 기울어짐을 방지한다.
② 급제동할 때 노스다운(nose down)을 방지한다.
③ 급출발 또는 급가속시 노스업(nose up)을 방지한다.
④ 비포장도로를 운행할 때 차체의 높이를 제어한다.
⑤ 차량의 정지 및 승객의 승차 및 하차 또는 변속레버를 조작할 때 발생될 수 있는 진동을 제어한다.
⑥ 고속 안정성을 제어한다.

그리고 차체의 좌우, 앞뒤의 자동차 높이, 조향핸들 각도, 가속페달 조작속도(스로틀 위치 센서), 주행속도, 노면상태 등을 판단하고 연산하여 주행 상태에 따른 쇽업소버의 감쇠력과 공기 스프링의 압력을 조정하여 다음과 같이 자세 제어를 한다.

선택모드	제어 종류	제어 시기
쇽업소버 감쇠력	Auto	Sport일 때
	Super soft	Medium일 때
	Soft	
	Medium	Hard일 때
	Hard	
차체 자세 제어	롤 제어	주행 중 선회할 때
	스쿼트 제어	주행 중 가속, 출발, Auto, stall, 급가속할 때
	다이브 제어	주행 중 제동할 때
	변속 스쿼트 제어	변속레버 위치를 변환할 때(N→D, N→R)
	피칭, 바운싱 제어	작은 요철 도로를 주행할 때
	스카이 혹 제어	큰 요철 도로를 주행할 때
	노면 대응 제어	고속주행할 때
	급속 차고 제어	험한 도로를 주행할 때
	통상 차고 제어	일반 도로를 주행할 때

5.1. ECS의 종류

ECS의 종류에는 감쇠력 가변 ECS, 복합 ECS, 세미 액티브 ECS, 액티브 ECS 등이 있으며 그 특징은 다음과 같다.

[1] 감쇠력 가변 ECS

감쇠력 가변 ECS는 쇽업소버의 감쇠력(damping force)을 여러 단계로 변화시킬 수 있다. 쇽업소버의 감쇠력만 제어하기 때문에 구조가 간단해 중형 승용차에서 주로 사용하며 쇽업소버의 감쇠력을 soft, medium, hard 등 3단계로 제어한다.

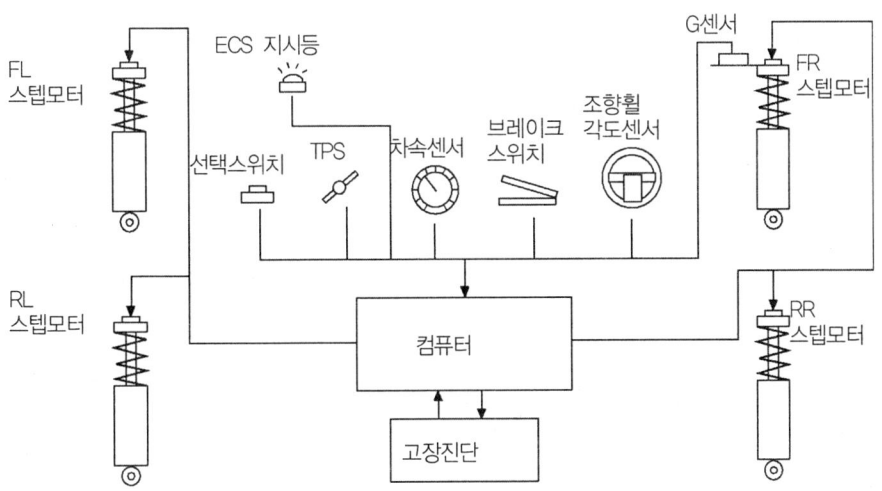

그림 29. 감쇠력 가변 ECS의 구성부품

[2] 복합 ECS

복합 ECS는 쇽업소버의 감쇠력과 차량높이(차고) 조절기능을 갖춘 것이다. 쇽업소버의 감쇠력은 soft와 hard 2단계로 제어되며, 차량높이는 Low, Normal, High 등 3단계로 제어된다. 특징은 기존의 코일스프링이 하던 역할을 공기 스프링이 대신하므로 하중의 변화에도 일정한 승차감각과 차량높이를 유지할 수 있다.

[3] 세미 액티브 ECS(semi-active ECS)

 세미 액티브 ECS는 스카이 훅(sky hook) 이론에 바탕을 두고 개발된 것이며, 역방향 감쇠력 가변 쇽업소버를 사용하여 기존의 감쇠력 가변 ECS의 경제성과 액티브 ECS의 성능을 만족할 수 있으며, 쇽업소버의 감쇠력은 쇽업소버 외부에 설치된 감쇠력 가변 솔레노이드밸브에 의하여 연속적인 감쇠력 가변이 가능하며 쇽업소버의 피스톤이 팽창과 수축을 할 때 독립된 감쇠력 제어가 가능하다. ECS ECU제어에 의해 256단계까지 연속적인 제어가 가능하다.

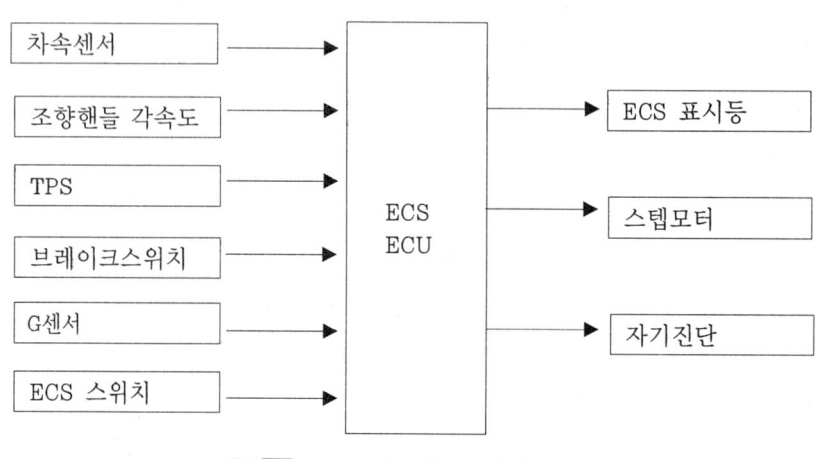

그림 30. 입·출력 다이어그램

[4] 액티브 ECS

 액티브 ECS는 감쇠력 제어와 차량 높이의 조절기능을 지니고 있으며, 차량의 자세 변화에 능동적으로 대처하여 자세를 바로 잡아줄 수 있는 자세제어가 가능한 방식이다. 쇽업소버의 감쇠력은 super soft, soft, medium, hard 등 4단계로 제어되며, 차량높이 조절은 low, normal, high, extra-high 등 4단계로 제어된다.

 자세 제어기능에는 anti-roll, anti-bounce, anti-pitch, anti-dive, anti-squat 등이 있다. 이 방식은 구조가 복잡하고 값이 비싸므로 일부 대형 고급 승용차에서 사용된다. 여기서는 현재 주로 생산되고 있는 감쇠력 가변 ECS와 액티브 ECS에 대해서만 설명하도록 한다.

5.2. ECS 구성부품의 작용

5.2.1. 조향핸들 각속도센서

이 센서는 조향핸들의 조작속도를 검출하며, 2개의 발광 다이오드와 포토트랜지스터로 구성되어 있다. 조향핸들 각속도 센서는 포토 단속기의 발광다이오드와 포토트랜지스터 사이에 설치된 디스크가 조향핸들의 회전운동에 따라 회전하면 발광다이오드의 빛이 포토트랜지스터 쪽으로 통과 여부에 따라 전기적인 신호 즉, 조향핸들 각속도에 의해 조향핸들의 회전속도, 회전방향 및 회전각도를 검출하여 ECS ECU에 입력한다. 즉, 조향핸들을 일정하게 회전시키면 ECS ECU는 조향핸들 각속도 센서의 신호를 기준으로 선회 여부를 판단하여 차체의 롤(roll)을 예측하여 앤티 롤로 제어한다.

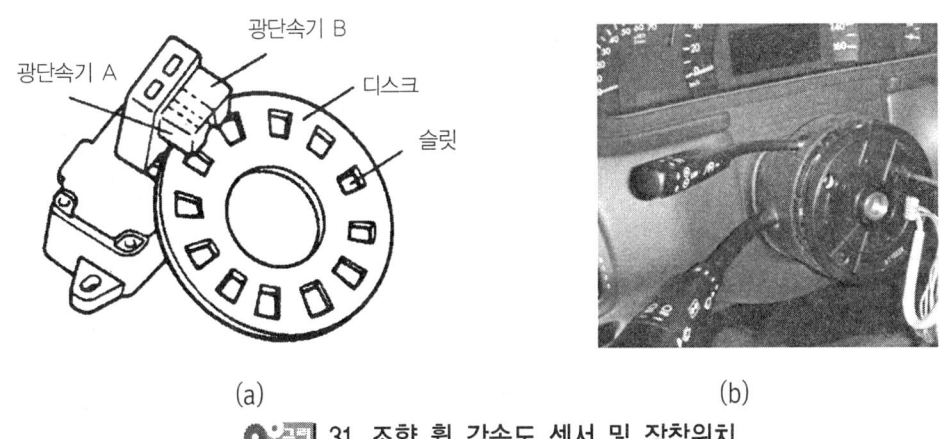

그림 31. 조향 휠 각속도 센서 및 장착위치

5.2.2. 차속센서

차속센서는 홀소자 형식으로 변속기 드리븐 기어 상단부에 설치되어 ECS, 자동변속기, 연료분사장치, 에탁스 등 여러 장치에서 차량의 가속 또는 감속도를 ECS ECU가 연산하기 위해 주행속도를 검출하여 ECS ECU에 입력시킨다. ECS ECU는 차속센서의 신호를 기준으로 급감속시나 급가속 상태를 판정하여 고속 안정성 제어를 한다.

차속센서는 트랜스액슬의 출력축 기어에서 각 회전마다 4회의 펄스를 출력하는 홀 센서 형식이며, 0.625km/h의 단위로 점검한다. 입력펄스가 500ms 이상일 때에는 주행속도 3km/h 미만, 500ms 미만인 경우에는 주행속도 3km/h 이상으로 간주하며, 주행속도 3km/h 이상의 경우 이전의 4회의 평균값으로 주행속도를 계산한다.

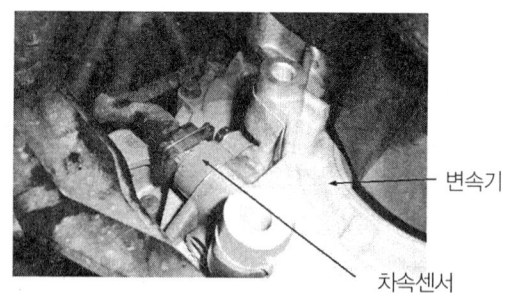

그림 32. 차속센서 장착위치

5.2.3. 상·하 가속도센서(G센서)

　상·하 가속도센서는 차량 실내의 중앙 콘솔박스 내부(주차 브레이크 레버 하단)의 차체 프레임에 설치되어 있으며, 검출부분은 이동전극과 고정전극으로 구성되어 있다. 상·하 가속도센서는 차체의 피치와 바운스 제어 신호를 위한 센서로서 험한 주행시 발생되는 차체의 상하 진동을 감지하여 ECS ECU에 입력시킨다. ECS ECU는 G센서의 신호를 기준으로 차체의 바운싱 정도를 검출하여 앤티 바운스, 피치 제어시 보정 신호로 사용한다.

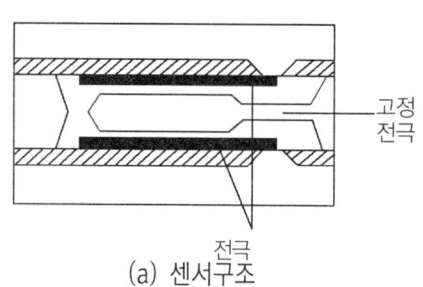

(a) 센서구조

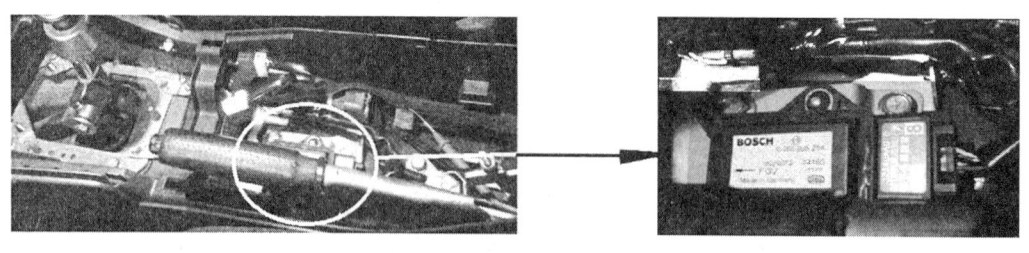

(b) 장착위치　　　　　　　　　　(c) 가속도센서

그림 33. 상·하 가속도센서

G센서는 피에조소자를 이용하여 외부로부터의 힘에 의해 압축 또는 신장됨에 따라 출력전압이 다르게 출력되는 특성을 이용하며, 작동은 횡 가속도가 가해지면 이동전극이 이동하며 고정전극과 이동전극 사이에 전위차이가 발생하여 두 전극의 용량 차이가 발생한다. 이 차이의 크기로 가속도의 크기를 검출한다. 직류(DC)출력의 검출이 가능하며, 절대 값 검출형식으로 ECS ECU는 2.5V를 기준으로 전압의 높이가 낮으면 험로로 판단하여 차체의 상하 진동을 억제한다.

5.2.4. 스로틀 위치센서(TPS)

스로틀 위치센서는 액셀러레이터와 연결되어 운전자가 액셀러레이터 페달을 밟은 양과 속도를 ECS ECU로 입력시킨다. ECS ECU는 스로틀 포지션 센서의 신호를 기준으로 운전자의 가속 또는 감속 의지를 판단하고 급 가속시 차량의 앞쪽이 들어 올려지는 스쿼트 현상을 방지하는 앤티 스쿼트 제어의 주신호로 사용된다.

5.2.5. 제동등 스위치(브레이크 스위치)

제동등 스위치는 운전자의 브레이크 페달 조작 여부를 판단하여 ECS ECU에 입력시키는 역할을 한다. ECS ECU는 브레이크 스위치 신호에 의해 운전자의 브레이크 조작 여부를 판단하고 제동시 차체가 앞쪽으로 숙여지는 다이브현상을 방지하기 위해 앤티 다이브 제어를 실행한다.

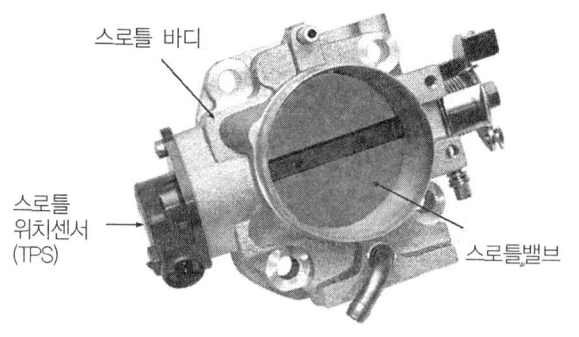

34. 스로틀 위치센서 위치

35. 제동등 스위치 장착위치

5.2.6. 인히비터 스위치

인히비터 스위치는 자동변속기 차량에 설치되어 있으며, 운전자가 자동변속기의 레버를 어느 위치로 선택 이동하는지를 ECS ECU에 입력시키는 스위치이다. ECS ECU는 자동변속기의 P, N위치를 검출하여 차량 정차시 승하차로 인한 차체의 진동을 방지해 주는 앤티 쉐이크 제어와 변속레버 조작시 발생되는 차체의 진동을 방지해 주는 앤티 시프트 스쿼트 제어를 실행한다.

그림 36. 인히비터 스위치

5.2.7. ECS모드 선택스위치

ECS모드 선택스위치는 운전자가 주행조건이나 노면상태에 따라 쇽업소버의 감쇠력 특성과 차고를 변화시키고자 할 경우 사용하며, 오토(AUTO)모드와 하이(HIGH)모드를 선택할 수 있다.

오토(AUTO)모드를 선택한 상태에서 쇽업소버의 감쇠력 및 차고가 주행조건이나 노면 상태에 따라 자동적으로 제어되며, 이때 계기판의 오토(AUTO)램프가 점등된다. 보통 주행시 차고는 노말(normal)상태를 유지한다.

하이(HIGH)모드를 선택하면 계기판의 하이 램프가 점등되면서 차고가 하이(HIGH) 위치로 상승된다. 하이모드의 선택은 차속이 50km/h 이하에서 가능하며, 차속이 50km/h를 초과하면 계기판의 하이 램프가 소등되고 차고는 노말 위치로 복귀된다. 노말 위치로 복귀 후 차속이 다시 30km/h 이하로 떨어지면 계기판의 하이 램프가 점등되면서 차고는 하이로 상승된다.

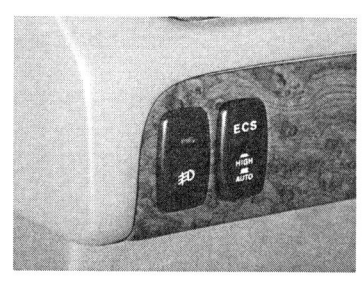 37. ECS모드 선택스위치
 38. ECS 지시등

[1] ECS 지시등

ECS 지시등은 계기판에 설치되어 있으며, ECS ECU는 운전자의 스위치 선택에 따른 현재의 ECS작동 모드 표시등을 점등시켜 알려준다. 운전자가 오토(AUTO)모드를 선택하면 AUTO 표시등을 점등시키고, 하이(HIGH)모드를 선택하면 HIGH 표시등을 점등시킨다. 또한 ECS ECU는 ECS시스템에 고장이 발생될 경우 ECS 표시등을 점멸시켜 운전자에게 고장을 알려주는 역할도 한다.

[2] 스텝 전동기(감쇠력 변환 액추에이터)

스텝전동기는 각 쇽업소버 위쪽에 설치되며, 쇽업소버의 로터리밸브를 구동한다. 로터리밸브가 회전하면 쇽업소버 내부의 컨트롤 로드가 회전하여 오일 통로를 변화시켜 쇽업소버의 감쇠력이 3단계로 변환된다.

스텝전동기는 도로면 상태 및 주행상태에 대항하여 단계별 변환이 가능하다. 그리고 스텝전동기는 액추에이터 커넥터단자 사이에 축전지 전압을 가할 때 액추에이터 출력축이 아래 표와 같은 위치로 변환된다.

 39. 감쇠력 변환 액추에이터 설치위치

[액추에이터 출력축의 위치 변환]

커넥터 단자	축전지 전압	액추에이터 출력위치	비고
1(흰색)	−		
2(검정)	open		soft 모드
3(적색)	+		
1(흰색)	+		
2(검정)	−		medium 모드
3(적색)	open		
1(흰색)	open		
2(검정)	+		hard 모드
3(적색)	−		

[3] 컴퓨터

 각종 센서로부터 입력된 정보를 연산 처리하여 현재 주행조건, 노면 등을 판단하여 스텝 모터를 소프트(SOFT), 하드(HARD) 위치로 변환시키는 기능과 차고를 로(LOW), 노말(normal), 하이(HIGH)로 제어하는 기능을 가지고 있다. 또한 고장이 발생하면 계기판에 AUTO와 HIGH 표시등 램프를 점멸시켜 고장을 알려주고 진단 장비를 통해 고장 코드를 출력한다.

40. ECS 컴퓨터

5.2.8. 차고센서

차고센서는 앞쪽에 1개, 뒤쪽에 1개로 총 2개가 설치되어 있다. 앞 차고센서는 로어 암과 차체에, 뒤 차고센서는 리어 액슬과 차체에 연결되어 있다. 검출방식은 가변저항 방식과 광 단속기방식이 있으며 컨트롤유닛은 차체의 상하 움직임에 따라 센서의 레버가 회전하게 되며 차고센서는 레버의 회전량으로 차고를 감지하여 설정된 목표 차고에 도달하도록 차고 제어를 한다. 차고는 ECS ECU에 의해 로(LOW), 노말(Normal), 하이(HIGH)의 3단계로 제어되지만 실제 차고 센서는 차고를 8단계로 나누어 검출한다.

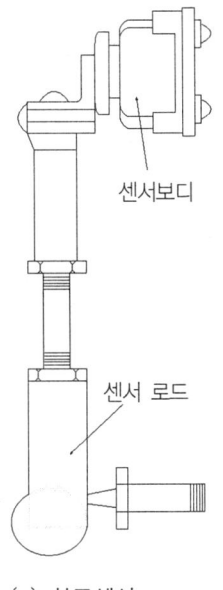

[차고센서의 차고에 따른 센서 출력]

선택모드차고	출력 신호		
	A	B	C
최대 높이(T)	ON	OFF	OFF
하이보다 높음(HH)	ON	ON	OFF
하이 목표차고(HN)	OFF	ON	OFF
노말 목표 차고(N)	OFF	ON	OFF
로 목표 낮음(L)	ON	ON	ON
로 보다 낮음(LL)	ON	OFF	ON
최소 높이(B)	OFF	ON	OFF
NG	OFF	OFF	OFF

(a) 차고센서

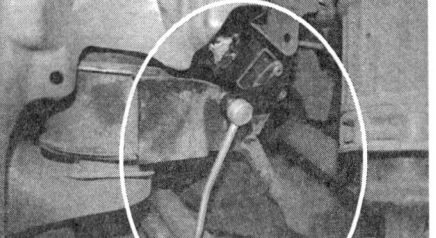

(b) 앞 차고센서

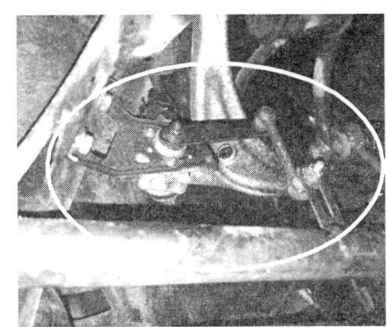

(c) 뒤 차고센서

그림 41. 차고센서

5.2.9. 발전기 "L" 단자

ECS시스템이 정상적으로 작동하기 위해서는 안정된 발전기의 충전전압이 필요하다. ECS ECU는 발전기의 충전전압을 감지하여 충전전압이 낮거나 높게 되면 시스템 제어를 중지한다.

○ 그림 42. 발전기 L단자

5.2.10. 컴프레서 어셈블리

[1] 컴프레서

차고 조정에 필요한 압축공기를 생산시킨다. 왕복타입의 컴프레서로서 ECS ECU의 제어 신호에 의해서 컴프레서 릴레이가 ON되어 컴프레서의 모터에 전원이 공급되면 구동되어 압축공기를 생성하여 쇽업소버의 에어 스프링 내부에 압축공기를 공급한다.

○ 그림 43. 컴프레셔

또한, 컴프레서 모터 내에는 온도스위치가 내장되어 있기 때문에 모터가 과열되면 온도 스위치가 OFF되어 모터의 작동이 중지되고 일정한 온도로 떨어지게 되면 다시 온도 스위치가 ON되어 모터가 작동된다.

[2] 드라이어

드라이어는 컴프레셔와 같이 장착되어 차고 조절시 컴프레서로부터 토출되는 압축공기에 포함되어 있는 수분을 제거하여 녹의 발생 및 동절기에 시스템 내부의 빙결을 방지한다.

드라이어 내부에는 흡습제가 내장되어 있어 흡습제에 의해 수분이 제거되며, 드라이어는 컴프레서가 작동되면 흡습제의 성능이 떨어지지만 차고를 하향 조절시 공기 스프링의 배기 공기(고온 건조)에 의해 재생되는 구조로써 드라이어를 교환하지 않고 계속 사용할 수 있다.

[3] 리저브 탱크

리저브 탱크의 구조는 압력스위치, 공기 공급 솔레노이드밸브, 감압 체크밸브, 체크밸브, 드라이어, 어큐뮬레이터, 압력스위치 등으로 구성되어 있으며, 컴프레서에서 공급된 압축공기를 제어하는 역할을 한다.

(1) 체크밸브

체크밸브는 드라이어와 리저브탱크사이에 설치되어 있으며, 컴프레서가 작동되어 압력이 생성되면 체크밸브가 열려 리저브탱크에 저장하고 컴프레서가 작동하지 않을 때는 체크밸브가 닫혀 압축공기가 역류되는 것을 방지한다.

(2) 감압 체크밸브

감압 체크밸브는 차고를 높일 경우 쇽업소버에 설치되어 있는 에어 체임버 내부의 압력이 $0.8kgf/cm^2$ 이하로 낮아지는 것을 방지하기 위하여 설치되어 있으며, 공기 체임버의 내부압력이 $0.8kgf/cm^2$ 이하로 낮아지면 감압 체크밸브가 열려 압축공기를 리저브 탱크에서 에어 체임버로 공급하여 준다.

◎그림 44. 리저브 탱크 및 드라이어

(3) 압력스위치

압력스위치는 리저브탱크 내부에 설치되어 있으며, 리저브 탱크 내부의 공기압력을 감지하는 역할을 한다. 공기압력이 낮아지면 압력 스위치가 ON되어 컴프레서를 작동시켜 리저브 탱크 내의 공기압력을 조절한다.

(4) 공기 공급 솔레노이드밸브

차고를 높여야 하는 조건의 경우 ECS ECU의 제어 신호에 의해 솔레노이드밸브가 ON되어 리저브 탱크로부터 앞뒤 쇽업소버에 설치되어 있는 에어 스프링의 에어 체임버에 압축 공기를 공급한다.

[4] 컴프레서 릴레이

각종 센서와 스위치 신호에 의해 차고를 높여야 하는 조건의 신호가 ECS ECU에 입력되면 압축된 공기가 필요하기 때문에 공기 공급 솔레노이드밸브와 앞뒤 공급·배기 솔레노이드밸브가 ECS ECU의 제어신호에 의해 공급밸브가 열리게 된다.

따라서 압축공기를 높이기 위해서는 ECS ECU에서 컴프레서 릴레이를 제어하여 컴프레서에 전원을 공급함으로써 컴프레서를 구동시켜 얻어진 공기는 드라이어에서 수분과 이물질이 제거된 후 쇽업소버의 에어 체임버에 공급되어 차고를 높일 수 있도록 한다.

그림 45. 컴프레서 릴레이

[5] 차고 조절용 배기 솔레노이드밸브

차고를 상승시키기 위해서는 많은 양의 공기를 필요로 하므로 ECS ECU는 컴프레서를 구동하여 차고 상승에 필요한 공기를 얻는다. 반대로 차고를 하향시는 많은 공기를 배출시켜야 하며, 배출되는 공기는 컴프레서에 설치된 배기밸브를 통해 대기 중에 방출시켜 차고를 하향시킨다.

차고 조절용 배기 솔레노이드밸브는 컴프레서에 장착되어 있으며, 차고를 낮추어야 하는 조건의 경우 ECS ECU의 제어신호에 의해 차고용 배기 솔레노이드밸브가 작동하여 에어 스프링 내의 압축공기를 대기 중으로 방출시킨다.

[6] 공급·배기 솔레노이드밸브

공급·배기 솔레노이드밸브는 차고 조절용 공급·배기밸브와 에어 스프링 상수 조정용 하드/소프트 위치 선택용 공기밸브로 구성되어 쇽업소버의 에어 스프링에 설치되어 있으며, 차고를 높이거나 차고를 낮추는 조건의 경우 ECS ECU는 공급·배기 솔레노이드밸브를 작동시켜 쇽업소버의 체임버 내에 압축공기를 공급 또는 배기될 수 있도록 제어한다.

(1) 차고 조절용 공급밸브

차고 조절용 공급밸브는 ECS ECU의 제어신호에 의해 전원이 공급되면 밸브가 열려 앞뒤 에어 체임버에 압축공기를 공급 또는 방출하여 차고를 조절한다.

(2) HARD, SOFT 조절용 공급밸브

HARD, SOFT 조절용 공급밸브는 ECS ECU의 제어신호에 의해 전원이 공급되면 밸브가 열려 압축공기를 액추에이터에 보내어 HARD모드 상태가 되며, ECS ECU에서 전원을 차단하면 밸브가 닫혀 액추에이터 내의 압축공기가 밸브 상부에 있는 배기구를 통하여 대기로 방출시켜 SOFT 모드가 되어 작동한다.

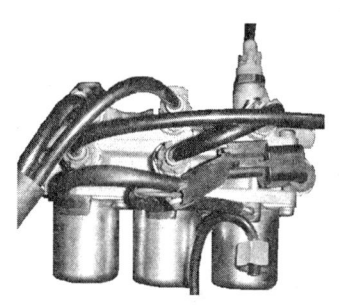
(a) 앞 솔레노이드밸브

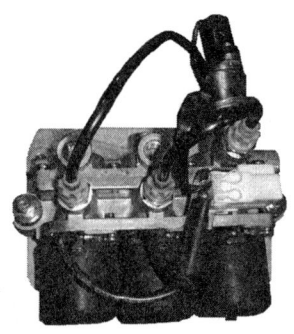
(b) 뒤 솔레노이드밸브

그림 46. 솔레노이드밸브

5.2.11. CUT OFF 스위치

ECS CUT OFF 스위치는 트렁크를 열면 우측에 장착되어 있으며, CUT OFF 스위치를 OFF시키면 ECS시스템의 작동이 중지된다. ECS시스템의 고장으로 차량을 견인하거나 정비업체에서 하체 작업을 하기 위해 리프트로 차량을 들어 올릴 경우 반드시 CUT OFF스위치를 OFF시켜야 한다.

CUT OFF스위치를 OFF시키지 않고 차량 시동을 끈 후 10분 이내에 들어 올리면 ECS ECU는 차고가 상승되는 것을 판단하여 차고를 노멀로 맞추기 위해 쇽업소버 에어스프링의 공기를 계속 빼내어 현가장치의 손상이 발생한다. 차량을 들어올리기 전에 ECS CUT OFF 스위치를 OFF시키면 기능이 중지된다.

5.3. ECS제어 기능

5.3.1. 감쇠력 제어 기능

감쇠력 제어 기능은 주행조건이나 노면상태에 따라 쇽업소버의 감쇠력이 super soft, soft, medium, hare의 4단계로 컨트롤 유닛에 의해 제어된다. 컨트롤 유닛은 제어 모드에 따라 쇽업소버 상단부에 설치된 스텝모터(step motor)를 구동하고 스텝모터의 구동에 의해 쇽업소버 내부로 연결되는 컨트롤 로드가 회전한다.

컨트롤 로드가 회전하면 쇽업소버 내의 오일통로의 크기를 변화시켜 쇽업소버의 감쇠력을 제어한다.

선택모드	감쇠력 제어	작동
AUTO모드	super soft	AUTO모드 선택시 기본 감쇠력은 super soft이며 차속, 주행조건, 노면상태에 따라 soft, medium, hard의 4단계로 제어된다.
	soft	
	medium	
	hard	
SPORT모드	medium	SPORT모드 선택시 기본 감쇠력은 medium으로 변환되고, 주행조건이나 노면상태에 따라 medium, hard 2단계로 자동제어 된다.
	hard	

5.3.2. 자세제어 기능 작동

[1] 앤티 스쿼트 제어(anti squat control)

① 기준신호 : 차속센서와 스로틀 위치센서

② 감쇠력 변환 : 차량이 정지 상태이거나 규정 속도이하에서 운전자가 가속페달을 급격히 밟으면 차량의 앞쪽은 들리고 뒤쪽은 내려간다. 이때 ECS ECU는 차속센서와 스로틀 위치센서의 신호를 이용하여 급출발이나 급가속이라고 판단되면 쇽업소버의 감쇠력을 soft에서 medium or hard로 변환시켜 차량의 자세변화를 최소화한다.

  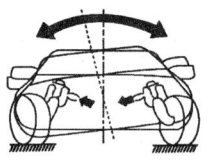
(a) 앤티 스쿼트 제어   (b) 앤티 다이브 제어   (c) 앤티 롤 제어

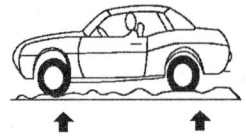 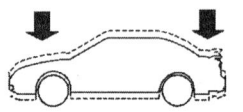 
(d) 앤티 바운스 제어   (e) 앤티 쉐이크 제어   (f) 고속 안전성능 제어

47. 자세제어의 종류

[2] 앤티 다이브 제어(anti dive control)

① 기준신호 : 제동등 스위치와 차속센서

② 감쇠력 변환 : 주행 중 브레이크페달을 밟으면 차량의 무게 중심이 앞쪽으로 이동하면 차체의 앞쪽은 내려가고, 뒤쪽은 들리는 현상이 발생한다. 이때 ECS ECU는 일정한 주행속도 이상에서 브레이크페달을 밟아 제동등 스위치가 ON으로 되면 차속센서로 감속도를 계산하여 앤티 다이브를 실행한다. 앤티 다이브 실행은 속업소버의 감쇠력을 soft에서 hard로 변환시켜 차량의 자세변화를 최소화한다.

[3] 앤티 롤 제어(anti roll control)

① 기준신호 : 조향핸들 각속도 센서와 차속센서

② 감쇠력 변환 : 주행 중 조향핸들을 조작하여 선회하게 되면 차량의 안쪽 바퀴 쪽은 올라가고, 바깥쪽 바퀴 쪽은 내려간다. 이때 ECS-ECU는 규정속도 이상에서 조향핸들을 조작하면 조향핸들 각속도 센서의 신호를 받아 조향핸들 조작속도와 조향 각도를 연산하여 앤티 롤 제어조건이라고 판단되면 제어를 실행한다. 속업소버의 감쇠력은 soft에서 hard로 변환시켜 차량의 자세변화를 최소화한다.

[4] 앤티 바운스 제어(anti bounce control)

① 기준신호 : 상하 가속도(G) 센서

② 감쇠력 변환 : 울퉁불퉁한 험한 도로를 주행할 때 차체에 상하 진동이 발생한다. 이때 ECS ECU는 상하 가속도센서의 신호로 차체의 상하 움직임을 판단하여 앤티 바운스 제어를 실행한다. 쇽업소버의 감쇠력은 soft에서 hard로 변환한다.

[5] 앤티 쉐이크 제어(anti shake control)

① 기준신호 : 차속센서

② 감쇠력 변환 : 승객이 승·하차를 할 때 차량의 움직임을 최소화하기 위해 차량의 주행속도가 규정 속도이하로 감속되거나 정지하면 ECS ECU는 앤티 쉐이크 제어를 실행한다. 쇽업소버의 감쇠력은 soft에서 hard로 변환되며 차량이 출발하여 규정 속도이상이 되면 다시 soft로 복귀시킨다.

[6] 고속 안전성능 제어

① 기준신호 : 차속센서

② 감쇠력 변환 : 차량이 고속으로 주행하면 주행안정 성능을 향상시키기 위해 고속 안정 성능제어를 실행한다. 쇽업소버의 감쇠력 변환은 soft에서 medium으로 변환시키며, 주행속도가 일정속도 이하가 되면 해제된다.

6 액티브 현가장치(active suspension system)

6.1. 액티브 현가장치의 개요

가장 발전된 형태의 전자제어 현가장치로서 외부에서 에너지를 공급하여 스프링 상수나 감쇠력을 주행조건에 대응하여 적정화 할 수 있도록 한 것이다. 액티브 제어방법으로는 운전자의 조향조작에 대응하여 특성을 변환시키는 피드-포워드(feed-forward)제어, 차량의 작동을 검출하여 노면으로부터의 입력을 대응하여 리얼 타임(real time)으로 변환하는 피드백(feed-back)제어, 사전에 전방의 노면 상황을 검출하여 그것에 대응하여 변환하는 프리뷰(preview)제어 등이 있다.

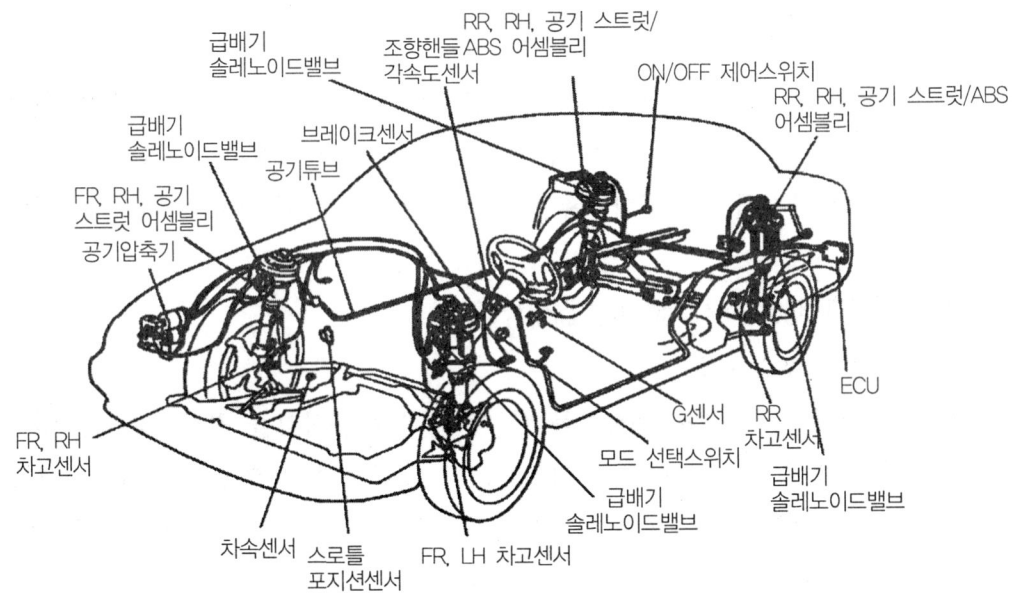

그림 48. 액티브 ECS의 구성부품

따라서 액티브 현가장치는 적재 중량, 노면상황, 주행속도 등 여러 가지의 주행 상태에 대응하여 전자제어하고 유압이나 공기 압력의 액추에이터를 사용하여 차량 높이나 스프링 상수, 감쇠력을 적정화시키는 장치이다.

6.1.1. 제어의 종류

[1] 자세제어

선회·구동 및 제동을 하거나 험한 도로를 주행할 때 등에 일어나는 차체의 롤링, 피칭, 바운싱을 억제하여 차량의 자세를 안정되게 유지하도록 공기 스프링의 압력 제어 등으로 행한다.

[2] 감쇠력 제어와 스프링 상수 제어

각종 주행상황에 대응하여 감쇠력이나 스프링 상수를 수차 변경하여 승차감이나 조정 안정성을 유지하도록 다이브, 스퀴트나 롤링의 억제 제어 등으로 행한다.

[3] 차고제어

　적재 하중에 관계없이 자동적으로 차고를 유지하는 방식은 차고를 일정하게 유지하여 적재 조건에 의해 승차감이나 조정 안정성 등의 성능 변화를 적게 하여 안정된 차량 성능을 실현한다. 또 다른 방법은 주행조건에 대응해서 차고를 임의로 설정하는 방법으로 눈길, 진탕 길이나 울퉁불퉁 한 길을 주행할 때에는 차고를 높게 하고, 고속으로 주행할 때에는 차고를 낮추는 등의 제어에 의해 차량 성능 최대한 이용한다.

6.2. 액티브 현가장치의 작동원리

　액티브 현가장치는 기본적으로 입력장치, 제어장치, 출력장치의 3부분으로 구성되며, 작동원리는 다음과 같다.

① 차량이 주행할 때 바퀴와 차체의 상대 변위와 현가장치 마운트의 상하 가속도가 센서에 의해 감지된다.

② 센서에서 얻어진 정보를 바탕으로 제어장치에서 각 바퀴에 필요한 압력을 계산한다.

③ 압력 제어밸브가 유압 펌프로부터 각 바퀴의 액추에이터로 공급되는 압력을 조절하여 차량의 자세를 제어한다.

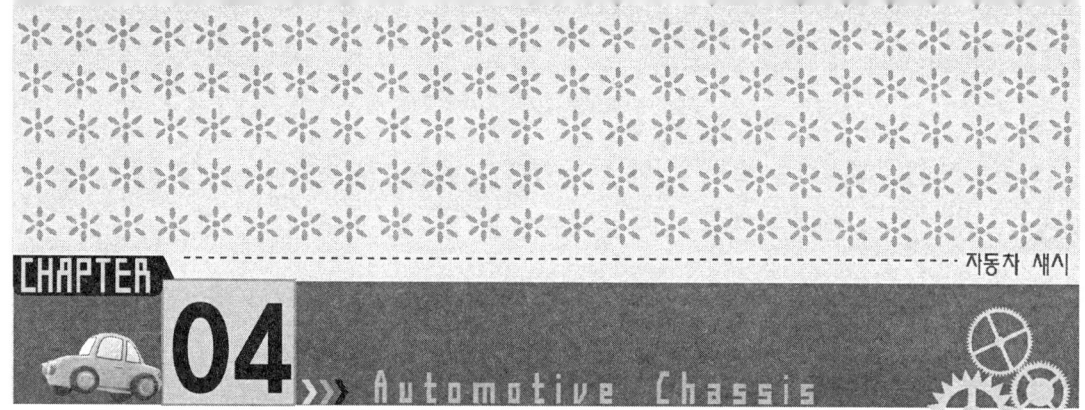

조향장치 [steering system]

1. 조향장치의 개요

　조향장치는 자동차의 진행방향을 운전자의 의지에 따라 바꾸는 장치이며 조향핸들을 돌려 앞바퀴의 방향을 바꾸도록 되어 있다. 앞바퀴 얼라인먼트와 밀접한 관계가 있으며 자동차 주행 안정상 브레이크장치와 함께 매우 중요한 장치이다. 또 조향장치는 자동차의 운동을 운전자의 의지에 따라 진행방향을 바꿀 수 있어야 한다. 자동차의 조향장치는 주차시나 저속 주행시에는 조향 휠의 조작력이 가벼운 것이 좋다.

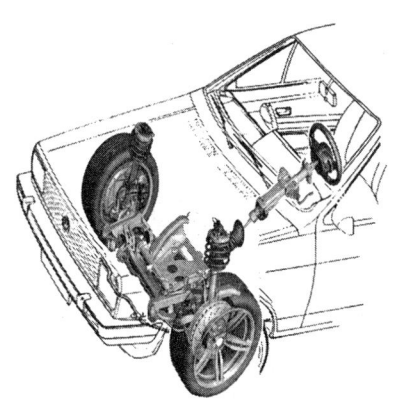

1. 조향장치의 구조

그러나 고속 주행시에는 조향 휠이 지나치게 가벼우면 자동차가 약간의 동요에도 자동차의 조향이 민감하게 영향을 주어 고속주행 안정성을 떨어뜨리게 한다.

[1] 조향장치의 구비조건
① 조향 휠(조향핸들)의 조작력이 적절해야 한다.
② 바퀴의 조향각도가 적절해야 한다(최대 바퀴 조향각은 40° 내외).
③ 운전자의 의지에 따라 조종되어야 한다. 특히 고속에서 안정성이 우수해야 한다.
④ 선회시 저항이 적고 선회 후에 복원성이 있어야 한다.
⑤ 노면으로부터의 충격이 조향휠에 전달되지 않아야 한다.
⑥ 좁은 장소에서도 방향 전환을 할 수 있도록 회전반경이 작아야 한다.

1.1. 애커먼-장토식(ackerman-jantoud type)

앞차축, 타이로드, 너클 암이 평행사변형을 이루고 있는 경우 조향핸들을 돌리면 양쪽 바퀴가 같은 각도로 꺾인다. 이 상태에서 선회를 하면 좌우 바퀴가 같은 원호를 그리며 회전하기 때문에 2점 쇄선으로 나타낸 궤적과 같이 되어 어느 지점에서 교차한다. 이것을 평행사변형 조향기구라 한다.

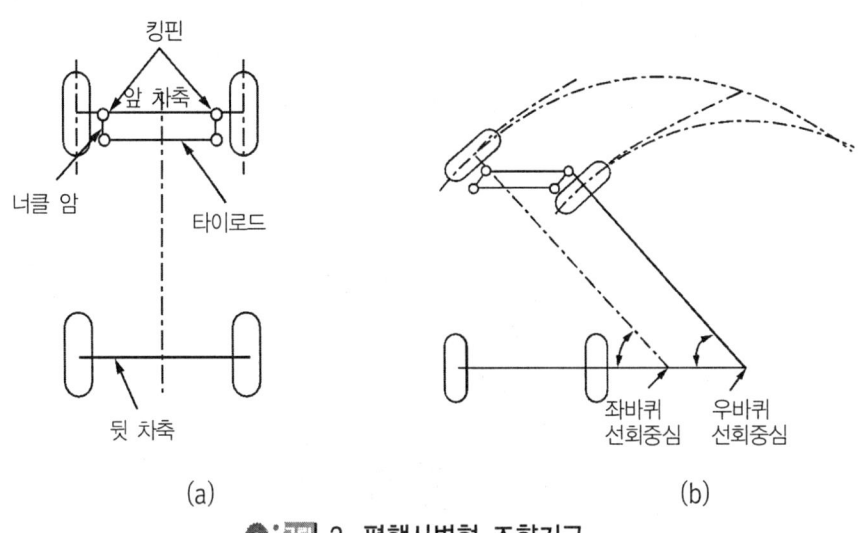

그림 2. 평행사변형 조향기구

그러나 실제로는 좌우 바퀴가 축의 양쪽에 부착되어 있기 때문에 실선으로 나타낸 방향으로 진행된다. 이 궤적을 따라가기 위해서는 바퀴는 끌리게 되므로 옆방향 미끄러짐(side slip)운동을 한다. 따라서 선회할 때 안정성이 낮고 타이어의 마모도 커진다. 선회할 때 이와 같은 문제점을 개선한 것이 애커먼-장토방식의 조향장치이다.

애커먼-장토방식의 조향장치는 평행사변형 조향기구의 너클 암(knuckle arm)과 타이로드(tie rod)를 개량하여 킹핀(king pin, 바퀴가 회전하는 기본 중심축)의 중심과 타이로드 양끝을 연결하는 연장선이 뒷차축의 중심에서 만나도록 링크기구를 배치한 것이다. 즉, 앞차축, 타이로드, 너클암이 사다리꼴이 되도록 한 것이다.

조향핸들을 오른쪽으로 돌렸을 때 좌우 축의 바퀴 중심선은 뒷차축의 연장선상의 한 점 E에서 만나게 된다. 이때 바깥쪽 바퀴의 조향각도 α보다 안쪽바퀴의 조향각도 β가 큰 것을 볼 수 있다. 이에 따라 안쪽바퀴와 바깥쪽 바퀴는 도로 면과 미끄럼 없이 원활하게 선회를 할 수 있다. 즉 애커먼-장토방식 조향장치를 사용하면 선회할 때 바퀴들이 그리는 궤적은 E점을 중심으로 한 반지름이 다른 원(동심원)을 그리기 때문에 옆방향 미끄러짐과 타이어의 마모도 줄일 수 있다.

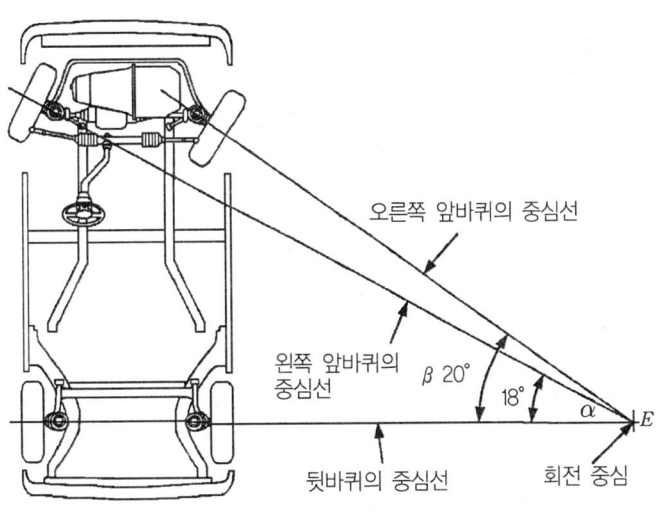

3. 애커먼-장토방식의 조향장치

[1] 최소 회전반지름

이것은 조향 각도를 최대로 하고 선회하였을 때 그려지는 동심원 중에서 가장 바깥쪽 바퀴가 그리는 원의 반지름을 말하며 다음의 공식으로 산출된다.

$$R = \frac{L}{\sin \alpha} + r$$

R : 최소 회전반지름
L : 축간거리(축거 : wheel base)
$\sin \alpha$: 가장 바깥쪽 앞바퀴의 조향각도
r : 바퀴 접지면 중심과 킹핀과의 거리

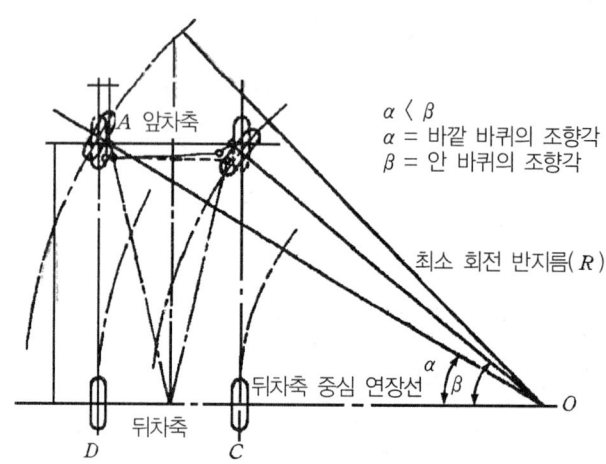

■ 4. 최소 회전반지름

1.2. 조향장치의 구비조건

① 조향 조작이 주행 중의 충격에 영향을 받지 않을 것
② 조작이 쉽고, 방향 변환이 원활하게 행해질 것
③ 회전반지름이 작아서 좁은 곳에서도 방향 변환을 할 수 있을 것
④ 진행방향을 바꿀 때 섀시 및 보디 각 부에 무리한 힘이 작용되지 않을 것
⑤ 고속주행에서도 조향핸들이 안정될 것
⑥ 조향핸들의 회전과 바퀴 선회차이가 크지 않을 것
⑦ 수명이 길고 다루기나 정비하기가 쉬울 것

2. 조향장치의 구조와 작용

2.1. 일체 차축방식의 조향기구

일체 차축방식의 조향기구는 조향핸들, 조향축, 조향 기어박스, 피트먼 암, 드래그 링크, 타이로드, 너클암 등으로 구성되어 있다. 작동은 조향핸들을 돌리면 그 조작력이 조향축을 거쳐 조향 기어박스로 전달된다.

조향 기어박스에서는 감속하여 섹터축을 회전시키며, 섹터축이 회전하면 피트먼 암이 원호 운동을 하여 드래그 링크를 앞 뒤 방향으로 이동시킨다. 이에 따라, 오른쪽이나 왼쪽 바퀴가 조향너클에 의해 선회하게 되고, 또 타이로드를 통해 반대쪽 바퀴를 선회시켜 진행방향을 변환시킨다.

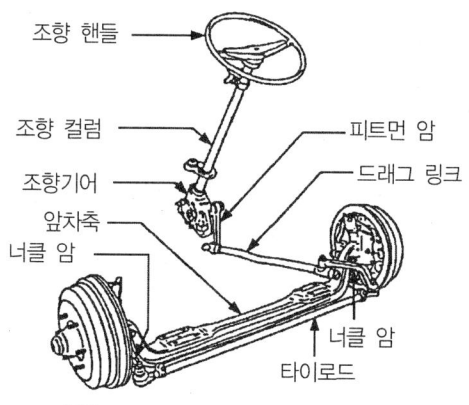

5. 일체 차축방식의 조향기구

2.2. 독립 차축방식의 조향기구

독립 차축방식 조향장치는 좌우바퀴가 독립적으로 작용하기 때문에 타이로드를 2개로 나누어 설치하며, 드래그 링크가 없다. 또 기구들의 기능은 일체 차축방식의 조향장치와 크게 다르지 않다.

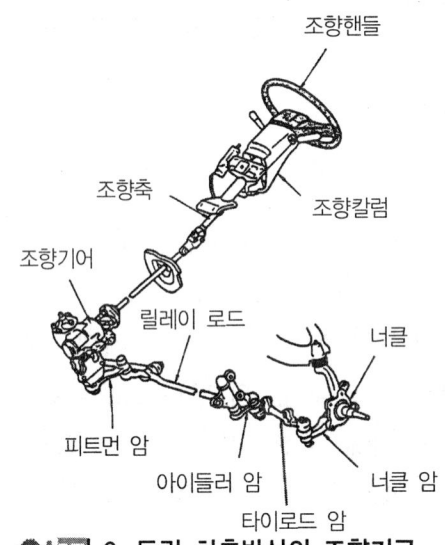

그림 6. 독립 차축방식의 조향기구

2.3. 조향기구

2.3.1. 조향핸들(조향 휠)

조향핸들은 림(rim), 스포크(spoke) 및 허브(hub)로 되어 있으며, 스포크나 림 내부에는 강철이나 알루미늄합금 심으로 보강되고, 바깥쪽은 합성수지로 성형되어 있다.

조향핸들은 조향축에 테이퍼(taper)나 세레이션(serration) 홈에 끼우고 너트로 고정시킨다. 허브에는 경음기(horn)를 작동시키는 스위치가 부착되며, 에어 백(air bag)을 설치하여 충돌할 때 센서에 의해 질소가스 압력으로 팽창하는 구조로 된 것도 있으며 열선이 있는 것도 있다. 또한 운전자의 체형에 따라 핸들의 위치를 앞뒤로 조절할 수 있는 텔레스코핑(telescoping)과 상하 조절까지 할 수 있는 틸트 스티어링(tilt stering wheel)이 있다.

2.3.2. 조향축(steering shaft)

조향축은 조향핸들의 회전을 조향기어의 웜(worm)으로 전하는 축이며, 웜과 스플라인을 통하여 자재이음으로 연결되어 있다. 또 조향기어와 축을 연결할 때 오차를 완화하고, 노면으로부터의 충격을 흡수하여 조향핸들로 전달되지 않도록 하기 위해 조향핸들과 축사이에 탄성체 이음으로 되어 있다.

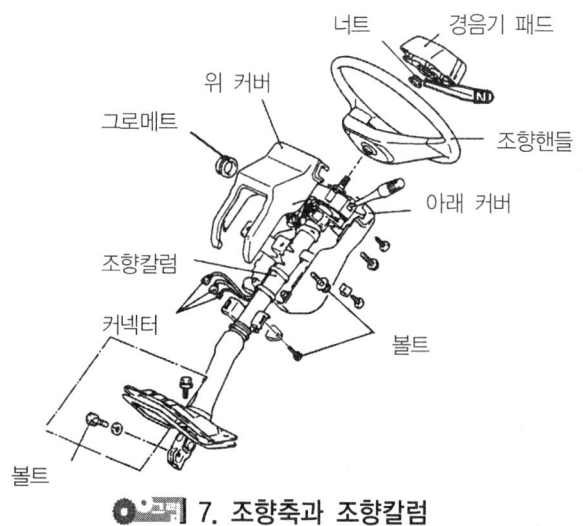

○━━ 7. 조향축과 조향칼럼

조향축은 조향하기 쉽도록 35~50°의 경사를 두고 설치되며, 운전자 요구에 따라 알맞은 위치로 조절할 수 있다.

2.3.3. 조향 기어박스(steering gear box)

조향기어는 조향 조작력을 증대시켜 앞바퀴로 전달하는 장치이며, 종류에는 웜 섹터형, 웜 섹터 롤러형, 볼 너트형, 캠 레버형, 래크와 피니언형, 스크루 너트형, 스크루 볼형 등이 있으며 현재 주로 사용되고 있는 형식은 볼 너트형식과 래크와 피니언 형식이다.

[1] 볼-너트형식(ball & nut type)

이 형식은 스크루와 너트사이에 다량의 볼이 들어 있어 조향핸들의 회전을 볼의 동력전달 접촉으로 너트로 전달한다. 작동은 조향핸들이 회전하면 스크루 홈을 이동하여 너트의 한 끝에서 밖으로 나와 안내 튜브를 지나서 다시 스크루 홈으로 들어간다. 볼은 2줄로 나누어 순환하며, 이 순환운동으로 너트는 직선운동을 하고 섹터는 원호운동을 한다.

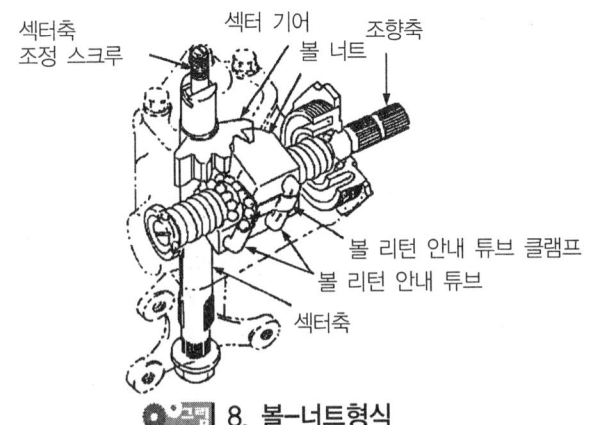

그림 8. 볼-너트형식

[2] 래크와 피니언형식(rack & pinion type)

이 형식은 조향핸들의 회전운동을 래크를 통해 직선운동으로 바꾸어 조향하도록 되어 있으며, 조향축 아랫부분에 피니언이 래크와 결합되어 있다. 따라서 래크는 피니언의 회전운동에 따라 조향 기어박스 내에서 좌우로 직선운동을 하여 그 양끝의 타이로드를 거쳐 좌우의 너클암을 이동시켜 조향한다. 그리고 조향기어에 요구되는 조건은 다음과 같다.

① 선회 반발력을 이겨낼 수 있는 조향력이 있을 것
② 선회할 때 조향핸들의 회전각과 선회 반지름과의 관계를 감지할 수 있을 것
③ 복원성이 있을 것

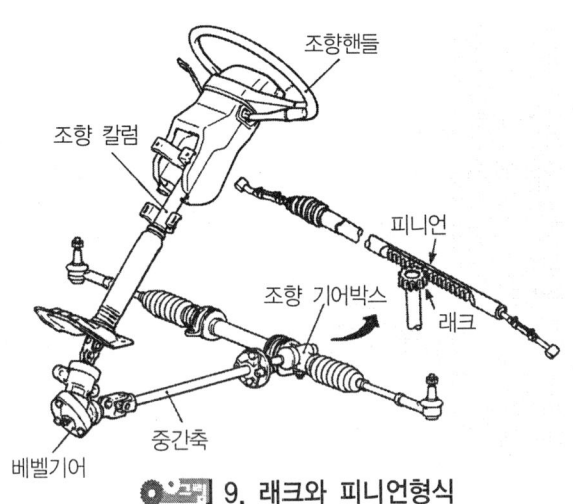

그림 9. 래크와 피니언형식

④ 주행 중 받는 충격을 알맞은 반발력으로 조향핸들에 전달하여 충격 감각을 운전자에게 전달할 것

조향기어는 위의 조건을 만족시키기 위해 알맞은 감속비를 두며, 이 감속비를 조향기어비라고 하며 다음과 같이 나타낸다.

$$조향\ 기어비 = \frac{조향핸들이\ 움직인\ 각}{피트먼암이\ 움직인\ 각}$$

이 조향 기어비의 값이 작으면 조향핸들의 조작은 신속히 되지만 큰 조작력이 필요하게 된다. 이에 따라 조향기어에는 가역식, 반가역식, 비가역식 등의 형식으로 하고 있다.

[3] 가역식

이 형식은 앞바퀴로도 조향핸들을 움직일 수 있으며, 조향 기어비가 작다. 장점은 앞바퀴에 복원성을 부여하여 조향 링키지 마멸이 작으나, 비포장도로에서 주행 중의 충격으로 조향핸들을 놓치기 쉬운 결점이 있다.

[4] 비가역식

이 형식은 조향핸들로는 앞바퀴를 움직일 수 있으나 그 반대로는 조작이 불가능한 것이며, 조향 기어비가 커 조작력은 작으나 조향 조작이 신속하지 못하다. 장점은 비포장 도로에서 조향핸들을 놓칠 염려는 없으나 조향 링키지의 마멸이 크고, 앞바퀴 복원성을 이용할 수 없는 결점이 있다.

2.3.4. 피트먼 암(pitman arm)

이것은 조향핸들의 움직임을 일체 차축방식의 조향기구에서는 드래그 링크로, 독립 차축 방식의 조향기구에서는 센터 링크로 전달하는 것이며, 그 한쪽 끝에는 테이퍼의 세레이션(serration)을 통하여 섹터 축에 설치되고, 다른 한쪽 끝은 드래그 링크나 센터 링크에 연결하기 위한 볼 이음으로 되어 있다. 그러나 래크와 피니언 형식의 조향 기어박스를 사용하는 독립 차축방식에서는 피트먼 암을 두지 않아도 된다.

그림 10. 피트먼 암

2.3.5. 드래그링크(drag link)

이것은 일체 차축방식 조향기구에서 피트먼 암과 너클 암(제3암)을 연결하는 로드이며, 드래그 링크는 앞바퀴의 상하운동으로 피트먼 암을 중심으로 한 원호운동을 한다. 또 양끝의 볼이음 부분에는 노면의 충격이 조향기어에 전달되지 않도록 스프링이 들어 있으며, 이 스프링의 위치와 드래그 링크의 설치방향을 바꾸어 조립하면 조향장치 각 부에 무리한 힘이 가해지므로 주의해야 한다.

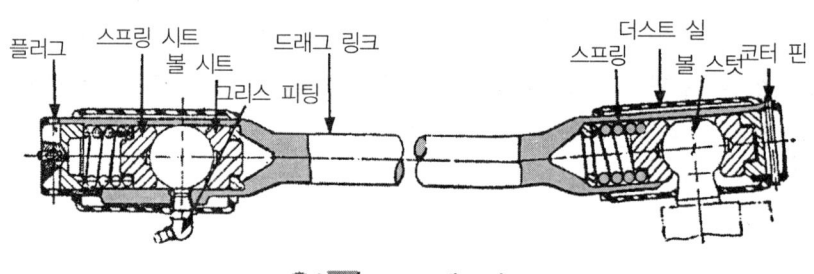

그림 11. 드래그링크

2.3.6. 센터 링크(center link)

이것은 독립 차축방식 조향기구에서 피트먼 암과 볼이음을 통하여 연결되며, 작동은 조향 핸들을 회전시키면 피트먼 암으로부터의 힘을 타이로드로 전달한다. 그러나 랙과 피니언형식의 조향 기어박스를 사용하는 독립 차축방식에서는 센터링크를 두지 않아도 된다.

2.3.7. 타이로드(tie-rod)

타이로드는 릴레이 로드의 운동을 너클암으로 전달하는 것이며, 독립 차축방식 조향기구에서는 길이가 같은 2개의 로드로 되어 있고 볼 이음으로 각각 연결된다.

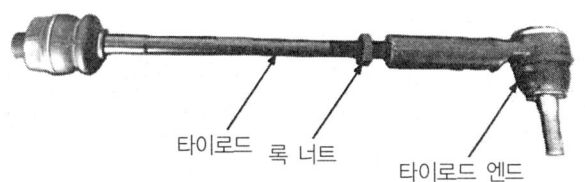

그림 12. 타이로드

일체 차축방식 조향기구에서는 너클암의 움직임을 다른 한쪽의 너클암으로 전달하여 양쪽 바퀴의 관계 위치를 바르게 유지시킨다. 또 타이로드는 도로 면의 장애물에 닿지 않도록 앞차축 뒤쪽에 설치하는 것이 일반적이나 FF(front engine front drive)방식이나 독립 차축방식 조향기구에서는 앞쪽에 두기도 한다.

주행 중 타이로드는 도로 면으로부터의 충격으로 압축력이나 인장력을 받기 때문에 인발 강관으로 만들며 양끝에는 타이로드 엔드(tie rod end)가 나사를 통해 끼워져 있다. 타이로드 엔드의 나사는 한쪽은 오른나사이고 다른 한쪽은 왼나사로 되어 있어 타이로드를 돌려 그 길이(토인)를 조정할 수 있도록 되어 있다.

2.3.8. 너클 암(knuckle arm : 제3암)

이것은 일체 차축방식 조향기구에서 드래그 링크의 운동을 조향 너클에 전달하는 기구이다.

2.3.9. 일체 차축방식 조향기구의 앞 차축과 조향너클

일체 차축방식(ridge axle)의 앞 차축은 강철을 단조한 I 단면의 빔이며, 그 양쪽 끝에는 스프링 시트가 용접되어 있고, 킹핀 설치부분에는 킹핀을 통해 조향너클이 설치된다.

조향너클은 킹핀을 통해 앞 차축과 연결되는 부분과 바퀴 허브가 설치되는 스핀들(spindle)로 되어 있어 킹핀을 중심으로 회전하여 조향작용을 한다. 그리고 앞 차축과 조향너클의 설치 방식에는 엘리옷형, 역엘리옷형, 마몬형, 르모앙형 등이 있다.

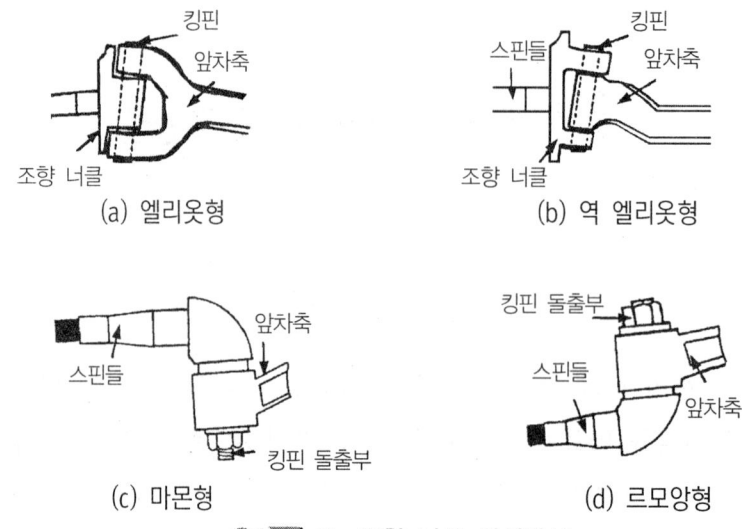

그림 13. 조향 너클 설치방식

① 엘리옷형(elliot type) : 이 형식은 앞 차축 양끝 부분이 요크(yoke)로 되어 있으며, 이 요크에 조향 너클이 설치되고 킹핀은 조향 너클에 고정된다.
② 역 엘리옷형(revers elliot type) : 이 형식은 조향 너클에 요크가 설치된 것이며, 킹핀은 앞 차축에 고정되고 조향 너클과는 부싱을 사이에 두고 설치된다. 현재 일체 차축방식의 조향기구 자동차에서는 역 엘리옷형 만이 사용되고 있다.
③ 마몬형(marmon type) : 이 형식은 앞 차축 윗부분에 조향 너클이 설치되며, 킹핀이 아래쪽으로 돌출되어 있다.
④ 르모앙형(lemoine type) : 이 형식은 앞 차축 아랫부분에 조향 너클이 설치되며, 킹핀이 위쪽으로 돌출되어 있다.

2.3.10. 킹핀(king pin)

이것은 일체 차축방식 조향기구에서 앞 차축에 대해 규정의 각도(킹핀 경사각)를 두고 설치되어, 앞 차축과 조향 너클을 연결하며 고정 볼트에 의해 앞 차축에 고정되어 있다.

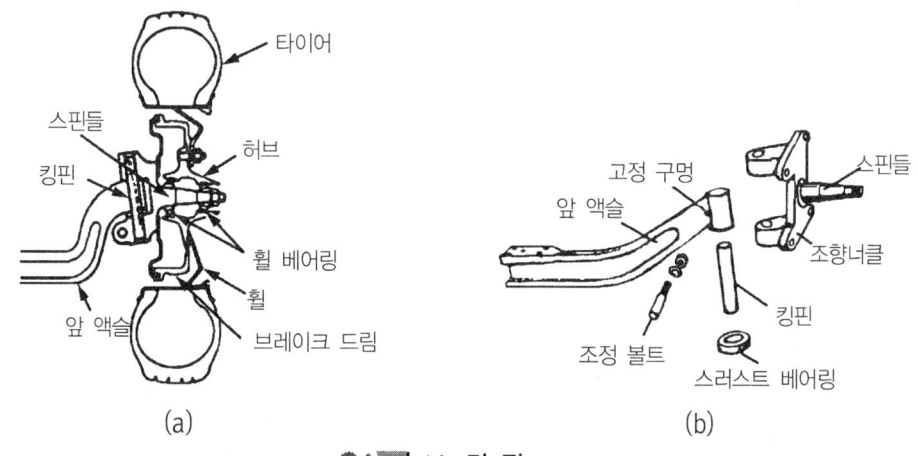

그림 14. 킹 핀

3 조향장치의 종류

3.1. 동력 조향장치(power steering system)

자동차의 대형화 및 저압 타이어의 사용으로 앞바퀴의 접지압력과 면적이 증가하여 신속하고 경쾌한 조향이 어렵다. 이에 따라 가볍고 원활한 조향조작을 위해 엔진의 동력으로 오일펌프를 구동하여 발생한 유압을 이용하는 동력 조향장치를 설치하여 조향 핸들의 조작력을 경감시키는 장치이다. 이 장치는 다음과 같은 특징이 있다.

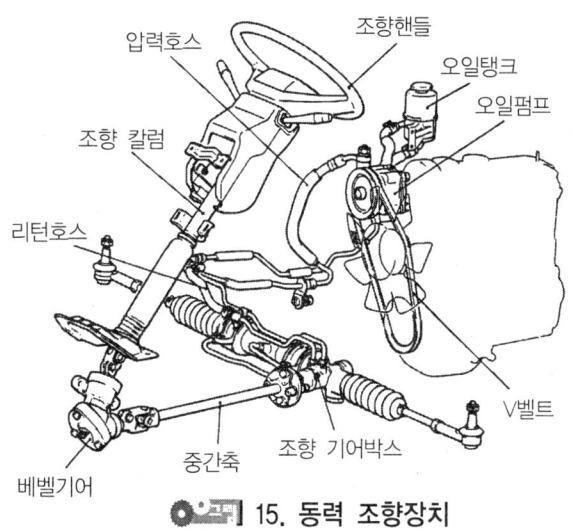

그림 15. 동력 조향장치

[1] 동력 조향장치의 장점
① 조향 조작력이 작아도 된다.
② 조향 조작력에 관계없이 조향 기어비를 선정할 수 있다.
③ 노면으로부터의 충격 및 진동을 흡수한다.
④ 앞바퀴의 시미현상을 방지할 수 있다.
⑤ 조향 조작이 경쾌하고 신속하다.

[2] 동력 조향장치의 단점
① 구조가 복잡하고 값이 비싸다.
② 고장이 발생한 경우에는 정비가 어렵다.
③ 오일펌프 구동에 엔진의 출력이 일부 소비된다.

3.1.1. 동력 조향장치의 분류

[1] 링키지형(linkage type)

이 형식은 동력 실린더를 조향 링키지 중간에 둔 것이며, 조합형과 분리형이 있다.
① 조합형(combined type) : 이 형식은 동력실린더와 제어밸브가 일체로 된 것이다.
② 분리형(separate type) : 이 형식은 동력실린더와 제어밸브가 분리된 것이다.

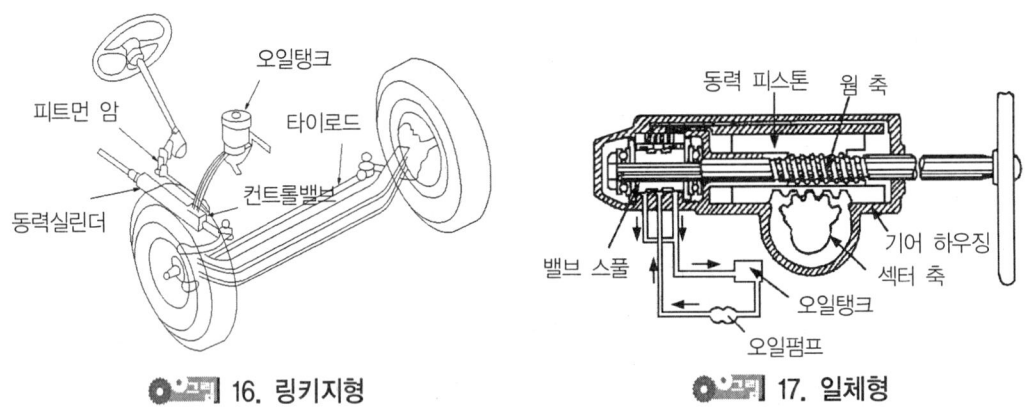

그림 16. 링키지형   그림 17. 일체형

[2] 인티그럴형(integral type)

이 형식은 동력실린더를 조향 기어박스 내에 설치한 형식이며, 인라인형과 오프셋형이 있다.

① 인라인형(in line type) : 이 형식은 조향 기어박스와 볼 너트를 직접 동력기구로 사용하도록 한 것이며, 조향 기어박스 상부와 하부를 동력실린더로 사용한다.

② 오프셋형(off-set type) : 이 형식은 동력 발생기구를 별도로 설치한 형식이다.

3.1.2. 동력 조향장치의 구조

동력 조향장치는 작동부, 제어부, 동력부의 3주요부와 유량제어 밸브 및 유압제어 밸브와 안전 체크밸브 등으로 구성되어 있다.

[1] 오일펌프 - 동력부

오일펌프는 유압을 발생하며 엔진의 크랭크축에 의해 V벨트를 통하여 구동된다. 오일펌프의 형식은 주로 베인펌프(vane pump)를 사용하며, 베인펌프의 작동은 로터(rotor)가 회전하면 베인이 방사선 상으로 미끄럼 운동을 하여 베인 사이의 공간을 증감(增減)시키게 된다. 공간이 증가할 때에는 오일이 펌프로 유입되고 감소되면 출구를 거쳐 배출된다.

(a)

(b)

그림 18. 오일펌프의 구조

[2] 동력실린더-작동부

동력실린더는 실린더 내에 피스톤과 피스톤 로드가 들어 있으며, 오일펌프에서 발생한 오일을 피스톤에 작용시켜서 조향방향 쪽으로 힘을 가해 주는 장치이다. 또 동력실린더는 피스톤에 의해 2개의 방(chamber)로 분리되어 있으며 한쪽 방에 오일이 들어오면 반대쪽 방에서는 오일이 오일탱크로 복귀하는 복동식이다.

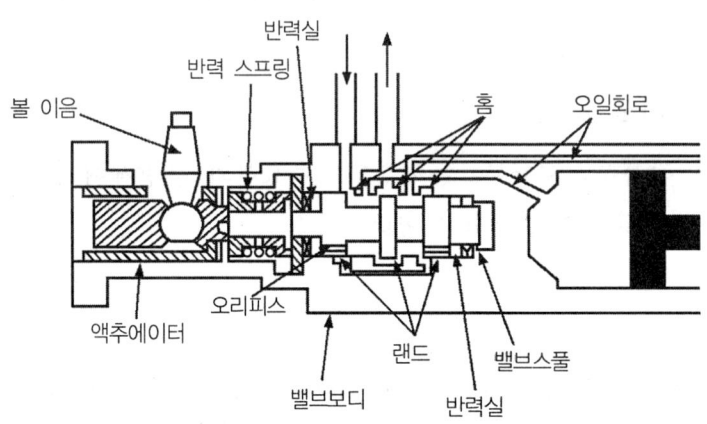

그림 19. 동력실린더와 제어밸브

[3] 제어밸브-제어부

제어밸브는 조향핸들의 조작력을 조절하는 기구이며, 조향핸들을 돌려 피트먼 암에 힘을 가하면 오일펌프에서 보내 준 오일을 조향방향으로 동력실린더의 피스톤이 작동하도록 오일회로(油路)를 변환시킨다.

제어밸브는 밸브보디 안쪽에 3개의 홈과 오일펌프에서 보내 준 오일을 동력 실린더 2개의 방으로 공급하기 위한 오일통로가 있다. 밸브 스풀(valve spool)에는 밸브보디에 있는 3개의 홈에 대응하는 3개의 랜드(land)가 있어 밸브 스플의 이동에 따라 밸브보디의 오일통로가 개폐된다.

[4] 안전 체크밸브(safety check valve)

이 밸브는 제어밸브 속에 들어 있으며 엔진이 정지된 경우 또는 오일펌프의 고장, 회로에서의 오일누출 등의 원인으로 유압이 발생하지 못할 때 조향핸들의 조작을 수동(手動)으로 할 수 있도록 해주는 밸브이다.

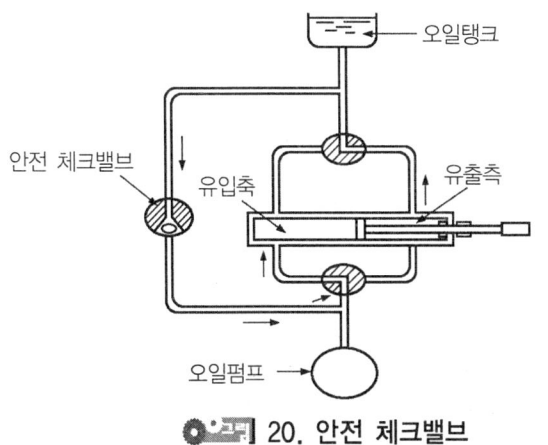

그림 20. 안전 체크밸브

작동은 동력 조향부가 고장이 났을 때 조향핸들을 조작하면 동력실린더가 작용하여 실린더 한쪽 방의 오일에 압력을 가하면, 반대쪽 방은 진공상태로 된다. 이에 따라 안전 체크밸브가 열려 압력이 가해진 쪽의 방의 오일이 진공쪽의 방으로 유입되어 수동조작이 가능하도록 해 준다.

3.1.3. 래크 & 피니언형 동력 조향장치의 작동

래크 & 피니언형 기계방식 조향장치에 오일펌프, 제어밸브 및 동력실린더를 부착한 것이며, 로터리형 제어밸브를 이용한다. 즉, 래크와 피니언의 하우징 자체를 동력실린더로 하고 오일펌프에서 발생한 유압을 제어밸브가 조절하여 배력시키는 형식이다.

유량 제어밸브는 고속으로 주행할 때 저항이 큰 조향조작력을 확보하기 위해 엔진 회전속도에 대응하여 유량을 조절한다. 그리고 오일은 압력호스와 유압파이프를 거쳐 제어밸브로 들어가며, 운전자가 조향핸들을 돌리면 오일은 동력실린더의 A나 B로 들어가 래크를 왼쪽 또는 오른쪽으로 이동시켜 배력작용을 한다.

[1] 작동

① 구동벨트에 의해 오일펌프가 구동되어 압력이 가해진 오일이 배출된다.
② 배출된 오일은 오일펌프 내에 설치된 유량 제어밸브에서 엔진 회전속도 감응으로 적당하게 오일량이 조절되어 압력호스를 거쳐 제어밸브에 공급된다.

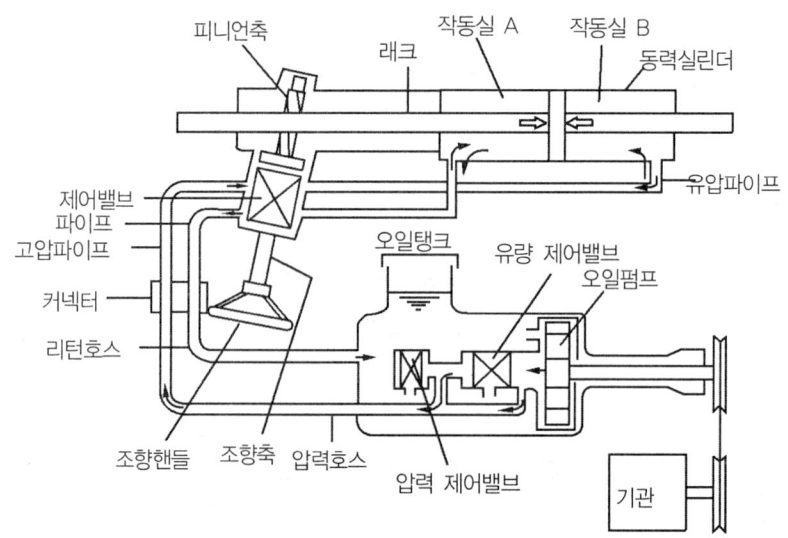

그림 21. 랙크와 피니언형식 동력 조향장치의 구조

③ 조향핸들을 돌리면 피니언과 연결된 제어밸브가 작동하고, 조향방향에 따라 오일 통로가 형성된다. 오일은 유압파이프를 통해 동력실린더 A에 공급되거나 유압파이프를 통하여 동력실린더 B에 공급된다.

④ 동력실린더 A에 오일이 공급될 때에는 동력실린더 B의 오일은 유압파이프, 제어밸브 및 리턴호스를 통해 오일탱크로 복귀하며, 동력실린더 B에 오일이 공급되면 동력실린더 A에 있던 오일은 유압파이프, 제어밸브 및 리턴호스를 통해 오일탱크로 복귀한다.

3.2. 전자제어 동력 조향장치(ECPS : electronic control power steering)

일반적인 조향장치는 고속 주행할수록 조향핸들의 조작력이 가벼워지며, 배력이 일정한 동력 조향장치에서는 고속운전에서 조향핸들의 조작력이 너무 가벼워져 위험을 초래하는 경우가 있다. 이 위험을 방지하기 위하여 엔진의 회전속도에 따라서 조작력을 변화시키는 회전속도 감응방식과 주행속도에 따라 변화하는 차속 감응방식이 있다. 그리고 유압을 변화시키는 방법에는 유량 제어방식과 반력 제어방식이 있다.

유량 제어방식은 제어밸브에 의해 오일회로를 통과하는 오일 량을 제한하거나 바이패스시켜 동력실린더의 피스톤에 가해지는 유압을 조절하는 방식이며, 구조가 간단하고 조향력 변화가 그다지 크지 않다. 반력 제어방식은 제어밸브의 열림 정도를 직접 조절하는 방식이며 동력실린더에 가해지는 유압은 제어밸브의 열림 정도로 결정되므로 조향력의 변화 범위를 넓게 할 수 있다. 그러나 구조가 복잡해지는 결점이 있다.

3.2.1. 속도 감응형 유량 제어방식의 작동

이 방식은 주행속도에 따라 조향핸들의 조작력을 조절하며 저속에서는 가볍게, 중·고속에서는 적절한 저항력의 조향감각을 부여하도록 한 것이다. 그리고 속도 감응방법은 차속센서에 의해 주행속도를 검출하여 주행속도에 따라 동력 실린더에 작용하는 유압을 변화시킨다. 즉, 저속에서는 유압을 정상값으로 하고 주행속도가 증가할수록 유압을 낮춘다. 이것은 차속센서가 주행속도를 컴퓨터로 입력시키면 컴퓨터에서는 동력 실린더의 유압을 변화시킨다.

유압제어는 동력 실린더 양쪽 체임버(chamber)를 연결하는 바이패스 회로에 솔레노이드밸브를 설치하여 솔레노이드밸브가 열리면 고압 쪽의 오일은 드레인에 연결된 저압 쪽으로 들어가 유압을 저하시켜 배력작용을 감소시키므로 저항력이 커진다. 솔레노이드밸브는 컴퓨터 신호에 따라 주행속도에 따른 열림 정도가 변화하며 조향 핸들의 조작력을 저속에서는 가볍게 중·고속에서는 적당한 저항력이 되게 조절한다.

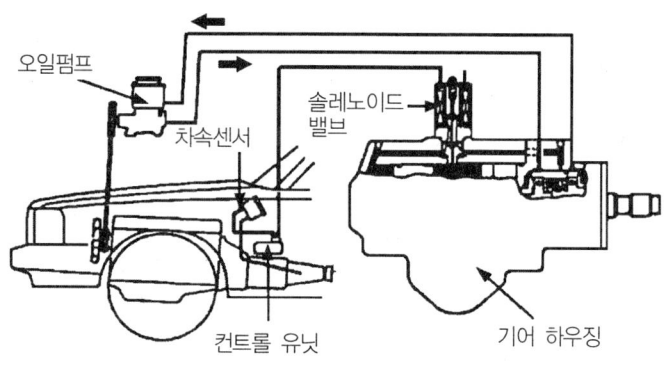

그림 22. 속도 감응형 유량 제어방식

3.2.2. 반력 제어방식의 작동

이 형식은 차속센서가 로터리형 유압모터로 되어 있으며 통과하는 유량을 주행속도에 따라 조절하고 제어밸브의 움직임을 변화시켜 적절한 조향력을 얻도록 하고 있다. 제어밸브 양끝에는 롤러가 부착되어 있으며 여기에 반동 플런저가 설치되어 있다.

반동 플런저는 스프링의 장력과 반동실에 가해지는 유압을 받아 롤러를 가압한다. 이에 따라 제어밸브의 작동은 반동실에 가해지는 유압에 따라 변화하며 이 유압을 주행속도에 대응시키면 적절한 조향력을 얻을 수 있다. 차속센서에 작용하는 유압 모터의 유로는 동력실린더와 병렬로 연결되며, 반동실의 유압제어는 컷오프 밸브(cut-off valve)가 한다.

[1] 엔진 기동 및 정차된 상태일 때

이때는 오일펌프의 유압이 컷오프 밸브의 아래쪽에 가해지므로 컷오프 밸브가 상승하여 반동실 및 차속센서로의 유로가 차단된다. 이에 따라 반동 플런저가 제어밸브를 가압하는 힘이 최소로 되어 제어밸브는 작동에 제한을 받지 않게 되어 조향핸들의 조작력이 가벼워진다.

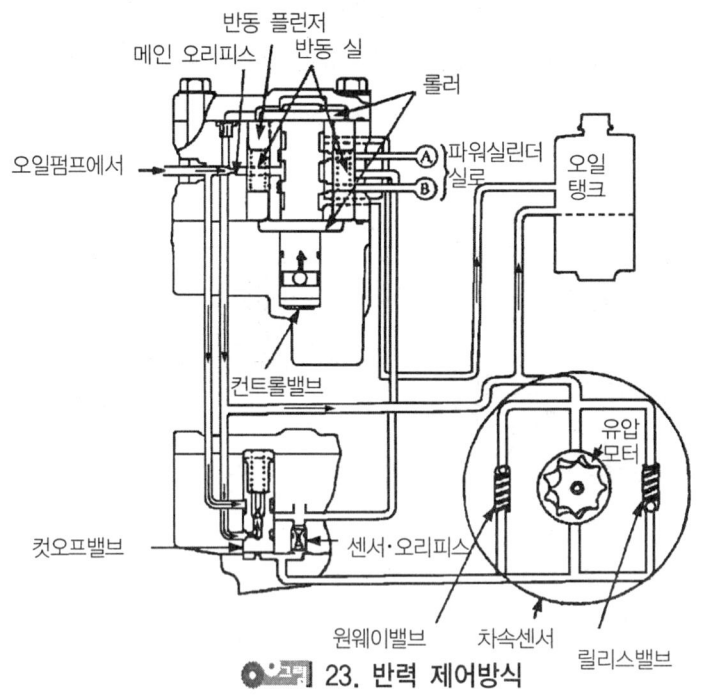

그림 23. 반력 제어방식

[2] 주행할 때

주행할 때에는 차속센서 내의 유압모터가 작동하여 오일을 오일탱크로 복귀시키기 시작하므로 컷오프 밸브의 아래쪽에 가해지는 유압이 낮아져 컷오프 밸브가 하강한다. 이에 따라 반동실과 차속센서로의 유로가 오일펌프로부터의 유로와 통하게 되어 반동실에 유압이 가해져 제어밸브의 작동을 제한한다. 이 작용은 주행속도에 따라 증가하므로 고속 주행할수록 조작력이 증가하여 적절한 조향 감각을 얻을 수 있다.

3.3. 전동방식 동력 조향장치(MDPS : motor driven power steering)

동력 조향장치의 보급이 증가함에 따라 그 요구 성능도 단순히 조향조작력의 경감에 그치지 않고 주행속도나 주행조건에 따른 최적의 적절한 조향조작력의 설정도 중요한 요구성능 중 하나가 되었다. 그 요구에 대응하기 위해 기존의 유압 동력장치에 유압제어기구와 ECU를 추가한 전자제어 동력 조향장치가 이미 개발되었지만, 기존의 유압 NPS(normal power steering)에 비하면 매우 복잡하고 가격이 비싸다.

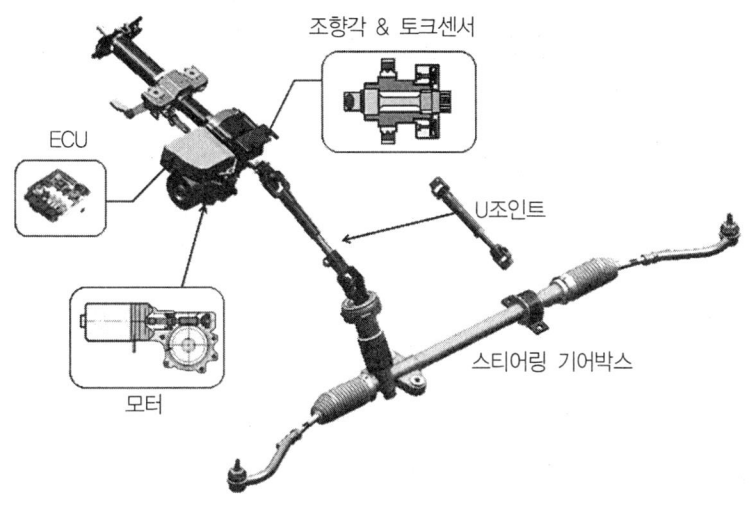

24. 전동방식 동력 조향장치의 구성도

한편 유압 동력장치의 고성능화와는 별도로 위 사항의 요구에 대응하는 방법으로 전동기(motor)를 이용하여 조향조작력을 보조(assist)하는 전동방식 동력 조향장치가 개발되었다.

전동방식 동력 조향장치는 유압방식 동력조향장치에 비해 간단한 제어기구로 조향조작력 제어의 자유도를 넓히면서 가격과 무게감소, 그리고 작업 성능 등이 향상되는 효과가 있으면서, 연료소비율 향상에 중점을 두고 있다.

전동방식 동력 조향장치는 자동차의 주행속도에 따라 조향핸들의 조향조작력을 전자제어로 전동기를 구동시켜 주차 또는 저속으로 주행할 때에는 조향조작력을 가볍게 해 주고, 고속으로 주행할 때에는 조향조작력을 무겁게 하여 고속주행 안정성을 운전자에게 제공한다. 전동방식 동력 조향장치는 전동기를 이용하여 운전자의 조향조작력을 보조하는 장치로 MDPS(motor driven power steering)라 한다.

3.3.1. 전동방식 동력 조향장치의 특징

전동방식 동력 조향장치(MDPS : motor driven power steering)의 특징은 다음과 같다.

[1] 전동방식 동력 조향장치의 장점

① 연료소비율 저감과 낮은 에너지 소모 및 구조가 간단하다.
② 엔진의 가동이 정지된 때에도 조향조작력 증대가 가능하다.
③ 조향특성 튜닝이 쉽다.
④ 엔진룸 레이아웃 설정 및 모듈화가 쉽다.
⑤ 오일 및 유압제어 기구가 없어 환경 친화 및 소음저감 실현이 가능하다.

[2] 전동방식 동력 조향장치의 단점

① 전동기의 작동소음이 크고, 설치 자유도가 적다.
② 유압방식에 비하여 복원력 열세로 핸들링이 저하된다.
③ 회전력의 한계로 중·대형 자동차에는 사용이 불가능하다.
④ 조향성능 향상 및 낮은 관성의 전동기 개발이 필요하다.

3.3.2. 전동방식 동력 조향장치의 종류

[1] 조향칼럼 구동방식

전동기를 조향칼럼 축에 설치하고 클러치, 감속기구(웜 & 웜휠) 및 조향 토크센서 등을 통하여 조향조작력 증대를 수행한다(경형자동차 및 소형자동차에서 주로 사용). ECU가 차속센서, 조향 토크센서 등을 통하여 운전상황을 검출하여 전동기의 구동토크를 제어함으로서 적절한 조향조작력 증대를 수행한다.

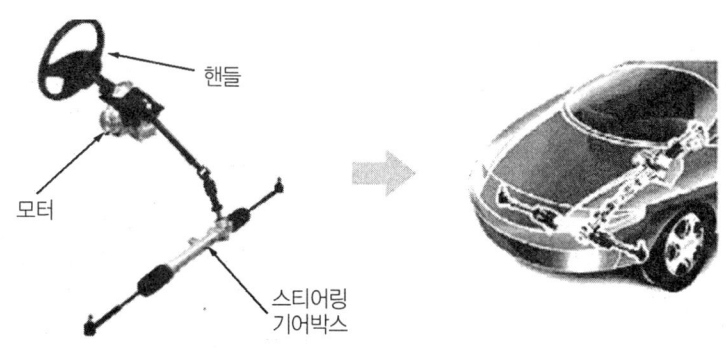

25. 조향칼럼 구동방식의 구조

[2] 피니언 구동방식

전동기를 조향기어의 피니언 축에 설치하여 클러치, 감속기구(웜 & 웜휠) 및 조향 토크센서 등을 통하여 조향조작력 증대를 수행한다. ECU는 차속센서, 조향 토크센서 등을 통하여 운전상황을 검출하여 전동기의 구동토크를 제어함으로서 적절한 조향조작력 증대를 수행한다.

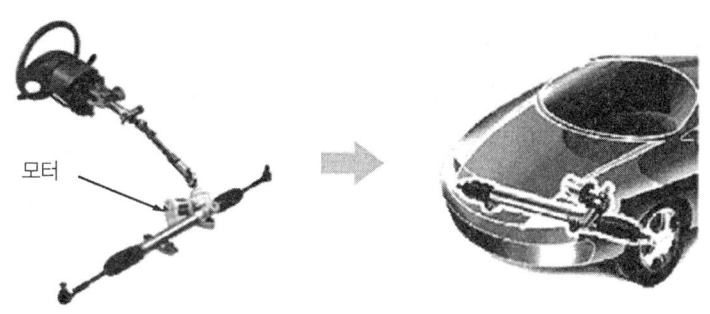

26. 피니언 구동방식

[3] 래크 구동방식

전동기를 조향기어의 래크 축에 설치하고 감속기구(ball nut & ball screw) 및 조향 토크센서 등을 통하여 조향조작력 증대를 수행한다(중대형 승용차에 사용가능). ECU가 차속센서, 위치센서, 조향 토크센서 등을 통하여 운전상황을 검출하여 전동기의 구동 토크를 제어하며, 복원력 및 댐핑제어로 킥백, 시미 등의 저감 및 최적 조향조작력 증대를 수행한다.

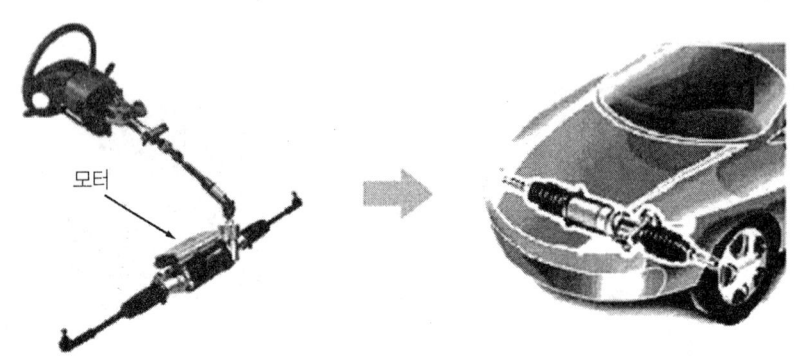

그림 27. 래크 구동방식

3.3.3. 전동방식 동력 조향장치의 구성 및 기능

전동방식 동력 조향장치에는 여러 종류가 있지만 그 제어방식이 비슷하므로 여기서는 칼럼방식 조향장치를 위주로 설명하도록 한다.

[1] 전동방식 동력 조향장치의 구성

전동방식 동력 조향장치는 입력부분, 제어부분, 출력부분으로 구성되어 있다. 입력부분은 입력센서 신호로부터 운전상황을 판단하는 역할을 하며, 제어부분은 입력센서의 정보를 바탕으로 ECU에 설정된 제어로직에 따라 출력부분을 제어한다. 출력부분은 ECU의 신호를 받아 전동기를 구동하며 경고등, 아이들 업(idle up), 자기진단 기능을 수행한다.

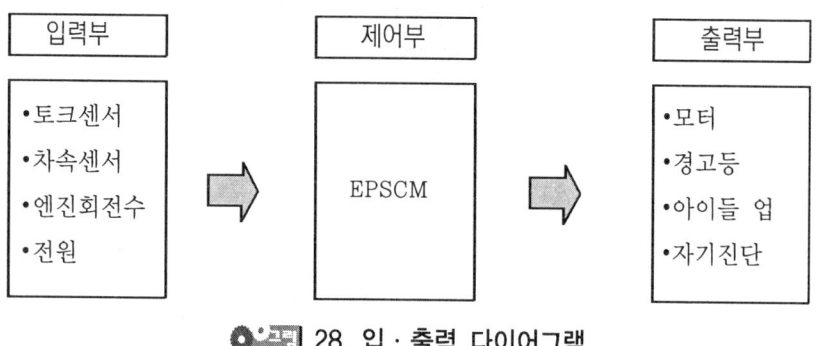

그림 28. 입·출력 다이어그램

[2] 전동방식 동력 조향장치의 입력부분

(1) 차속센서

차속센서는 변속기 출력축에 설치되어 있으며 홀센서 방식이다. 주행속도에 따라 최적의 조향조작력(고속으로 주행할 때에는 무겁고, 저속으로 주행할 때에는 가볍게 제어)을 실현하기 위한 기준신호로 사용된다.

(2) 엔진 회전속도

엔진 회전속도는 전동기가 작동할 때 엔진 부하(발전기 부하)가 발생되므로 이를 보상하기 위한 신호로 사용되며, 엔진 ECU로 부터 엔진 회전속도를 입력받으며 500 rpm 이상에서 정상적으로 작동한다.

(3) 조향 토크센서(steering torque sensor)

조향 토크센서는 조향칼럼과 일체로 되어있으며, 운전자가 조향핸들을 돌려 조향컬럼을 통해 래크와 피니언 그리고 바퀴를 돌릴 때 발생하는 토크를 측정한다. ECU는 조향 토크센서의 정보를 기본으로 조향조작력의 크기를 연산한다. 조향 토크센서에는 여러 가지 형식이 있지만 여기서는 비접촉 광학방식 토크센서를 설명한다.

1) 조향 토크센서의 구성

조향 토크센서는 발광소자(led) 및 수광소자(linear array) 각 2개와 입·출력 디스크(wide 1개, narrow 1개), 그리고 토크 연산부분 2개로 이루어져 있다.

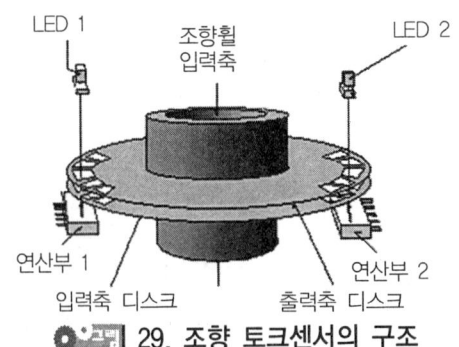

그림 29. 조향 토크센서의 구조

2) 조향 토크센서의 원리

조향할 때 조작력이 입력디스크와 출력디스크 사이의 토션 바에 가해진다. 이때 토션 바가 비틀어짐에 따라 입·출력 디스크의 위상은 토션 바의 비틀림 양만큼 변화한다. 따라서 128개의 픽셀(pixel)로 이루어진 센서 A, B에는 발광다이오드로부터 가해지는 투과량이 변화하게 되고 센서는 투과량을 전류로 변환하여 ECU로 보낸다. ECU는 이 정보로 전동기를 이용하여 조향조작력을 제어한다.

(4) 전동기 회전각도 센서(encoder)

전동기 회전각도 센서는 전동기 내에 위치하여 전동기(motor)의 로터(rotor)위치를 검출한다. 이 신호에 의해서 ECU는 전동기 출력의 위상을 결정한다.

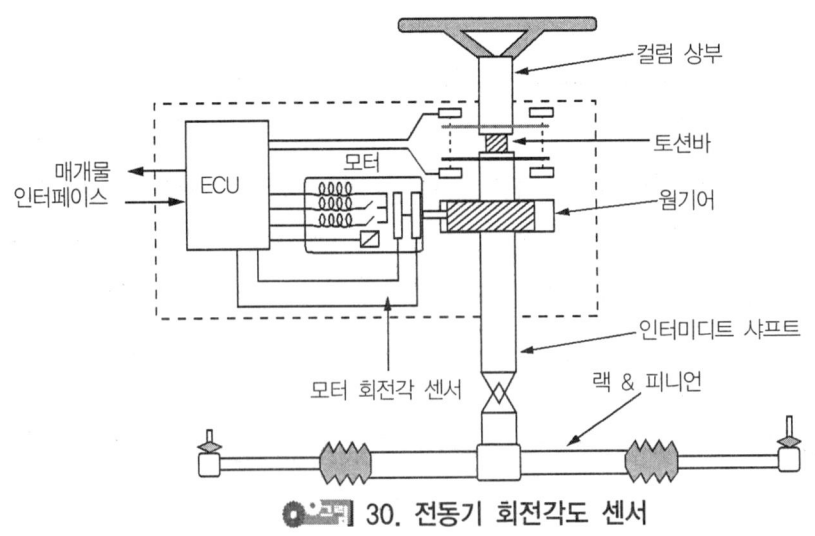

그림 30. 전동기 회전각도 센서

[3] 전동방식 동력 조향장치의 제어부분

ECU는 조향 토크센서의 신호에 의해 최적의 조향조작력을 제어하기 위해 설정된 제어로직에 따라 출력부분의 전동기를 제어한다.

전동기 구동력은 조향핸들을 조작하는 토크에 비례하여 구동된다. 또 각종 신호를 모니터하고, 고장이 발생한 경우에는 수동 조작상태로 하는 페일세이프 기능을 가지고 있다. 삼상 전동기를 사용하므로 제어의 고속성능이 필요하여, 16bit 마이크로컴퓨터를 사용한다. 또 경고등 및 아이들 업 제어 등을 수행한다.

[4] 전동방식 동력 조향장치의 출력부분

(1) 전동기

전동기는 스테이터 쪽의 코일을 로터 쪽에 영구자석을 배치한 삼상 직류 브러시리스(brushless)전동기와 로터 안쪽에 래크 축과, 볼 너트를 설치하고, 너트의 회전(전동기의 회전)에 의해 래크 축과 일체로 된 볼 너트가 직선 운동한다.

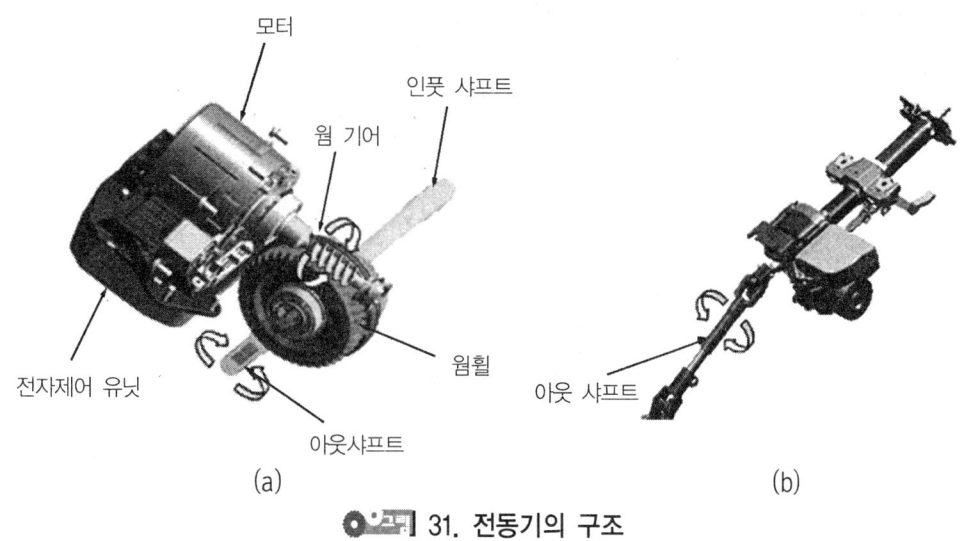

31. 전동기의 구조

3.3.4. 전동방식 동력 조향장치의 작동과정

① 운전자가 조향핸들을 조작한다. 이때 조향핸들(입력축)과 전동기의 래크(출력축)를 연결하는 토션 바(torsion bar)에 비틀림이 발생하고 ECU는 토션 바의 비틀림 각도를 조향 토크센서에 의해 투과량을 검출한다.

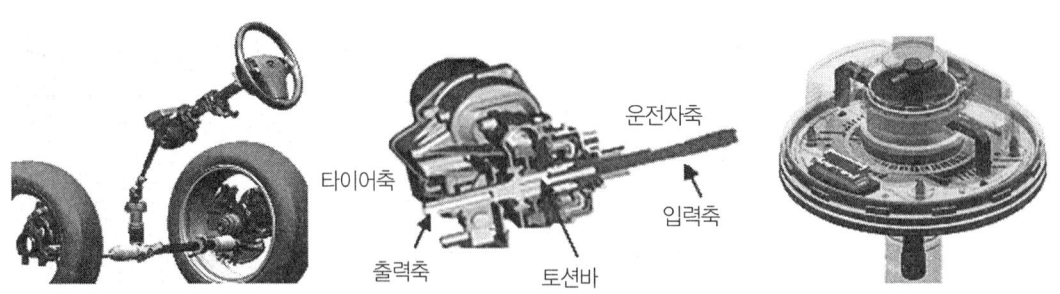

(a) 운전자 조향　　　　(b) 토션바 비틀림　　　　(c) 투과량 감지

그림 32. 전동방식 동력 조향장치의 작동과정

② ECU는 조향 토크센서 출력 값으로 조향토크 및 배력 토크를 연산하고 전동기에 전류 신호를 송신한다.

③ 이때 전동기는 연산값 만큼 회전하게 되고 웜 & 웜 휠 기구에 의해 전동기의 회전을 20.5 : 1로 감속시킨다. 여기서 전동기는 출력축에 연결되어있으므로 출력축이 회전하고 이와 연결된 유니버설 조인트에 의해 조향기어 박스의 피니언 축에 전달되어 원하는 만큼 조향핸들이 회전한다.

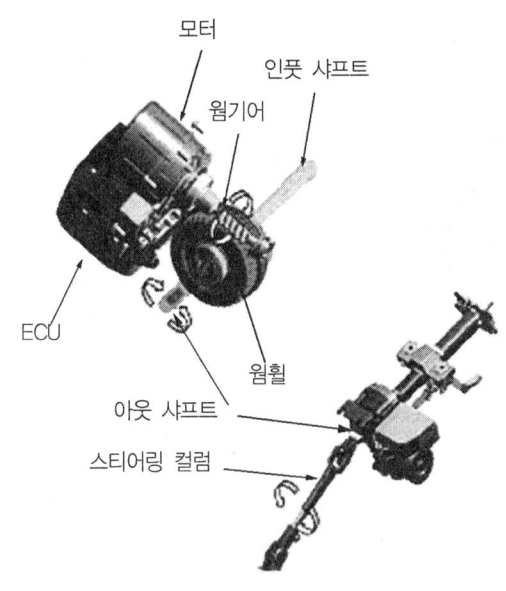

그림 33. 전동기 및 래크 구동

3.3.5. 전동방식 동력 조향장치의 주요제어

ECU는 각종 입력정보에 의해 전동기 제어, 경고등 제어, 아이들 업 제어, 자기진단 및 고장코드 출력기능을 수행한다.

[1] 주행속도에 따른 전동기 구동전류 제어

전동기에 가해지는 전류의 크기는 조향토크에 의해 결정된다. ECU는 운전자가 조작하는 조향핸들의 크기를 조향 토크센서를 통해 검출한다. 이 크기는 전류로 환산되어 ECU로 입력된다. 이 값은 조향조작력 제어의 기본정보로 사용되며 여기에 주행속도를 결합하여 하나의 테이블 형식의 표가 형성된다.

예를 들어 주행속도가 0km/h일 경우는 조향 토크센서가 5.26mA부터 전동기에 전류를 공급하고 6.28mA 이상이 되면 전동기의 최대전류인 45A가 적용된다. 그 이상의 토크가 발생하더라도 전동기의 전류는 변화하지 않는다. 그러나 주행속도가 점차 빨라지면 해당되는 전류는 변화한다.

특성 표와 같이 120km/h의 주행속도에 도달하면 전동기의 전류는 약 12A로 제한된다. 즉 조향조작력이 무거워진다. 즉 속도 감응방식 조향이 된다.

[2] 과부하보호 제어

자동차가 정지된 상태에서 비정상적으로 연속 조향을 할 때 전동기에 가해지는 전류가 최대 45A이므로 이때 발생하는 열이 높아진다. 이 전류는 ECU 내부에도 영향을 미친다. 이것은 고장을 야기함으로 지양해야 한다. ECU는 내부에 서미스터를 설치하고 ECU의 온도를 직접 측정한다.

전동기에 일정시간 동안 계속하여 작동을 하게 되면 일정시간 후에 전류를 제한하기 시작한다. 이 전류는 약 8A 정도까지 제한한다. 조향을 하지 않는 상태에서 최대 20분정도가 흐르면 정상상태로 복귀된다. 비정상적인 상태이므로 실제 주행 및 주차에서는 문제가 되지 않는다. 이 시간은 ECU 내부온도에 따라서 달라진다.

[3] 인터록 회로 기능(interlock circuit function)

중·고속으로 주행할 때 장치의 고장(ECU고장 등)에 의한 예상하지 못한 급조향을 방지하기 위한 기능으로 전동기로의 전류공급을 제한하는 범위를 설정해 놓은 기능이다.

[4] 보상제어

전동기가 자동차가 정지된 상태에서 작동을 하거나 또는 작동상태에서 정지를 할 때, 전동기의 작동속도가 변화하며 이에 따라 회전 가속도가 변화한다. 전동기를 정밀하게 제어하기 위해 전동기의 작동속도나 가속도에 따라 보상을 수행하는 제어를 보상제어라 한다. 즉 조향감각을 향상시키기 위한 보상을 행하는 것이다.

(1) 마찰 보상제어

마찰보상 제어는 전동기가 작동할 때 발생하는 마찰 값에 대한 보상을 의미한다. 기계적으로 모든 물체는 최초 움직일 때 마찰을 갖게 되는데 이를 보상해주는 제어이다. 이 보상 값은 전동기의 전류에 계산되어 전동기의 작동이 원활하도록 도와준다. 마찰 제어는 최초 움직이는 값을 도와주는 것이다.

(2) 관성 보상제어

전동기의 회전속도에 따라서 전동기의 관성이 다르기 때문에 원활한 회전을 위하여 전류보상을 행한다. ECU는 일정한 상수를 두어 제어할 때 그 값에 맞는 데이터 값을 공급하여 제어하는 것을 관성보상이라 하며 속도에 따른 가속도를 정밀하게 제어하기 위함이다.

(3) 댐핑 보상제어

고속에서 급격한 차로변경과 같은 조향을 하였을 경우 저속에 비해 상대적으로 큰 복원력이 발생한다. 이때 전동기와 같이 관성이 큰 부분에 영향을 미쳐 조향핸들이 중립을 벗어나게 되며, 자동차의 작동에 물고기 꼬리와 같은 영향을 미친다. 따라서 전류 값을 제한하는 보상을 하여 전동기의 속도에 따른 진동을 흡수하기 위한 제어이다.

조향속도 즉, 전동기가 회전하는 일정 각속도를 기준으로 느릴 때와 빠를 때에 따라 제어를 달리한다.

[5] 아이들 업 제어(idle up control)

전동방식 동력 조향장치는 전동기를 사용하므로 전동기가 작동할 때 소모전류가 매우 크다(약 45A). 따라서 전동기가 공회전할 때 작동하면 발전기의 부하가 커져 엔진 가동이 불안해질 우려가 있다. ECU는 이를 방지하기 위해서 아이들 업 제어를 행하는데 ECU는 전동기가 작동할 때 트랜지스터(TR)를 ON시켜 엔진 ECU로 작동신호를 보낸다. 이때 엔진 ECU는 엔진 회전속도를 상승시켜 엔진 회전속도의 저하를 방지한다.

[6] 경고등 제어

전동방식 동력 조향장치는 주행안정성과 밀접한 관계에 있는 장치이므로 고장이 발생하였을 때 운전자에게 고장상태를 알리기 위해 일반적으로 계기판에 경고등이 점등된다.

3.3.6. 전동 틸트 및 텔리스코핑 칼럼

전동 틸트 및 텔리스코핑(telescoping) 조향 칼럼은 자동차 장치에서 조향기술 분야 중의 하나이며, 자동차 수요자의 요구가 다양해짐에 따라 이를 충족시키기 위해 개발 중인 것으로서 조향 칼럼의 전기·전자화장치 구축을 위한 것이다. 주요 기능은 운전자의 체형 및 운전 습관에 따라 적합한 조향핸들 위치를 선택할 수 있도록 고안된 장치이다. 이 장치의 구조적 특징은 다음과 같다.
① 간단한 스위치 조작으로 틸트 및 텔리스코핑 기능을 수행한다.
② 컴퓨터에 의해 승·하차할 때 최대 공간 확보 및 원위치 복귀 기능이 있다.

[1] 전동 틸트 작동원리

전동기의 토크를 전동기의 웜(worm)을 통하여 기어 어셈블리로 전달하고, 헬리컬 기어 부분에서 틸트 스크루의 기어 부분으로 전달되어 스크루와 조립된 트래드 유닛부분이 나사운동에 의해 회전운동을 직선운동으로 바꾼다. 이 기구는 직선운동을 기구로 틸트 업/다운(tilt up & down)이 가능하도록 구성하여 틸트 기능을 하도록 한다.

그림 34. 틸트 부분의 구조

[2] 전동 텔레스코핑 작동원리

전동기의 토크를 전동기 웜을 통하여 기어 어셈블리로 전달되고 다시 기어 유닛의 기어 부분으로 전달되며, 기어 유닛 안쪽의 나사부분과 텔레스코핑 스크루의 나사부분이 조립되어 텔레스코핑 스크루가 직선운동을 한다. 이 직선운동을 텔레스코핑 in/out이 가능하도록 스크루를 텔레스코핑 튜브에 조립하여 튜브를 움직이도록 하여 이것과 조립된 시프트 어퍼(shift-upper)가 in/out되도록 하여 텔레스코핑 기능을 한다.

[3] 각 장치 구성부품의 기능

(1) 틸트 기능 부분

- ① 틸트 브래킷 : 전동기, 기어 어셈블리 및 틸트 스크루 조립을 위한 하우징으로 틸트를 위한 안내 역할을 한다.
- ② 라켓 어퍼 어셈블리 : 틸트 브래킷 사이를 이동하여 틸트기능과 축을 지지하며 조향핸들에 고정되어 있다.
- ③ 베어링 시트 : 자동 틸트 업(up)이 가능하도록 틸트 스크루의 구면 부분을 구속하고 틸트 각도에 따라 안내한다.
- ④ 전동기 어셈블리 : 하우징에 설치되어 웜 기어를 구동한다. 그리고 웜 기어(또는 웜 휠이라고도 함)는 전동기의 토크를 틸트 스크루로 전달한다.
- ⑤ 틸트 스크루 : 틸트에 조립되어 스크루의 회전에 의해 트래드 유닛을 이동시켜 브래킷 어퍼를 틸트하도록 한다.
- ⑥ 트래드 유닛 : 틸트 스크루의 토크를 받아 직선운동을 하여 틸트가 가능하도록 한다.

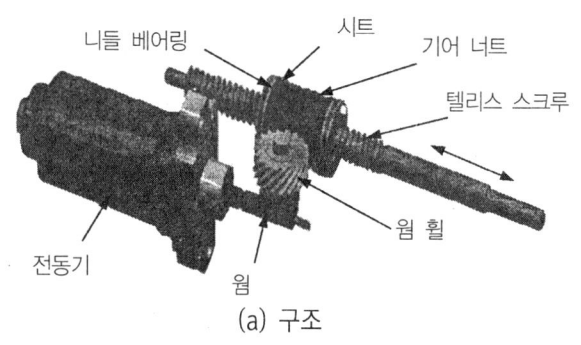

(a) 구조

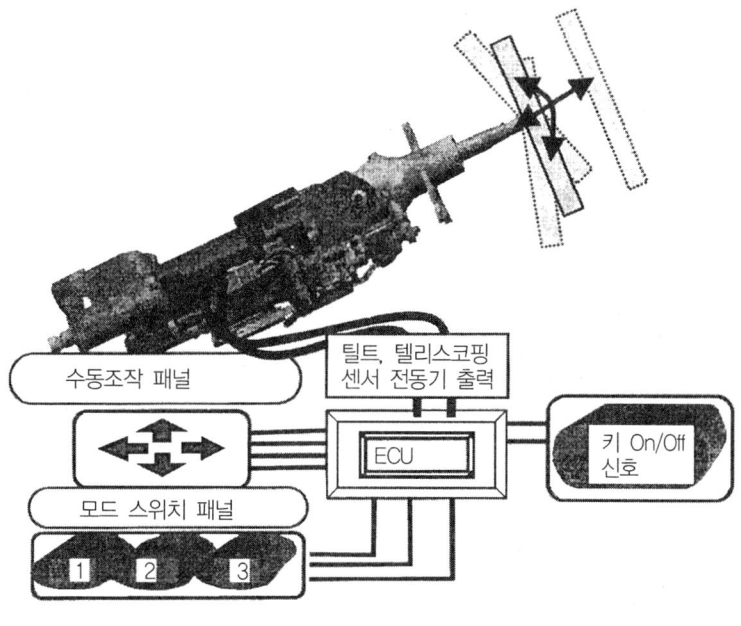

(b) 구성도

그림 35. 전동 텔리스코핑장치

(2) 텔리스코핑 기능부분

① 텔리스코핑 하우징 : 전동기, 기어 어셈블리 및 텔리스코핑 스크루 조립을 위한 하우징으로 텔리스코핑을 위한 기능을 한다.

② 시트 : 기어 양끝을 지지하며, 기어 유닛이 원활한 회전운동을 하도록 한다.

③ 전동기 어셈블리와 텔리스코핑 : 하우징에 설치되어 웜 기어를 구동한다.

④ 웜 기어 : 전동기의 토크를 기어 유닛으로 전달한다.

⑤ 기어 유닛 : 바깥쪽의 헬리컬 기어와 안쪽에 스크루로 구성되어 바깥쪽의 기어 부분이 회전함과 동시에 안쪽 부분에 텔리스코핑 스크루가 조립되어 텔리스코핑 스크루가 직선운동을 할 수 있도록 한다.

⑥ 텔리스코핑 스크루 : 기어 유닛의 안쪽에 조립되어 스크루의 한쪽 끝을 고정하여 스크루가 직선운동을 하도록 하여 텔리스코핑 기능을 수행하도록 한다.

(3) 전동기 기능부분

전동기는 틸트 및 텔리스코핑 기능을 수행하도록 하는 구동 부분이며, 전동기 웜 축이 회전하여 이 토크를 웜 기어와 기어를 통해 토크 증대 및 감속을 거쳐 틸트 스크루와 기어 유닛에 토크를 전달하여 틸트 및 텔리스코핑을 할 때 요구되는 힘과 속도를 결정한다.

(4) 센서 기능부분

 1) 센서 기능

  틸트 및 텔리스코핑 위치를 전압값으로 변환하여 컴퓨터로 전달하며, 이 전압값에 의하여 원위치 복귀 및 작동범위를 컴퓨터가 제어할 수 있도록 하는 위치센서이다.

 2) 센서 특성
  ① 인가 전압 5V에 대해서 45mm 작동범위 내에서 0~5V까지 변화한다.
  ② 위치에 대한 센서오차는 ±3%에 의해서 틸트, 텔리스코핑 양에 오차가 발생한다.

(5) 조향 칼럼 축 어셈블리 구성부품
  ① 칼럼 하우징 어셈블리 : 칼럼 어셈블리를 자동차 바디에 설치가 가능하도록 하며, 충돌하였을 때 이탈되어 운전자를 보호하며, 텔리스코핑을 위한 안내 역할과 텔리스코핑 기능부분 설치 부위이다.
  ② 레스 튜브 어셈블리 : 칼럼 하우징 안쪽에 텔리스코핑 스크루와 조립되어 축방향으로 운동하며, 틸트 브래킷과 조립되어 틸트 하우징 어셈블리 부분을 지지한다.

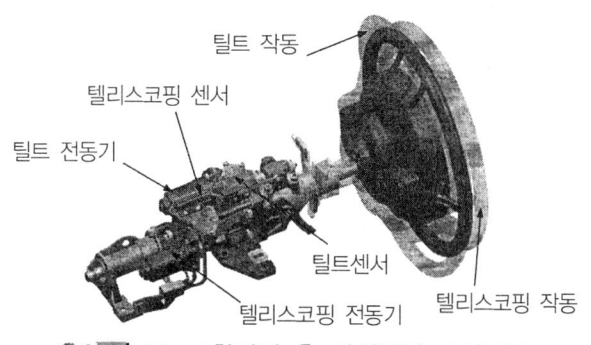

그림 36. 조향칼럼 축 어셈블리 구성부품

③ 축 어셈블리 : 위쪽은 조향핸들을 설치할 수 있도록 하며, 틸트 각도에서도 원활한 회전을 위한 연결부분을 중간에 두고, 아래쪽에는 안쪽에 스플라인을 가공하여 텔리스코핑을 할 때 축방향 이동이 가능하도록 되어있다. 그리고 바깥쪽에 로킹(locking)을 조립하여 키 록(key lock)이 발생하도록 되어 있다.

④ 시프트 로워(shift lower) : 마운팅 브래킷 로워에 조립 지지되며, 조향핸들의 토크를 전달하는 작용을 하고 시프트 어셈블리 아래쪽의 스플라인 부분과 조립되어 있다.

⑤ 마운팅 브래킷 로워(mounting bracket lower) : 칼럼 어셈블리를 자동차 보디에 설치가 가능하도록 해주고, 충돌 흡수 구조를 지니고 있어 운전자를 보호하게 되어 있다.

④ 4WS(4-wheel steering)

4.1. 4WS의 개요

4WS란 4wheel steering의 약자로서 4바퀴 조향을 의미하며, 기존의 자동차에서는 앞바퀴로만 조향하는데 비해 뒷바퀴도 조향하는 장치이다. 기존의 2WS 자동차는 고속에서 선회할 때 앞바퀴에는 조향핸들에 의한 회전으로 코너링 파워가 발생하지만, 뒷바퀴는 차체의 가로방향 미끄러짐이 발생해야만 코너링 파워가 발생하기 때문에 선회지연과 차체 뒤가 과도하게 흔들리는 문제점이 있었으나, 4WS는 고속에서의 차로를 변경할 때 안정성이 향상되고, 차고 진입이나 U턴과 같은 회전을 할 때 회전반지름이 작아져 운전이 용이해진다.

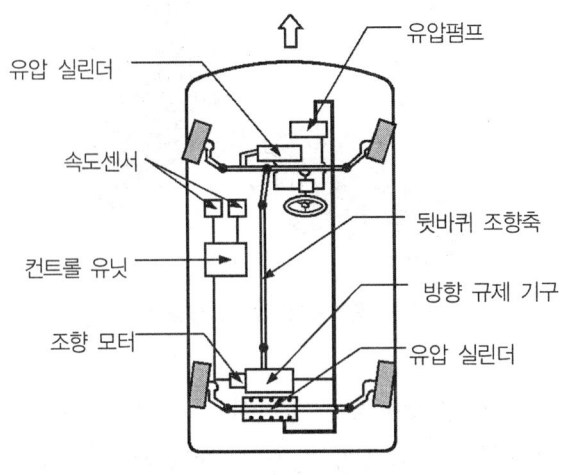

그림 37. 4WS의 구성도

 차량 주행역학의 가장 중요한 목표는 능동적 안전도의 향상 즉, 조향성능(handling performance)과 승차감(driving comfort)의 향상이며, 4WS은 4바퀴를 모두 조향하여 조향성능을 시키는 장치이다. 즉, 운전자가 조향핸들을 조작함에 따라 앞 차축에서 생기는 코너링 포스에 대하여, 동시에 뒷차축에서도 해당 코너링 포스가 발생하도록 뒷바퀴 조향각을 제어함으로서, 궁극적으로는 차체 무게중심에서의 "사이드슬립 각(side slip angle)"을 줄여서 안정된 조향을 하도록 하는 장치이다.

 또한 원하는 자동차의 횡 방향 슬립각 및 요속도(yaw speed)를 얻기 위해 자동차의 앞바퀴 조향각 및 뒷바퀴 조향각을 능동적으로 제어하는 것이다. 자동차의 주행속도, 조향핸들 조향각, 요속도의 함수로서 뒷바퀴 조향각을 제어하는 방법과 뒷바퀴 조향각 제어를 통하여 저속주행의 조종성과 고속주행에서 직진 안정성을 대폭적으로 향상 시켰다.

4.2. 4WS의 적용 효과

[1] 고속 직진성능이 향상된다.

 직선도로를 고속주행 할 때도 운전자는 가로방향의 바람이나 노면의 요철 때문에 조향핸들을 조금씩 계속 움직여서 자동차의 궤적과 주행코스를 일치시키려고 노력하게 된다.

4WS는 이와 같은 작은 조향을 할 때에도 뒷바퀴를 앞바퀴와 같은 방향으로 조향시키므로 부드럽고 안정된 주행이 가능하다

[2] 차로변경이 쉽다.

차로변경을 위해 앞바퀴를 작은 각도로 조향할 때 뒷바퀴도 거의 동시에 같은 방향으로 조향되므로 안정된 차로 변경이 가능해진다.

[3] 쾌적한 고속 선회가 가능하다.

선회할 때 뒷바퀴도 앞바퀴와 같은 방향으로 조향되어 코너링 포스가 발생하므로 차체 뒷부분이 원심력에 의해 바깥쪽으로 쏠리는 스핀현상 없이 안정된 선회를 할 수 있다.

[4] 저속에서 선회를 할 때 최소 회전반지름이 감소한다.

교차로와 같이 90°의 예각으로 선회할 때 또는, U턴 등을 할 때 뒷바퀴는 앞바퀴와 조향방향이 반대로 되어 최소 회전반지름을 작게 한다.

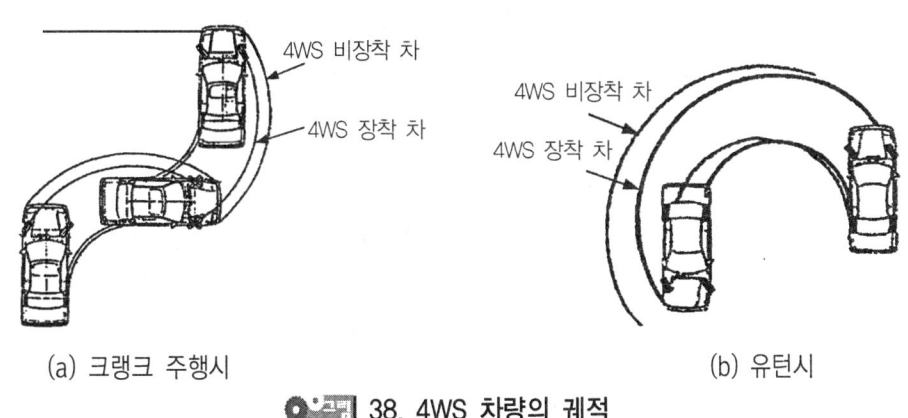

(a) 크랭크 주행시   (b) 유턴시

38. 4WS 차량의 궤적

[5] 차고주차 및 일렬주차가 편리하다.

　차고에 주차를 할 때 저속으로 작은 곡률로 조향핸들을 움직이면 앞·뒷바퀴가 역 방향으로 되어 2WS보다 최소 회전반지름과 안쪽 바퀴의 차이가 작아져서 조향핸들의 반복을 조작을 줄일 수 있다. 또, 일렬로 주차할 때에도 앞·뒷바퀴가 역 방향으로 조향되므로 회전반지름이 감소하므로 주차 역시 용이해진다.

4.3. 4WS의 작동원리

① 4WS 컴퓨터는 차속센서의 신호에 따라서 적합한 신호를 뒤 조향 컨트롤박스(rear steering control box)의 컨트롤 모터(조향모터)로 보내 컨트롤 요크를 회전시킨다.

② 앞바퀴 조향각에 따라 뒤 조향축이 뒤 조향 컨트롤박스내의 베벨기어를 회전시킨다.

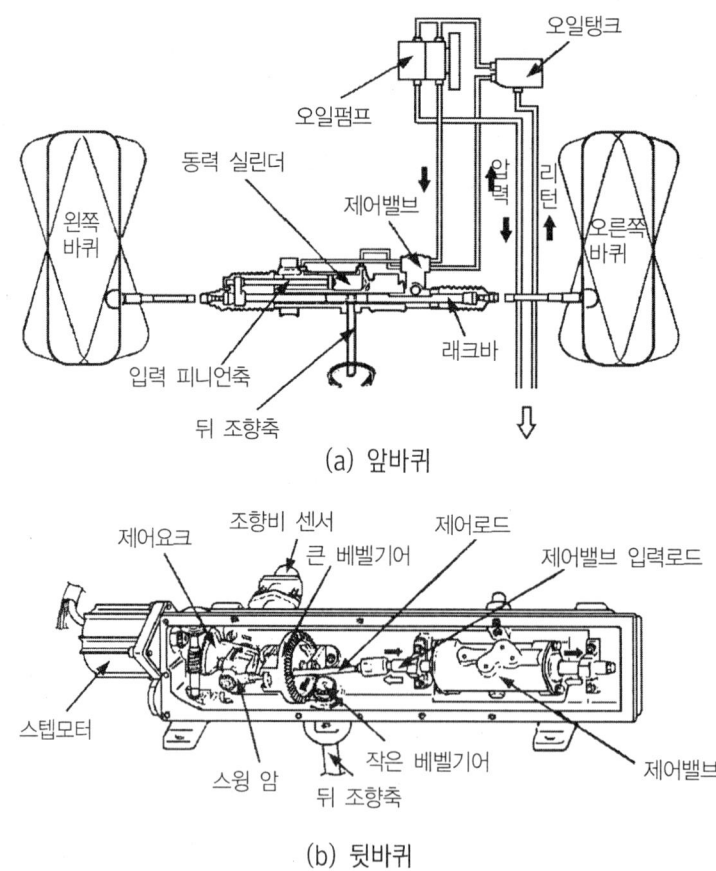

(a) 앞바퀴

(b) 뒷바퀴

그림 39. 조향장치의 구조

③ 컨트롤 요크와 베벨기어의 회전이 위상제어기구 내에서 조합되어져서 컨트롤 밸브 로드(control valve rod)의 행정(stroke)량과 방향을 결정한다.
④ 컨트롤밸브 내에서 오일회로가 변환되어 파워 로드(power rod)가 뒷바퀴를 조향한다.

4.3.1. 뒷바퀴를 조향할 때의 이점

① 중·고속 영역에서 앞바퀴와 같은 방향으로 뒷바퀴를 조향함으로써 조향 응답성 및 조향 안정성을 향상시킨다.
② 요 각속도 등의 정보로 뒷바퀴를 조향함으로서 노면에서의 충격이나 가로방향 바람 등에 대한 안정성을 향상시킨다.
③ 저속 영역에서 앞바퀴와 반대방향으로 뒷바퀴를 조향하는 것에 의해 작은 회전성의 향상 및 안쪽 바퀴의 차이를 감소시킨다.

4.3.2. 4WS 조향방식과 응답특성

① 앞바퀴 비례 조향각방식 : 뒷바퀴 조향각을 앞바퀴와 비례시켜 조향하는 방식이다.
② 조향력 피드백방식 : 조향력을 입력으로 하는 뒷바퀴 조향방식으로 뒷바퀴 조향각은 앞바퀴의 가로방향의 힘에 비례해서 조향이 된다고 생각하는 방식이다.
③ 요 각도 피드백방식 : 자동차 운동의 상태량인 요 각속도에 비례시켜서 뒷바퀴를 조향하는 방식이다.
④ 무게 중심 옆 미끄럼 각 제로 제어방식 : 무게 중심점 사이드슬립 각을 제어에 접근시키는 것을 목표로 하는 제어방식
⑤ 모델 폴로잉방식 : 요 각속도와 횡 가속도의 조타 응답특성을 미리 설정한 가상 모델에 실제의 차량을 충족시켜 일치시키는 방식
⑥ 역 위상모드 : 앞바퀴의 조향 방향과 역 방향으로 뒷바퀴를 조향한 경우 선회할 때의 안 바퀴의 차이가 작아지므로 조향할 때 자동차가 조금씩 방향을 바꿀 수 있다.

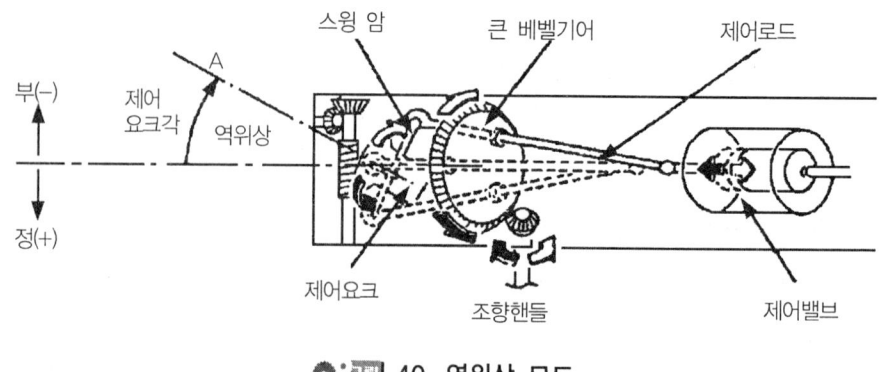

그림 40. 역위상 모드

㉦ 동 위상모드 : 앞바퀴의 조향방향과 같은 방향으로 뒷바퀴를 조향한 경우, 자동차의 방향 변화를 작게 한 주행을 할 수 있다.

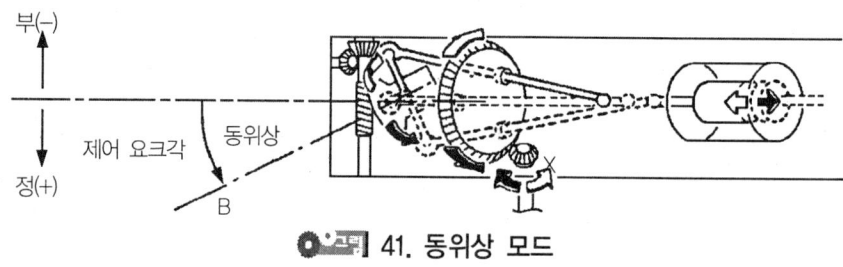

그림 41. 동위상 모드

4.4. 4WS의 구성

중요한 구성장치는 컴퓨터(ECU), 차속센서, 조향각 비 센서, 액추에이터이다. 앞바퀴의 조향상태를 액추에이터에 연결하고 있기 때문에, 컴퓨터에서의 신호에 의해 액추에이터가 작동하면, 뒷바퀴의 조향방향과 조향 양과 관련을 유지한 상태에서 변경할 수 있다.

4.4.1. 차속센서

차속센서와 ABS제어의 휠 스피드 센서(이 경우 왼쪽 앞바퀴용만을 사용한다)를 공용하고 있다. 이들의 센서에서 검출한 주행속도에 따라서, 컴퓨터가 뒷바퀴의 조향량과 위상을 제어한다.

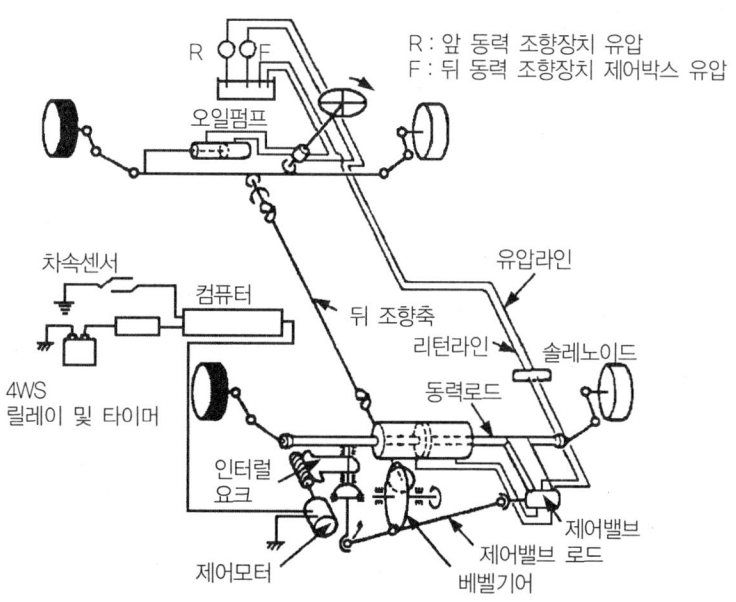

● 그림 42. 차속 감응형 4WS 작동도

4.4.2. 조향각 비 센서

조향각 비 센서는 액추에이터에 장치되어 있으며, 가변저항을 이용하고 있다. 전압 값에 의해 액추에이터의 상태로서 앞바퀴의 조향에 대한 뒷바퀴의 조향방향, 조향비, 최대 조향량이 검출된다.

4.4.3. 액추에이터

조향핸들의 회전에 의해 앞바퀴의 조향방향, 조향량이 결정되면, 앞바퀴의 조향기어에 설치된 출력 피니언이 회전하여 컨트롤밸브 로드를 거쳐서, 뒷바퀴의 조향기구에 전달된다. 뒷바퀴의 조향기구에는 액추에이터인 조향모터가 장치되어 있으며, 뒷바퀴의 릴레이 로드를 회전시켜, 앞바퀴의 조향방향, 조향량을 증폭하여, 릴레이 로드를 좌우로 움직임으로서, 뒷바퀴를 조향한다.

4.4.4. 컴퓨터(ECU)

[1] 컴퓨터의 구성

마이크로컴퓨터를 중심으로 한 구성은, 다른 전자제어장치의 컴퓨터와 마찬가지이다.

[2] 제어방법

4WS제어는 같은 뒷바퀴의 조향 특성을 실현하기 위해, 액추에이터인 조향모터를 동작시킨다. 40km/h 이하에서는 뒷바퀴를 역 위상으로 조향하고, 40km/h 이상에서는 뒷바퀴를 동 위상으로 조향한다. 이와 같이 주행속도에 따른 제어를 하지만, 실제로는 주행 속도에 있는 폭을 가변제어를 하기 위해, 그 범위 내에서는 액추에이터를 작동시키지 않는 방법으로 하고 있다.

또한 4WS 제어를 발전시켜 선회성능을 향상시키기 위해 항상 차체의 방향을 차량의 진행 방향에 맞추는 형식도 있다. 즉 선회할 때에 있어서의 차량의 회전(요 : yaw)을 센서로 검출하여, 이 회전운동을 억제하도록 뒷바퀴를 조향하는 형식이다. 이 장치에서는 앞바퀴의 조향 이외의 요인, 예를 들면, 가로방향의 바람이나 제동에 의한 영향으로 자동차가 회전한 경우에도 뒷바퀴가 조향되어 자동차의 안정성을 유지할 수 있다.

5 휠 얼라인먼트(wheel alignment)

5.1. 휠 얼라인먼트의 개요

자동차의 앞부분을 지지하는 앞바퀴는 어떤 기하학적(幾何學的)인 관계를 두고 설치되어 있는데 이와 같은 앞바퀴의 기하학적인 각도 관계를 말하며 캠버, 캐스터, 토인, 조향축(킹핀) 경사각 등이 있다.

[1] 휠 얼라인먼트의 역할

   ① 조향핸들의 조작을 확실하게 하고 안전성을 준다. - 캐스터의 작용
   ② 조향핸들에 복원성을 부여한다. - 캐스터와 조향축 경사각의 작용
   ③ 조향핸들의 조작력을 가볍게 한다. - 캠버와 조향축 경사각의 작용

④ 타이어 마멸을 최소로 한다. - 토인의 작용

5.2. 휠 얼라인먼트 요소의 정의와 필요성

5.2.1. 캠버(camber)

자동차를 앞에서 보면 그 앞바퀴가 수직선에 대해 어떤 각도를 두고 설치되어 있는데 이를 캠버라고 하며 그 각도를 캠버각이라 한다. 캠버각은 일반적으로 +0.5~+1.5° 정도이다. 그리고 바퀴의 윗부분이 바깥쪽으로 기울어진 상태를 정의 캠버(positive camber), 바퀴의 중심선이 수직일 때를 0의 캠버(zero camber) 그리고 바퀴의 윗부분이 안쪽으로 기울어진 상태를 부의 캠버(negative camber)라고 한다.

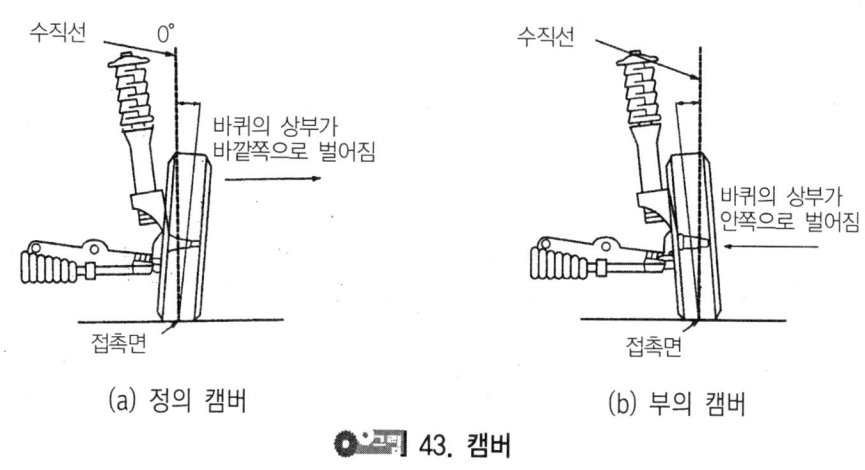

43. 캠버

[1] 캠버의 역할

① 수직방향 하중에 의한 앞 차축의 휨을 방지한다.
② 조향핸들의 조작을 가볍게 한다. -이것은 조향축 경사각과 함께 접지 면의 중심과 조향축 연장선이 노면에서 교차하는 점과의 거리인 캠버 오프셋 량을 감소시켜 조향핸들의 조작력을 경감시킨다.
③ 하중을 받았을 때 앞바퀴의 아래쪽(부의 캠버)이 벌어지는 것을 방지한다.
④ 볼록 노면에서 앞바퀴를 수직으로 할 수 있다.

5.2.2. 캠버 오프셋

바퀴 중심선이 지면과 접촉하는 점과 조향축 중심선의 연장선이 지면과 만나는 점과의 거리를 캠버 오프셋이라 하며, 약 30mm 정도가 가장 안정성이 좋은 것으로 알려져 있다. 캠버 오프셋이 크면 바퀴를 회전시키는 조향 조작력이 커지고 조향이 불안정하다. 반대로 캠버 오프셋이 너무 적으면 바퀴의 접지 면이 미끄럼마찰을 일으켜 조향 핸들이 무거워진다. 캠버 오프셋은 킹핀 오프셋 또는 스크러브 레디어스(scrub radius)라고도 한다.

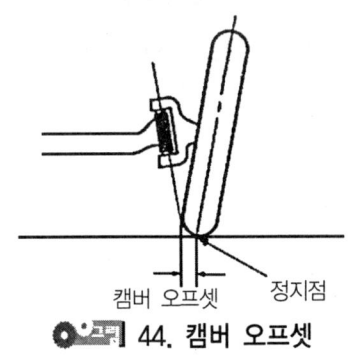

그림 44. 캠버 오프셋

5.2.3. 캐스터(caster)

자동차의 앞바퀴를 옆에서 보면 조향너클과 앞 차축을 고정하는 조향축(일체 차축 방식에서는 킹핀)이 수직선과 어떤 각도를 두고 설치되는데 이를 캐스터라고 하며 그 각도를 캐스터 각이라고 한다.

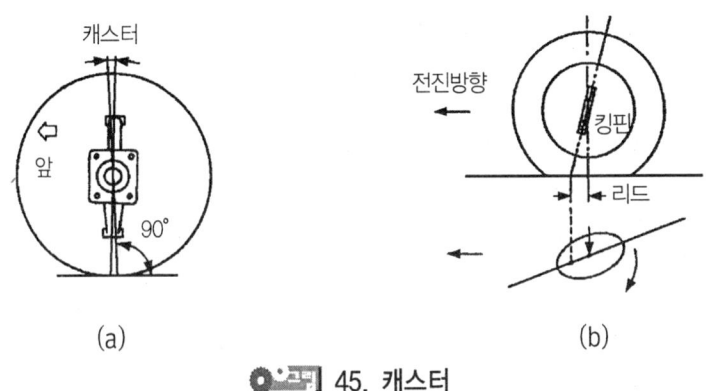

그림 45. 캐스터

캐스터 각은 일반적으로 +1~+3° 정도이다. 그리고 조향축 윗부분(또는 위 볼이음)이 자동차의 뒤쪽으로 기울어진 상태를 정의 캐스터, 조향축의 중심선(또는 조향축)이 수직선과 일치된 상태를 0의 캐스터, 조향축의 윗부분(또는 위 볼 이음)이 앞쪽으로 기울어진 상태를 부의 캐스터라고 한다.

[1] 캐스터의 역할

(1) 주행 중 조향 바퀴에 방향성을 부여한다.

조향바퀴에서 방향성이 얻어지는 것은 조향바퀴에 걸리는 하중은 스핀들의 중심선을 통하여 작용하지만 노면에서의 반발력은 바퀴의 수직축이 노면에서 만나는 점에 작용하므로 이 점에서는 큰 마찰력이 발생한다. 또 구동바퀴에서 발생된 추진력은 차체를 통하여 조향축 방향으로 작용하므로 주행 중 조향축 중심이 만나는 점이 바퀴의 수직축이 노면에서 만나는 점을 잡아당기는 것과 같이 작용하므로 바퀴는 항상 전진방향으로 안정된다.

(2) 조향하였을 때 직진방향으로의 복원력을 준다.

복원력은 조향 너클과 스핀들의 관계에서 발생한다. 이 관계는 선회할 때 선회하는 쪽 바퀴의 스핀들은 낮아지고 반대쪽 바퀴의 스핀들은 높아진다. 따라서 스핀들의 높이가 낮아지면 현가장치를 통하여 차체가 위쪽으로 올라가게 된다. 또 스핀들의 끝 부분이 높이가 높아지면 이와 반대로 차체가 아래쪽으로 내려가게 되므로 이와 같은 차체의 운동은 조향핸들에 가해진 힘에 의해 형성된다.

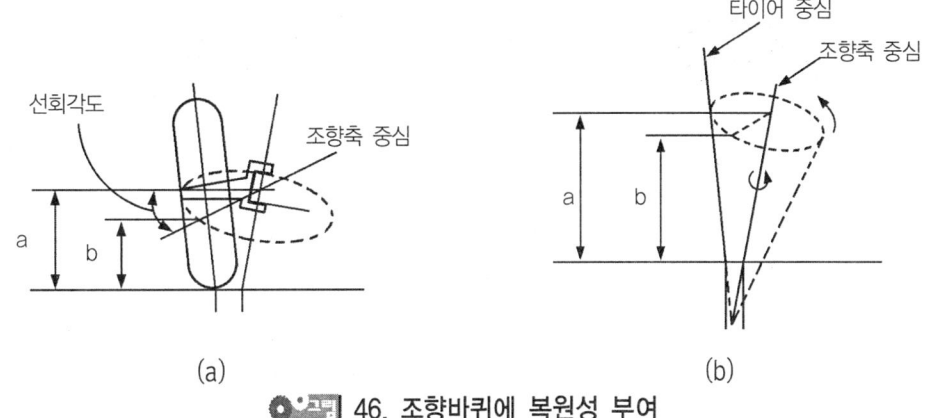

46. 조향바퀴에 복원성 부여

이에 따라 조향핸들에 가한 힘을 제거하면 차체가 원위치로 복귀하므로 조향바퀴도 직진상태가 된다.

(3) 리드(또는 트레일 : lead or trail)

킹핀(또는 조향축)의 중심선과 바퀴 중심을 지나는 수직선이 노면과 만나는 거리로 이것이 캐스터 효과를 얻게 한다. 캐스터 효과는 정의 캐스터에서만 얻을 수 있으며 주행 중에 직진성이 없는 자동차는 더욱 정의 캐스터로 수정하여야 한다.

5.2.4. 토인(toe-in)

자동차 앞바퀴를 위에서 내려다보면 바퀴 중심선 사이의 거리가 앞쪽이 뒤쪽보다 약간 작게 되어 있는데 이것을 토인이라고 하며 일반적으로 2~6mm 정도이다. 토인의 역할은 다음과 같다.

① 앞바퀴를 평행하게 회전시킨다. : 앞바퀴는 주행할 때 캠버로 인하여 양쪽 바퀴가 바깥쪽을 향하여 벌어지려는 경향이 발생하므로 토인을 두어 바퀴가 직진방향으로 회전하도록 한다.
② 앞바퀴의 사이드슬립(side slip)과 타이어 마멸을 방지한다.
③ 조향 링키지 마멸에 따라 토 아웃(toe-out)이 되는 것을 방지한다.
④ 토인은 타이로드의 길이로 조정한다.

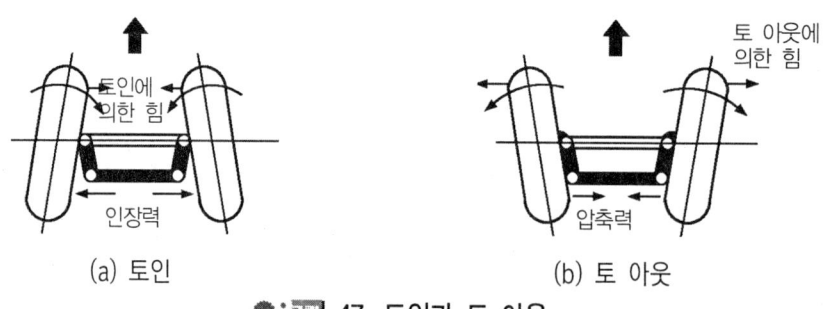

47. 토인과 토 아웃

5.2.5. 조향축 경사각(킹핀 경사각)

자동차를 앞에서 보면 독립 차축방식에서의 위·아래 볼 이음(또는 일체 차축 방식의 킹핀)의 중심선이 수직에 대하여 어떤 각도를 두고 설치되는데 이를 조향축 경사(또는 킹핀 경사)라고 하며 이 각을 조향축 경사각이라고 한다. 조향축 경사각은 일반적으로 7~9° 정도 둔다.

[1] 조향축 경사각의 역할
 ① 캠버와 함께 조향핸들의 조작력을 가볍게 한다.
 ② 캐스터와 함께 앞바퀴에 복원성을 부여한다.
 ③ 앞바퀴가 시미(shimmy)현상을 일으키지 않도록 한다.

캠버 각과 조향축 경사각을 합한 각을 협각(狹角 : included angle)이라고 하며 이 각의 크기에 따라 타이어 중심선과 조향축 연장선이 만나는 점이 결정된다. 이들이 만나는 점이 노면 밑에 있으면 토 아웃의 경향이 발생하고, 노면 위에 있으면 토인의 경향이 발생한다.

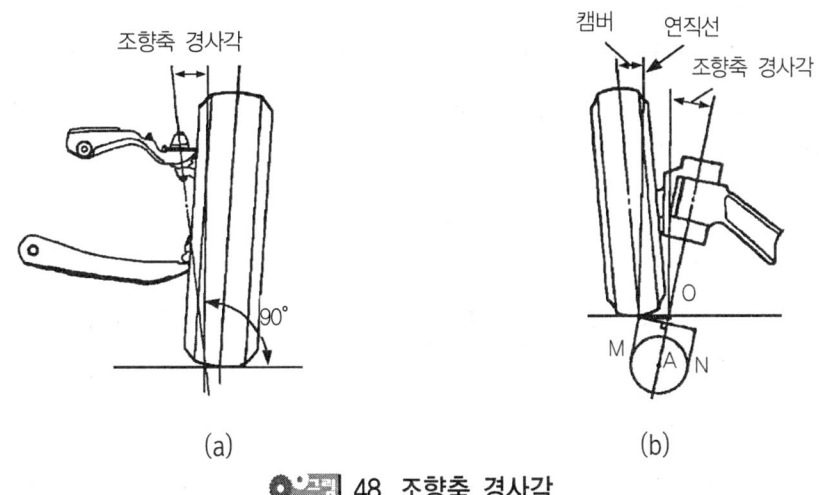

48. 조향축 경사각

5.2.6. 선회할 때의 토 아웃(toe-out on turning)

자동차가 선회할 때 애커먼장토식의 원리에 따라 모든 바퀴가 동심원을 그리려면 안쪽바퀴의 조향각이 바깥쪽 바퀴의 조향각보다 커야 한다. 즉, 자동차가 선회할 경우에는 토 아웃이 되어야 하며 이 관계는 너클암, 타이로드 및 피트먼 암에 의해 결정된다.

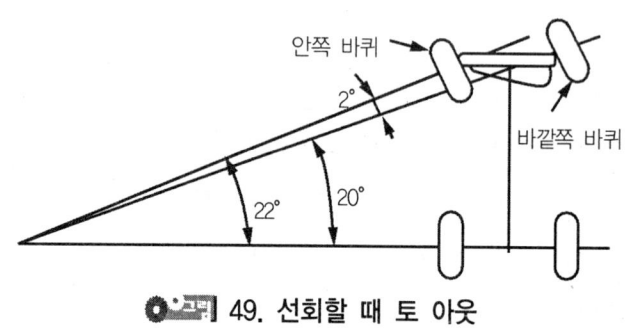

그림 49. 선회할 때 토 아웃

5.2.7. 올 휠 얼라인먼트(all wheel alignment)

올 휠 얼라인먼트는 조향 바퀴에 해당하는 휠 얼라인먼트를 중심으로 하여 뒷바퀴의 얼라인먼트를 포함한 4바퀴 총합의 정렬을 말한다. 또한 4바퀴 각각의 정렬이 정상이어도 앞차축과 뒤차축의 위치가 차체에 대하여 정확하게 정렬되어야 주행 안정성 및 조향 조작력이 확보된다.

[1] 세트 백(set back)

세트 백은 앞 뒤 차축의 평행도를 나타내는 것으로 앞 차축과 뒤차축이 완전하게 평행 되는 경우를 세트 백 제로라 한다. 세트 백은 뒤차축을 기준으로 하여 앞 차축의 평행도를 각도로 나타낸다.

바꾸어 말하면 세트 백은 차체를 기준으로 할 때 차축의 위치를 정확하게 결정하고 앞 뒤 축거(wheel base)의 차이를 구하여야 하며, 축거의 차이가 발생된 경우에는 조향 핸들이 한쪽으로 쏠리는 원인이 된다.

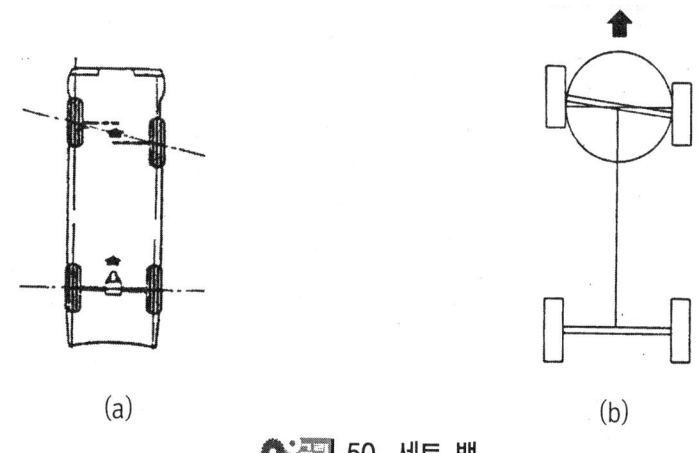

(a)   (b)

50. 세트 백

[2] 뒷바퀴 정렬(rear wheel alignment)

뒷바퀴의 정렬은 캠버와 토 각으로 이루어진다. 캠버는 앞바퀴와 공통으로 하여야 하며, 토각에 대해서는 4바퀴 조향 자동차를 제외하고는 조향장치를 조작하기 때문에 앞바퀴의 안쪽을 분할하여 좌우에는 각각 독립된 수치가 주어야 한다.

뒷바퀴 얼라인먼트는 자동차의 진행방향을 결정하여 주행 안정성이나 앞바퀴 얼라인먼트에 영향을 미치지 않도록 한다.

[3] 차축 오프셋

앞, 뒤 차축을 평행하도록 하고 차량 중심선에 대하여 차축 중심선을 일치시키지 않고 서로 좌우로 엇갈리게 되어 있는 상태를 차축 오프셋이라 한다. 차축 오프셋은 좌우 축거의 측정값에 가산하여 4바퀴의 타이어 접지 중심점 대각선상의 거리차이를 구하여야 하며, 축거의 차이가 발생된 경우에는 선회시에 좌우 회전반경의 차이가 발생되어 앞지르기를 할 때 영향을 미친다.

[4] 스러스트 각(thrust angle)

차량 중심선과 바퀴의 진행 선이 이루는 각으로 바퀴의 진행선은 뒷바퀴의 진행 선은 뒷바퀴의 토인과 토 아웃에 의해서 결정된다.

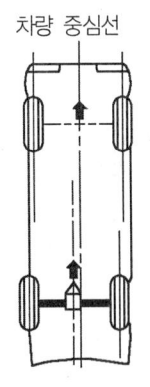
그림 51. 차축 오프셋

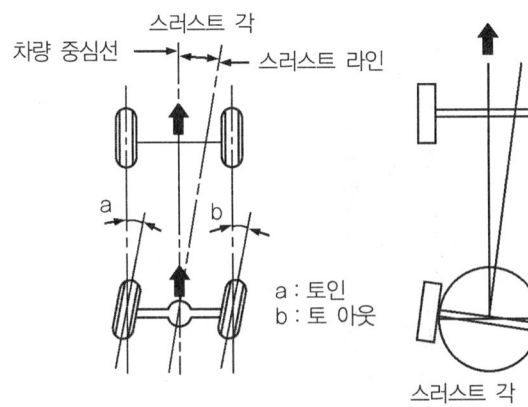
그림 52. 스러스트 각

뒤 좌우 바퀴의 토인과 토 아웃 차이의 크기가 커지는 정도에 따라서 스러스트 각은 커지며 자동차의 기울기가 진행되는 것을 방지하고 스러스트 각은 제로를 요구할 때만 일반적으로 10° 이하로 설정되어 있다.

5.3. 선회성능
5.3.1. 선회성능의 개요

자동차의 선회성능은 안정성능과 조향성능이 포함되는데 주로 선회주행의 능력과 성질을 대상으로 하며, 현가장치, 조향장치 및 바퀴의 성능에 따라 결정된다. 자동차가 선회할 때 매우 저속에서는 코너링 포스가 없기 때문에 애커먼 장토방식의 조향 이론에 가까운 조향을 하지만 고속에서는 원심력이 작용한다.

자동차가 선회할 수 있는 것은 원심력과 평형되는 코너링 포스가 발생하기 때문이다. 코너링 포스는 노면에 옆방향 구배가 없는 경우는 대부분 바퀴의 사이드슬립으로 발생한다.

[1] 사이드슬립에서 바퀴에 작용하는 힘

바퀴의 사이드슬립(side slip)은 노면과 접촉하는 트레드의 중심 면과 진행방향이 일치되지 않을 때 바퀴 옆쪽과 노면의 접촉으로 미끄러짐이 발생하는 현상이다.

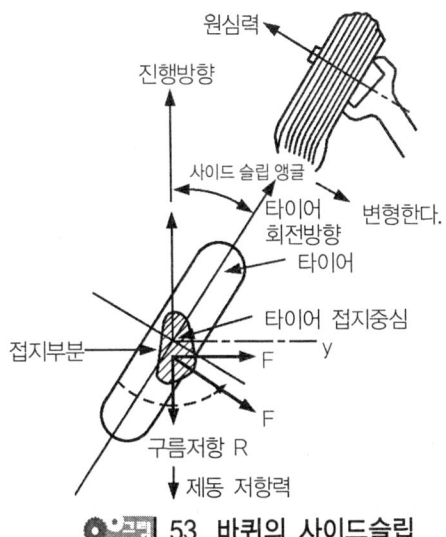

그림 53. 바퀴의 사이드슬립

사이드슬립이 발생하는 이유는 자동차가 선회할 때 차체는 원심력에 의하여 바깥쪽으로 밀리지만 바퀴는 노면과의 마찰에 의해 접촉면이 이동하지 않으므로 차체의 진행방향과 바퀴의 회전방향이 서로 다르게 작용하기 때문이다.

사이드슬립이 발생하면 바퀴는 그림 53과 같이 접지부분에 직각으로 작용하는 사이드 포스(side force) F가 발생한다. 사이드 포스는 진행방향과 직각이 분력과 평행인 분력으로 분류하며, 평행인 분력은 바퀴의 동력전달 저항으로 되고, 진행방향에 직각인 분력은 코너링 포스의 역할을 한다. 그리고 바퀴는 그림 54와 같이 변형되며 뒤쪽으로 갈수록 오른쪽으로 향하여 변형이 증가한다.

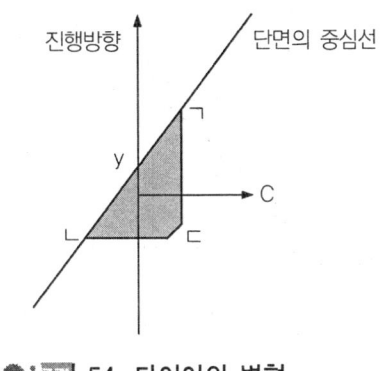

그림 54. 타이어의 변형

따라서 코너링 포스는 바퀴의 변형에 의해 발생하는 것으로 그 작용점은 바퀴 접지면 중심보다 뒤쪽에 있기 때문에 사이드슬립이 발생하는 바퀴는 코너링 포스의 작용점이 접지면 중심보다 뒤쪽에 있으므로 바퀴를 자동차의 진행방향과 일치시키는 방향으로 작용하기 때문에 복원 토크(self aligning torque)이라 부르기도 하며 복원 토크의 크기는 리드(lead 또는 킹핀 오프셋)×코너링 포스가 된다. 실제로는 캐스터의 영향으로 바퀴 중심점이 앞쪽으로 이동하여 모멘트가 더욱 증가한다.

(1) 코너링 포스(cornering force)

코너링 포스란 자동차가 선회할 때 원심력과 평형을 이루는 힘으로서 자동차 선회 성능을 고려할 때 매우 중요한 항목이다. 코너링 포스는 바퀴의 사이드슬립 각도와 하중 등에 의해 변화하며 바퀴의 사이드슬립 각도가 작을 경우 코너링 포스는 비례하여 증가하지만 어떤 각도에 도달하면 최대 값이 된다. 사이드슬립 각도의 실용 범위는 5~6° 이하이기 때문에 그림 55에 나타낸 곡선에서 직선에 가까운 부분을 실용 범위로 생각하면 된다.

일반적으로 코너링 포스와 바퀴의 사이드슬립 각도 관계는 바퀴의 크기와 형식에 따라 변화되므로 여러 가지 바퀴의 코너링 포스 특성을 그림 55에서 직선부분을 비교하며, 단위 사이드슬립에 대한 코너링 포스의 크기를 표시하는 코너링 파워(단위는 kg_f/deg)를 사용하며 코너링 포스와 코너링 파워에 영향을 주는 요소는 다음과 같다.

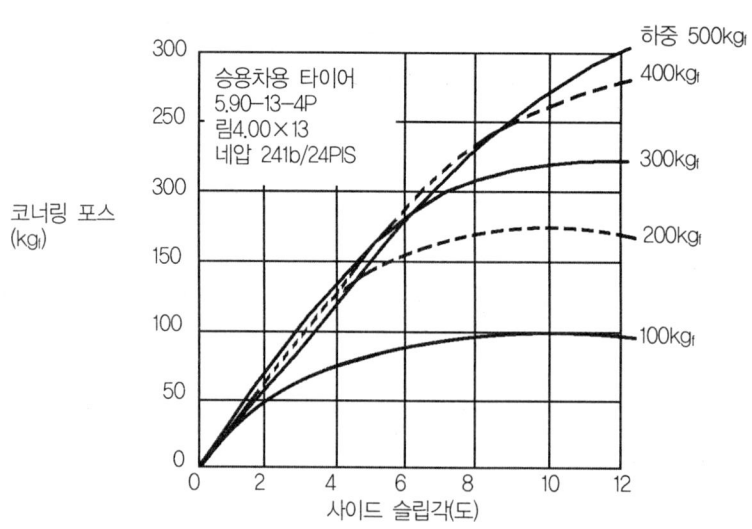

55. 코너링포스와 사이드슬립 각도와의 관계

1) 바퀴의 수직하중

바퀴에 가해지는 수직 하중이 증가하면 코너링 포스는 바퀴와 노면과의 마찰력에 의해 증가되며, 코너링 파워는 바퀴에 가해지는 무게가 작을 때는 무게에 비례하여 증가하지만 일정한 무게에 도달하면 최대값이 되며, 그 이후는 감소한다.

2) 바퀴의 크기

코너링 포스와 파워는 바퀴의 크기가 증가할수록 증가하지만 코너링 포스를 무게로 나눈 하중에 대한 비율은 일정하다.

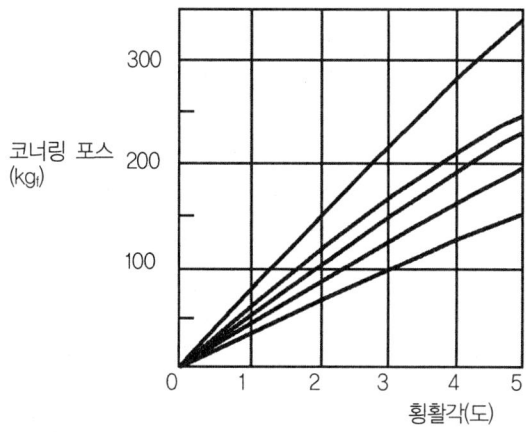

타이어 사이즈	하중(kgf)	내압(lb)	림	속도(km/h)
7.50-16-4p	710	36	5.00F	47
7.00-16-4p	520	28	5.00F	47
6.50-16-4p	475	28	4.50F	47
6.50-16-4p	415	28	4.00F	47
5.50-16-4p	365	30	3.50F	47

그림 56. 바퀴의 크기와 코너링 포스의 관계

3) 림(rim)의 폭

림의 폭을 크게 하면 코너링 포스가 증가한다. 그림 57은 림의 폭이 코너링 포스에 미치는 영향을 나타낸 것으로 점선은 림의 폭과 바퀴 폭의 비율을 표시한 것이다.

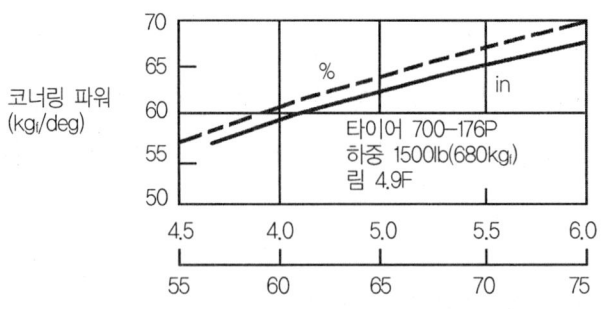

그림 57. 코너링 파워와 림 폭과의 관계

4) 바퀴의 형식과 구조

타이어 트레드 패턴의 홈 깊이가 깊으면 코너링 파워는 감소한다. 또한 타이어를 형성하는 카커스의 코드 각도가 커지면 코너링 파워는 증가하고, 파손 및 마멸이 감소되지만 완충 작용이 저하되어 승차감이 저하하는 원인이 된다.

(2) 바퀴의 공기압력

바퀴의 공기압력을 증가시키면 코너링 포스와 파워가 증가하지만 완충능력이 저하되므로 승차감이 저하된다. 따라서 바퀴의 공기압력을 감소시키고 림의 폭을 크게 하여 선회성능이 저하되는 것을 방지하고 있다.

[2] 캠버 스러스트(camber thrust)

자동차의 앞바퀴는 0.5~1.5°의 캠버 각도가 있다. 그러나 독립 현가방식의 자동차가 선회할 때 원심력에 의해 롤링(rolling)이 발생하기 때문에 바깥쪽 바퀴의 캠버는 감소하고, 안쪽 바퀴의 캠버는 증대되어 자동차를 안쪽으로 기울이려는 힘이 발생한다. 따라서 바퀴는 캠버각도에 의해 원뿔이 노면을 굴러가려는 것과 같은 성질이 있으므로 앞 차축의 연장선과 원뿔의 교차점을 중심으로 원운동을 하려고 한다.

그러나 실제로는 차체에 의해 바퀴를 직선 운동하도록 구속되어 있기 때문에 바퀴는 진행방향에 대하여 직각인 원뿔운동의 안쪽으로 향하려는 힘이 작용하는데 이 힘을 캠버 스러스트라 한다. 그리고 사이드슬립과 캠버를 합한 바퀴의 사이드 포스는 다음과 같다.

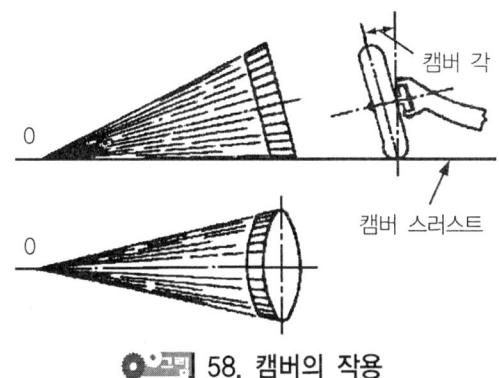

그림 58. 캠버의 작용

캠버 각도가 있는 바퀴가 사이드슬립을 할 때 사이드슬립은 캠버각도가 있고, 사이드슬립이 없는 바퀴의 사이드 포스와 캠버각도가 없는 사이드슬립을 일으키는 바퀴의 사이드 포스의 합이 된다.

[3] 언더 스티어링과 오버 스티어링

그림 59에서 주행속도가 증가함에 따라 필요한 조향각도가 증가되는 현상을 언더 스티어링(U.S : under steering)이라 하고, 조향각도가 감소되는 현상을 오버 스티어링(O.S : over steering)이라 한다. 또한 언더 스티어링과 오버 스티어링의 중간 정도의 조향각도 즉, 주행속도의 증가에 따라 처음에는 조향각도가 증가하고, 어느 속도에 도달하면 감소되는 리버스 스티어링(R.S : reverse steering)이 있다.

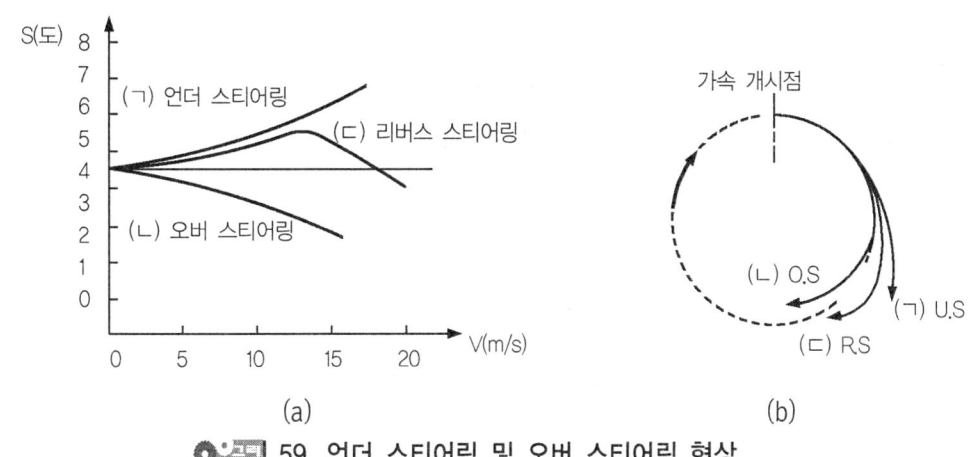

그림 59. 언더 스티어링 및 오버 스티어링 현상

5.3.2. 선회특성과 방향 안전성

일반적으로 언더 스티어링의 자동차가 방향 안정성이 크다고 하는 이유는 다음과 같다. 그림 60과 같이 옆방향의 바람에 의해 옆방향의 힘 P를 받으면서 직진하는 자동차를 생각하면 옆방향의 힘 P를 상쇄(相殺)시키고 직진하기 위해서는 조향핸들을 약간 회전시켜 앞·뒷바퀴에 사이드슬립 각도를 부여하여 P와 같은 양만큼의 코너링 포스를 발생시켜야 한다. 이 경우 오버 스티어링(앞바퀴의 사이드슬립 각도가 뒷바퀴의 사이드슬립 각도보다 작을 때)일 때는 자동차는 O점을 중심으로 하여 OY쪽으로 진행방향을 바꾸게 된다. 이때 선회에 의해 발생되는 원심력은 옆방향 힘 P와 같은 방향이므로 주행속도가 빠를수록 이러한 경향이 현저하게 나타난다.

언더 스티어링(앞바퀴의 사이드슬립 각도가 뒷바퀴의 사이드슬립 각도보다 클 때)일 경우 자동차는 OX쪽으로 진행방향을 바꾸게 된다. 이때 선회에 의해 발생되는 옆방향의 힘 P를 상쇄시키는 방향으로 작용하기 때문에 방향 안전성이 향상된다. 또한 직진 주행 중 강한 바람에 의해서 옆방향의 힘을 받았을 경우 바람의 압력의 중심은 일반적으로 자동차의 중심점보다 앞에서 형성되기 때문에 자동차는 앞부분이 흔들리게 되어 주행방향도 바뀌게 된다.

아스팔트 포장도로를 장시간 고속주행 할 경우에는 옆 방향의 바람에 대한 영향이 적은 언더 스티어링으로 하는 것이 유리하다.

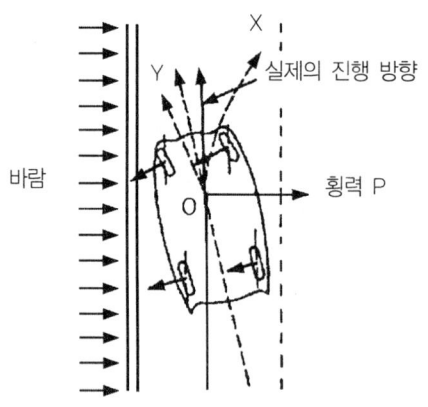

그림 60. 직진 주행할 때의 조향

[1] 조향특성

자동차가 선회할 때 발생되는 원심력에 대응하는 구심력으로 선회가 가능하다. 구심력은 코너링 포스에 의해 결정되고 다시 이에 의해 발생하는 복원 토크가 조향 감각의 대부분을 차지하고 있다. 복원 토크가 조향핸들에 전달될 때까지는 휠 얼라인먼트에 의해 수정이 되고 조향 링키지를 움직일 때의 관성력이나 링크기구 내의 마찰 또는 조향기어 형식 등에 의해 간섭을 받게 되므로 이들의 합성이 조향감각으로 된다.

조향감각은 너무 무겁거나 가벼워도 나쁘다. 조향감각은 안전성 면에서 보면 주행속도가 상승함에 따라 조향조작을 할 때 조향핸들에 가해지는 힘이 서서히 증가되어야 한다. 선회 후에 조향핸들을 가볍게 놓았을 때 조향핸들이 중립위치로 복원되면 조향조작이 쉽지만 복원되는 속도가 문제가 된다. 복원속도는 코너링 포스에 의한 토크와 조향 링키지 및 그 마찰력에 의해 변화한다. 그리고 그림 61과 같이 복원 토크는 사이드슬립 각도가 5~6° 부근에서 최대값이 되고 그 이후부터는 급속히 감소하므로 사이드슬립 각도가 큰 범위에서는 부(-, 負)가 되는 경향이 있다.

따라서 급조향을 하면 조향조작이 끝날 무렵에 조향핸들에 가해지는 힘이 감소하여 조향핸들을 놓치는 경우가 있다. 조향효과는 바퀴의 종류, 조향 링키지의 형상 및 구성, 조향 기어비 등에 의해 결정되지만 안전성과는 서로 모순된 성질을 지니고 있다.

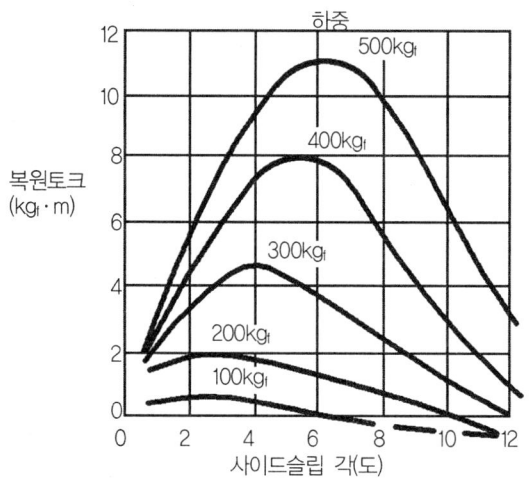

그림 61. 복원토크의 일반적인 성질 및 하중의 영향

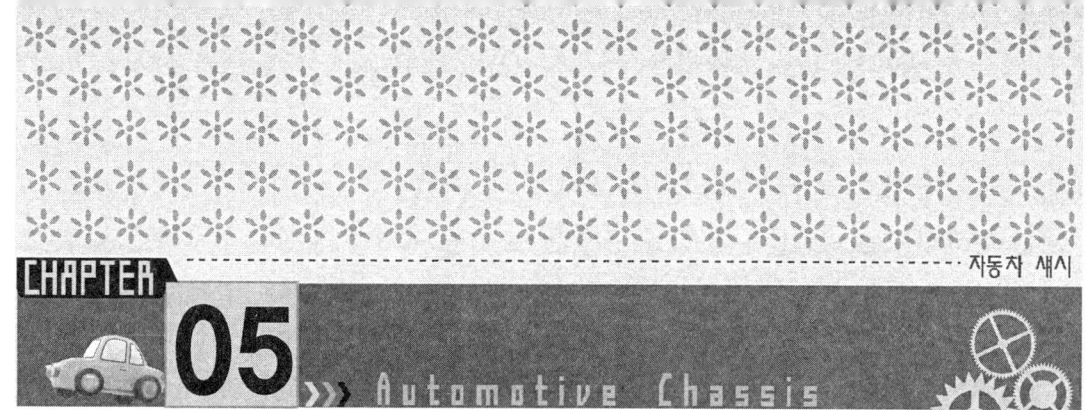

제동장치[brake system]

제동장치는 주행 중인 자동차를 감속(減速) 또는 정지(停止)시키고, 또 주차(駐車)상태를 유지하기 위하여 사용되는 매우 중요한 장치이다. 제동장치는 마찰력을 이용하여 자동차의 운동에너지를 열에너지로 바꾸어 제동작용을 하며, 구비조건은 다음과 같다.

① 작동이 확실하고, 제동 효과가 클 것
② 신뢰성과 내구성이 클 것
③ 점검·정비가 쉬울 것

1 제동장치의 분류

제동장치는 운전자의 발로 조작하는 풋 브레이크(foot brake)와 손으로 조작하는 핸드 브레이크(hand brake)가 있다. 조작기구에는 로드나 와이어를 사용하는 기계식과 유압식으로 분류되며 기계식은 핸드 브레이크에, 유압식은 풋 브레이크로 사용된다. 또 제동력을 높이기 위한 배력방식에는 흡기다기관의 진공을 이용하는 진공 서보식, 압축 공기압력을 이용하는 공기 브레이크 등이 있으며, 풋 브레이크 혹사에 의한 과열을 방지하기 위하여 사용하는 배기 브레이크(엔진 브레이크), 와전류 리타더, 하이드롤릭 리타더 등의 감속 브레이크(제3 브레이크)가 있다.

1.1. 유압 브레이크(hydraulic brake)

유압 브레이크는 파스칼의 원리를 응용한 것이며, 유압을 발생시키는 마스터실린더, 이 유압을 받아서 브레이크 슈(또는 패드)를 드럼(또는 디스크)에 압착시켜 제동력을 발생시키는 휠 실린더(또는 캘리퍼) 및 마스터실린더와 휠 실린더 사이를 연결하여 오일 회로를 형성하는 파이프(pipe)나 플렉시블 호스 등으로 구성되어 있다.

유압 브레이크의 특징은 다음과 같다.

① 제동력이 모든 바퀴에 동일하게 전달된다.
② 마찰손실이 적다.
③ 페달 조작력이 작아도 된다.
④ 오일파이프 등이 파손되어 오일이 새거나 유압회로 내에 공기가 침입하면 제동력이 감소하거나 기능을 상실한다.

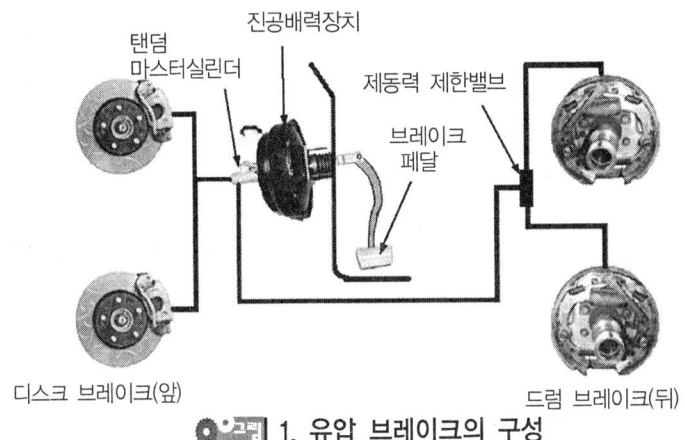

1. 유압 브레이크의 구성

[1] 파스칼의 원리

밀폐된 용기 내에 액체를 가득 채우고, 그 용기에 힘을 가하면 그 내부의 압력은 용기의 각 면에 작용하여 용기 내의 어느 곳이든지 동일한 압력이 작용된다는 원리이다.

① 공기는 가압하면 압축이 되지만 액체는 압축되지 않는다.
② 액체는 운동을 전달할 수 있다.
③ 액체는 힘(작용력)을 전달할 수 있다.
④ 액체는 힘(작용력)을 증대시킬 수 있다.

그림 2와 같이 단면적 5cm²의 피스톤 A에 100kgf의 힘을 가하면 A에 가해진 압력 = $\frac{힘}{단면적}$ 은 $\frac{100\text{kgf}}{5\text{cm}^2}$ = 20kgf/cm²가 된다. 이 압력은 피스톤 B에 작용하며, B의 단면적이 10cm²이므로 발생되는 힘은(A의 유압×B의 단면적) 20kgf/cm²×10cm² = 200kgf이 된다. 여기서 A는 마스터실린더에 B는 휠 실린더에 해당된다. 피스톤 B에서 증대된 힘이 제동에 사용된다.

⑤ 액체는 힘(작용력)을 감소시킬 수 있다. - 유압 실린더의 지름이 작은 부분에서 큰 부분으로 전달하면 힘이 증가하고, 반대로 큰 부분에서 작은 부분으로 전달하면 힘이 감소된다.

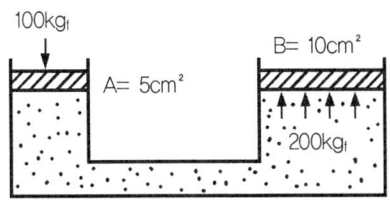

그림 2. 파스칼의 원리

1.1.1. 유압 브레이크의 구조와 그 작용

유압 브레이크는 브레이크페달을 밟으면 마스터실린더에서 유압이 발생하여 휠 실린더로 압송된다. 이 때 휠 실린더에서는 그 유압으로 피스톤이 좌우로 확장되므로 브레이크 슈가 드럼에 압착되어 제동 작동을 한다. 다음에 페달을 놓으면 마스터실린더 내의 유압이 저하하며, 브레이크슈는 리턴스프링의 장력으로 제자리로 복귀되고 휠 실린더 내의 오일은 마스터실린더 오일탱크로 되돌아가 제동작용이 풀린다.

[1] 브레이크 페달(brake pedal)

브레이크 페달은 조작력을 경감시키기 위해 지렛대 원리를 이용하며, 펜던트형 브레이크 페달과 플로워형 브레이크 페달이 있다.

[2] 마스터실린더(master cylinder)

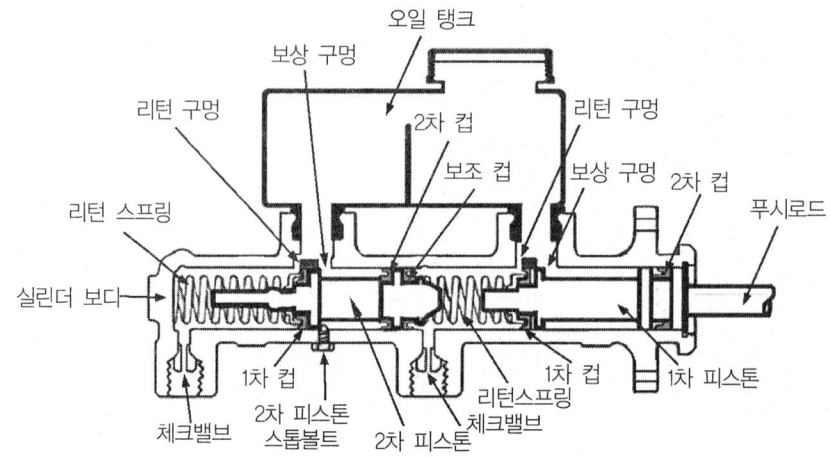

그림 3. 탠덤 마스터실린더의 구조

(1) 구조 및 그 작용

마스터실린더는 브레이크 페달을 밟는 것에 의하여 유압을 발생시키는 일을 하며 그 구조는 실린더 보디, 오일탱크, 그리고 실린더 내에는 피스톤, 피스톤 컵, 체크밸브, 피스톤 리턴스프링 등이 들어 있다. 마스터실린더의 형식에는 피스톤이 1개인 싱글형과 피스톤이 2개인 탠덤형이 있으며 현재는 탠덤형을 사용하고 있다.

① 실린더 보디(cylinder body) : 실린더보디의 위쪽에는 오일탱크가 설치되어 있고, 재질은 주철이나 알루미늄합금을 사용한다.

② 피스톤(piston) : 피스톤은 실린더 내에 끼워지며 페달을 밟는 것에 의해 푸시로드가 실린더 내를 미끄럼운동시켜 유압을 발생시킨다.

③ 피스톤 컵(piston cup) : 1차, 2차 컵이 있으며 1차 컵의 기능은 유압 발생이고, 2차 컵의 기능은 마스터실린더 내의 오일이 밖으로 누출되는 것을 방지한다.

④ 체크밸브(check valve) : 피스톤 반대쪽 실린더 끝에 시트 와셔를 사이에 두고 설치되며, 피스톤 리턴스프링에 의해 시트에 밀착되어 있다. 작용은 브레이크 페달을 밟으면 오일이 마스터실린더에서 휠 실린더로 나가게 하고, 페달을 놓으면 파이프 내의 유압과 피스톤 리턴 스프링을 장력이 평형이 될 때까지만 시트에서 떨어져 오일이 마스터실린더 내로 복귀하도록 하여 회로 내에 잔압(殘壓)을 유지시켜 준다.

⑤ 피스톤 리턴 스프링(piston return spring) : 이 스프링은 체크밸브와 피스톤 1 차 컵사이에 설치되며 페달을 놓았을 때 피스톤이 제자리로 복귀하도록 도와주고 체크밸브와 함께 잔압($0.6 \sim 0.8 kg_f/cm^2$)을 형성하는 작용을 한다. 잔압을 두는 목적은 다음과 같다.

㉮ 브레이크작동 지연을 방지한다.

㉯ 베이퍼록을 방지한다. 베이퍼 록(Vapor lock)은 브레이크회로 내의 오일이 비등·기화하여 오일의 압력 전달작용을 방해하는 현상으로 긴 내리막길에서 과도한 풋 브레이크 사용시, 브레이크 드럼과 라이닝의 끌림에 의한 가열, 마스터실린더 및 브레이크슈 리턴 스프링 쇠손에 의한 잔압 저하, 브레이크 오일 변질에 의한 비점의 저하 및 불량한 오일을 사용할 때에 발생한다.

㉰ 회로 내에 공기가 침입하는 것을 방지한다.

㉱ 휠 실린더 내에서 오일이 누출되는 것을 방지한다.

(2) 탠덤 마스터실린더의 작용

탠덤 마스터실린더는 싱글 마스터실린더의 조합으로 하나의 회로가 파손되더라도 또 하나의 회로를 통해 작동되어 제동력을 발생시킨다.

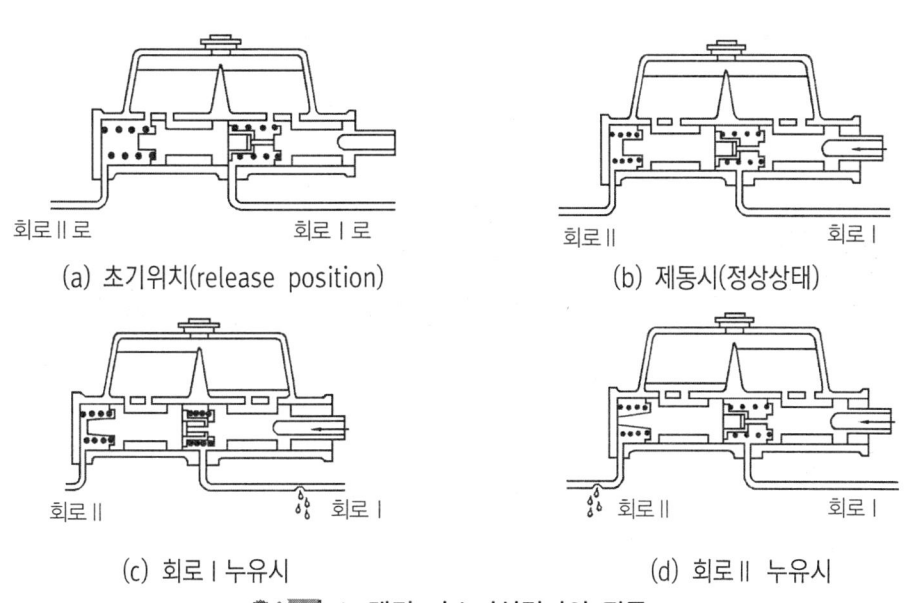

(a) 초기위치(release position)　　(b) 제동시(정상상태)

(c) 회로 I 누유시　　(d) 회로 II 누유시

그림 4. 탠덤 마스터실린더의 작동

① Ⅰ회로 파손시 : 그림 4(c)에서와 같이 Ⅰ의 회로가 파손되었을 경우 회로의 압력 손실로 인해 1차 피스톤은 먼저 스프링을 압축시키며 2차 피스톤에 밀착되고, 페달의 답력은 그대로 2차 피스톤에 가해져 제동력을 발생하게 된다.
② Ⅱ회로 파손 시 : 그림 4(d)에서와 같이 회로 Ⅱ가 파손된 상태에서 제동을 하게 되면, 2차 피스톤이 스토퍼에 밀착될 때까지 피스톤은 그냥 밀려가게 된다. 즉 2차 피스톤이 스토퍼에 닿아 정지되면 2차 피스톤이 먼저 2차 스프링을 압착하여 끝까지 작동비로서 1차 피스톤 회로에 압력이 발생하게 된다.

(3) 파이프(pipe)

브레이크 파이프는 강철제 파이프와 플렉시블 호스를 사용한다. 파이프는 진동에 견디도록 클립으로 고정하고 연결부는 2중 플레어로 하며, 호스는 차축이나 바퀴와 연결하는 부분에서 사용하며 연결부에는 금속제 피팅이 설치되어 있다.

(4) 휠 실린더(wheel cylinder)

이 실린더는 마스터실린더에서 압송된 유압에 의하여 브레이크 슈를 드럼에 압착시키는 일을 하며, 구조는 실린더 보디, 피스톤, 피스톤 컵 그리고 실린더 보디에는 파이프와 연결되는 오일구멍과 회로 내에 침입한 공기를 제거하기 위한 블리더 스크루가 있고 실린더 내에는 확장 스프링이 들어 있어 피스톤 컵을 항상 밀어서 벌어져 있도록 한다.

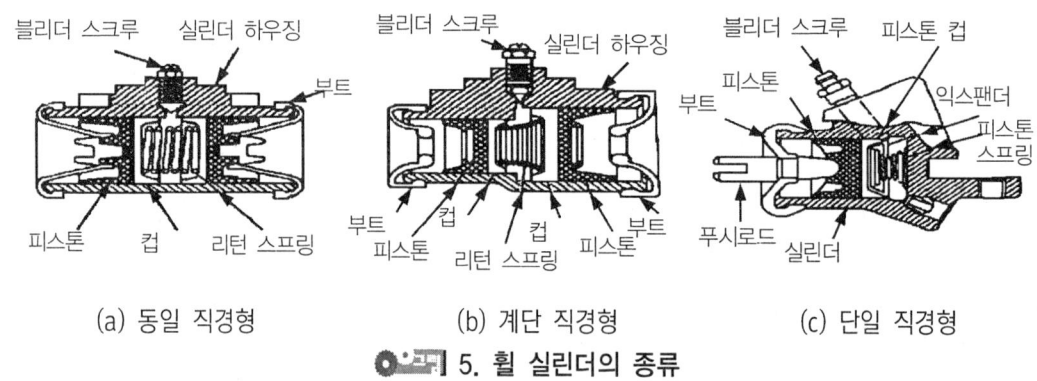

5. 휠 실린더의 종류

(5) 브레이크 슈(brake shoe)

브레이크 슈는 휠 실린더의 피스톤에 의해 드럼과 접촉하여 제동력을 발생하는 부분이며, 라이닝이 리벳이나 접착제로 부착되어 있다. 그리고 슈에는 리턴 스프링을 두어 마스터실린더 유압이 해제되었을 때 슈가 제자리로 복귀하도록 하며, 홀드다운 스프링(hold down spring)에 의해 슈를 알맞은 위치에 유지시킨다.

라이닝의 종류에는 위븐 라이닝, 몰드 라이닝, 반금속 라이닝, 금속 라이닝 등이 사용되고 있다. 그리고 라이닝은 다음과 같은 구비조건을 갖추어야 한다.

① 내열성이 크고, 페이드 현상이 없을 것
② 기계적 강도 및 내마멸성이 클 것
③ 온도의 변화, 물 등에 의한 마찰계수 변화가 적을 것

페이드(fade) 현상이란 브레이크 페달의 조작을 반복하면 드럼과 슈에 마찰열이 축적되어 제동력이 감소하는 현상이다. 원인은 드럼과 슈의 열팽창과 라이닝 마찰계수 저하에 있으며 방지 방법은 다음과 같다.

① 드럼의 냉각 성능을 크게 하고, 열팽창률이 적은 형상으로 한다.
② 드럼은 열팽창률이 적은 재질을 사용한다.
③ 온도상승에 따른 마찰계수 변화가 적은 라이닝을 사용한다.

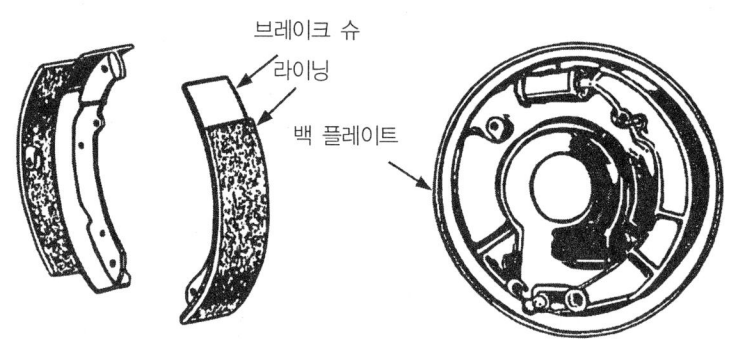

6. 브레이크 슈와 백 플레이트

(6) 브레이크 드럼(brake drum)

드럼은 휠 허브에 볼트로 설치되어 바퀴와 함께 회전하며 슈와의 마찰로 제동을 발생시키는 부분이다. 또 열방산(熱放散)을 크게 하고 강성을 높이기 위해 원둘레 방향으로 핀(fin)이나 직각방향으로 리브(rib)를 두고 있다.

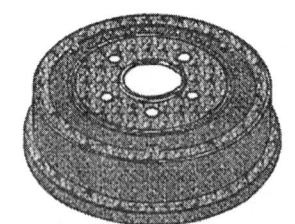

그림 7. 브레이크 드럼

그리고 제동할 때 발생한 열은 드럼을 통하여 방산 되므로 드럼의 면적은 마찰 면에서 발생한 열방산 능력에 따라 결정된다. 드럼이 갖추어야 할 조건은 다음과 같다.

① 가볍고 강도와 강성이 클 것
② 정적·동적 평형이 잡혀 있을 것
③ 방열이 잘되어 과열하지 않을 것
④ 내마멸성이 클 것

1.1.2. 브레이크 슈와 드럼의 조합

[1] 자기작동 작용

자기작동 작용이란 회전 중인 드럼에 제동을 걸면 슈는 마찰력에 의해 드럼과 함께 회전하려는 경향이 발생하여 확장력이 커지므로 마찰력이 증대되는 작용이다. 한편, 드럼의 회전 반대방향 쪽의 슈는 드럼으로부터 떨어지려는 경향이 생겨 확장력이 감소된다. 이 때 자기작동 작용을 하는 슈를 리딩슈(leading shoe), 자기작동 작용을 하지 못하는 슈를 트레일링 슈(trailing shoe)라고 한다.

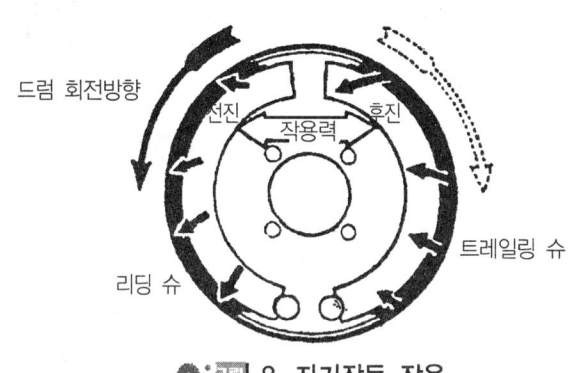

그림 8. 자기작동 작용

[2] 작동상태에 따른 분류

(1) 넌 서보 브레이크(non-servo brake)

이 형식은 브레이크가 작동될 때 자기작동 작용이 해당 슈에만 발생하게 된 것이며, 전진 방향에서 자기작동 작용을 하는 슈를 전진 슈, 후진방향에서 자기 작동작용을 하는 슈를 후진 슈라 부른다.

(2) 서보 브레이크(servo brake)

이 형식은 브레이크가 작동될 때 모든 슈에 자기작동 작용이 일어나는 것이며, 유니 서보식과 듀어 서보식이 있다. 또 먼저 자기작동 작용이 일어나는 슈를 1차 슈, 나중에 자기작동 작용이 일어나는 슈를 2차 슈라고 부른다.

① 유니 서보형식(uni-servo type) : 이 형식은 전진에서는 휠 실린더 피스톤에 의하여 1차 슈가 밀려지면 2차 슈에도 자기작동 작용이 일어나 모든 슈가 리딩 슈가 되지만, 후진에서는 2개의 슈가 모두 트레일링 슈로 되어 제동력이 감소하는 것이다.

② 듀어 서보형식(duo-servo type) : 이 형식은 슈가 드럼에 압착되어 있을 때 드럼의 회전방향에 따라 고정측이 바뀌어 전진 또는 후진에서 모두 자기 작동 작용이 일어나 강력한 제동력이 발생한다.

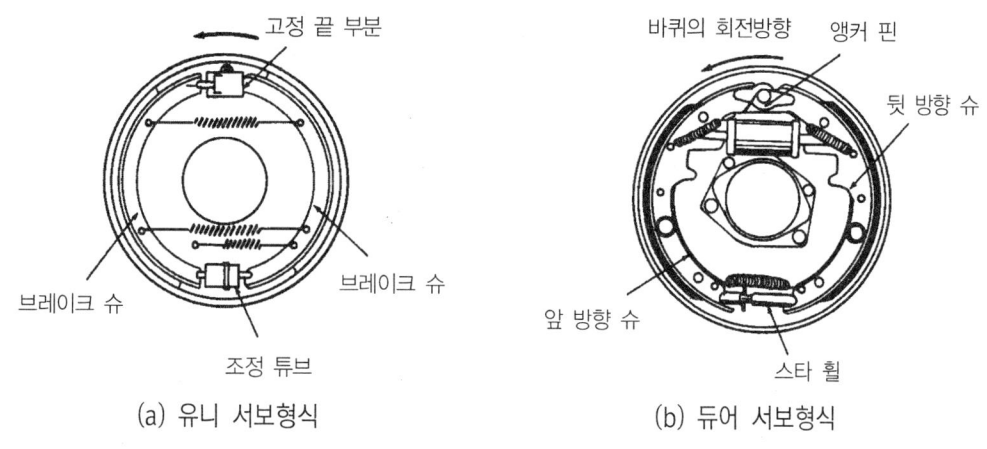

(a) 유니 서보형식　　　　　(b) 듀어 서보형식

🔑 9. 유니 서보형식과 듀어 서보형식

1.1.3. 자동 조정 브레이크

브레이크 라이닝이 마멸되면 라이닝과 드럼의 간극이 커지므로 페달 밟는 양이 증가한다. 이에 따라 필요할 때마다 라이닝 간극을 조정하여야 한다. 이 형식은 라이닝 간극 조정이 필요할 때 후진에서 브레이크 페달을 밟으면 자동적으로 조정된다.

작동은 후진에서 브레이크 페달을 밟으면 슈가 드럼에 밀착됨과 동시에 회전방향으로 움직여 앵커 핀으로부터 떨어진다. 이에 따라 조정 케이블이 조정 레버를 당겨 조정기 휠과 접촉하는 부분을 들어올린다. 슈와 드럼의 간극이 크면 이 움직임도 커지며 간극이 일정 값에 도달하면 조정기 휠의 다음 이빨에 조정레버가 물린다. 이 상태에서 브레이크 페달을 놓으면 슈가 다시 앵커 핀에 밀착되어 조정기 케이블이 헐거워지므로 조정레버는 스프링의 장력으로 제자리로 복귀되며 이때 조정기 휠을 1노치 회전시킨다. 이에 따라 슈와 드럼의 간극이 작아진다. 그리고 전진에서는 브레이크 페달을 밟아도 슈가 앵커 핀에 밀착된 상태를 유지하므로 조정장치는 작동하지 않는다.

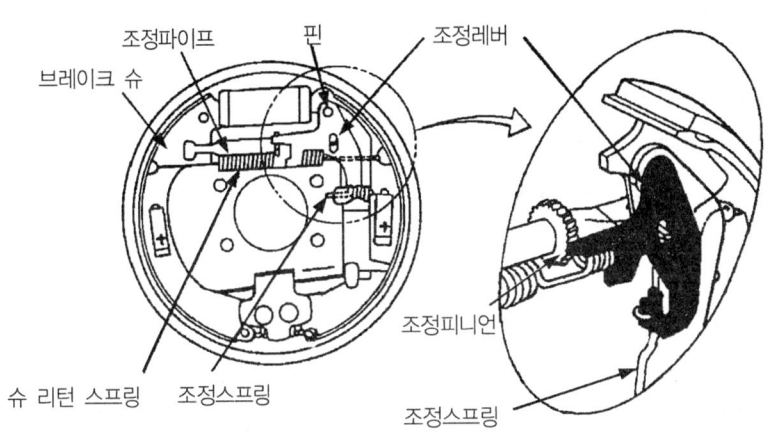

그림 10. 자동 조정 브레이크

1.1.4. 브레이크 오일(brake fluid)

브레이크 오일은 피마자기름에 알코올 등의 용제를 혼합한 식물성 오일이 사용되었으나 지금은 합성유로 바꾸었으며 브레이크 오일은 글리콜(폴리 글리콜 에텔), 실리콘계, 광유계로 크게 구분을 할 수 있는데 이중에서 폴리 글리콜 에텔이 많이 사용되고 있다.

브레이크액의 수분함유량은 비점(끓는점)이 낮아지고 브레이크 회로의 부식이나 이물질 발생을 촉진시켜 브레이크 파열의 원인이 되기도 한다. 그리고 브레이크액의 규격은 DOT-3, DOT-4, DOT-5로 끓는점의 차이로 구분해 놓은 것으로 뒤에 숫자가 높을수록 끓는점이 높다. 자동차용으로는 DOT-3, DOT-4가 주로 사용된다.

[1] 구비조건
① 점도가 알맞고 점도지수가 클 것
② 윤활성이 있을 것
③ 빙점(氷點)이 낮고, 비등점(沸騰點)이 높을 것
④ 화학적 안정성이 클 것
⑤ 고무 또는 금속제품을 부식, 연화(軟化), 팽창시키지 않을 것
⑥ 침전물 발생이 없을 것

1.2. 디스크 브레이크(disc brake)
1.2.1. 디스크 브레이크의 개요

디스크 브레이크는 마스터실린더에서 발생한 유압을 캘리퍼로 보내어 바퀴와 함께 회전하는 디스크를 양쪽에서 패드(pad : 슈)로 압착시켜 제동을 시킨다. 디스크 브레이크는 디스크가 대기 중에 노출되어 회전하므로 페이드 현상이 작으며 자동 조정 브레이크 형식이다.

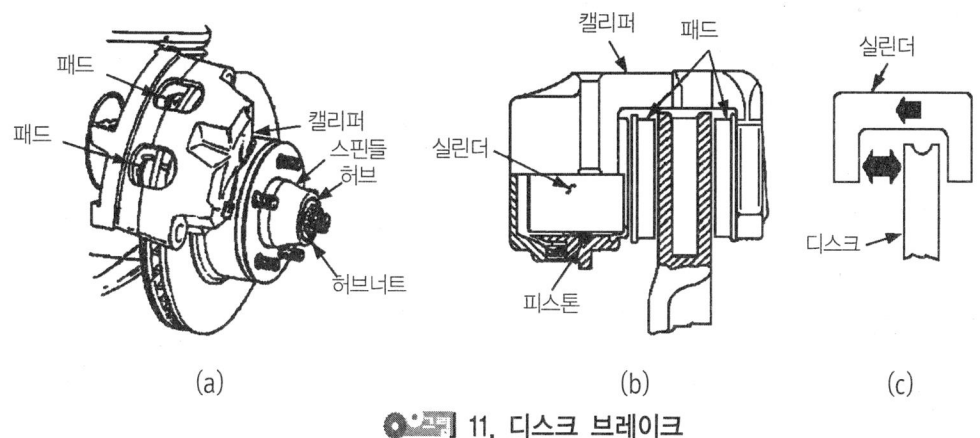

11. 디스크 브레이크

그리고 이 형식의 구성은 바퀴와 함께 회전하는 디스크, 디스크와 함께 제동력을 발생시키는 패드, 패드와 피스톤을 지지하며 스핀들이나 판에 고정된 캘리퍼 등으로 구성되어 있다.

[1] 디스크 브레이크의 장점
① 디스크가 대기 중에 노출되어 회전하므로 냉각성이 커 제동성능이 안정된다.
② 자기작동 작용이 없어 고속에서 반복적으로 사용하여도 제동력 변화가 적다.
③ 부품의 평형이 좋고, 한쪽만 제동되는 일이 없다.
④ 디스크에 물이 묻어도 제동력의 회복이 크다.
⑤ 구조가 간단하고 부품수가 적어 차량의 무게가 경감되며 정비가 쉽다.

[2] 디스크 브레이크의 단점
① 마찰 면적이 적어 패드의 압착력이 커야 한다.
② 자기작동 작용이 없어 페달 조작력이 커야 한다.
③ 패드의 강도가 커야 하며, 패드의 마멸이 크다.
④ 디스크에 이물질이 쉽게 부착된다.

1.2.2. 디스크 브레이크의 분류
[1] 대향 피스톤형
이 형식은 브레이크 실린더 2개를 두고 디스크를 양쪽에서 패드로 압착시켜 제동을 하는 것이다. 또 이 형식에는 캘리퍼가 일체로 되어 있으며 연결 파이프를 거쳐 오일이 도입되는 캘리퍼 일체형과 캘리퍼가 중심에서 둘로 분할되고 각각에 실린더를 일체로 주조(鑄造)하고 오일 도입은 내부 홈을 통해 들어오도록 된 캘리퍼 분할형이 있다.

[2] 부동 캘리퍼형
이 형식은 캘리퍼 한쪽에만 1개의 브레이크 실린더를 두고 마스터실린더에서 유압이 작동하면 피스톤이 패드를 디스크에 압착하고, 이때의 반발력으로 캘리퍼가 이동하여 반대쪽 패드도 디스크를 압착하여 제동을 하는 것이다.

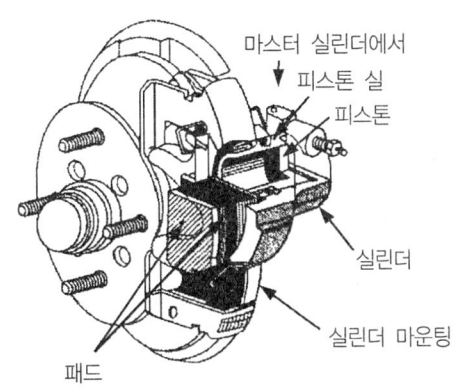

○━━ 12. 부동 캘리퍼형

1.3. 배력 브레이크(servo brake)

이 형식은 유압 브레이크에서 제동력을 증대시키기 위해 엔진 흡입행정에서 발생하는 진공(부압)과 대기압력 차이를 이용하는 진공 배력방식(하이드로 백), 압축공기의 압력과 대기압력 차이를 이용하는 공기 배력방식(하이드로 에어 팩)이 있다. 공기 배력방식은 구조상 공기압축기와 공기탱크를 더 두고 있으며, 작동원리는 진공 배력방식과 같으므로 여기서는 진공 배력방식의 구조와 작동에 대해서만 설명하기로 한다.

1.3.1. 진공 배력방식의 원리

이 방식은 흡기다기관 진공과 대기압력과의 차이를 이용한 것이므로 배력장치에 이상이 발생하여도 일반적인 유압 브레이크로 작동할 수 있도록 하고 있다. 원리는 흡기다기관에서 발생하는 진공이 50cmHg이며, 대기압력이 76cmHg이므로 이들 사이에는 76-50= 26cmHg= 0.34kgf/cm²이다. 그러므로 대기압력 1.0332kgf/cm²-0.34 kgf/cm²= 0.7kgf/cm²이 된다. 이 압력차이가 진공 배력방식 브레이크를 작동시키는 힘이다.

1.3.2. 진공 배력방식의 종류

종류에는 마스터실린더와 배력장치를 일체로 한 직접 조작형(마스터백)과 마스터실린더와 배력장치를 별도로 설치한 원격 조작형(하이드로백)이 있다.

[1] 직접 조작형 - 마스터백

 이 형식은 브레이크 페달을 밟으면 작동로드가 포핏과 밸브 플런저를 밀어 포핏이 동력 실린더 시트에 밀착되어 진공밸브를 닫으므로 동력 실린더(부스터)에 진공 도입이 차단된다. 동시에 밸브 플런저는 포핏으로부터 떨어지고 공기밸브가 열려 동력 실린더 뒷쪽에 여과기를 거친 대기(大氣)가 유입되어 동력 피스톤이 마스터실린더의 푸시로드를 밀어 배력작용을 한다.

 그리고 페달을 놓으면 밸브 플런저가 리턴 스프링의 장력에 의해 제자리로 복귀됨에 따라 공기밸브가 닫히고 진공밸브를 열어 동력 실린더 내의 압력이 같아지면 마스터실린더의 반작용과 다이어프램 리턴 스프링의 장력으로 동력 피스톤이 제자리로 복귀한다.

(1) 특징

① 진공밸브와 공기밸브가 푸시로드에 의해 작동하므로 구조가 간단하고 무게가 가볍다.
② 배력장치에 고장이 발생하여도 페달 조작력은 작동로드와 푸시로드를 거쳐 마스터실린더에 작용하므로 유압 브레이크로 만으로 작동을 한다.
③ 페달과 마스터실린더사이에 배력장치를 설치하므로 설치 위치에 제한을 받는다.

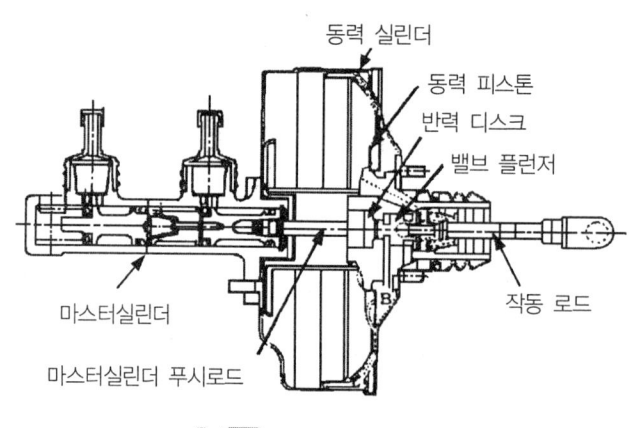

○그림 13. 직접 조작형

[2] 원격 조작형

(1) 원격 조작형의 구조

원격 조작형은 유압계통(유압 브레이크와 하이드롤릭 실린더)과 진공 계통(동력 실린더, 동력 피스톤, 릴레이밸브 및 밸브 피스톤, 체크밸브)으로 나누어진다.

1) 진공계통

① 동력 실린더(power cylinder) : 이 실린더는 강철판을 원형으로 프레스 가공한 것이며, 내부에는 피스톤과 리턴 스프링이 들어 있다.

② 동력 피스톤(power piston) : 이 피스톤은 진공(眞空)과 대기압력의 양쪽(동력 실린더의 A와 B)압력 차이에 의해 작동하며 강력한 유압을 휠 실린더로 보낸다. 동력 피스톤은 2매의 둥근 강철판을 그 둘레 사이에 가죽 패킹을 끼우고 합친 구조로 되어 있다.

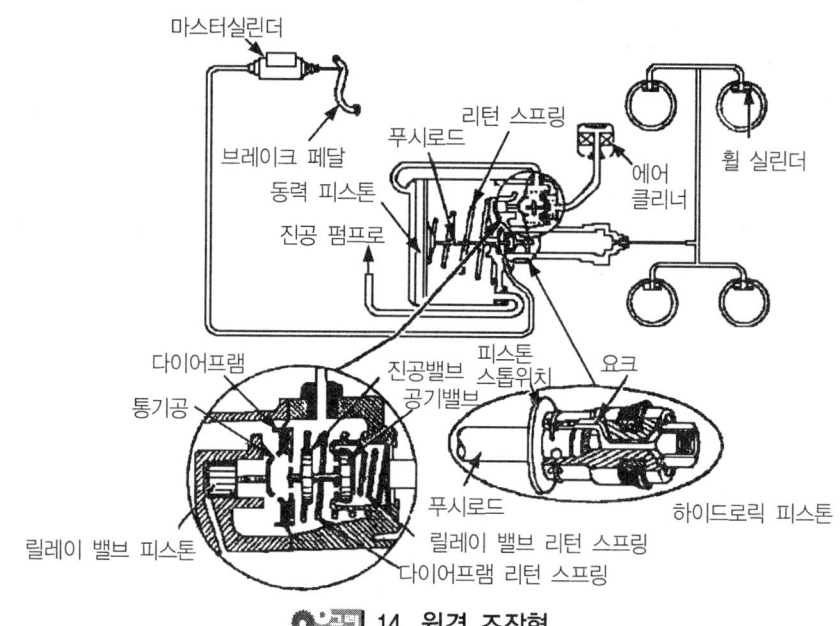

14. 원격 조작형

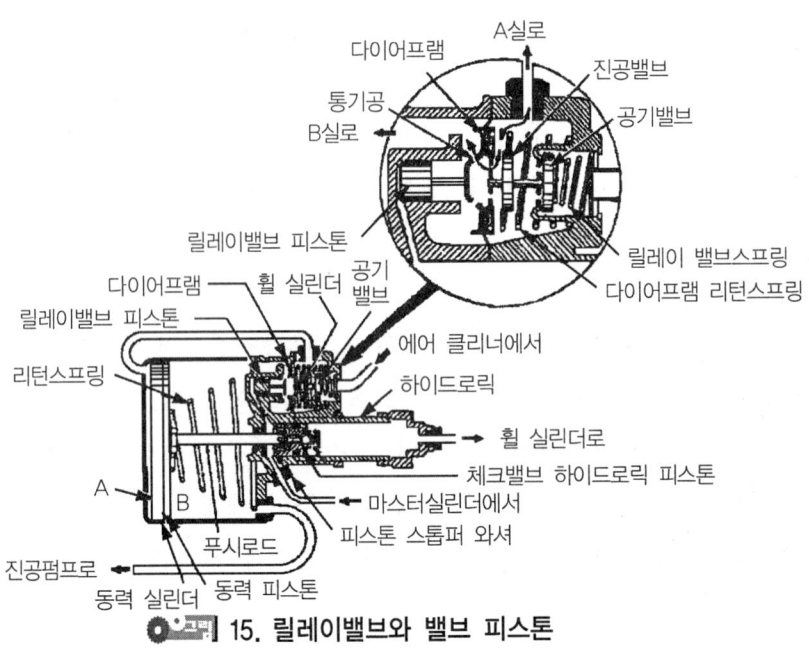

그림 15. 릴레이밸브와 밸브 피스톤

③ 릴레이밸브와 밸브 피스톤 : 이들의 작동은 마스터실린더로부터의 유압에 의해 동력 실린더 A쪽에 진공을 도입하거나 차단하는 일을 한다. 릴레이밸브는 공기밸브와 진공밸브로 되어 있으며, 공기밸브는 스프링에 의해 닫혀진 상태로 설치된다. 진공밸브는 중앙에 밸브 시트를 두고 있는 다이어프램과 상대하는 위치에 있으며 다이어프램은 릴레이 피스톤에 의해 작동한다.

2) 유압계통

① 하이드롤릭 실린더(hydraulic cylinder) : 이 실린더의 내부에는 동력 피스톤 푸시로드에 의해 작동하는 하이드롤릭 피스톤이 있다.

② 하이드롤릭 피스톤(hydraulic piston) : 이 피스톤은 동력 피스톤의 푸시로드 끝에 설치되며 내부에 체크밸브와 요크가 설치되어 있다.

체크밸브는 동력 피스톤이 작동하지 않을 때에는 열려 마스터실린더의 오일이 휠 실린더로 흐를 수 있도록 하고, 동력 피스톤이 작용하여 하이드롤릭 피스톤이 이동하면 요크가 스톱 와셔로부터 떨어지기 때문에 닫힌다. 하이드롤릭 피스톤이 각 휠 실린더로 오일을 압송한다.

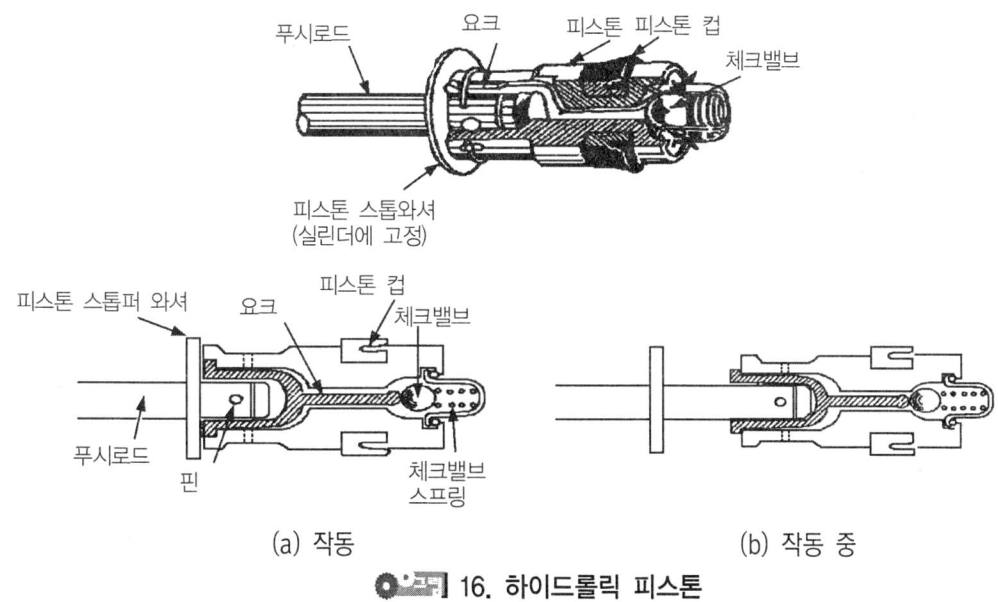

(a) 작동　　　　　　　　　(b) 작동 중

○그림 16. 하이드롤릭 피스톤

(2) 원격 조작형의 작동

1) 브레이크 페달을 밟았을 때

페달을 밟으면 마스터실린더 내의 오일이 하이드롤릭 피스톤의 체크밸브를 거쳐 휠 실린더로 공급되며 이와 동시에 릴레이밸브 피스톤에도 유압이 작동된다. 릴레이밸브 피스톤에 가해지는 유압이 상승하면 피스톤이 이동하여 다이어프램을 사이에 두고 진공밸브가 닫혀 동력 실린더의 A와 B에 진공도입을 차단한다. 다음에 공기밸브가 열려 대기압력이 동력 실린더 A로 들어온다. 이에 따라 동력 피스톤이 A에서 B로 이동하여 푸시로드를 거쳐 하이드롤릭 피스톤을 이동시킨다.

하이드롤릭 피스톤이 이동하면 스톱 와셔에 밀착되어 있던 요크가 떨어진다. 이때 체크밸브를 닫아 마스터실린더와 휠 실린더사이의 오일흐름이 차단되고, 하이드롤릭 실린더 내의 오일을 휠 실린더로 보내어 제동작용을 한다.

2) 브레이크 페달을 놓았을 때

페달을 놓으면 릴레이밸브 피스톤에 작동하던 마스터실린더의 유압이 낮아져 피스톤이 다이어프램 스프링에 의해 제자리로 복귀하며, 공기밸브가 닫혀져 대기의 유입을 차단한다. 그 다음 진공밸브가 다이어프램으로부터 떨어져 진공밸브가 열린다.

이에 따라 동력 실린더 양쪽에는 압력 차이가 없어져 리턴 스프링의 장력으로 동력 피스톤과 하이드롤릭 피스톤도 제자리로 복귀하며 하이드롤릭 피스톤의 체크밸브가 열려 휠 실린더에 작용하였던 오일이 마스터실린더로 복귀한다.

(3) 원격 조작형의 특징

① 배력장치가 마스터실린더와 휠 실린더 사이를 파이프로 연결하므로 설치 위치가 자유롭다.
② 진공밸브와 공기밸브가 마스터실린더 유압만으로 작동되며 그 구조가 복잡하다
③ 회로 내의 잔압이 너무 크면 배력장치가 항상 작동하므로 잔압 관계에 주의하여야 한다.

1.4. 공기 브레이크(air brake)

엔진에 의해 공기압축기(에어 컴프레서)를 작동시켜 발생한 압축공기($5\sim7\text{kgf/cm}^2$)만을 이용하여 제동하는 방식으로 주로 대형 차량에 사용되며 강력한 제동력을 얻을 수 있다.

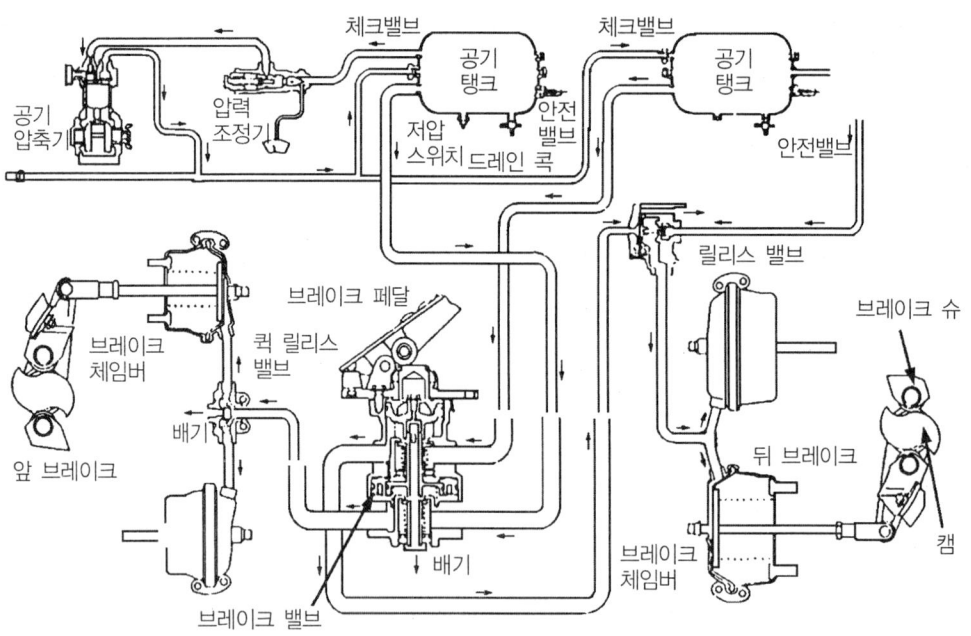

그림 17. 공기 브레이크의 배관 및 구조

공기압축기, 공기탱크, 브레이크밸브, 릴레이밸브, 퀵 릴리스밸브, 브레이크 체임버, 체크밸브 등으로 구성되어 구조가 복잡하다. 브레이크페달을 밟으면 브레이크밸브가 작동하여 에어탱크로부터 압축공기는 퀵 릴리스밸브를 거쳐 각 휠 마다 장착되어 있는 브레이크 체임버로 보낸다. 이 때 브레이크 체임버 내의 다이어프램은 푸시로드를 밀어 슬랙 어져스터를 움직이면 캠(유압식 브레이크의 휠 실린더에 해당)이 작동하여 슈를 드럼에 압착하여 제동작용을 수행한다.

퀵 릴리스밸브는 브레이크밸브와 브레이크 체임버사이에 장착되어 있으며, 브레이크 페달을 놓았을 때 브레이크 체임버 내에 잔류하고 있는 압축공기를 즉시 배출시켜 신속하게 제동작용을 해제하는 역할을 한다.

[1] 공기 브레이크의 장점
① 차량 중량(重量)에 제한을 받지 않는다.
② 공기가 다소 누출되어도 제동성능이 현저하게 저하되지 않는다.
③ 베이퍼 록 발생 염려가 없다.
④ 페달 밟는 양에 따라 제동력이 조절된다(유압식은 페달 밟는 힘에 의해 제동력이 비례한다).

[2] 공기 브레이크의 단점
① 공기압축기 구동에 엔진의 출력이 일부 소모된다.
② 구조가 복잡하고 값이 비싸다.

1.4.1. 공기 브레이크의 구조
[1] 압축 공기계통
(1) 공기압축기(air compressor)
이것은 엔진의 크랭크축에 의해 V벨트로 구동되며, 압축공기를 생산한다. 공기입구 쪽에는 언로더 밸브가 설치되어 있어 압력조정기와 함께 공기압축기가 과다하게 작동하는 것을 방지하고, 공기탱크 내의 공기압력을 일정하게 조정한다.

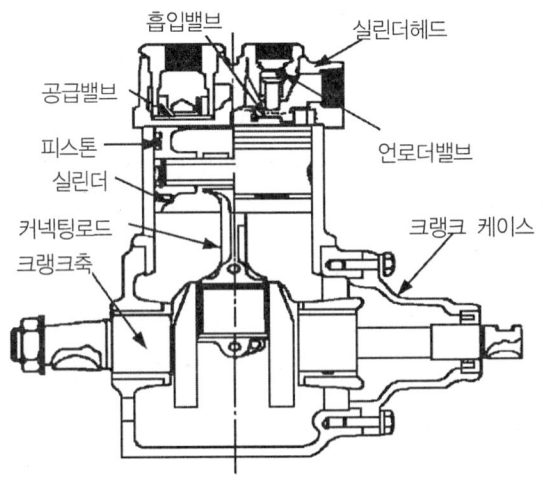

그림 18. 공기압축기의 구조

(2) 압력조정기와 언로더밸브

압력조정기는 공기탱크 내의 압력이 $5 \sim 7 kg_f/cm^2$ 이상되면 공기탱크에서 공기입구로 들어온 압축공기가 스프링 장력을 이기고 밸브를 밀어 올린다. 이에 따라 압축공기는 공기압축기의 언로더밸브 위쪽에 작동하여 언로더밸브를 내려 밀어 열기 때문에 흡입밸브가 열려 공기압축기 작동이 정지된다. 또 공기탱크 내의 압력이 규정 값 이하가 되면 언로더 밸브가 제자리로 복귀되어 공기 압축작용이 다시 시작된다.

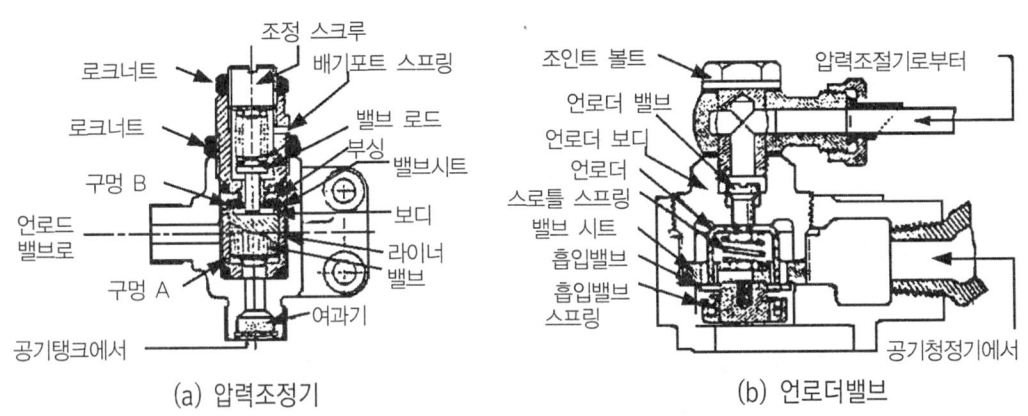

(a) 압력조정기 (b) 언로더밸브

그림 19. 압력조정기와 언로더밸브

(3) 공기탱크

이 탱크는 공기압축기에서 보내 온 압축공기를 저장하며 탱크 내의 공기압력이 규정 값 이상이 되면 공기를 배출시키는 안전밸브와 공기압축기로 공기가 역류하는 것을 방지하는 체크밸브 및 탱크 내의 수분 등을 제거하기 위한 드레인 코크가 있다.

[2] 공기 브레이크의 제동계통

(1) 브레이크밸브(brake valve)

이 밸브는 페달에 의해 개폐되며 페달을 밟는 양에 따라 공기탱크 내의 압축공기를 도입하여 제동력을 조절한다. 즉, 페달을 밟으면 상부의 플런저가 메인스프링을 누르고 배기밸브를 닫은 후 공급밸브를 연다. 이에 따라 공기탱크의 압축공기가 앞 브레이크의 퀵 릴리스밸브 및 뒤 브레이크의 릴레이밸브 그리고 각 브레이크 체임버로 보내져 제동작용을 한다. 그리고 페달을 놓으면 플런저가 제자리로 복귀하여 배기 밸브가 열리며 제동 작용을 한 공기를 대기 중으로 배출시킨다.

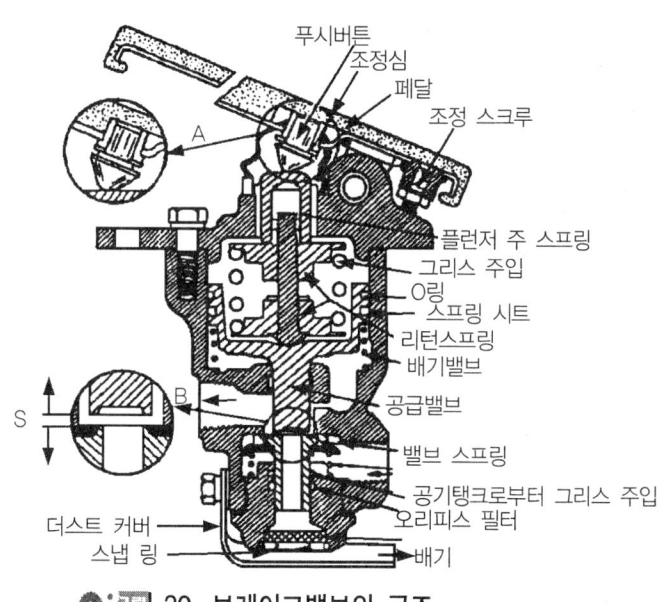

그림 20. 브레이크밸브의 구조

(2) 퀵 릴리스 밸브(quick release valve)

이 밸브는 페달을 밟으면 브레이크밸브로부터 압축공기가 입구를 통하여 작동되면 밸브가 열려 앞 브레이크 체임버로 통하는 양쪽 구멍을 연다. 이에 따라 브레이크 체임버에 압축공기가 작동하여 제동된다. 또 페달을 놓으면 브레이크밸브로부터 공기가 배출됨에 따라 입구 압력이 낮아진다. 이에 따라 밸브는 스프링장력에 의해 제자리로 복귀하여 배기구멍을 열고 앞 브레이크 체임버 내의 공기를 신속히 배출시켜 제동을 푼다.

(3) 릴레이 밸브(relay valve)

이 밸브는 페달을 밟아 브레이크밸브로부터 공기 압력이 작동하면 다이어프램이 아래쪽으로 내려가 배기밸브를 닫고 공급밸브를 열어 공기탱크 내의 공기를 직접 뒤 브레이크 체임버로 보내어 제동시킨다. 또 페달을 놓아 다이어프램 위에 작동하던 브레이크 밸브로부터의 공기압력이 감소하면 브레이크 체임버 내의 압력이 다이어프램 위에 작동하던 압력보다 커지므로 다이어프램을 위로 밀어 올려 윗부분의 압력과 평행이 될 때까지 밸브를 열고 공기를 배출시켜 신속하게 제동을 푼다.

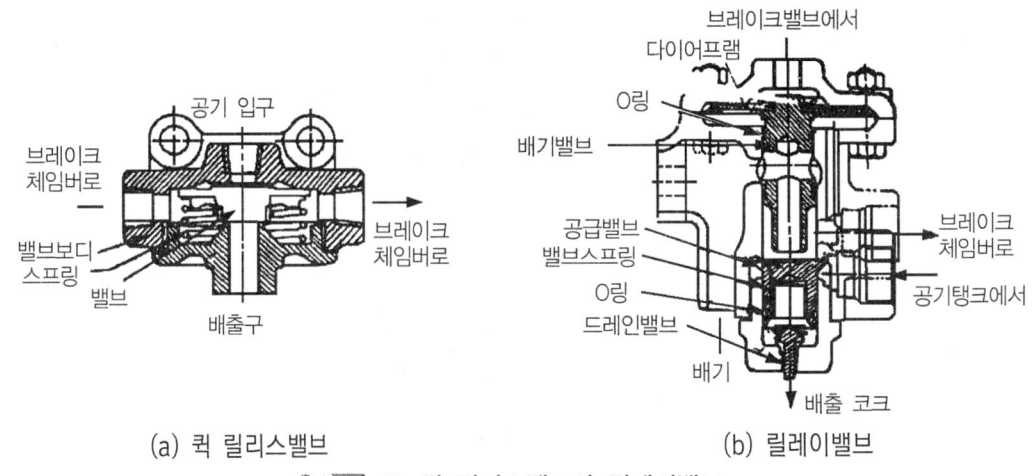

(a) 퀵 릴리스밸브 (b) 릴레이밸브

그림 21. 퀵 릴리스밸브와 릴레이밸브

(4) 브레이크 체임버(brake chamber)

브레이크 체임버는 페달을 밟아 브레이크밸브에서 조절된 압축공기가 체임버 내로 유입되면 다이어프램은 스프링을 누르고 이동한다.

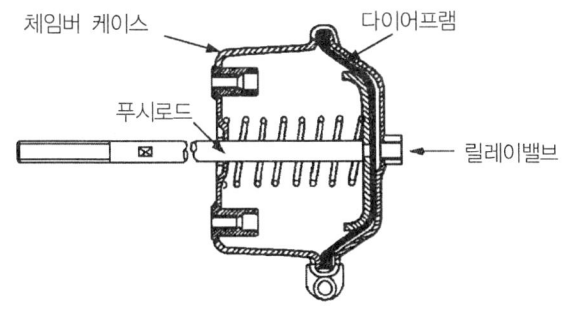

그림 22. 브레이크 체임버의 구조

이에 따라 푸시로드가 슬랙 조정기를 거쳐 캠을 회전시켜 브레이크 슈가 확장하여 드럼에 압착되어 제동을 한다. 페달을 놓으면 다이어프램이 스프링장력으로 제자리로 복귀하여 제동이 해제된다.

1.4.2. 공기 브레이크장치의 안전장치

공기 브레이크장치에서 사용하는 안전장치는 어떠한 이유로 인해 공기탱크의 공기압이 규정 이하가 되었을 때 자동적으로 뒤 브레이크가 스프링에 의해 제동 작용을 할 수 있도록 되어 있으며 운전석에서 캡 컨트롤밸브(cab control valve)의 손잡이를 밀어 넣어 작용시키며 주차 브레이크로도 사용할 수 있다.

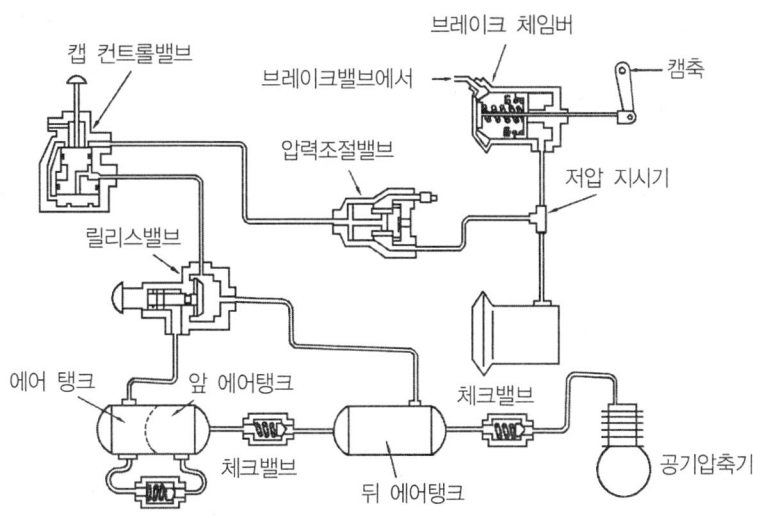

그림 23. 공기 브레이크 안전장치 계통

1.5. 주차 브레이크(parking brake)

주차 브레이크에는 후륜을 직접 제동하는 뒤바퀴 제동식(중·소형 자동차 등에 주로 사용)과 추진축(프로펠러 샤프트)에 장착되어 좌우 구동 휠을 제동하는 중앙 제동식(대형 버스, 트럭 등에 주로 사용)으로 크게 나눌 수 있다. 두 방법 모두 와이어로 작동하는 기계식이다.

1.5.1. 후륜이 드럼식인 경우

주 제동장치인 풋 브레이크 슈를 기계적으로 확장시켜 제동하는 소위 기계식 차륜제동형식으로 되어 있다. 주차 브레이크는 레버식과 페달식이 있으며, 여기서는 일반적으로 많이 사용되고 있는 레버식을 중심으로 설명한다.

주차 브레이크 레버는 슈와 피벗 핀(pivot pin)으로 조립되어 있으며 그 아래에 주차 브레이크 케이블이 연결되어있다. 주차 브레이크 레버를 당기면 케이블은 레버의 아래 쪽 끝을 앞으로 당긴다. 따라서 스트러트 로드는 1차 슈를 앞으로 밀며 동시에 레버의 윗쪽 끝은 2차 슈를 뒤로 밀어 슈와 드럼사이를 접촉시켜 제동작용을 한다.

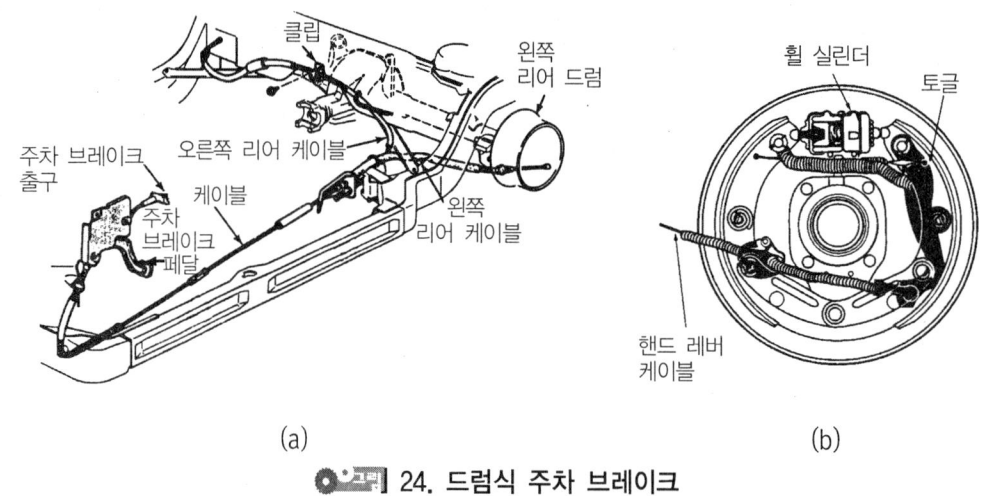

(a)　　　　　　　　　　　　　　　(b)

그림 24. 드럼식 주차 브레이크

1.5.2. 후륜이 디스크식인 경우

주차 브레이크 레버를 당기면 브레이크 케이블을 거쳐 스핀들 레버(spindle lever)는 화살표방향으로 움직이고, 커넥팅 링크(connecting link)가 움직인다.

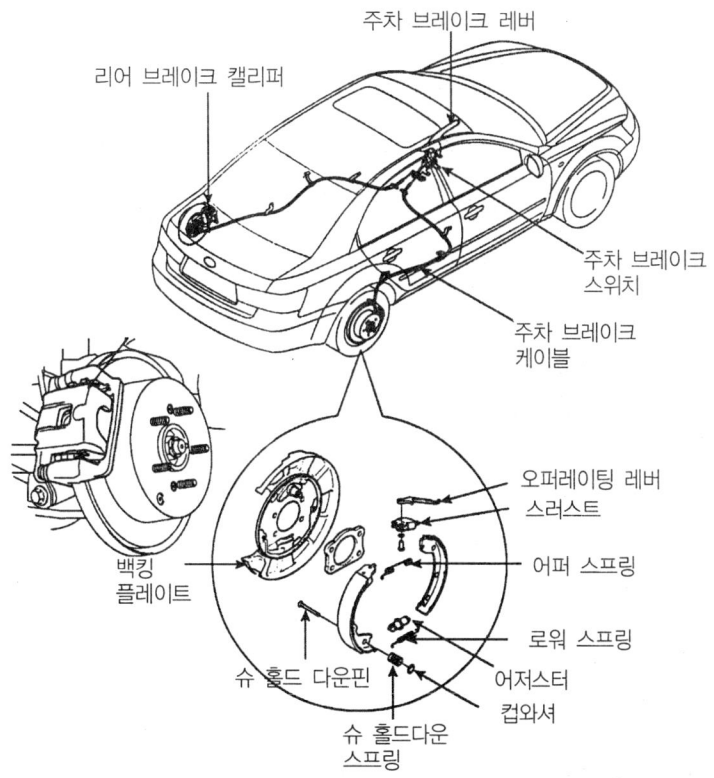

그림 25. 디스크식 주차 브레이크

이 힘은 어저스터 스핀들, 슬리브 너트 순서로 전달되어 결국 슬리브 너트가 피스톤을 밀어서 제동작용을 하게 된다.

1.5.3. 중앙 제동식(center brake type)

중앙 제동식은 추진축(프로펠러 샤프트)에 장착되어 있는 드럼과 슈를 압착하여 제동작용을 하는 형식으로 주로 2.5톤 이상의 중·대형 자동차 등에 사용되며 본체의 형식에 따라 외부 수축식과 내부 확장식이 있다. 여기서는 일반적으로 사용되고 있는 내부 확장식에 대하여 설명하기로 한다. 레버를 당기면 조작력이 케이블을 거쳐 캠 샤프트 레버에 전달되고, 이 때 캠이 작동하여 슈를 드럼에 압착하므로써 제동작용을 한다.

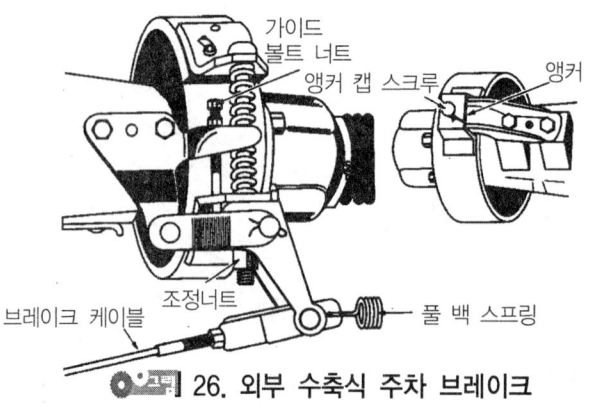

그림 26. 외부 수축식 주차 브레이크

내부 확장식은 외부 수축식에 비하여 마찰부분에 수분이나 분진이 잘 부착하지 않기 때문에 안정된 제동력을 얻을 수 있는 이점이 있다.

1.6. 보조 브레이크(retard brake)

1.6.1. 엔진 브레이크

주행 중 클러치 페달을 밟지 않고 가속페달을 놓으면 자동차의 속도는 감소할 것이며, 계속해서 변속기어를 고속기어에서 저속기어로 변환한다면 차속은 더더욱 감소할 것이다. 이러한 작용을 엔진 브레이크라 부르고 있는 데, 그 원리를 설명하면 다음과 같다. 운전자가 가속페달에서 발을 떼고 변속기어를 고단에서 저단으로 변환하게 되면 주행관성에 의해 구동 휠의 회전속도는 아직 감소되지 않은 상태에서 엔진의 회전속도는 상당히 감소되어, 구동 휠쪽의 동력의 크기가 엔진쪽의 그 것보다 더 크게 되는 현상이 발생하게 된다.

따라서 엔진이 구동 휠을 회전시키는 것이 아니고, 구동 휠이 추진축(FF자동차의 경우는 드라이브 샤프트)를 거쳐 엔진을 돌리려고 하는 동력의 역전현상이 발생하게 되며, 이때 엔진의 압축행정 시 발생하는 저항력에 의해 구동 휠의 회전속도가 감소하게 된다. 다시 말하면 엔진의 회전이 구동 휠의 회전에 도움을 주는 것이 아니라 오히려 방해하는 요소로서 작용하는 것이다. 이런 원리를 이용하여 주 제동장치를 보호하는 보조수단으로서 엔진 브레이크를 활용할 수 있으며 특히 긴 내리막길이나 미끄러운 노면 주행 시 사용하면 상당히 효과적이다.

1.6.2. 배기 브레이크

배기관 내에 디스크밸브를 설치한 방식으로 제동시 이 밸브를 닫으면 배기관내의 압력이 높아진다. 배기관내의 압력은 배기밸브 스프링의 힘과 평형이 될 때까지 상승하게 되며, 이 배기압은 엔진의 피스톤 작동을 둔화시키는 역할을 한다. 따라서 배기 브레이크는 엔진 브레이크의 효과를 높여 주는 감속장치이다.

일반적으로 배기 브레이크는 엔진 브레이크의 1.5~2배 정도의 감속효과를 얻을 수 있어 긴 경사로를 내려갈 때 주 브레이크의 사용 빈도를 작게 하면서 큰 제동효과를 얻을 수 있다.

작동은 배기스위치를 ON하면 3-방향 마그네틱밸브(3-way magnetic valve)가 작동하여 에어탱크에 저장되어 있는 공기를 컨트롤 실린더에 공급하며, 이 공기는 컨트롤 실린더 내 리턴스프링의 힘을 이기고 로드를 밀어 디스크밸브를 닫아 흡기 및 배기 통로를 차단시킨다. 따라서 흡입압은 부압이 되고 배기압은 증가되어 엔진의 작동이 둔화되어 제동효과를 높여 준다. 또 브레이크 스위치를 OFF시키면 밸브에 전류가 차단되어 컨트롤 실린더 내의 공기는 대기 중으로 방출되어 디스크밸브를 열어 준다.

한편 가속페달과 클러치 페달에 있는 가속 스위치와 클러치 스위치는 각각 페달을 놓으면 전류회로가 연결되고 밟으면 차단시키도록 되어 있다. 따라서 배기 브레이크가 작동하고 있는 중 가속이나 변속을 위하여 액셀러레이터 페달이나 클러치 페달을 밟으면 가속 스위치 또는 클러치 스위치가 OFF되어 솔레노이드밸브로의 전류를 차단시킴으로써 배기 브레이크의 작용을 자동적으로 해제시킨다.

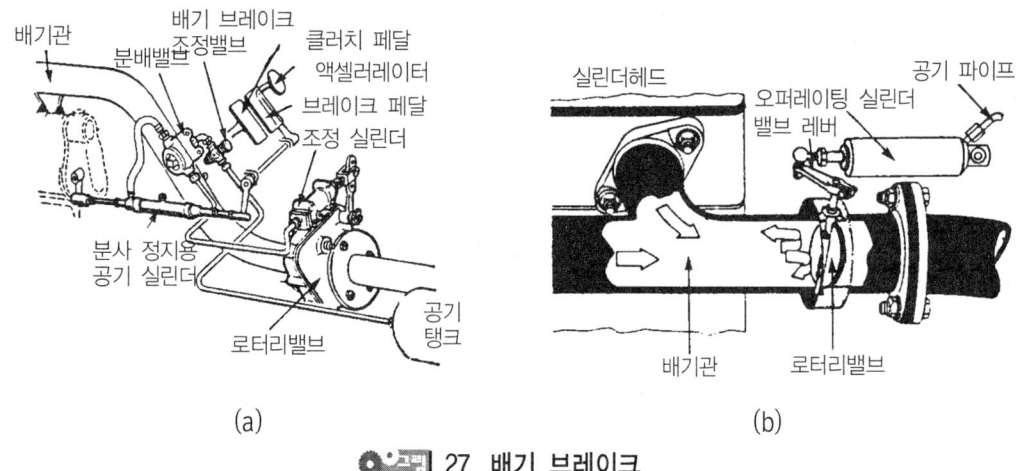

27. 배기 브레이크

2. 브레이크 안전장치

제동장치는 자동차의 안전상 매우 중요한 장치이기 때문에 여러 가지 안전장치가 개발 장착되고 있다. 여기서는 그 대표적인 장치에 대하여 설명한다.

2.1. 액면 경고장치(oil level warning switch)

액면 경고장치는 마스터실린더의 오일탱크 내 오일의 액면이 일정한계 보다 내려가면 리드 스위치에 의해 전기적으로 연결되어 계기판(instrument panel)내의 경고등을 점등시키는 장치이다. 또한 이 램프는 주차 브레이크를 사용할 때도 점등되는 구조로 되어 있기 때문에 주차 브레이크를 풀었는데도 계속 점등되어 있으면 브레이크 계통(패드/라이닝의 마모상태, 브레이크 오일레벨 등)을 점검해야 한다.

2.1.1. 브레이크회로 배관방식

안전상의 이유 때문에 2회로 브레이크를 사용한다. 회로 배관방식은 여러 가지가 있을 수 있다. 대체적으로 많이 사용되는 형식은 다음과 같다.

[1] 앞·뒤축 분배식

앞 차축과 뒤차축의 브레이크회로가 각각 독립되어 있다. 예를 들면 앞차축회로가 고장일 경우에도 뒤차축회로는 제동능력을 유지한다. 물론 그 반대도 성립한다. 이 방식에 계단식 탠덤 마스터실린더를 사용하면 뒤차축의 제동력 조절밸브를 생략할 수 있으며, 또 한 회로가 고장일 경우에도 페달 답력을 증가시키지 않고도 나머지 한 회로의 유압을 증가시킬 수 있다.

이 방식은 모든 차륜에 드럼 또는 디스크 브레이크일 경우 그리고 앞 차축에 디스크 브레이크, 뒤 차축에 드럼 브레이크일 경우에 사용할 수 있다. 제동력의 배분은 앞차축에 70%, 뒤 차축에 30% 정도가 대부분이다.

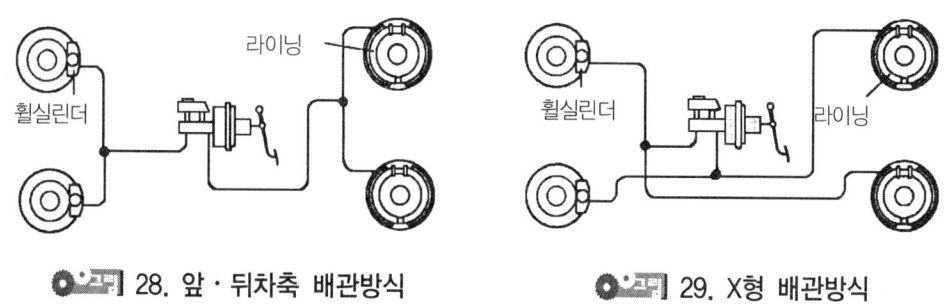

　　　28. 앞·뒤차축 배관방식　　　　　　　29. X형 배관방식

[2] X형 배관방식

전륜과 후륜을 각기 하나씩 X형으로 연결한 방식이다. 전륜 구동방식(FF) 자동차에서 부(-)의 킹핀 오프셋인 경우 주로 이 형식을 사용한다. 회로 당 제동력 배분은 50% : 50%가 된다.

[3] 3각형 배관방식

앞 차축 좌·우륜과 뒤차축의 어느 한쪽 차륜을 연결한 형식이다. 한 회로가 고장일 경우에 최소한 50%의 제동력을 유지할 수 있으며 전륜에는 항상 좌·우 균일한 제동력이 작용한다.

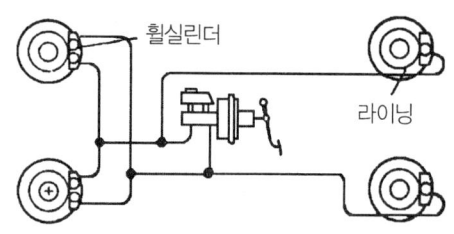

30. 3각형 배관방식

[4] 4-2형 배관방식

드물게 이용되는 방식이다. 한 회로는 모든 차륜과 연결하고 나머지 한 회로는 앞 차축 좌·우륜에만 배관한 형식이다. 한 회로 파손시에는 제동력 분배차가 크다. 제동력 배분은 예를 들면 35% : 65%가 된다.

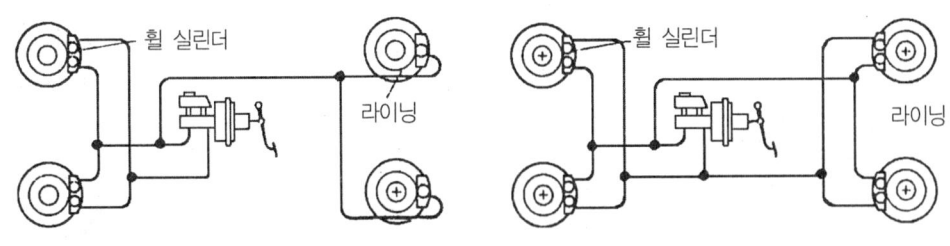

그림 31. 4-2형 배관방식   그림 32. 4-4형 배관방식

[5] 4-4형 배관방식

회로마다 각각 모든 차륜을 연결한 형식으로서 각 차륜에는 2개의 브레이크회로가 독립적으로 갖추어져 있다. 이상적이지만 고가이다. 제동력 배분은 50% : 50%이다. 그리고 한 회로가 파손되더라도 나머지 회로에는 최소한 50%의 제동력이 좌/우 차륜에 균일하게 작용한다.

2.2. 기계식 안티 스키드장치(anti-skid brake system)

자동차는 주행 중 제동을 하면 중심이 전방으로 이동하여 전륜하중이 증가하고 반대로 후륜하중은 감소하며, 급제동시에는 더욱 심해진다. 이 때 전륜과 후륜의 제동력을 동일하게 하면 후륜은 전륜보다 먼저 잠김(로크, lock)되어 턴스핀 현상(급제동시 자동차의 후부가 미끄러지면서 옆으로 돌아가는 현상)이 발생되어 매우 위험하다.

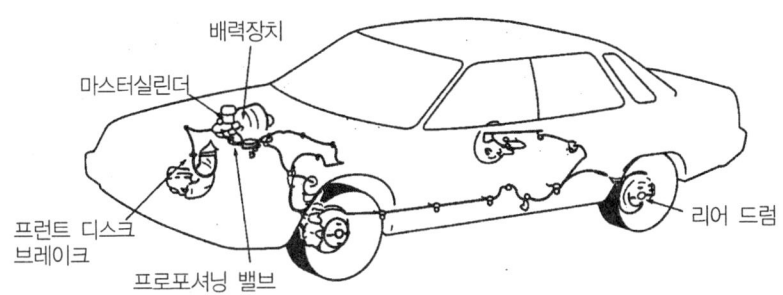

그림 33. 기계식 안티스키드 장치(ABS)의 유압계통

따라서 제동시 후륜측에서 전륜측으로 하중이 이동된 만큼 후륜의 휠 실린더에 작용하는 유압을 감소시켜 주어야 한다. 이러한 장치를 기계식 안티스키드 장치(ABS, anti-skid brake system)라 하며 메이커와 차종에 따라 여러 가지 유압 제어밸브들이 사용되고 있으며, 리어 브레이크계통에 장착하여 리어 휠 실린더에 공급되는 유압을 제어한다.

2.2.1. 리미팅밸브(limiting valve)

마스터실린더로부터 입력되는 압력이 일정치 이상에 달하면 후륜측에 작용하는 압력이 더 이상 상승하지 않도록 제한하는 밸브이다. 작동은 일정압력 이하일 때 즉 통상의 제동시에는 스프링의 장력에 의해 피스톤을 위로 밀어 열려 있다가, 유압이 일정압력 이상이 되면 즉, 급제동을 하여 자동차가 앞으로 쏠릴 정도로 브레이크 페달을 밟으면 리어 휠 실린더로의 유로를 차단함으로써 유압상승을 제한한다. 이 형은 주로 축거(wheel base)가 짧고 제동시 중량 이동량이 적은 소형 승용차에 사용된다.

2.2.2. 프로포셔닝 밸브(proportioning valve : P-valve)

제동시 자동차의 제동력은 관성력에 의해 무게 중심이 전방으로 이동하여 전륜의 하중은 증가하고 후륜의 하중은 감소하는 현상을 나타낸다. 이 현상은 브레이크 조작시 감속도가 큰 만큼 하중이 변동이 크게 되어 타이어의 잠김(로크)현상이 발생하기 쉽다.

제동시에 타이어가 잠기게 되면 바퀴가 미끄러지는 현상(skid)이 발생되고, 또한 마찰력이 감소하여 방향성을 상실하게 된다.

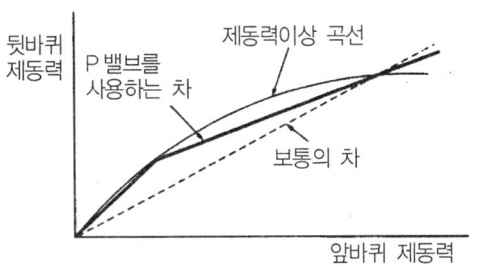

34. 프로포셔닝 밸브의 역할

따라서 제동 성능의 저하는 물론 조종 안정성까지 불안정해지는 것이다. 제동시 후륜측에서 전륜측으로 하중이 이동된 만큼 후륜의 휠 실린더에 작용하는 유압을 감소시켜 타이어의 잠김 현상을 방지하는 유압 장치가 프로포셔닝 밸브이다. 프로 포셔닝 밸브의 종류는 다음과 같다.

① 프로포셔닝 밸브
② 듀얼 프로포셔닝 밸브
③ 로드 센싱 프로 포셔닝 밸브

2.2.3. 듀얼 프로포셔닝 밸브

브레이크 페달을 밟으면 전륜 측으로는 마스터실린더의 유압이 그대로 휠 실린더로 유입되어 제동작용을 하지만, 후륜 측에는 마스터실린더로부터의 유압을 듀얼 프로포셔닝 밸브(DPCV)가 감압시켜 후륜측으로 공급한다. DPCV는 대각선 분할형에서 한쪽 계통 결함 시 전·후륜 휠 실린더에 동일한 유압을 공급하여 제동력이 완벽하며 편제동 현상이 일어나지 않는 장점이 있다.

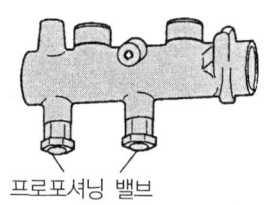

(a) 프로포셔닝 밸브의 위치

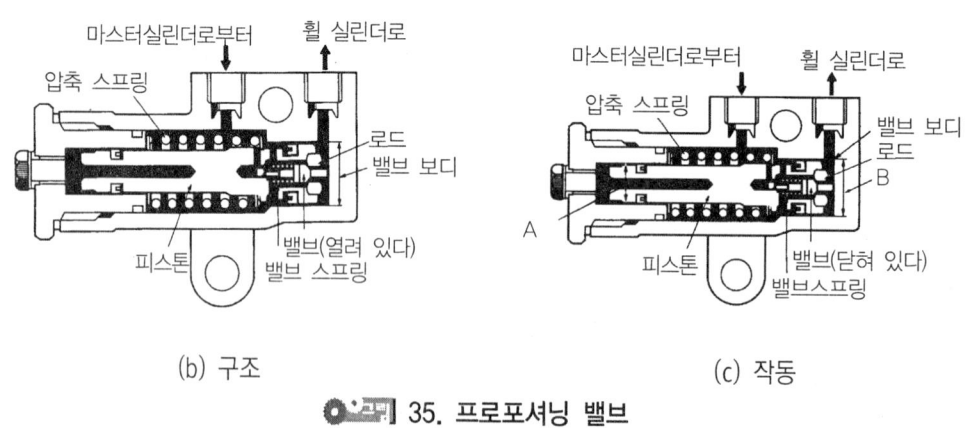

(b) 구조   (c) 작동

○그림 35. 프로포셔닝 밸브

2.2.4. 로드 센싱 프로포셔닝 밸브(load sensing proportioning valve : LSPV)

후륜측의 유압제어 개시점을 적재하중에 따라 변화하도록 한 형식이다. 밸브는 프레임에 고정되어 있으며 센서 스프링의 끝단은 뒤 차축에 장착되어 있다. 적재량에 따라 프레임과 뒤차축의 상대 위치가 변하기 때문에 레버가 밸브 스템에 작용하는 힘도 그 상대위치에 따라 변화한다. 즉 공차시에는 센서 스프링이 비교적 약한 힘으로 밸브 스템을 누르므로 유압제어 개시점은 낮아지고, 적재량이 증가할수록 밸브 스템을 누르는 힘이 커지므로 유압제어 개시점은 높아진다.

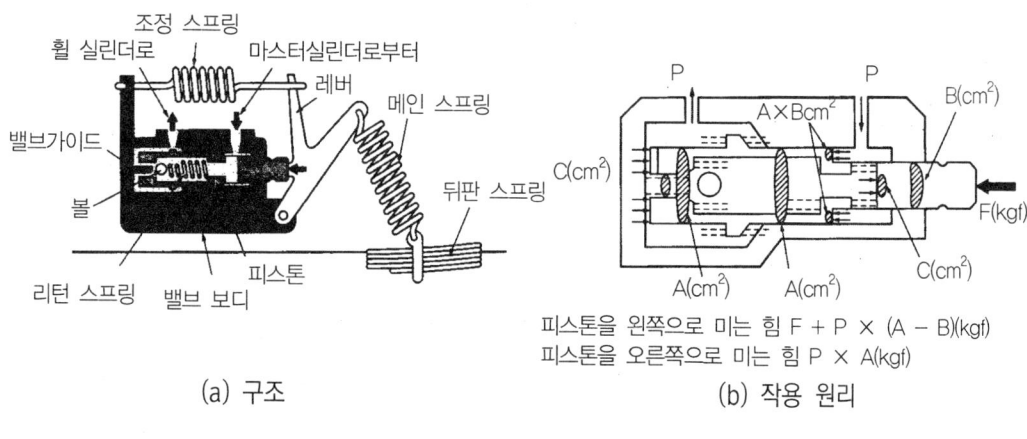

(a) 구조   (b) 작용 원리

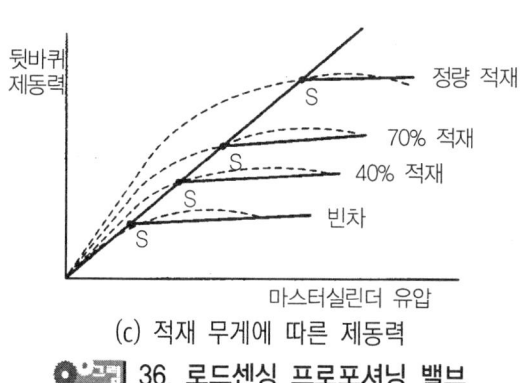

(c) 적재 무게에 따른 제동력

그림 36. 로드센싱 프로포셔닝 밸브

3 전자 주차 브레이크(EPB : electronic parking brake)

3.1. 전자 주차 브레이크(EPB)의 개요

현재 대부분의 주차 브레이크장치는 운전자에 의해 주차 브레이크 페달을 밟거나 레버를 당겨서 자동차를 안정화시킨다. 그러나 EPB장치(electronic parking brake)는 간단한 스위치 조작으로 운전자의 수동조작 모드 및 각종 ECU 등과 연계하여 자동으로 주차브레이크를 작동시키거나 풀어주고 긴급한 상황에서는 제동 안정성을 확보할 수 있도록 구성된 주차 브레이크장치이다.

또 EPB장치는 도로 구배 및 주행조건에 따라 주차케이블의 장력이 내부센서의 작용으로 자동 조정되므로 케이블 장력조정 등이 불필요하게 되었으며, EPB장치의 고장이 발생해 주행이 불가능 할 경우 해제 레버를 조작하여 주행이 가능하도록 하는 안전장치가 구성되어 있다.

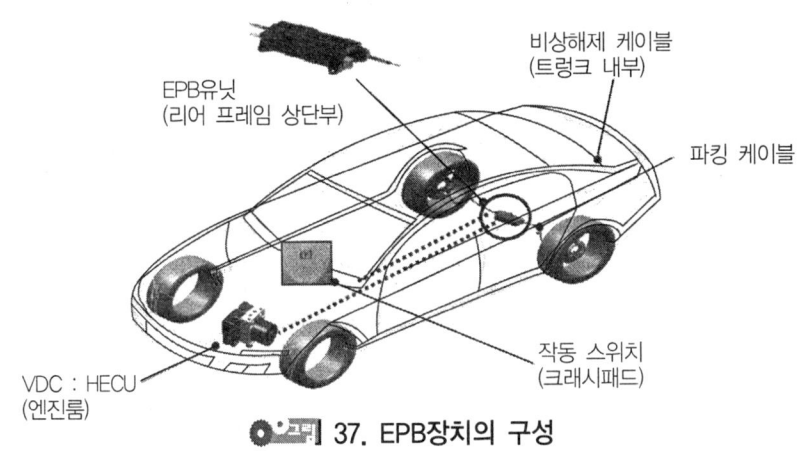

그림 37. EPB장치의 구성

3.2. EPB의 구성부품

[1] EPB(electronic parking brake)

EPB유닛에는 EPB ECU, 구동 모터, 주차 케이블 구동기어, 주차 케이블 및 제동력 검출센서(force sensor) 등이 일체로 구성되어 있다. EPB ECU는 CAN을 통해 기관 ECU 및 TCU 등으로부터 관련정보를 입력받고 운전자의 의도를 파악한 후 EPB 구동 모터를 구동시킨다.

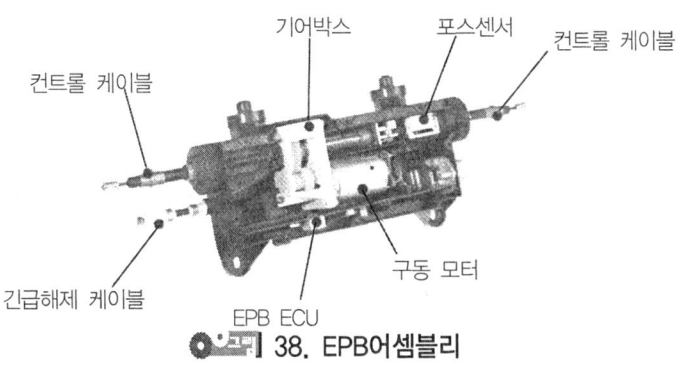

그림 38. EPB어셈블리

구동모터의 구동으로 주차 케이블 구동기어가 작동하고 주차 케이블을 당겨 자동차의 자유이동을 방지한다. 이때 주차 케이블의 장력은 제동력 검출센서(force sensor)가 검출해 자동차의 조건 및 경사도에 따라 적절한 제동력이 가해지도록 제어하여 주차 케이블의 내구성 향상 및 간극 조정 등의 영향을 받지 않도록 한다. 또 EPB장치의 고장으로 주차 브레이크가 전기적으로 해제되지 않을 경우 비상 해제 케이블을 당김(200N)으로 주행성을 확보하도록 하였으며, EPB장치의 고장발생 때 진단 커넥터의 CAN라인을 통해 진단장비와 통신하도록 되어 있다.

[2] EPB 스위치

EPB 스위치는 수동 주차 브레이크 모드 및 비상 모드(다이내믹 모드) 작동 때 사용되는 중요한 스위치이며, 장치의 안전성을 위해 2중 구조로 구성되어 있다. 2개의 접점이 정상적으로 입력되어야만 EPB유닛이 작동하도록 되어있다.

그림 39. EPB스위치

만약, 2개의 스위치 접점이 비정상적으로 입력되면 EPB유닛은 결함으로 인식하고 결함코드를 저장하게 된다.

[3] 자동 주차(auto park)스위치

자동 주차스위치는 자동 주차 모드의 설정 및 해제에 사용되는 스위치로 한번 누르면 설정되고 다시 한번 더 누르면 해제되는 셀프 리턴(self return)형식이다. 이 스위치는 단일 구조의 아날로그 방식으로 스위치 작동신호는 먼저 계기판으로 입력되고 다시 계기판은 이 신호를 CAN라인을 통해 EPB 유닛으로 전달한다.

3.3. EPB제어 기능
3.3.1. 수동 주차 브레이크 모드

이 기능은 주행속도 3km/h 이하에서 EPB스위치의 조작으로 작동 및 해제가 가능하며, 해제를 위해서는 브레이크 페달을 밟고 점화스위치 ON상태에서만 가능하다. 만약, 수동 주차 브레이크 모드가 설정되었다면 EPB유닛은 기관 ECU로 부터 가속페달을 밟은 정도 및 기관 회전력 등을 CAN을 통해 전달받아 운전자가 가속페달을 조작 때 자동으로 주차 브레이크를 해제하도록 설정되어 있다. 또 변속레버가 "D 또는 R" 레인지일 경우 자동차의 경사도에 따라 체결력이 결정되며, "P 또는 N"위치일 경우는 최대 작동력으로 작동된다.

자동차의 경사도는 EPB 유닛 내부에 적용된 G-센서에 의해 경사도를 인식한다. 특히 "D 또는 R" 레인지일 경우 경사로에서 화물 등을 운반 및 적차할 때 안전성을 기하기 위해 EPB스위치를 한번 더 누르면 최대 작동력으로 전환된다.

3.3.2. 비상모드(다이내믹 모드)

비상모드는 비상모드로 주행(3km/h 이상) 중 브레이크 페달을 조작하기 힘든 상황(브레이크 페달사이에 병 같은 이물질 삽입 또는 갑작스런 다리 마비 등)일 경우, 주행속도를 최대한 감속시켜 제동 안정성을 확보하기 위한 모드이며, EPB스위치를 차종별로 계속 누르고 있어야 작동되는 경우가 있고 반대로 계속 잡아당겨야 작동이 되는 차량이 있다.

VDS를 설치한 경우에는 자동차 정지 직전(3km/h 이상)까지는 VDC의 브레이크장치가 작동하고 정지 순간(3km/h 이하)에는 EPB장치가 작동해 주차 브레이크를 작동시킨다. VDC가 고장난 경우나 ABS사양의 경우는 주행상태에서 정지시점 및 정지순간까지 모든 사항을 EPB가 직접 제어한다.

비상모드가 작동 중 일 때는 제동등이 점등되지 않으므로 주의해야 하며, 빈번한 작동 때 주차 브레이크 라이닝에 결함이 발생되므로 꼭 필요한 비상 상황이 아니면 사용하지 말아야 한다. 비상모드 작동 중에는 관련 표시등이 점멸하고 단속 경고음이 울려 운전자에게 인지시켜 준다.

3.3.3. 자동 주차모드(auto hold 모드)

자동 주차모드는 자동 주차스위치의 조작으로 작동 및 해제가 가능하다. 즉 스위치를 한번 누르면 설정되고 한번 더 누르면 해제된다. 수동 주차브레이크 모드는 EPB 스위치를 작동한 후 다시 주행하게 되면 수동 주차브레이크 모드가 해제되지만 자동 주차 모드에서는 "AUTO HOLD스위치"를 한번 누르게 되면 자동차가 정지한 상태(브레이크 페달을 2초 이상 계속 밟을 경우)에서 항상 주차브레이크가 체결되도록 한 모드이다. 또 자동주차 모드에서도 자동차의 경사 정도에 따라 EPB 작동력이 자동으로 조절되며, 가속페달을 밟은 정도를 연산하여 출발 때 자동으로 주차 브레이크가 풀리도록 설정되어 있다.

3.3.4. 점화스위치를 분리 때의 자동주차 모드

EPB스위치 및 AUTO HOLD 스위치와 무관하게 기관의 가동을 정지시키고 점화스위치를 빼면 자동적으로 주차 브레이크가 작동하는 모드로 15초 동안 경고등이 점등되어 주차 브레이크가 체결되었음을 알려주고 소등된다. 이때 EPB의 체결력은 최대가 되고 안전상 3km/h 이하에서 작동하도록 설정되어 있으므로 주차 브레이크가 체결되기 전까지는 브레이크 페달을 밟도록 해야 한다.

혼잡한 주차장에서 2열 주차 등을 할 경우 다른 사람에 의해 자동차를 움직일 수 있도록 하기 위해 이 모드를 해제할 필요가 있다. 이때는 점화스위치를 분리하기 전 각종 표시등이 소등된 상태에서 EPB스위치 아래쪽(OFF부위)을 한번 누르고 키를 3초 이내에 분리하면 주차 브레이크가 체결되지 않는다.

3.3.5. 기관의 작동을 정지 때 EPB 작동모드

자동차가 출발하려는 순간 예기치 않은 상황으로 기관의 가동이 멈추었을 때 EPB장치는 안전모드(safety mode)로 자동으로 주차 브레이크를 작동시킨다. 이 모드는 점화스위치 ON상태에서 주행속도 3km/h 이하 일 때 작동하며 경고등이 점등된다.

3.3.6. EPB고장 및 EPB 고장일 때 관련 스위치 조작 때

EPB장치 고장(CAN통신 이상 포함) 때 계기판의 EPB 경고등이 점등되는데, 이때 고장을 인지하지 못하고 EPB스위치 및 AUTO PARK스위치를 조작하게 되면 경고등이 점멸한다.

4. 제동성능

자동차는 도로를 주행함에 있어 주행저항을 이기고 주행하는데 필요한 충분한 구동력를 발휘해야하지만 이와 함께 필요시 최대한 짧은 거리 안에 정지하는 성능도 이에 못지않게 중요하다. 제동시의 자세변화로는 동력전달이 끊어진 상태에서 차량에 관성이 작용하고 차체의 무게중심보다 제동력의 작용점이 더 낮기 때문에 차체의 앞부분이 가라앉는 노즈다운(nose-down) 혹은 다이브(dive)현상이 발생한다. 제동성능에는 제동시의 이러한 자세변화와 함께 정지거리가 주요 고려사항이 된다.

주행 중에 자동차가 가지고 있던 운동에너지는 제동과 동시에 차가 정지할 때까지 노면과 바퀴사이에서의 제동 마찰력에 의한 일로 소비된다. 이 관계에서 자동차의 제동 전 운동에너지와 제동시 소비된 일을 같게 놓음으로서 제동거리를 구할 수 있다.

4.1. 공주거리(S_1)

운전자가 장애물을 발견하고 가속페달에서 발을 떼 브레이크 페달로 발을 옮겨 페달을 밟는 동안 경과한 시간을 공주시간이라 하는데, 이 공주시간은 사람에 따라 다르지만 대략 0.6~1.0초라고 한다. 이 공주시간 t초간 자동차가 주행한 거리 즉, 공주거리는 다음 식으로 구해진다.

$$공주거리(S_1) = \frac{V}{3.6} \cdot t$$

> V : 제동초속도(km/h)
> t : 공주시간(sec)

4.2. 제동거리(S_2)

주행 중에 제동조작을 하면 각 바퀴의 접지면에는 뒤로 향하는 제동력이 작용하여 자동차는 감속되면서 정지한다. 이와 같은 제동조작을 개시하여 제동력이 작용하기 시작한 다음에 정지할 때까지 자동차가 주행한 거리를 제동거리라고 한다. 이 경우 제동력은 제동기간 중 일정치를 유지한다고 간주하며 구름저항 및 공기저항 등은 고려하지 않는다.

제동거리를 산출할 때에도 가속저항과 마찬가지로 자동차가 감속하는 경우에도 회전체부분의 관성저항을 이기는 힘이 필요하므로 회전부분 상당중량을 고려하여 다음 식과 같이 산출할 수 있다.

$$S_2 = \frac{1}{2} \cdot W \cdot \frac{(1+\epsilon)}{g} \cdot \left(\frac{V}{3.6}\right)^2 = \frac{W \cdot (1+\epsilon) \cdot V^2}{2 \times 9.8 \times 3.6 \times 3.6 \times F}$$

$$= \frac{V^2}{254} \cdot \frac{W(1+\epsilon)}{F}$$

> S_2 : 제동거리(m)　　　V : 제동초속도(km/h)
> W : 차량 총중량(kgf)　　ϵ : 회전부분 상당 중량비(⊿W/W)
> F : 제동력의 합계(kgf)

4.3. 정지거리(S)

정지거리 S는 식 공주거리와 제동거리의 값을 더한 것이다. 따라서 정지거리를 구하는 식은 다음과 같다.

$$S = S_1 + S_2 = \frac{V^2}{254} \cdot \frac{W(1+\epsilon)}{F} + \frac{V}{3.6} \cdot t$$

5. ABS(anti lock brake system)

5.1. ABS의 개요

5.1.1. ABS의 필요성

ABS는 anti skid brake system 또는 anti lock brake system의 약어이며, 자동차 바퀴의 회전속도를 검출하여 그 변화에 따라 제동력을 제어하는 방식으로 어떠한 주행조건에서도 바퀴가 고착(lock)되지 않도록 한다.

ABS는 도로면의 상태에 따라 제동력을 스스로 조절한다. 즉, 도로면, 바퀴 등의 조건에 관계없이 항상 최대 마찰계수를 얻도록 하여 자동차 바퀴가 미끄러지지 않도록 하여 방향 안정성 확보, 조종 안전성 유지, 제동거리의 최소화를 추구하는 장치이다. 자동차가 직진으로 주행할 때 한쪽 도로면이 미끄러운 경우 브레이크 페달을 밟으면 미끄러운 도로면에 놓여 있는 바퀴가 먼저 고착되어 자동차 앞부분이 정상적인 도로면으로 회전하여 스핀현상이 생긴다.

그러나 ABS가 설치된 자동차는 바퀴가 고정되지 않으므로 제동 중 스핀현상도 없고 제동거리도 짧아진다. 또 미끄러운 노면을 선회하면서 제동할 때 정상적인 조향성능을 유지하면서 선회한다. 그리고 급제동을 할 때 바퀴가 고착되어 자동차는 선회방향으로 회전하여 스핀현상을 발생하지만 ABS를 설치한 자동차는 바퀴가 고착되지 않도록 제동력을 제어하므로 정상적인 조향성능을 유지하면서 선회한다.

5.1.2. ABS의 목적

① 방향 안정성 확보(stability) : 스핀(spin)방지
② 조정성 확보(steerability)
③ 제동거리 단축(stopping distance)

5.1.3. ABS의 효과

ABS의 효과는 주행조건 및 노면상태에 따라 차이가 크며, 노면 마찰계수(μ) 이상의 제동성능 기대는 금물이며 자동차 방향 안정성 확보에는 운전자의 조향능력이 조금은 필요하다.

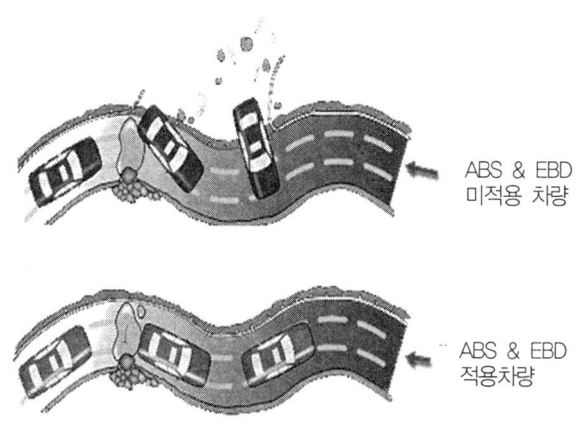

그림 40. ABS를 설치한 자동차와 설치하지 않은 자동차의 비교

[1] 직진주행 중 제동을 할 때

자동차가 직진방향으로 주행 중 한쪽 타이어의 노면이 미끄러지기 쉬운 상태에 있고, 한쪽 타이어의 노면이 통상 상태에서 제동을 할 때 마찰계수가 낮은 타이어가 고착되어 ABS를 설치하지 않은 자동차는 마찰계수가 높은 방향으로 쏠려서 스핀을 일으킨다. 이와 반대로 ABS를 설치한 차량은 제동을 할 때 각 타이어의 제동력이 독립적으로 제어되므로 직진 상태로 제동되는 것은 물론 제동 거리도 단축된다.

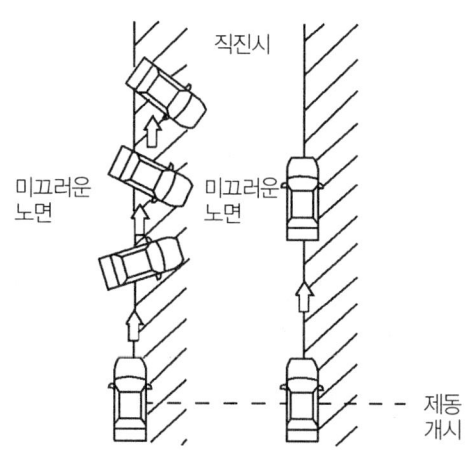

(a) ABS 미장착차량   (b) ABS 장착차량

그림 41. 미끄러운 노면을 직진주행 중 제동을 할 때

[2] 선회 중에 제동을 할 때

주행 중 미끄러운 노면에서 선회를 할 때 급제동을 하면 ABS를 설치하지 않은 자동차는 타이어가 고착되어 선회코스의 점선방향으로 미끄러진다. 이에 반해 ABS 설치 자동차는 타이어의 고착(lock)이 방지되어 선회코스를 따라 운전자의 의지대로 주행을 할 수 있다. 즉, 제동제어를 할 때 노면의 상태에 따라 자동적으로 제동력을 제어하여 제동 안정성을 보다 높게 확보할 수 있는 장치이다.

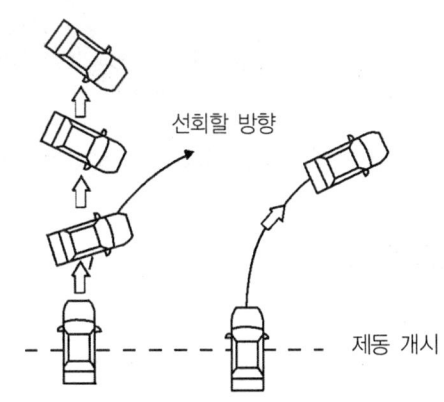

(a) ABS 미장착차량   (b) ABS 장착차량
그림 42. 미끄러운 노면을 선회할 때

5.2. ABS의 제어 원리

5.2.1. 슬립률과 노면과의 관계

① 주행 중 제동을 할 때 타이어와 노면과의 마찰력으로 인하여 타이어의 회전속도가 낮아진다. 이때 자동차 주행속도와 타이어 회전속도에 차이가 발생하는 것을 슬립현상이라고 하며, 그 슬립 량을 백분율로 표시하는 것을 슬립률(%)이라고 한다.

② 제동을 할 때 타이어와 노면의 마찰 특성으로 인한 ABS의 효과를 설명하면 다음과 같다. 주행 중 운전자가 브레이크 페달을 밟으면 라이닝과 드럼사이의 마찰로 인한 제동토크가 발생하여 타이어의 회전속도가 감소하고 타이어의 회전속도는 차체의 속도보다 작아진다. 이것을 슬립현상이라고 하며 이 슬립에 의하여 타이어와 노면 사이에 발생하는 마찰력이 제동력이 된다.

그러므로 제동력은 슬립의 크기에 의존하는 특성을 나타내며 슬립률은 슬립의 크기를 나타내는 것으로 아래 공식으로 정의한다.

$$슬립률 = \frac{V - Vw}{V} \times 100$$

V : 자동차 주행속도
Vw : 타이어의 회전속도

③ 슬립률을 한마디로 요약하면 주행 중 제동을 할 때 타이어는 고착되나 관성에 의해 차체가 진행하는 것을 말한다. 슬립률은 자동차 주행속도가 빠를수록, 제동 토크가 클수록 크다.

5.2.2. 제동력 및 코너링 포스의 특성

① 그림 43의 가로축은 타이어의 슬립률을 표시하고 0%는 타이어의 노면에 대하여 회전하는 상태를 나타내고 100%는 타이어가 고착된 상태이다.

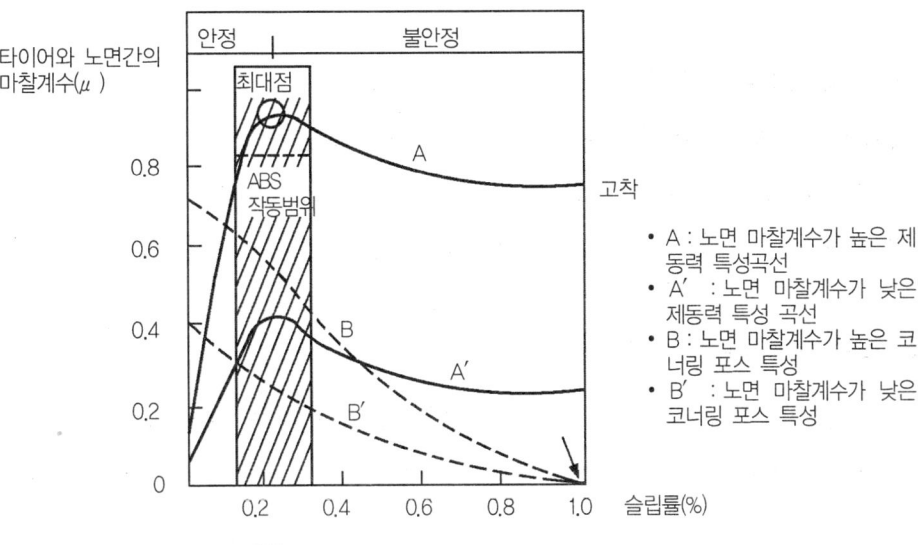

43. 제동력과 코너링포스의 특성

② 브레이크 특성에 따라 슬립률이 약 20% 전후에 최대 마찰계수가 얻어지지만 이후에는 감소한다. 코너링 포스의 특성에 따라서는 슬립률이 증대하면 마찰계수는 감소하여 슬립률이 100%에서는 마찰계수가 0이 된다. 이러한 현상은 마찰계수가 높은 노면이나 낮은 노면에서도 마찬가지이다.

따라서 타이어가 고착(슬립률 100%)되면 제동력이 저하되어 제동거리가 길어지며 코너링 포스를 잃어 조향 및 방향 안정성이 상실되어 자동차에 스핀이 일어날 수 있다. 즉 코너링 포스는 슬립률 0%에서 최대가 되고 슬립률 증가와 함께 감소하여 슬립률 100%에서는 거의 0이 된다. ABS는 이러한 원리를 기본적으로 하여 타이어가 고착되는 현상이 발생할 때에 브레이크 유압을 제어하여 슬립률을 최종적인 값을 위 그림의 빗금 친 부분에서 유지되도록 제동력을 최대한 발휘하여 사고를 미연에 방지한다.

5.2.3. 기본 제어원리

[1] ABS를 설치하지 않은 자동차

급제동을 할 때 브레이크 유압은 일반적으로 타이어의 고착이 발생할 정도로 과대해진다. 이로 인하여 뜻하지 않은 사고가 발생할 가능성이 매우 높다.

[2] ABS를 설치한 자동차

급제동을 할 때 휠 스피드 센서를 통하여 컴퓨터로 전달된 타이어의 감속도가 과대하여 타이어가 고착되는 순간 그 타이어의 브레이크 압력을 더 이상 증가시키지 않고 일정하게 유지시켜 적당한 점착력이 형성되어 제동 거리의 단축에 영향을 준다.

5.2.4. ABS 제어채널 종류

ABS는 4개의 바퀴를 제어하는데 뒷바퀴의 경우는 공동 제어하는 경우도 있으며, 4바퀴의 회전속도를 검출하여 4바퀴를 각각 제어하면 4센서 4채널이 되는 것이다.

[1] 4센서 4채널

4개의 센서와 4개의 제어채널을 가지고 있으며 각 바퀴를 개별적으로 제어하는 장치이다. 즉 브레이크 유압을 각 바퀴에 독립적으로 작용시키기 때문에 조향성능과 제동거리는 가장 우수하지만 비대칭 도로면(양쪽 바퀴가 놓여 있는 도로면의 마찰계수가 다른 도로면)에서는 방향안정성이 우수하지 못하다.

그 이유는 앞뒤 차축의 좌우바퀴에 작용하는 제동력이 다르므로 차체를 선회시키는 것과 같은 요 모멘트(yaw moment)가 크게 되기 때문이다. 따라서 대부분의 자동차는 4채널을 사용하더라도 자동차의 안정성을 위하여 뒷바퀴는 셀렉트 로우(select low)방식을 채택하고 있다.

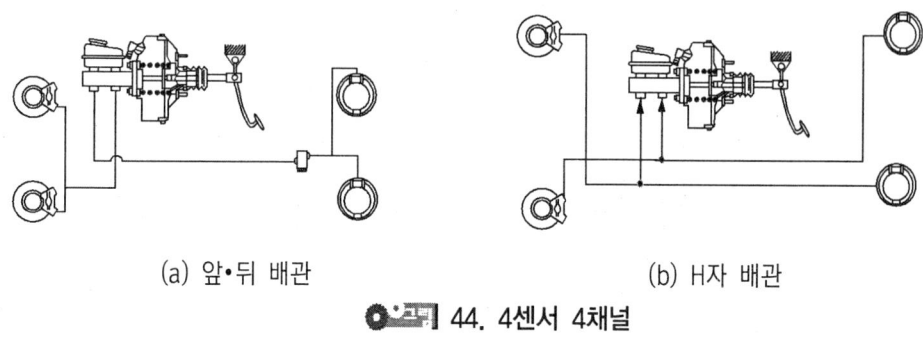

(a) 앞·뒤 배관　　　　　　　　　(b) H자 배관

그림 44. 4센서 4채널

[2] 4센서 3채널

4센서 3채널방식은 주로 앞·뒷바퀴 분배 배관방식(H형) 브레이크 라인을 사용하는 뒷바퀴 구동 자동차(FR)에서 주로 사용된다. 앞바퀴는 각각의 휠 스피드 센서 정보를 기초로 독립적으로 유압을 제어하지만 뒷바퀴는 각각의 휠 스피드 센서로부터의 정보를 통합하여 공통의 유압회로로 제어한다.

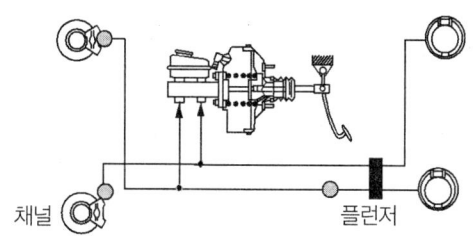

그림 45. 4센서 3채널 X배관

[3] 4센서 2채널

4센서 2채널방식은 X자형 배관 자동차의 간이장치이다. 앞바퀴는 독립적으로 제어되지만 뒷바퀴는 대각의 앞바퀴의 브레이크 유압이 프로 포셔닝밸브에서 일정한 비율로 감압된 상태로 전달된다. 또 비대칭 도로면에서 브레이크가 작동하면 높은 마찰계수에 있는 바퀴에서 발생하는 유압이 낮은 마찰계수에 있는 바퀴로 전달되므로 뒷바퀴가 고착된다.

한편 낮은 마찰계수에 있는 바퀴의 브레이크 유압은 낮기 때문에 높은 마찰계수에 있는 뒷바퀴를 고착시키지 못하므로 방향 안정성을 유지할 수 있다. 3채널, 4채널에 비하면 일반적으로 뒷바퀴의 제동력이 낮아 제동거리가 다소 길어지는 경향이 있으나 뒷바퀴의 미끄럼이 적어 안정성이 좋다.

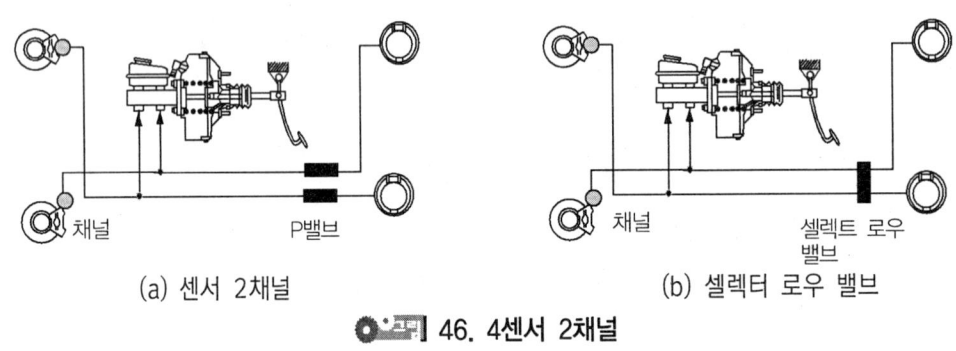

(a) 센서 2채널 (b) 셀렉터 로우 밸브

그림 46. 4센서 2채널

[4] 3센서 3채널

3센서 3채널방식은 주로 앞·뒷바퀴 분배 배관방식(H형) 브레이크 라인을 사용하는 뒷바퀴 구동 자동차(FR)에 주로 사용된다.

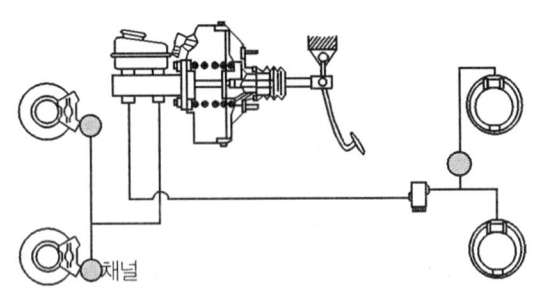

그림 47. 3센서 3채널 앞·뒤 배관

앞바퀴는 각각의 휠 스피드 센서 정보를 기초로 독립적으로 유압을 제어하지만 뒷바퀴는 1개의 센서(주로 종감속기어의 링 기어 부분에 설치)의 정보를 통합하여 받아들이고, 1개의 공통 유압회로로 제어한다. 따라서 이 경우 뒷바퀴는 근사적으로 셀렉트 로우방식으로 제어된다.

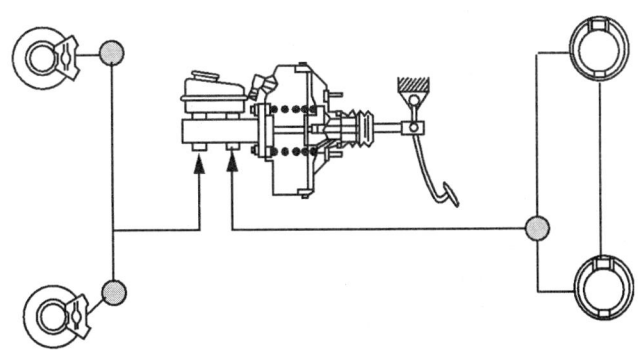

그림 48. 3센서 3채널 방식

[5] 1센서 1채널

1센서 1채널방식은 앞·뒷바퀴 분배 배관방식(H형) 자동차에서 뒷바퀴만 제어한다. 앞바퀴 쪽에는 센서가 없으며, 뒷바퀴의 종감속기어 부분에 1개의 센서를 설치하여 뒷바퀴의 상태를 검출한다.

급제동할 때 앞바퀴가 고착되면 조향 안정성을 얻을 수 없으며, 제동거리도 낮은 마찰계수의 도로면에서는 최적으로 제어를 하였을 경우에 비하여 늘어나는 단점이 있으나 균일한 마찰계수를 가지는 도로면에서는 방향 안정성을 얻을 수 있다.

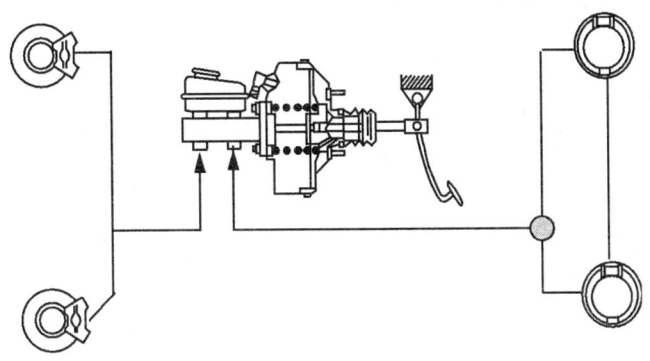

그림 49. 1센서 1채널

5.3. ABS의 구성부품

타이어의 회전속도를 감지하는 휠 스피드 센서에서 고착 예정 상태를 판단하여 감압 및 증압 명령을 내리는 컴퓨터, 컴퓨터의 명령에 의하여 휠 실린더의 유압을 제어하는 하이드롤릭 유닛(hydraulic unit) 등이 주요 구성부품이다.

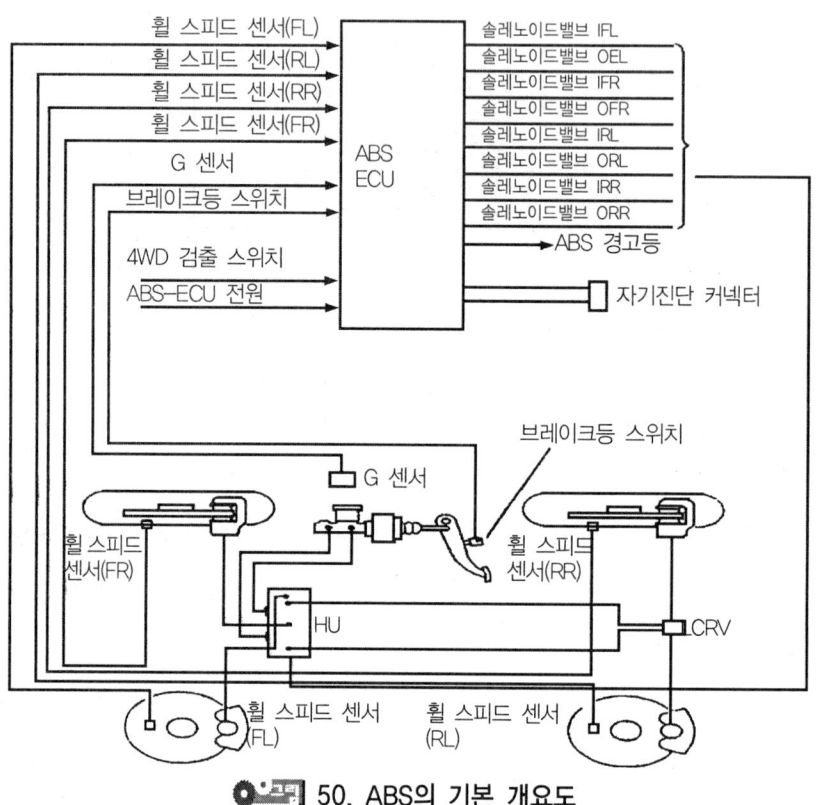

그림 50. ABS의 기본 개요도

5.3.1. 휠 스피드센서(wheel speed sensor)

휠 허브 또는 드라이브 샤프트에 있는 센서 로터는 휠 속도센서의 자장을 단속한다. 휠 속도변화에 따라 AC전압이 변화하며 이들 파장의 값을 ECU가 읽어 들여 4개의 개별 신호를 비교하여 제동감속을 검출하고 이 신호를 이용하여 ABS 하이드로릭 유닛을 ECU가 제어하여 ABS가 작동하는데 사용된다.

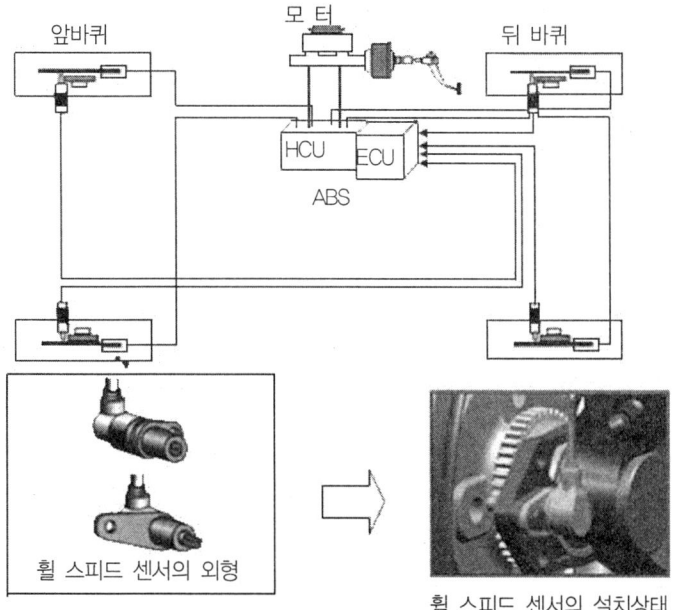

51. 휠 스피드센서의 구조

휠 스피드센서는 각 차륜 각각의 속도 및 가감속도를 연산할 수 있도록 톤 휠의 회전에 의해 검출된 데이터를 항상 ECU로 전달하여 속도 및 가감속도를 검출한다. 휠 스피드 센서의 종류에는 마그네틱 픽업 코일방식과 액티브센서 방식이 있다.

[1] 마그네틱 픽업코일 방식의 휠 스피드 센서

이 방식은 패시브(passive)센서 즉, 마그네틱 픽업코일방식을 이용한다. 예전의 ABS 휠 스피드센서로 사용하던 것으로 센서는 마그네트와 코일로 구성되어 있고 톤휠(tone wheel)에 0.2~1.1mm 정도의 작은 간극을 두고 설치된다.

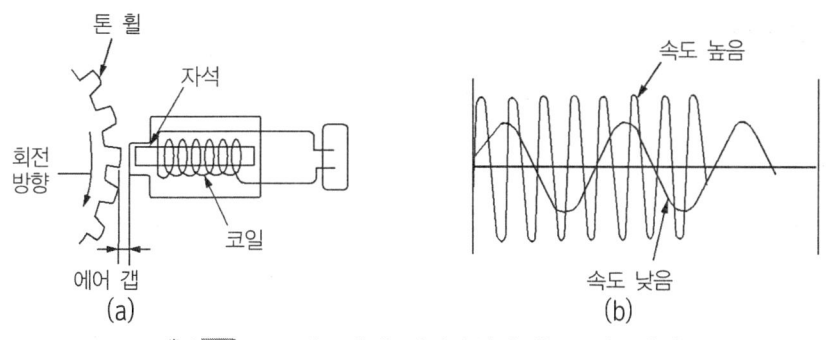

52. 마그네틱 픽업방식의 휠 스피드방식

휠 스피드 센서는 전자유도 작용을 이용한 것이며, 영구자석에서 발생하는 자속이 톤휠의 회전에 의해 코일에 교류전압이 발생한다. 교류전압은 톤휠의 회전속도에 비례하여 주파수가 변화하며 이 주파수에 의해 4바퀴 각각의 회전속도를 검출한다.

[2] 액티브 센서방식의 휠 스피드 센서

액티브(active)센서는 홀 IC를 이용한 방식과 MR IC를 이용한 방식이 있다. 자동차 전자제어장치에서 홀 센서라 부르는 것이 바로 홀 IC를 이용한 회전속도 검출방식인데 홀 IC를 이용한 액티브 휠 스피드 센서는 2선으로 구성되어 있다.

액티브 센서는 패시브 센서에 비해 여러 가지 장점이 있다. 먼저 센서의 크기가 작고, 바퀴의 회전속도를 0km/h까지도 검출이 가능하며. 간극의 변화에도 민감하지 않고 노이즈 내성도 우수하다. 그리고 패시브 센서의 출력형태는 아날로그 파형이나 액티브 센서의 경우는 디지털파형으로 출력된다. 원리는 반도체의 양 끝에 전류를 인가하고, 이와 수직방향의 자계를 인가할 경우, 반도체내에 전자이동이 편향되어 전위차가 발생한다.

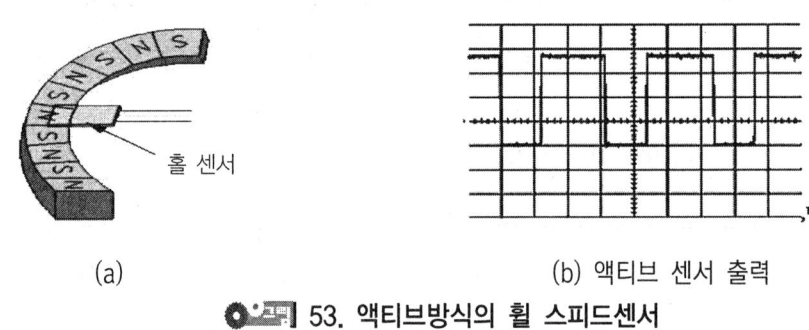

(a) (b) 액티브 센서 출력

그림 53. 액티브방식의 휠 스피드센서

5.3.2. G-센서(4WD)

자동차 앞 뒤 방향의 가속도를 검출하였을 때 전압 차이에 대응하는 신호를 컴퓨터로 입력시킨다.

5.3.3. 하이드롤릭 유닛(유압 조절기)

컴퓨터 제어신호에 의해서 각 휠 실린더로 가는 유압을 조절하여 타이어의 회전상태를 제동 제어한다.

그림 54. 하이드롤릭 유닛

(1) 솔레노이드밸브

컴퓨터에 의해 전류가 on일 때 코일에 발생된 자력에 의하여 플런저를 움직여 감압 모드를 수행하고 전류가 off되면 스프링 장력에 의하여 플런저가 다시 닫혀 증압 모드를 수행한다.

(2) 오일탱크

제동을 할 때 타이어가 고착되기 직전에 컴퓨터의 신호에 의해 솔레노이드밸브를 작동할 때 캘리퍼 내의 유압은 감압되며 이때 복귀된 브레이크 오일이 오일탱크로 들어가 저장된다.

(3) 어큐뮬레이터

ABS가 작동할 때 펌프로부터 토출된 고압의 브레이크 오일을 일시적으로 저장하여 유압의 맥동을 완화시키는 역할을 한다.

(4) 펌프

FL(front left)/RR(rear right), FR(front right)/RL(rear left)회로용 2개의 방사형 유압 발생 피스톤으로 구성되어 있으며, ABS가 작동할 때 유압을 발생시켜 압송하는 역할을 한다.

(5) 모터

모터는 12V DC 4극으로 구성되어 있으며 모터 축에 압입된 편심 캠의 회전으로 피스톤 펌프를 작동시키는 역할을 한다.

그림 55. 하이드로릭 모터

(6) 컴퓨터

컴퓨터는 ABS제어 기능을 실행하는 사령탑으로 안전성과 직접 연결되는 만큼 매우 높은 신뢰성이 요구된다. 휠 스피드 센서 신호를 입력 처리하는 입력 증폭회로, 제어를 위한 연산과 페일 세이프(fail safe)를 실행하는 ABS제어 및 안전회로 및 하이드롤릭 유닛의 구동을 실행하는 출력회로, 전압을 일정하게 유지하는 전압 조정회로 및 고장을 기억하는 페일 메모리(fail memory)회로 등으로 구성되어 있다.

주요 연산부는 2개의 마이크로컴퓨터(micro computer)를 사용하여 컴퓨터사이의 신호 이상을 감지하고 센서, 액추에이터 등의 고장진단 기능을 지니고 있으며, 고장이 발생한 경우에도 페일세이프 기능이 작동하여 통상의 브레이크로 작동하도록 한다.

1) 입·출력 신호

입력신호와 출력신호의 관계는 각 휠 스피드센서에서 신호를 받아 컴퓨터 내의 프로그램에 의해 연산을 실행하여 하이드롤릭 유닛 및 경고등에 대하여 제어 신호를 출력 제어한다.

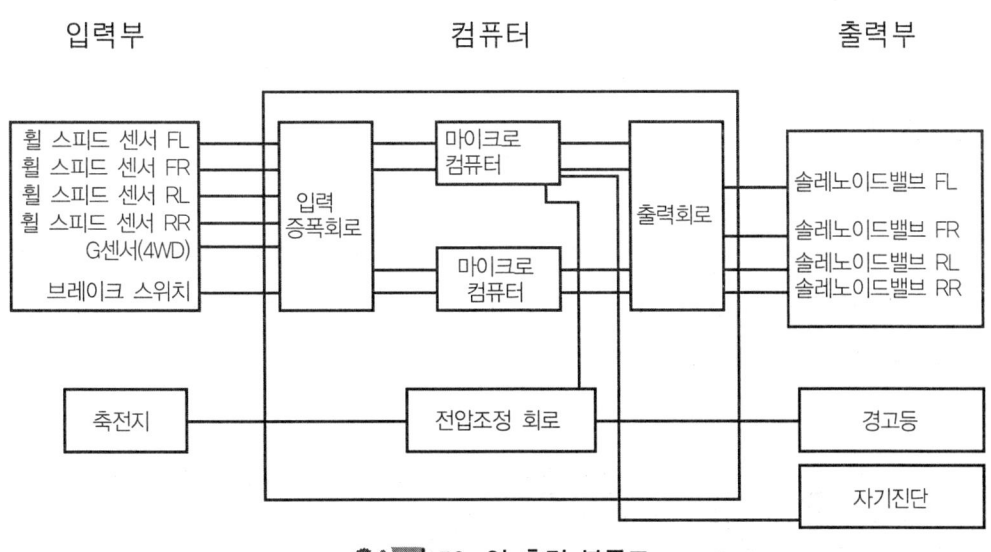

그림 56. 입·출력 블록도

2) 마이크로컴퓨터의 연산

컴퓨터는 4개의 휠 스피드 센서의 신호 또는 G-센서(4WD의 경우)의 신호에 의하여 각각의 타이어 가·감속도를 연산하여 타이어의 슬립상태를 판단하고 상태에 맞춰서 하이드롤릭 유닛 내의 솔레노이드밸브에 대한 증압·감압 모드를 결정하여 제어 신호를 출력한다.

3) 최초 점검기능

엔진을 시동한 후 자동차 주행속도가 약 6km/h 정도에 도달하면 하이드롤릭 유닛의 각 솔레노이드밸브, 휠 스피드 센서, 모터펌프 및 하니스 와이어링(harness wiring)에 대한 전기적 점검을 실행하여 이상 유무를 진단한다.

4) 페일 세이프

컴퓨터 신호계통, 하이드롤릭 유닛계통 및 컴퓨터 본체에 이상이 발생한 경우 페일 세이프 회로는 솔레노이드밸브로 전원을 공급하는 릴레이를 off시킴과 동시에 제어 신호 출력을 정지하고 경고등을 점등시켜 운전자에게 ABS 이상을 알리며, 이 경우 ABS를 설치하지 아니한 자동차와 동일한 조건으로 통상 브레이크 기능을 확보한다.

5.3.4. ABS 작동원리

[1] ABS가 작동하지 않을 때

ABS가 작동하지 않는 통상 브레이크의 경우에는 ABS-컴퓨터로부터 솔레노이드밸브 in, out에 통전이 되면 각 솔레노이드밸브는 off상태가 된다. 이때 솔레노이드밸브는 스프링의 작용에 따라 in은 열리고, out는 닫힌다.

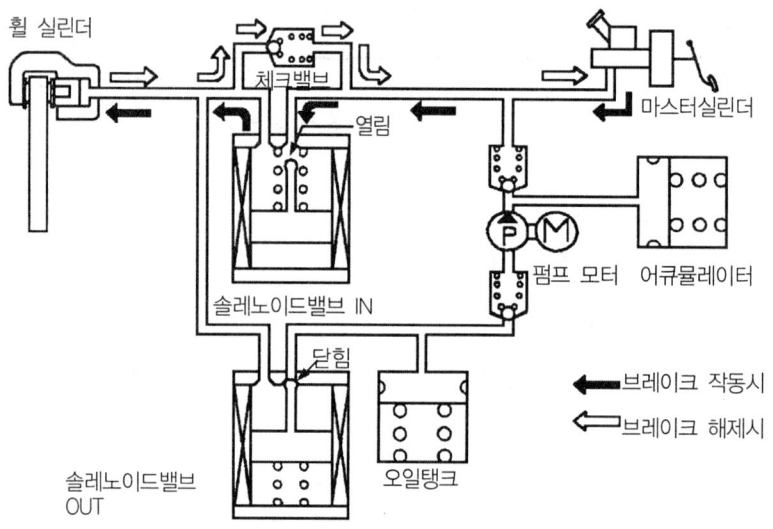

솔레노이드밸브	통전상태	밸브개폐	개폐 통로
in	off	열림	마스터실린더 ↔ 캘리퍼
out	off	닫힘	캘리퍼 ↔ 오일탱크

그림 57. ABS가 작동하지 않을 때

브레이크 페달을 밟으면 마스터실린더의 유압은 솔레노이드밸브를 지나 캘리퍼에 도달하며 제동이 된다. 그 후에 브레이크 페달을 놓으면 마스터실린더내의 유압은 낮아지고 오일은 솔레노이드 in 및 체크밸브를 지나 마스터실린더로 돌아오면 제동이 해제된다.

[2] ABS작동(유압 감소)

급제동을 할 때 타이어가 고착되려고 하면 ABS-컴퓨터는 유압을 감압시키는 신호를 솔레노이드밸브에 출력시키므로 각 솔레노이드밸브는 on이 된다. 이때 솔레노이드밸브 in이 닫혀 마스터실린더로부터 오일회로를 차단한다. 또한 솔레노이드밸브 out는 열려 캘리퍼로부터 오일탱크로의 오일회로를 연다. 따라서 캘리퍼 내의 유압은 솔레노이드밸브 Out를 지나 오일탱크에 도달하고 감압하게 된다.

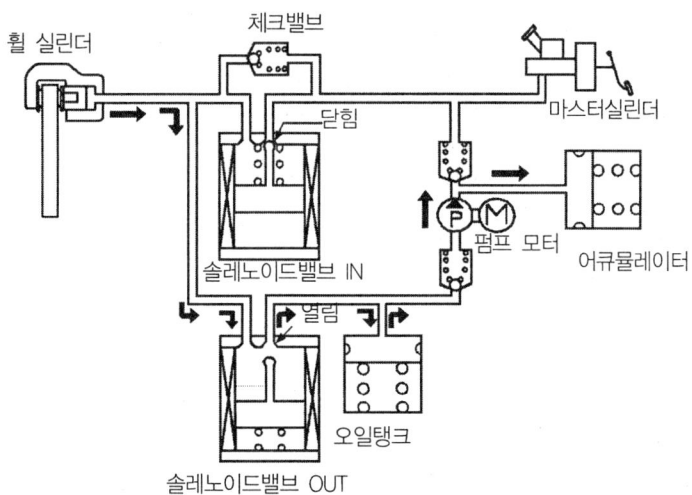

솔레노이드밸브	통전상태	밸브개폐	개폐 통로
in	on	닫힘	마스터실린더 ↔ 캘리퍼
out	on	열림	캘리퍼 ↔ 오일탱크

58. 유압감소

[3] ABS작동(유압유지)

브레이크 캘리퍼의 유압이 최종적인 상태까지 유압이 감소되면 ABS-컴퓨터는 유압을 유지시키는 신호를 솔레노이드밸브에 출력시켜 솔레노이드밸브 in은 on이 되고, out은 off된다. 이때 솔레노이드밸브 in과 out은 모두 닫혀 오일 회로가 차단되기 때문에 캘리퍼 내의 유압은 유지가 된다.

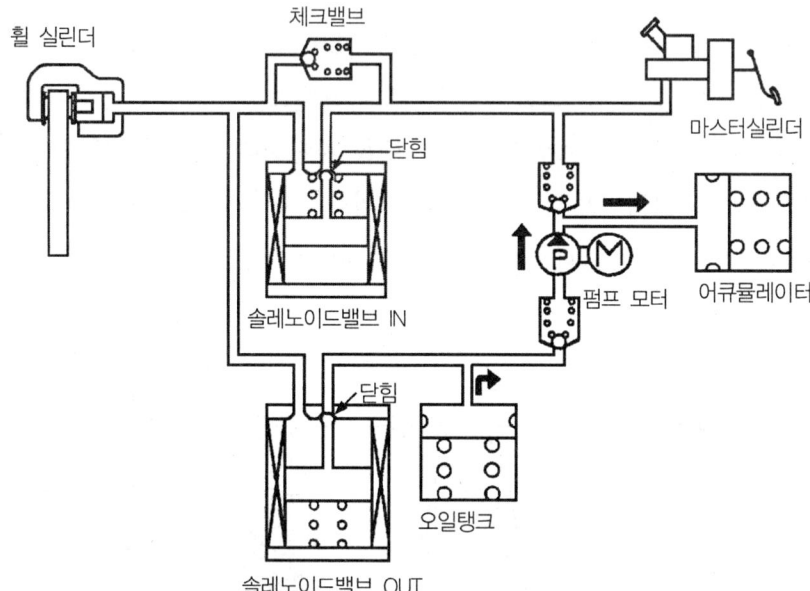

솔레노이드밸브	통전상태	밸브개폐	개폐 통로
in	on	닫힘	마스터실린더 ↔ 캘리퍼
out	off	닫힘	캘리퍼 ↔ 오일탱크

그림 59. 유압유지

[4] ABS작동(유압 증가)

ABS-컴퓨터가 타이어에 고착 현상이 없다고 판단되면 ABS-컴퓨터는 솔레노이드밸브에 통전을 차단한다. 따라서 각 솔레노이드밸브는 off되고 펌프 모터에 의한 유압은 솔레노이드밸브 in을 거쳐 브레이크 캘리퍼에 도달하여 증압이 된다.

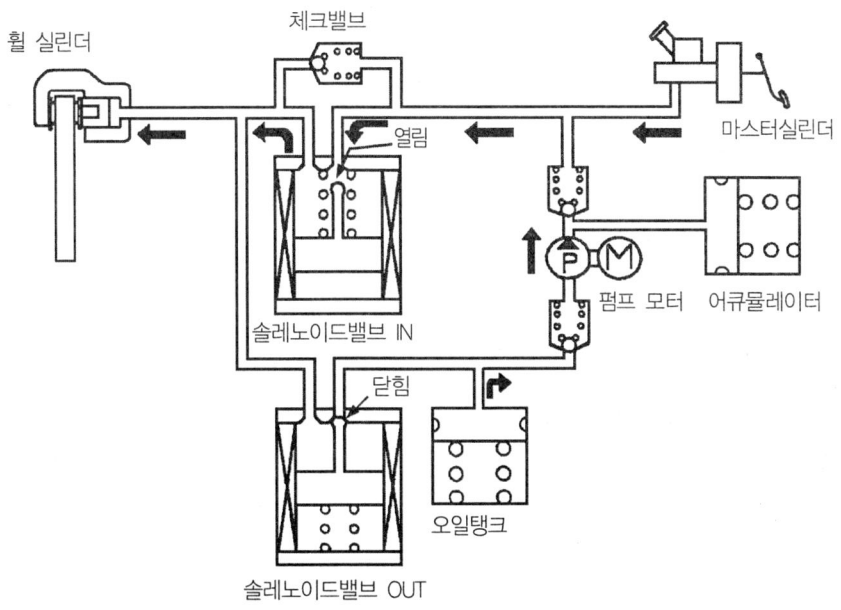

솔레노이드밸브	통전상태	밸브개폐	개폐 통로
in	off	열림	마스터실린더 ↔ 캘리퍼
out	off	닫힘	캘리퍼 ↔ 오일탱크

그림 60. 유압 증가

5.4. EBD(electronic brake-force distribution control)

5.4.1. EBD의 필요성

주행 중 급제동을 하면 자동차 무게의 이동으로 인하여 뒷바퀴가 앞바퀴보다 먼저 고착되어 자동차 스핀발생으로 인한 사고를 일으킬 수 있다. 그러므로 이에 대한 대응 방법으로 P밸브(proportioning밸브-승용자동차에 부착)나 또는 LCRV(load conscious reducing valve), LSPV(load sensing proportioning valve-소형 상용 자동차에 부착)을 설치하여 뒷바퀴의 유압을 앞바퀴 보다 감소시켜 뒷바퀴가 먼저 고착되는 것을 방지하였다.

그러나 이것들은 모두 기계적 장치이므로 이상적인 뒷바퀴의 유압 분배는 실현하지 못하였다.

특히 소형 상용자동차에 설치한 LCRV 및 LSPV는 자동차의 하중에 따른 뒤 브레이크의 유압을 어느 정도 분배를 하였으나 승용자동차에 설치한 P밸브는 무게 증가에 따른 제동력을 배분을 실행하지 못하여 제동력 열세가 문제점으로 지적된다.

또한 브레이크 라이닝 및 패드의 마찰재료 산포에 따라 각 바퀴에서 발생되는 제동력의 차이가 발생하여 각 바퀴에 따라 이상적으로 제동하기 위한 요구 유압 분배곡선은 차이가 발생하지만 기계적인 P밸브나 LCRV 또는 LSPV만 가지고는 일정한 유압 분배 곡선만 유지되어 이상적인 제동을 수행할 수 없다.

그리고 P밸브나 LCRV 또는 LSPV 등이 고장을 일으켰을 때 운전자가 알 수 없으며, 이것들이 고장이 발생하면 급제동을 할 때 차체의 스핀이 발생할 수 있다. 이런 문제점을 해소하기 위해 뒷바퀴와 앞바퀴를 동일하게 제어하거나 또는 뒷바퀴가 늦게 고착되도록 ABS의 컴퓨터가 제어하는 방식을 EBD(전자 제동력 분배제어)라 한다.

5.4.2. EBD의 원리

기존의 P밸브 대신 ABS 컴퓨터에 논리(logic)를 추가하여 뒷바퀴 제동력을 요구 유압 분배곡선(이상 제동 배분곡선)에 가깝게 제어한다. 즉, 제동할 때 각각의 휠 스피드 센서로부터 슬립률을 연산하여 뒷바퀴 슬립률을 앞바퀴보다 항상 작거나 동일하게 유압을 제어한다. 따라서 뒷바퀴의 고착이 앞바퀴 보다 먼저 일어나지 않는다.

그림 61(a)의 ⓐ부분만큼 뒷바퀴 유압을 크게 할 수 있어 제동력이 향상되며, 마찰재료 산포에 따른 각 바퀴의 요구 분배 곡선으로 제동력을 조절할 수 있어 전체 제동력이 향상된다.

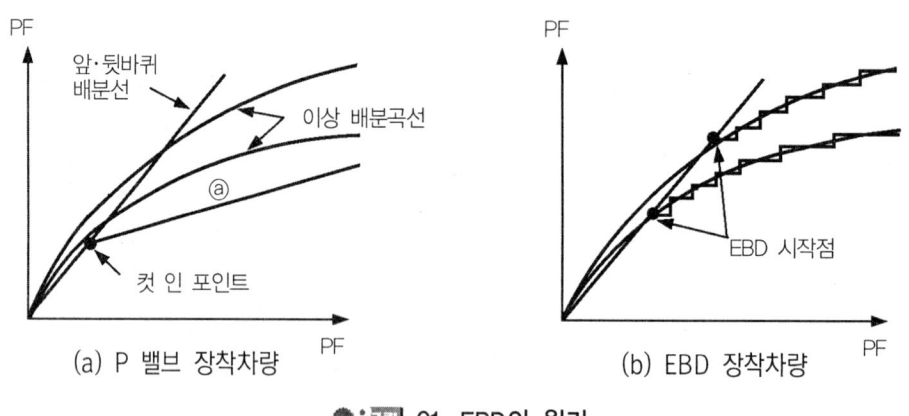

그림 61. EBD의 원리

5.4.3. 작동과 효과

[1] EBD의 작동

뒷바퀴가 앞바퀴보다 먼저 고착되기 직전에 ABS 컴퓨터는 고착되려는 바퀴 쪽의 NC밸브를 ON(열림)으로 하여 고착되려는 바퀴의 브레이크 유압을 감소시켜 고착을 방지한다. 이때 제동력이 감소하여 바퀴가 회전하면 다시 NC밸브를 OFF(닫음)하여 가해진 유압을 캘리퍼로 전달한다. 이때 모터펌프는 작동하지 않는다.

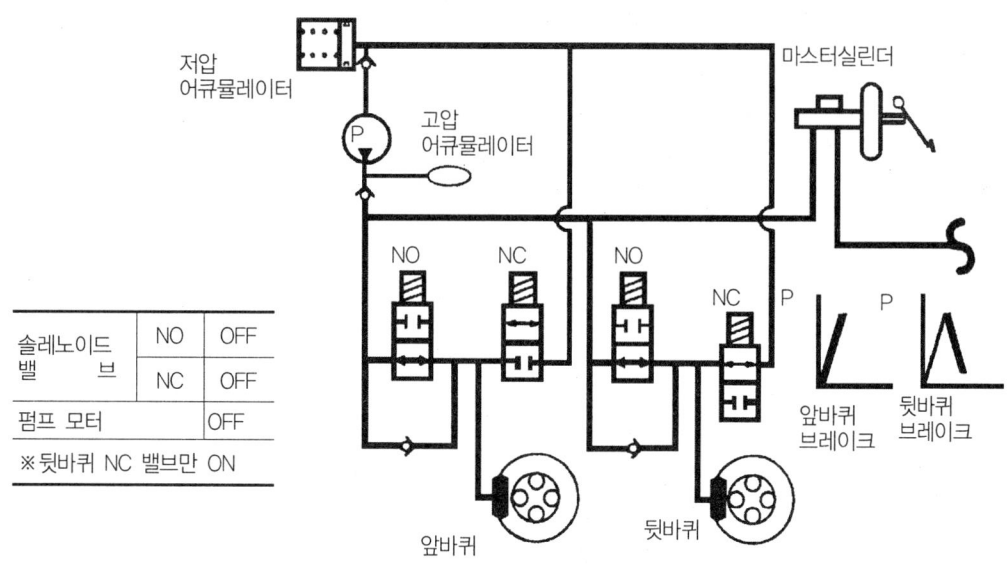

그림 62. EBD의 작동

[2] EBD의 효과

기존의 P밸브보다 뒷바퀴의 제동력을 향상시키므로 제동 거리가 단축되며, 또한 뒷바퀴의 유압을 각각 독립제어가 가능하므로 선회하면서 제동할 때 안정성이 확보된다. 그리고 브레이크 페달 밟는 힘이 감소하며, 제동할 때 뒷바퀴의 제동 효과가 증가하므로 앞바퀴 브레이크 패드 마모 및 온도상승 등이 감소하여 안정된 제동효과를 얻을 수 있다. EBD만 설치한 경우와 EBD와 P밸브를 함께 설치한 경우의 효과는 다음과 같다.

	EBD만 설치한 경우	EBD와 P밸브를 함께 설치한 경우
일반 성능 비교	자동차의 무게가 무겁고, 고속인 상태에서 급제동을 하면 30bar보다 훨씬 큰 압력 제어가 가능하므로 이상적인 뒤 브레이크 유압 분배가 가능하다.	자동차의 무게가 무겁고, 고속인 상태에서 급제동을 하면 30bar보다 훨씬 큰 압력의 제어가 요구되지만 P밸브가 30bar 정도의 압력에서 유지시키므로 EBD기능이 한정된다.
고장이 발생하였을 때	일반적인 브레이크로 전환되지만 P밸브가 없어 스핀발생이 염려된다.	일반적인 브레이크로 전환되며, P밸브는 계속 작동되어 자동차의 스핀을 방지한다.

[3] EBD의 안정성

ABS의 고장원인 중 다음과 같은 사항에서도 EBD는 계속 작동하므로 ABS보다 고장률이 감소된다.

① 휠 스피드 센서 1개 고장

② 모터펌프 고장

③ 전압저하 고장

또한 P밸브가 고장을 일으켰을 때 운전자가 알 수 있는 경고장치가 없어 고장 여부를 알 수 없으며, 만약 고장인 상태에서 급제동을 하면 차체의 스핀이 발생할 수 있으나 EBD가 고장일 때에는 기존의 주차 브레이크 램프를 점등시켜 운전자에게 경고한다. 그리고 EBD의 페일 세이프(fail safe)는 다음과 같다.

고장 원인	EBD 제어 계통		경고등	
	ABS	EBD	ABS	EBD
none	작동	작동	OFF	OFF
센서 1개 고장	비 작동	작동	ON	OFF
모터 펌프 고장	비 작동	작동	ON	OFF
전압 저하 고장	비 작동	작동	ON	OFF
센서 2개 이상 고장 밸브 고장, 컴퓨터 고장 기타 고장	비 작동	비 작동	ON	ON

5.5. 경고등 제어

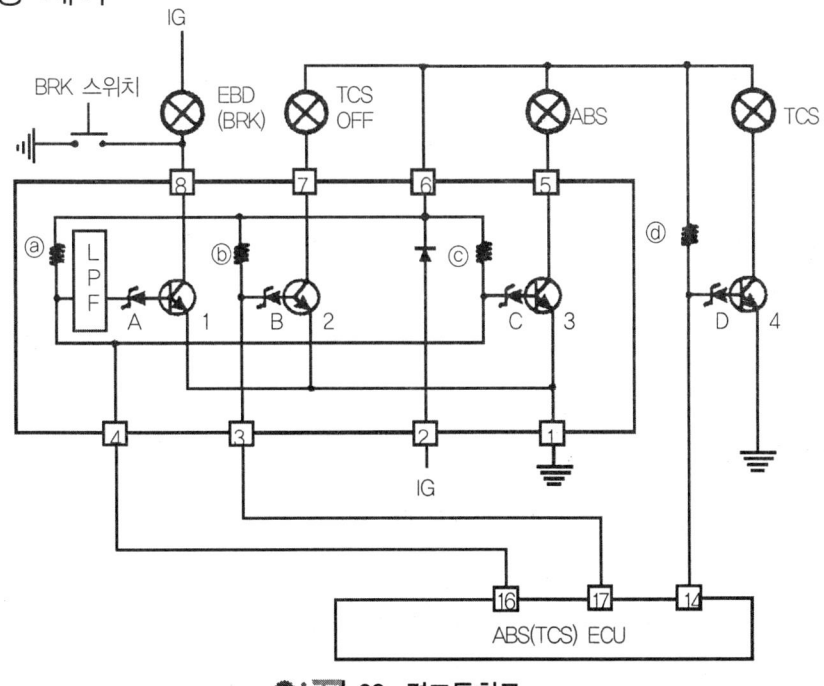

63. 경고등회로

5.5.1. TCS(TCS)기능 경고등

① TCS제어 중에 점등된다.
② ABS 컴퓨터 14번이 접지되면 저항 ⓓ를 통과한 전류는 ABS 컴퓨터 14번을 통하여 접지되므로 제너 다이오드 D를 통과하지 못하여 트랜지스터 4가 작동하지 않으므로 경고등은 소등된다(평상 제동 - TCS 비 제어 상태).
③ TCS를 제어 중일 때에는 ABS 컴퓨터 14번의 접지를 차단한다.
④ 저항 ⓓ를 통과한 전류는 제너 다이오드 D를 거쳐 트랜지스터 4를 작동시킨다.
⑤ 트랜지스터 4의 작동으로 TCS의 경고등은 접지가 연결되므로 점등된다.
⑥ ABS 컴퓨터의 커넥터를 분리할 때에도 14의 접지 차단과 같이 점등된다.

5.5.2. TCS OFF 경고등

① TCS OFF 스위치에 의해 TCS를 OFF로 선택하였을 때 점등한다.
② TCS에 고장이 발생하면 점등된다.

③ ABS 컴퓨터 17번을 접지하였을 때 저항 ⓑ를 통과한 전류는 ABS 컴퓨터 17번을 통하여 접지되므로 제너 다이오드 B를 통과하지 못하여 트랜지스터 2가 작동하지 않으므로 TCS OFF 경고등은 소등된다(정상상태 및 TCS OFF를 선택하지 않은 경우).

④ TCS OFF를 선택하거나 장치에 고장이 발생하면 ABS 컴퓨터 14번의 접지를 차단한다.

⑤ 저항 ⓑ를 통과한 전류는 제너 다이오드 B를 거쳐 트랜지스터 2를 작동시킨다.

⑥ 트랜지스터 2의 작동으로 TCS OFF 경고등은 접지가 연결되므로 점등된다.

⑦ ABS 컴퓨터 커넥터를 분리할 때에도 17번의 접지 차단과 같이 점등된다.

5.5.3. ABS 및 EBD 동시점등

① ABS의 고장이나 EBD를 동시에 제어가 불가능할 때 ABS 및 EBD경고등이 점등된다.

② ABS 컴퓨터 16번이 접지되었을 때 저항 ⓐ를 통과한 전류는 ABS 컴퓨터 16번을 통하여 접지되므로 제너 다이오드 A를 통과하지 못하여 트랜지스터 1이 작동하지 않으므로 EBD 경고등은 소등된다. 또한 저항 ⓒ를 통과한 전류도 ABS 컴퓨터 16번을 통하여 접지되므로 제너 다이오드 C를 통과하지 못하여 트랜지스터 3이 작동하지 않으므로 ABS 경고등도 소등된다(정상인 경우).

③ ABS와 EBD 동시 점등조건이 발생하면 ABS 컴퓨터 16번의 접지를 차단한다. 이때 저항 ⓐ를 통과한 전류는 제너 다이오드 A를 통과하여 트랜지스터 1을 작동시킨다. 트랜지스터 1의 작동에 의해 EBD 경고등은 접지와 연결되어 점등된다. 또한 저항 ⓒ를 통과한 전류도 제너다이오드 C를 통과하여 트랜지스터 3을 작동시킨다. 트랜지스터 3의 작동에 의해 ABS 경고등도 접지와 연결되어 점등된다.

④ ABS 컴퓨터 커넥터를 분리할 때에도 16번의 접지 차단과 같은 조건이 되어 ABS 및 EBD 경고등이 점등된다.

5.5.4. ABS 경고등 ON 및 EBD 경고등 OFF

① ABS 경고등 ON, EBD 경고등 OFF 조건이 발생하면 ABS 컴퓨터는 고주파 신호로 접지제어를 실행한다.

② 컴퓨터 구동신호
  ㉮ ABS 경고등은 200µs 동안만 경고등이 OFF되므로 ABS 경고등은 연속적으로 점등되어 있다.
  ㉯ EBD 경고등은 로우 패스 필터가 삽입되어 있으므로 고주파가 입력될 경우 이 필터를 통과하지 못하여 트랜지스터 1을 작동시키지 못해 EBD 경고등은 점등되지 않는다.

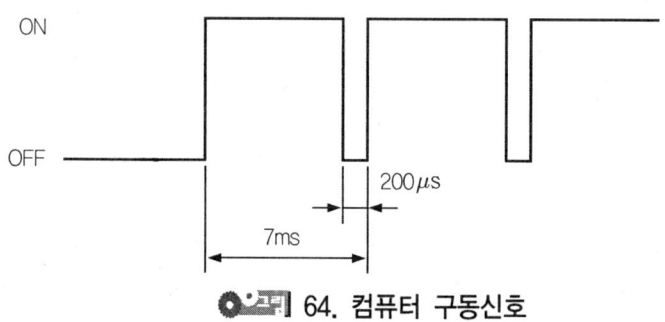

그림 64. 컴퓨터 구동신호

6 BAS, VDCS, TCS

6.1. BAS(brake assist system)
6.1.1. 브레이크 보조시스템(BAS)의 개요

BAS는 브레이크 보조장치를 말하며, 자동차가 비상상태일 때 갑작스러운 브레이크 작동을 보정해 준다. 이 장치의 개발은 운전자들이 급제동을 하더라도 브레이크 페달을 약하게 밟는 경향이 많다는 것에서 착안하여 자동차의 상태가 비상 브레이크 상태임을 파악하면 브레이크 진공부스터의 모든 동력을 모아서 즉시 유압이 가해질 수 있도록 만든 것이다.

실험을 통해 BAS는 100km/h로 주행 중 급브레이크를 하였을 때 제동거리를 73m에서 43m로 줄일 수 있었다고 한다. 현재 사용되는 BAS는 기계방식과 전자방식이 있으며 기계방식은 진공부스터 안에 부품을 추가로 설치하였으며, 전자방식은 기존의 ABS/VDC에 소프트웨어만 추가하였다.

　　　　(a)　　　　　　　　　　　(b)

　　　　　그림 65. BAS의 구조

6.1.2. BAS의 사용목적

　ABS를 설치한 자동차의 증가와 더불어 사고방지 효과가 미흡했고, 긴급한 상황에서는 충분한 제동력이 부족하였으며, 여성 운전자와 노약자 운전자의 증가로 인해 급하게 브레이크를 작동을 할 때 충분한 제동력을 확보하기 위한 장치가 필요하게 되었다. 따라서 BAS는 긴급한 상황에서 충분한 제동력을 확보하는데 그 목적이 있다.

6.1.3. BAS의 장점 및 특징

[1] BAS의 장점

① 일정한 힘 이하로 브레이크페달을 밟는 힘이 약할 때 추가적으로 배력이 발생한다.
② 브레이크 페달을 밟는 힘이 부드럽다.
③ 2단계 배력비율이 발생한다.

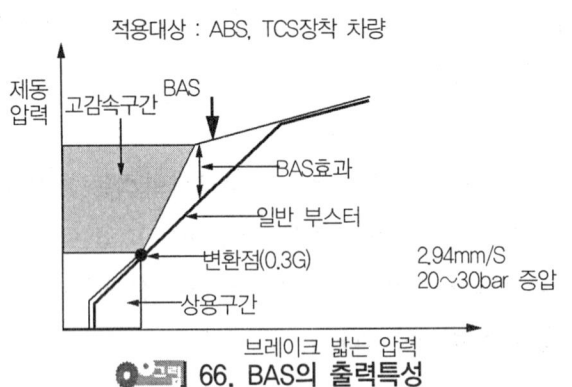

그림 66. BAS의 출력특성

[2] BAS의 특징
① BAS는 ABS를 설치한 자동차에만 사용된다.
② 일정한 페달 밟는 힘까지는 기존과 동일하다
③ 과도한 브레이크 사용에서는 빈번한 ABS작동이 나타날 수 있다.
④ 브레이크 효과는 기존과 같거나 또는 향상된다.

6.1.4. BAS의 종류

BAS는 기계방식과 전자방식으로 분류된다. 기계방식은 브레이크 부스터 내부에 설치되고 전자방식은 VDC에 소프트웨어를 추가한 것이다.

[1] 기계방식 BAS

기계방식 BAS는 기존에 진공부스터에 추가로 진공라인을 설치한 것이라고 보면 된다. 즉 기존의 진공부스터는 브레이크 페달을 밟기 전에는 진공 막을 사이에 두고 양쪽이 진공상태로 유지되다가 브레이크 페달을 밟으면 한쪽은 진공상태이고, 다른 한쪽은 대기가 통해 그 압력 차이에 의해서 브레이크에 배력효과를 준다.

기계방식 BAS의 경우는 1차로 배력이 된 후에 2차로 추가 배력효과를 주는 방식이다. 이렇게 압력 차이를 크게 유도할 수 있는 별도의 진공라인을 설치했기 때문이다. 이런 이유로 BAS를 2-비율 부스터(ratio booster)라 부르기도 한다.

(1) 기계방식 BAS의 구성부품

기계방식 BAS의 내부구조는 리액션 디스크(reaction disc), 진공밸브, 출력로드, 입력로드, 플런저 등으로 구성된다.
① 플런저 : 브레이크가 작동될 때 작용하여 대기실과 진공실을 차단하는 포핏밸브를 밀어 포핏밸브에 의해 진공실과 대기실을 차단시킨다.
② 입력로드 : 브레이크 페달을 밟으면 푸시로드가 밀리며, 이 푸시로드가 입력로드를 밀고, 입력로드가 플런저를 민다.
③ 출력로드 : 입력로드에 의해 밀린 푸시로드가 끝가지 밀리면 마스터실린더에서 유압을 발생시키는데 일조한다.
④ 리액션 디스크 : 브레이크 페달을 놓을 때 작용하여 복귀를 원활히 한다.

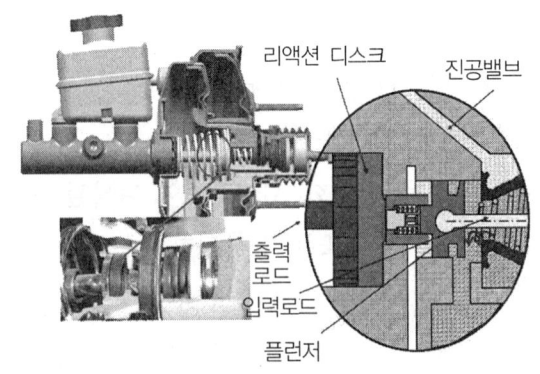

그림 67. 기계식 BAS의 내부구조

⑤ 진공밸브 : 브레이크가 작동할 때 진공실에 진공이 유입되지 않도록 차단한다.

[2] 전자방식 BAS

전자방식 BAS는 HBA(hydraulic brake assist)라고도 부르며, VDS를 설치한 자동차에서만 사용된다. 즉, 기존에 VDS작용을 활용한 것으로 운행 중 긴박한 상황에서 VDS 스스로 브레이크 유압을 만들어내어 해당 바퀴에 브레이크를 작용시켰지만, 전자방식 BAS는 운전자가 급브레이크를 작동시켰는데도 원하는 시간에 브레이크 유압이 측정되지 않으면 내부적으로 설치된 제동유압 감지센서에 의해 급제동 여부를 판단하여 급제동일 경우 ESP의 HECU가 제동유압을 강제적으로 급격히 상승시킨다. 그리고 유압 피드백은 압력센서로부터 모니터링 한다.

(a) ESP HECU

(b) 압력센서

그림 68. 전자식 BAS

(1) 전자식 BAS의 효과
① 제동거리를 단축시킬 수 있다.
② 운전자별 제동거리 편차를 줄일 수 있다.
③ 급브레이크를 작동시킬 때 브레이크 유압이 증가한다.
④ 소프트웨어(software)만 추가하면 사용이 가능하다.

(2) 전자식 BAS 압력변화
① 급브레이크에 필요한 유압 : 80bar
② BAS 진입조건 : 0.7bar/1ms의 기울기
③ 제어유압 : 40~80bar
④ 증가유압 : 150bar
⑤ 일반운전자가 페달을 밟았을 때의 유압 : 100~150bar

(3) 마스터실린더 압력센서
① ESP작동 중에 운전자의 브레이크 답력을 감지
② 예비 브레이크 압력을 조절
③ 작동압력 : 저속 7km/h & 20bar 이상
④ 최대 측정압력 : max 170bar
⑤ 작동시 : 1100bar/sec

6.2. VDCS(vehicle dynamic control system)
6.2.1. 차체자세제어장치 시스템(VDCS)의 개요

VDCS는 스핀(spin) 또는 언더 스티어링(under steering) 등의 발생을 억제하여 이로 인한 사고를 미연에 방지하는 장치이다. 이 장치는 자동차에 스핀이나 언더 스티어링 등이 발생하면 자동적으로 안쪽바퀴나 바깥쪽 바퀴에 제동을 가하여 자동차의 자세를 제어하여 안정된 상태를 유지하며(ABS 연계 제어), 스핀 한계 직전에서 자동 감속하며(TCS 연계 제어) 이미 발생한 경우에는 각 바퀴 별로 제동력을 제어하여 스핀이나 언더 스티어링의 발생을 미연에 방지하여 안정된 운행을 도모한다.

VDCS는 요 모멘트제어, 자동 감속제어, ABS(anti lock brake system) 및 TCS (traction control system)제어 등에 의하여 스핀방지, 오버 스티어링 방지, 굴곡도로를 주행을 할 때 요잉(yawing)발생 방지, 제동할 때 조정 안정성 향상, 가속할 때 조종 안정성을 향상 등의 효과가 있다. 이 장치는 브레이크 제어방식의 TCS에 요 레이트 센서(yaw rate sensor), G센서, 마스터실린더 압력센서 등을 추가시킨 것이다.

주행속도(車速), 조향핸들 각속도 센서, 마스터실린더 압력센서 등으로부터 운전자의 조종 의지를 판단하고 요 레이트 센서, G센서로부터 차체의 자세를 계산하여 운전자가 별도로 제동을 하지 않아도 4바퀴를 개별적으로 자동 제동하여 자동차의 자세를 제어하여 모든 방향(앞·뒤 및 옆방향)에 대한 안정성을 확보한다. 또한 타이어의 공기 압력이 변화하면 지름이 변화되어 휠 스피드 센서의 값이 변화한다. 이를 감지하여 경고등을 점등하는 TPW(tire pressure warning)도 포함되어 있다.

[1] 요 모멘트(yaw moment)

요 모멘트란 차체(車體)의 앞뒤가 좌·우 또는 선회할 때 안쪽·바깥쪽 바퀴 쪽으로 이동하려는 힘을 말한다. 요 모멘트로 인하여 언더 스티어링, 오버 스티어링, 횡력(drift out) 등이 발생하며 이로 인하여 주행 및 선회할 때 자동차의 주행 안정성이 저하된다. VDCS는 주행 안정성을 저해하는 요 모멘트가 발생하면 브레이크를 제어하여 반대방향의 요 모멘트를 발생시켜 서로 상쇄되도록 하여 자동차의 주행 및 선회 안정성을 향상시킨다. 또한 필요에 따라서 엔진의 출력을 제어하여 선회 안정성을 향상시키기도 한다.

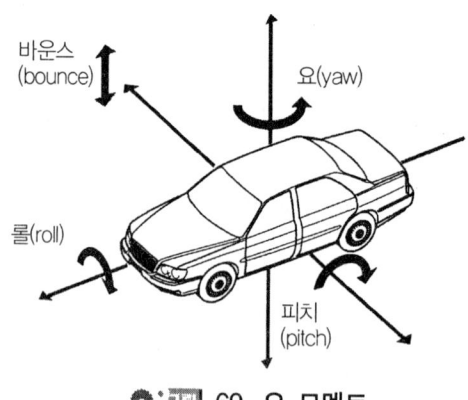

그림 69. 요 모멘트

6.2.2. VDCS 제어의 개요

조향핸들 각속도 센서, 마스터실린더 압력센서, 차속센서, G센서 등의 입력 값을 연산하여 자세 제어의 기준이 되는 요 모멘트와 자동 감속제어의 기준이 되는 목표 감속도를 산출하여 이를 기초로 4바퀴의 각각 제동압력과 엔진 출력을 제어한다.

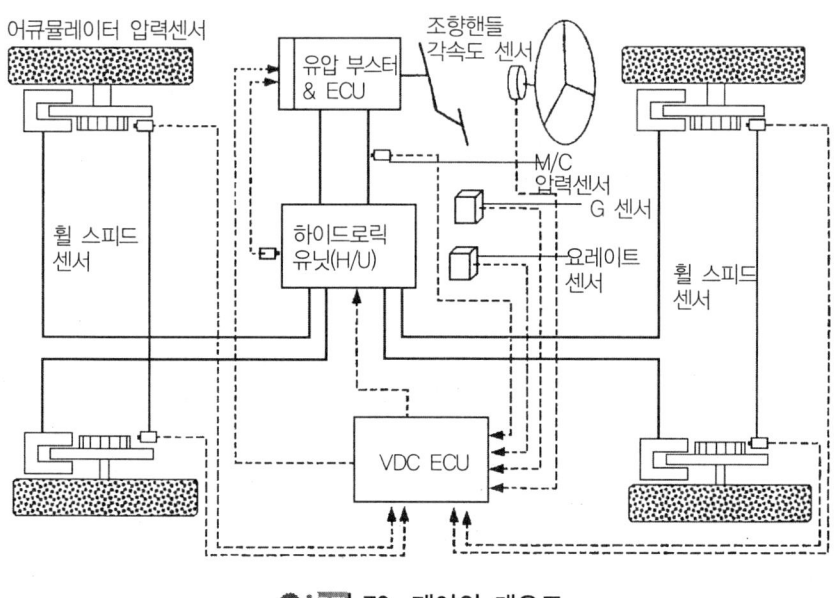

그림 70. 제어의 개요도

6.2.3. VDCS제어의 종류

VDCS의 제어 종류에는 요 모멘트 제어, 자동 감속제어, ABS제어, TCS제어, 타이어 공기 압력저하 경고등 기능이 있다.

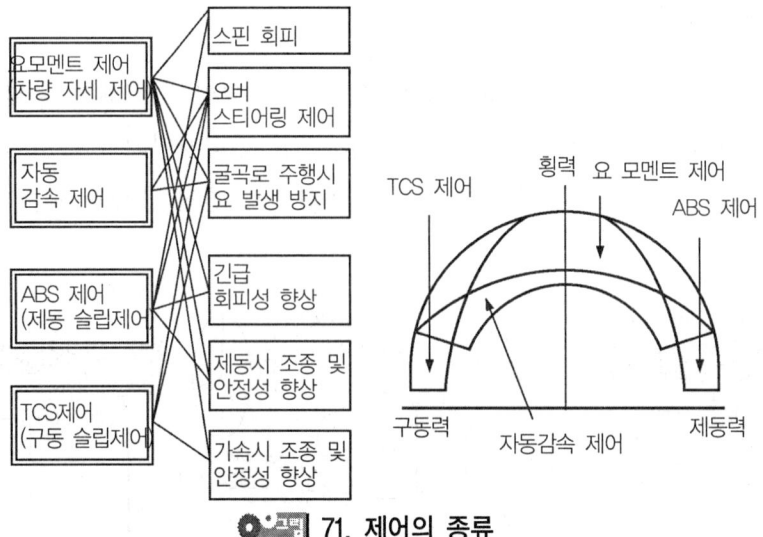

그림 71. 제어의 종류

6.2.4. VDCS의 구조

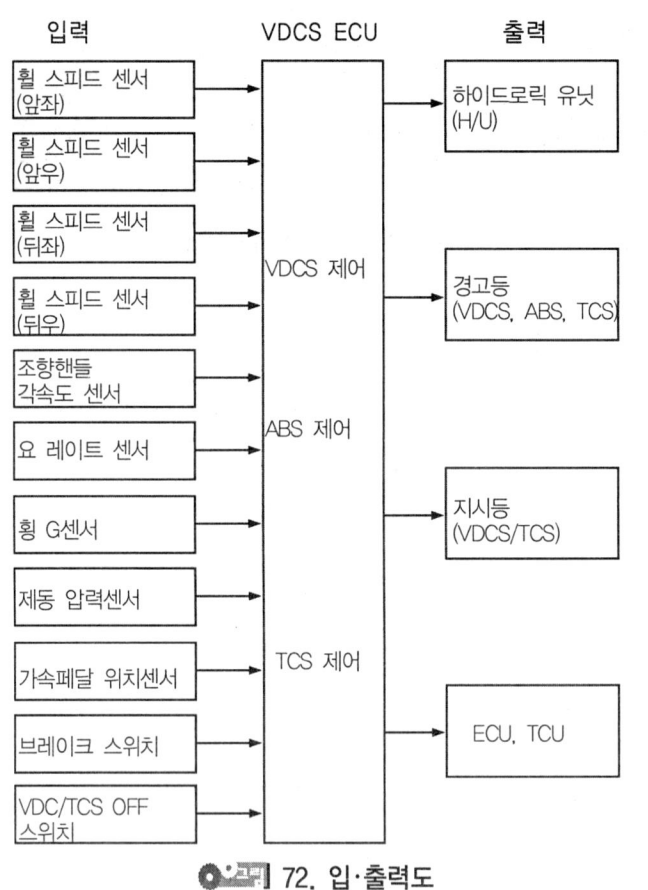

그림 72. 입·출력도

[1] VDCS의 구성도

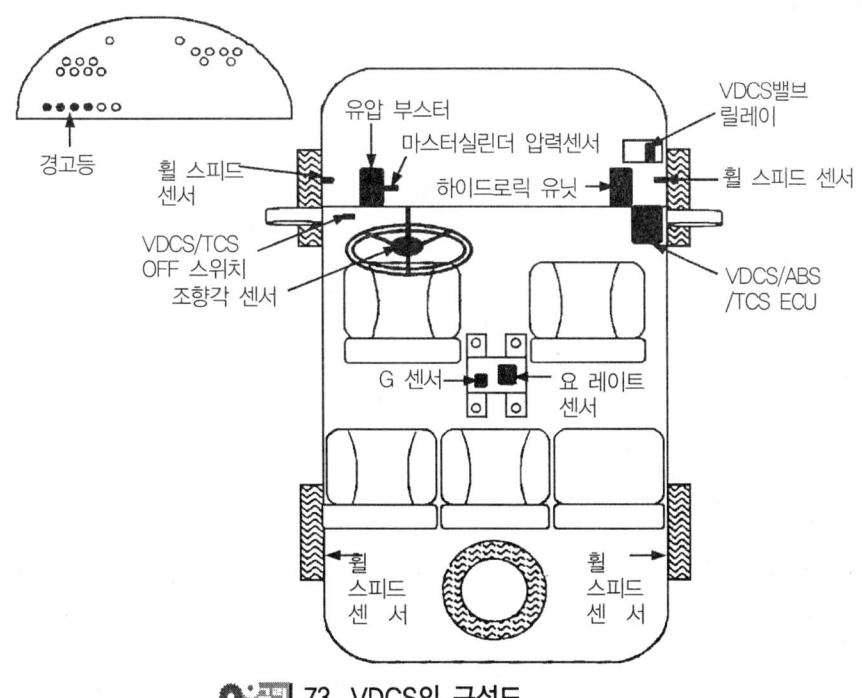

그림 73. VDCS의 구성도

(1) 휠 스피드 센서

이 센서는 각 바퀴 별로 1개씩 설치되어 있으며 바퀴 회전속도 및 바퀴의 가속도, 슬립률 계산 등은 ASC/TCS에서와 같다.

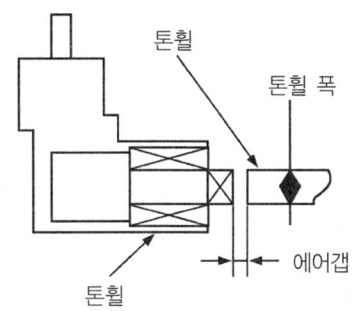

그림 74. 휠 스피드 센서의 구조

(2) 조향핸들 각속도 센서

이 센서는 조향핸들의 조작 속도를 검출하는 것이며, 3개의 포토트랜지스터로 구성되어 있다.

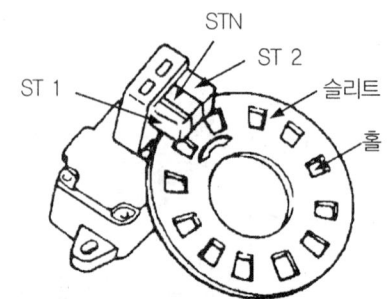

그림 75. 조향핸들 각속도 센서의 구조

(3) 요 레이트 센서

센터 컨솔 아래쪽에 횡 G센서와 함께 설치되어 있다. 요 레이트 센서는 진동 빔에 회전이 가해지면 그 회전속도에 따라서 발생하는 횡력(橫力)을 검출하는 진동형 각속도 센서이다. 진동자는 사각 빔의 인접한 2면에 압전소자를 부착하여 진동에 의해서 접점에서 발생하는 전압이 변화한다.

(4) 횡 G센서

센터 컨솔 아래쪽에 요 레이트 센서와 함께 설치되어 있다. 검출부분은 이동전극과 고정전극으로 구성되어 있으며, 횡 가속도가 가해지면 이동전극이 이동하여 고정전극과 이동 전극사이에 전위차가 발생하여 두 전극의 용량 차이가 발생한다.

그림 76. 요레이트 센서

그림 77. 횡 G센서의 외관

이 차이의 크기로 가속도의 크기를 검출한다. 절대 값 검출형이며, 직류(DC) 출력의 검출이 가능하다.

(5) 하이드롤릭 유닛(hydraulic unit)
① 엔진 룸 오른쪽에 부착되어 있다.
② 12개의 솔레노이드밸브가 들어있다.

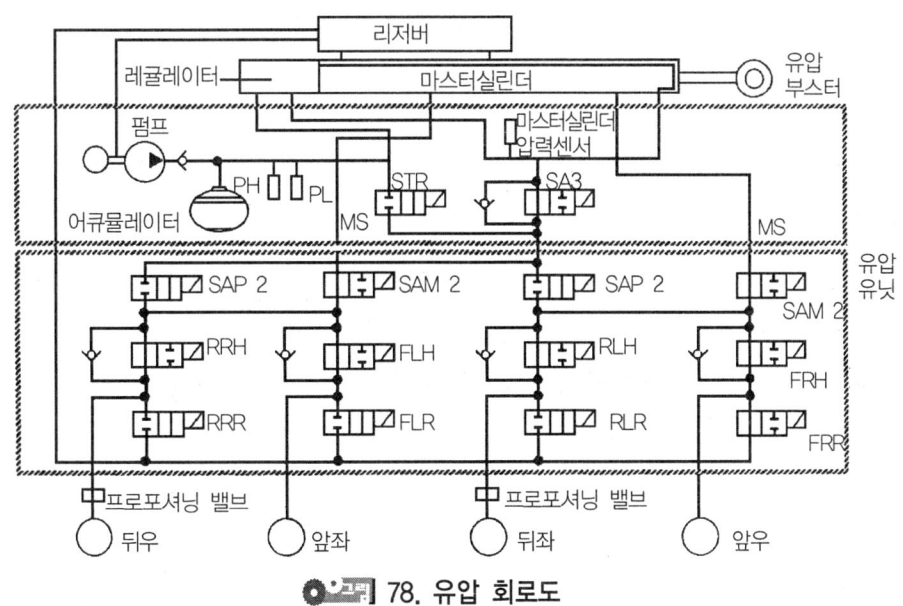

그림 78. 유압 회로도

(6) 유압 부스터(hydraulic booster)

흡기다기관 부압을 이용한 기존의 진공 배력식 부스터 대신 유압모터를 이용한 것이다. 유압 부스터는 액추에이터와 어큐뮬레이터에서 전동기에 의하여 형성된 중압 유압을 이용한다.

1) 유압 부스터의 효과
① 브레이크 압력에 대한 배력비가 크다.
② 브레이크 압력에 대한 응답속도가 빠르다.
③ 흡기다기관 부압에 대한 영향이 없다.

그림 79. 유압부스터 및 유닛

2) 작동원리

① 브레이크 페달을 밟으면 페달과 연결된 푸시로드가 마스터실린더의 피스톤을 이동시킨다.
② 피스톤은 포핏밸브(poppet valve)를 밀어서 어큐뮬레이터와 레귤레이터 사이의 통로를 개방한다.
③ 포핏밸브가 열리면 어큐뮬레이터에서 전동기에 의해 발생된 유압이 레귤레이터로 유입된다.

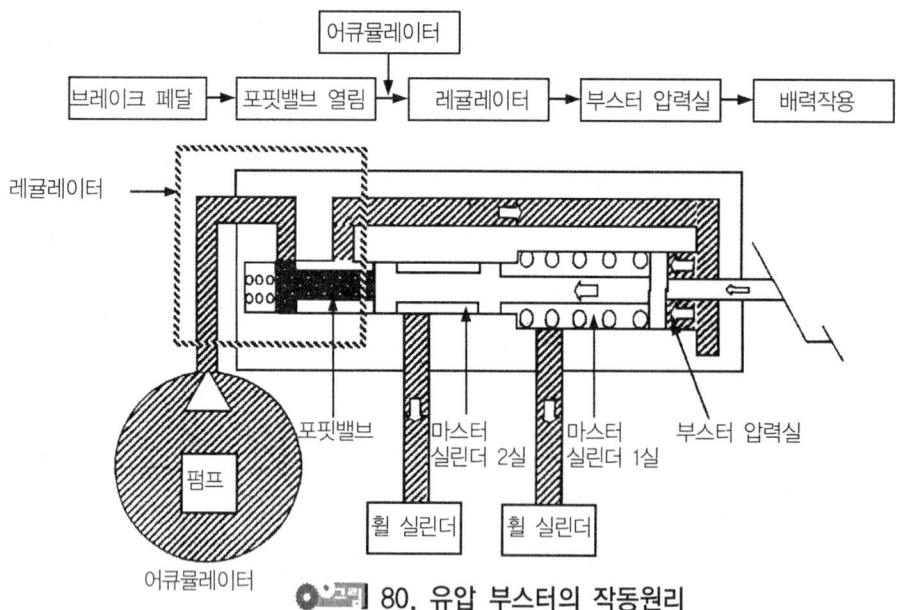

그림 80. 유압 부스터의 작동원리

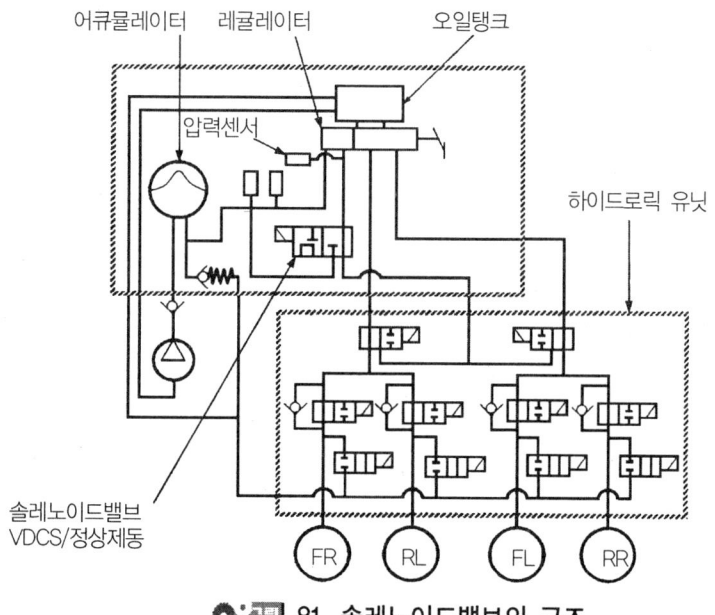

🔑 81. 솔레노이드밸브의 구조

④ 유압은 레귤레이터의 통로를 통하여 부스터 압력 실로 연결된다.
⑤ 부스터 압력실에 연결된 유압은 푸시로드를 마스터실린더 쪽으로 피스톤을 더욱 강하게 밀어서 고압의 제동압력을 얻는다.

3) 유압 부스터의 일반적인 사항

항 목		제 원
전 압	모터 단자사이의 전압	9.0~16.0V
	전원 이상 경보 전압	9.5V 미만, 17.5V 이상
작동 온도		-30~100℃

※ 모터 구동 전압은 8.5V 이상이며, 컴퓨터 작동 전압은 6.2V 이상이다.

4) 유압 부스터 모터제어
① 모터 릴레이 제어
② 간차 구동제어
③ 모터 릴레이 강제 구동

(7) 마스터실린더 압력센서

하이드롤릭 부스터에 설치되어 있다.

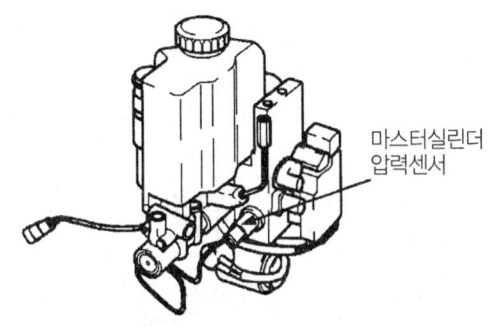

그림 82. 마스터실린더 압력센서

(8) VDC(ESP) Off 스위치

이 스위치는 VDC기능을 OFF하는 스위치가 아니라 TCS기능을 OFF하는 스위치이다. 출발을 하거나 코너링 주행할 때 등 TCS제어를 필요로 하지 않는 운전자를 위한 스위치이다. 이 스위치를 OFF하더라도 긴급한 상황에서는 VDC(ESP)는 작동되어야한다.

(9) 제동등 스위치

① 제동 여부를 컴퓨터에 전달하여 VDCS, ABS제어의 판단 여부를 결정하는 역할을 한다.
② ABS 및 VDCS제어의 기본적인 신호로 사용된다.

그림 83. TCS(VDC) OFF스위치의 설치위치

그림 84. 제동등 스위치

(10) 가속페달 위치 센서

① 가속페달의 조작상태를 검출하는 센서이다.

② VDCS 및 TCS의 제어 기본 신호로 사용된다.

③ 측정단위는 0.020V씩 측정이 가능하다.

④ 측정주기는 6mS이다.

(11) 경고등 및 지시등

85. 경고등과 지시등의 위치

1) VDCS, TCS 작동 표시등

① 초기 점검 중에 점등된다.

② 엔진 회전속도가 낮으면 점등된다(0rpm일 때 점등, rpm > 450rpm일 때 소등).

③ VDCS 또는 TCS 제어 중에 점등된다.

④ VDCS 관련 고장이 있을 때 점멸된다(점멸할 때에는 0.7초 ON, 0.7초 OFF).

⑤ 액추에이터를 강제로 구동할 때에 점등된다.

2) TPW(tire pressure warning) 경고등은 타이어의 공기 압력이 낮을 때 TPW경고등이 점등된다.

3) ABS 경고등

① IG2 On 후 3초 동안 점등된다.

② ABS 관련 고장이 발생하면 점등된다.

③ 액추에이터를 강제로 구동할 때 점등된다.

4) TCS 경고등

① 초기 점검 중에 점등된다.
② TCS 관련 고장이 발생하면 점등된다.
③ 엔진의 회전속도가 낮으면 점등된다(rpm 〈 350rpm이면 점등, rpm 〉 450rpm이면 소등).
④ TCS Off 모드에서는 점등된다.
⑤ 액추에이터를 강제로 구동하면 점등된다.

(12) 컴퓨터(electronic control unit)

① 승객석 오른쪽 아래에 설치된다.
② 2개의 CPU로 상호 점검하여 오작동을 감지한다.
③ 시리얼(SCI)통신에 의해 컴퓨터 및 TCU와 통신을 한다.

(13) CAN통신

VDC ECU는 기관 ECU와 자동변속기 TCU간 CAN통신을 통해 서로의 정보를 교환한다. VDC쪽에서는 TCS나 VDC를 제어할 때 기관의 회전력 감소를 요구하여 TCS 및 VDC효과를 극대화 할 수 있도록 한다. 또 자동변속기에게는 현재 TCS나 VDC 작동상태를 알려 현재 변속단계를 유지하도록 요구한다. 그리고 기관에서는 현재 기관에 데이터 기관 회전력, 형식, TPS값 등의 정보를 전달하여 VDC제어를 극대화할 수 있게 도와준다.

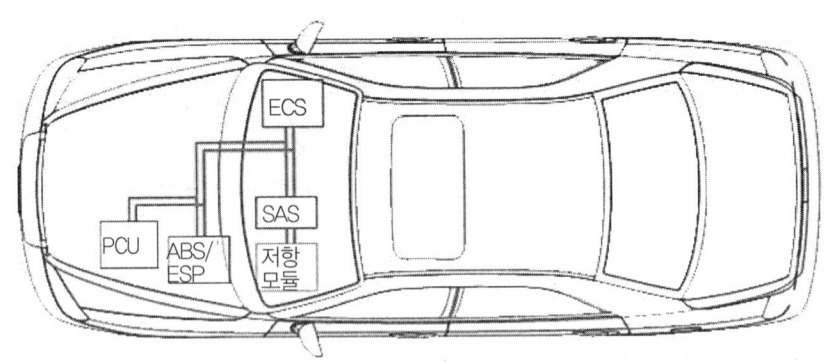

86. CAN 라인구성

CAN방식에는 하이 스피드(high speed)와 로우 스피드(low speed) CAN이 사용되는데 하이 스피드는 파워트레인(power train)계통에서 사용하고 로우 스피드방식은 보디(body) 전장계통에서 사용한다.

6.3. TCS(traction control system)
6.3.1. TCS의 개요

비에 젖은 노면이나 얼어붙은 노면과 같은 미끄러지기 쉬운 노면 위에서 출발하거나 가속할 때, 구동바퀴의 타이어가 스핀하는 일이 있다. 이 때 앞바퀴 구동방식의 차량에서는 조향성, 뒷바퀴 구동의 차량에서는 안전성을 잃는다. 엔진의 출력을 저하시키거나, 구동바퀴에 브레이크를 걸든지 하여, 타이어와 노면과의 슬립율을 최적인 값으로 유지하는 제어를 하여, 구동바퀴가 스핀하지 않도록 최적의 구동력을 얻는 것이 TCS(트랙션 제어)이다. 도로와 타이어의 마찰 계수의 관계는 TCS에서도 마찬가지로 취급한다. 즉, 슬립율이 15~20%으로 되도록 구동력을 제어한다.

[1] TCS의 주요 기능
① 구동성능이 향상된다. - 구동바퀴의 슬립(slip)이 제어되므로 차체의 흔들림이 적고 발진성능·가속성능 및 능판능력이 향상된다.
② 선회 및 앞지르기 성능이 향상된다. - 선회할 때 안전한 코너링 및 앞지르기가 가능해진다.
③ 조향 안전성이 향상된다. - 조향핸들을 돌릴 때 구동력에 의한 횡력(橫力 : 가로 방향의 작용력)을 우선적으로 제어하므로 조향작용이 용이하다.

[2] TCS의 일반적인 기능
TCS는 엔진의 여유 출력을 제어하는 모든 장치를 말하며, 눈길 등의 미끄러지기 쉬운 노면에서 가속성 및 선회 안전성을 향상시키는 슬립제어(slip control) 기능과 일반 도로에서의 주행 중 선회 가속을 할 때 자동차의 횡 가속도 과다로 인한 언더 또는 오버 스티어링을 방지하여 조향성능을 향상시키는 트레이스 제어(trace control)가 있다.

슬립 또는 트레이스 제어 모두 엔진의 회전력을 저하시키는 방식을 채택하며 엔진 제어 방식은 다음과 같은 특징이 있다.

① 미끄러운 노면에서 발진(發進) 및 가속할 때 미세한 가속페달의 조작이 불필요하므로 주행 성능을 향상시킨다.

② 일반 노면에서 선회 가속할 때 운전자의 의지대로 가속을 보다 안정되게 하여 선회 성능을 향상시킨다. - 트레이스 제어

③ 선회 가속할 때 조향핸들의 조작 량을 감지하여 가속페달의 조작 빈도를 감소시켜 선회 능력을 향상시킨다. - 트레이스 제어

④ 미끄러운 노면에서 뒤 바퀴 휠 스피드 센서에서 구한 차체 속도와 앞바퀴 휠 스피드 센서로 구한 구동바퀴의 속도를 검출 비교하여 구동바퀴의 미끄럼 비율이 적절하도록 엔진의 회전력을 감소시켜 주행성능을 향상시킨다.

⑤ 일반 노면에서 운전자의 의지로 인한 횡 가속도가 규정 값을 초과할 경우 TCS의 컴퓨터가 운전자의 의지를 판단하여 엔진출력을 제어하므로 서 선회 안전성을 향상시킨다.

⑥ 운전자의 의지로 트레이스 제어 OFF 또는 트레이스 제어와 슬립 제어 OFF의 모드 선택으로 TCS를 부착하지 아니한 자동차와 동일한 작동이 가능하므로 스포티브 운전 및 다양한 운전영역을 제공한다.

6.3.2. TCS의 작동원리

[1] 바퀴 슬립과 구동력

(1) 슬립(slip)에 관련되는 힘

① 구동력은 바퀴와 노면과의 사이에서 슬립현상에 의하여 발생되며, 바퀴에 구동력을 전달시켜 자동차를 가속한 경우 그 속도를 유지하고 있는 상태에서는 정도의 차이는 있지만 슬립이 발생한다고 볼 수 있다(슬립상태에서는 바퀴가 회전하고 있는 속도라기보다는 자동차의 속도가 나오지 않는 상태를 말한다).

② 자동차가 주행할 때 바퀴가 노면에 대하여 슬립하는 상태이면 바퀴의 회전속도와 접지점 속도와는 속도 차이(슬립속도)가 발생한다.

(2) 슬립률

$$\text{바퀴의 회전속도에 대한 슬립률} = \frac{\text{슬립 속도}}{\text{바퀴 회전속도}}$$

$$\text{슬립률}(\%) = \frac{\text{구동 바퀴 회전속도} - \text{자동차 실제 주행속도}}{\text{구동 바퀴 회전속도}} \times 100$$

[2] 슬립률과 구동력 및 횡력의 관계
① 구동력 : 슬립률이 0일 때에는 전혀 발생하지 않으며, 슬립률에 비례하여 증가하다가 슬립률 15~20% 정도에서 최대가 되며, 그 이상 슬립률이 증가하면 저하한다.
② 횡력(side force) : 슬립률이 0일 때 최대가 되며, 슬립률이 증가함에 따라 저하한다.
③ 슬립률 제어 : 슬립률 제어가 가능하다면 큰 구동력을 얻는 경우에는 슬립률이 20% 정도이고, 큰 코너링 포스를 얻는 경우는 슬립률이 0%일 때이다. 즉, TCS는 엔진 출력을 자동으로 제어하는 것이며, 슬립률을 최적으로 제어하여 주행 및 선회성능을 높이는 장치이다.

[3] TCS의 작동원리
(1) 슬립 제어(slip control)

슬립 제어는 ABS 작동원리와 같이 바퀴의 슬립비를 제어하여 바퀴의 구동력 및 횡력을 자동차 운전상황 및 노면상태에 대응하여 최적의 상태로 제어하는 것이다. 일반적으로 자동차가 주행할 때 바퀴에는 가속으로 인한 구동력과 선회에 의한 횡력이 발생하며 슬립비와의 관계는 아래 그림과 같다.

직진 주행에서는 슬립비가 높은 영역으로, 선회 주행을 할 때에는 슬립비가 비교적 낮은 영역으로 제어한다. 또한 자갈길과 같은 험한 도로에서의 구동특성은 A′와 같이 슬립비가 증대되어도 비교적 구동력이 큰 상태로 만들며, 눈길, 빙판 길 등과 같은 미끄러운 노면에서도 가속성능이 우수하다.

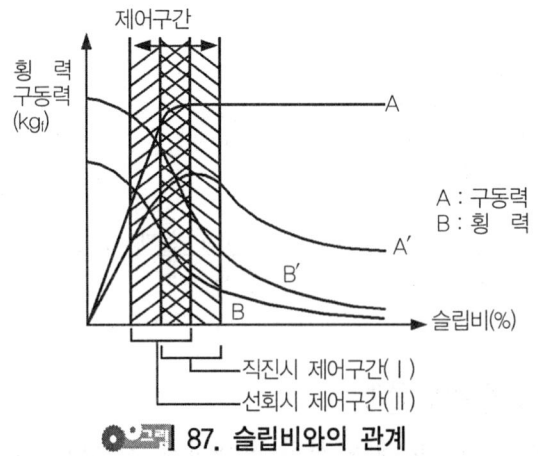

그림 87. 슬립비와의 관계

(2) 트레이스 제어(trace control)

TCS는 조향과 가속페달을 밟는 양 및 이때 구동되지 않는 바퀴의 좌우 속도차이를 검출하여 구동력을 제어함으로서 안정된 선회가 가능하도록 한다. 선회상태에서 가속을 할 경우에는 원심력이 어느 한계 이상이 되면 조향각도를 증가시키지 않을 경우 바퀴의 궤도가 바깥쪽을 향하게 된다. 즉 언더 스티어링이 증가한다.

그리고 조향각도를 증가시켜 나가는 경우에는 선회반지름이 감소하여 급격하게 횡력이 증가하나, 자동차의 움직임에는 지연이 있으므로 미리 자동차의 움직임을 예측하여 적절한 구동력을 얻어야 한다.

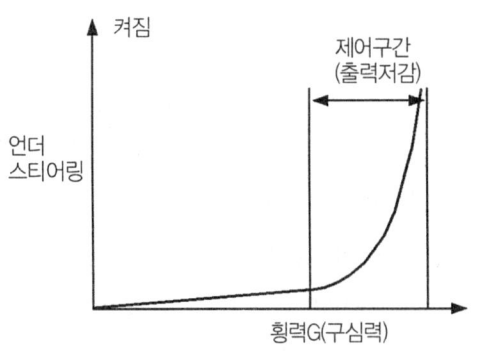

그림 88. 언더 스티어링 증가

TCS는 이런 상황에 도달하기 전에 컴퓨터(ECU)가 운전자의 의지를 센서로부터 검출하여 연산 후 자동제어를 하고, 또한 안정된 선회를 위한 구동력 제어를 위해 엔진 출력을 감소시킨다. 즉, 뒷바퀴의 바퀴 속도 차이로부터 선회 반지름을, 평균값으로부터 자동차 주행속도를 연산하여 두 값을 이용한 횡력을 산출하여 기준 값을 초과할 경우에는 구동력을 제어한다.

뒷바퀴의 바퀴 속도 차이에서 조향각도 증가량을, 스로틀 포지션 센서로부터는 운전자의 가속의지를 판단하여 가속페달을 밟은 상태에서도 적절한 조향이 가능하게 된다.

6.3.3. TCS의 종류

TCS의 종류에는 엔진제어방식, 브레이크 제어방식, 동력전달장치 제어방식, 통합 제어 방식 등이 있다.

[1] 엔진제어방식(engine control system)

TCS에서 엔진을 제어하는 방식에는 흡입 공기량 제어방식과 엔진 조정(EM)방식이 있다.

(1) 흡입 공기량 제어방식

눈길·빙판 길 등에서 운전 경험이 많은 운전자라면 가속페달을 밟음에 의해 구동 바퀴가 슬립하는 것의 판단이 가능하며, 소리·엔진 회전속도 및 가감속 등을 감지한 경우 운전자는 가속페달에서 발을 떼어 슬립을 회복한다.

흡입 공기량 제어방식은 가장 운전자의 조작에 근접하는 방식이며, 스로틀 밸브로 흡입되는 공기량을 제어하여 엔진 출력을 제어하므로 엔진 출력의 절대량을 연속적으로 안정되게 조정이 가능한 반면 미세 슬립 영역에서는 충분한 기능 발휘가 어려운 결점이 있다. 흡입공기량 제어방식에는 메인 스로틀밸브 제어와 보조 스로틀 밸브 제어 방식이 있다.

① 메인 스로틀밸브 제어방식 : 이 방식은 가속페달과 기계적으로 연결 작동되는 메인 스로틀밸브를 전동기나 엔진의 흡기 부압, 케이블 등을 이용하여 강제로 구동하는 방식이다.

② 보조 스로틀밸브 제어방식 : 이 방식은 메인 스로틀밸브와 별도의 TCS제어용 제2스로틀밸브(보조 스로틀밸브)를 설치하여 제어하는 방식이며, 작동은 메인 스로틀밸브와 연결되어 작동을 하다가 보조 스로틀밸브를 전기적으로 개폐시키므로 반응 시간 지연을 보완할 수 있다.

(2) 엔진 조종방식(EM : engine management type)

이 방식은 전자제어 연료 분사장치 엔진에서 액추에이터의 추가 없이 소프트웨어만의 대응이 가능하므로 가격 면에서 효과적이고 초기 제어를 할 때 빠른 응답성의 출력 제어가 가능하지만, 감속 절대량 제어와 연속적인 출력조정이 어려워 승차감이 떨어지므로 충분한 연구가 필요하다. 특히 촉매변환기의 손상 및 엔진수명을 단축시킬 수 있다. 엔진 조종방식에는 연료분사 제어와 점화시기 제어방식이 있다.

① 연료분사 제어방식 : 이 방식은 다(多)실린더 엔진에서 몇 개의 실린더에 연료 공급을 차단하여 엔진의 출력을 저하시키는 방식이다.
② 점화시기 제어방식 : 이 방식은 점화시기를 정상보다 지연시켜 엔진의 출력을 감소시키는 방식이다.

[2] 브레이크 제어방식(brake control system)

브레이크 제어방식은 슬립이 발생하는 자동차 바퀴 자체를 제어하는 방식이며, ABS의 액추에이터(모듈레이터)를 수정 보완한 것을 ABS와 함께 사용한다. 이 방식의 특징은 다음과 같다.

① 브레이크 제어에 의한 슬립 감소효과는 매우 빠르며, 엔진 제어만으로는 불가능한 좌우 구동바퀴사이의 미세한 슬립영역에서도 바퀴의 구동력을 발생시키면서도 슬립 감소가 가능하다.
② 가격에 비하여 미세 슬립 영역제어를 제외하고는 큰 장점이 없으며, 마스터실린더 및 브레이크계통 등 기존 브레이크장치의 변경이 필요할 수 있다.
③ 브레이크 패드의 과열 문제가 예상되며, 고속에서는 사용이 곤란하므로 단독으로 사용하는 경우는 거의 없으며, 저속이거나 초기 제어에서만 사용되고 있다.

[3] 동력전달장치 제어방식

동력전달장치 제어방식에는 차동장치 제어방식과 4WD(4wheel drive) 및 클러치 제어 방식이 있다. 4WD는 가격이 비싸고, 자동차 무게 및 연료 소비량이 증가하는 결점이 있다.

차동장치 제어방식은 차동장치에 차동 제한장치(LSD : limited slip differential)를 기계식, 비스커 커플링식, 전자식 등으로 작동시키는 것이다. 차동장치 제어방식의 특징은 다음과 같다.

① 좌우 구동 바퀴사이의 슬립감소가 가능하며, 슬립하는 바퀴의 구동력을 잡아서 반대쪽 바퀴로 흘려보낸다.
② 구동력 손실은 없으나 과잉 구동력 제어가 불가피하므로 엔진 제어방식과 공동으로 사용하면 그 효과가 기대된다.

[4] 통합 제어방식

TCS의 통합 제어방식에는 스로틀밸브와 브레이크 제어를 복합한 방식, 엔진 조종과 브레이크 제어를 복합한 방식, 스로틀밸브와 브레이크 제어 및 차동 제한장치를 복합한 방식 등이 있다.

(1) 스로틀밸브와 브레이크 제어를 복합한 방식

이 방식은 메인 제어장치로 스로틀밸브를 사용하고, 보조 제어장치로 브레이크를 사용하는 방식이며, 큰 슬립영역과 미세 슬립영역 모드에서 만족스러운 성능 발휘가 가능하며, ABS와 통합하여 원가 절감을 실현하면 중·대형 자동차에 설치가 가능하다.

(2) 엔진 조정(EM)과 브레이크 제어를 복합한 방식

이 방식은 저속에서 빠른 응답성의 출력 제어로 성능 발휘가 기대되며, 가격 면에서 유리하지만 연속적인 출력 조정이 곤란하다. 또한 자동차 안정성 및 승차감 개선을 위한 충분한 연구가 필요하다.

(3) 스로틀밸브·브레이크 및 차동 제한장치(LSD)를 복합한 방식

이 방식은 큰 슬립영역과 미세 슬립영역에서 우수한 성능을 발휘할 수 있으나 가격이 비싼 결점이 있다.

6.3.4. TCS의 제어

[1] TCS 제어의 종류

(1) FTCS(full traction control system)

이 장치는 ABS 컴퓨터가 TCS의 제어도 실행을 하며, 컴퓨터가 구동바퀴(앞 엔진 앞바퀴 구동방식에서는 앞바퀴)와 뒷바퀴의 휠 스피드 센서의 비교에 의하여 구동바퀴의 슬립을 검출한다. 구동바퀴의 슬립을 검출하면 TCS의 제어를 실행하게 되는데 이 때 먼저 브레이크 제어를 실행한다.

또한 엔진 제어용 컴퓨터(ECU) 및 자동변속기 제어용 컴퓨터(TCU)에 TCS의 제어를 위해 CAN통신을 하는 BUS 라인에 슬립량에 따라 엔진 회전력의 감소 요구, 연료 공급을 차단하는 실린더 수 및 TCS제어 요구 신호를 전송한다. 엔진 제어용 컴퓨터는 ABS 컴퓨터가 요구한 실린더 수만큼 연료공급 차단을 실행하며, 엔진 회전력 감소 요구에 따라 점화시기를 늦춘다.

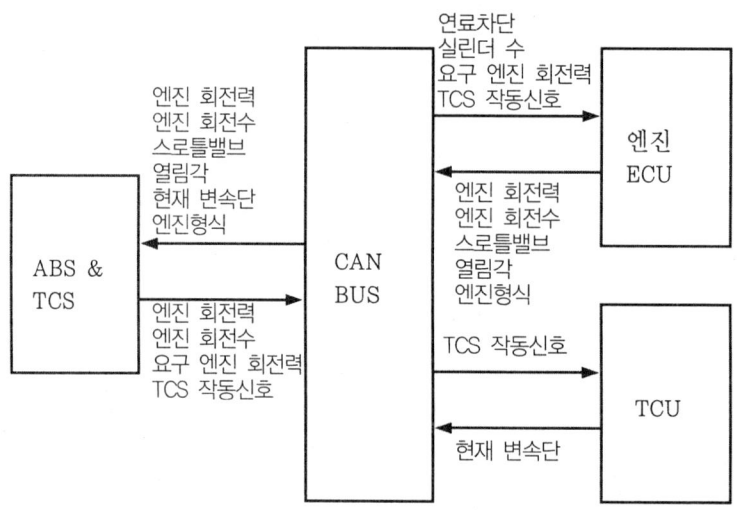

89. FTCS의 작동 회로도

자동변속기 제어용 컴퓨터(TCU)는 TCS 작동신호에 따라 변속위치(shift position)를 TCS제어 시간만큼을 유지(hold)상태로 제어한다. 이것은 킥다운에 의한 저속 변속으로 가속력이 증가하는 것을 방지하기 위함이다.

(2) BTCS(brake traction control system)

이 장치는 TCS를 제어할 때 브레이크의 제어만 실행하며, 모터 펌프에서 발생되는 유압으로 제어한다.

[2] 브레이크제어

(1) 하이드롤릭 유닛 내부의 각 밸브

1) 구동력 제어밸브(TCV : traction control valve)

이 밸브는 NO(normal open : 항상 열림)밸브의 일종이며, 앞바퀴(구동바퀴)와 뒷바퀴(피동바퀴)사이의 오일회로에 2개가 설치되어 있으며, 컴퓨터의 제어신호에 의해 앞바퀴와 뒷바퀴의 오일회로를 연결하거나 차단한다. 즉, TCS가 작동할 때에는 오일회로를 차단하고, 작동하지 않을 때에는 연결한다.

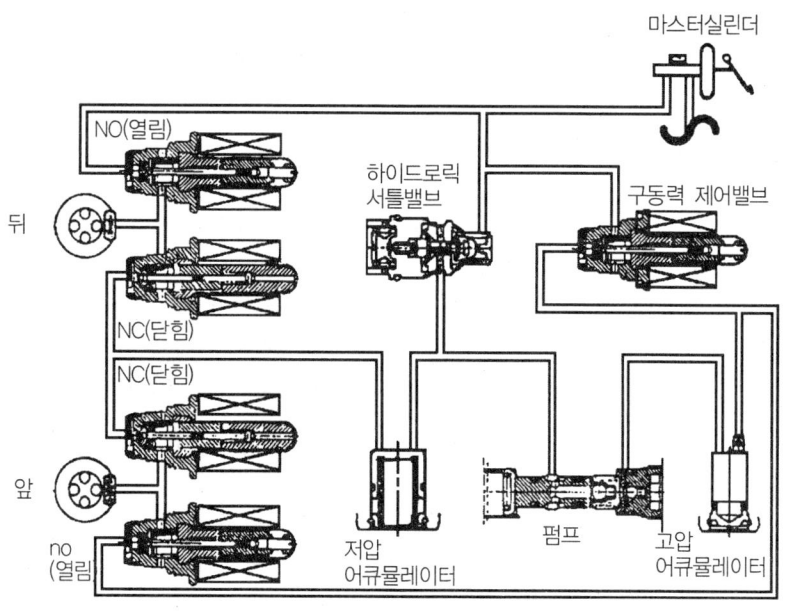

90. 하이드롤릭 유닛 내부의 밸브 구성

2) 하이드롤릭 서틀밸브(HSV : hydraulic shuttle valve)

이 밸브는 저압 어큐뮬레이터(LPA : low pressure accumulator)와 모터펌프 입력측 사이의 오일회로 중간과 마스터실린더(MC : master cylinder)측 오일회로 사이에 연결되는 기계식 밸브이며, 브레이크가 작동하지 않는 상태에서 모터펌프가 작동할 때 펌프로 유입되는 저압 어큐뮬레이터의 오일이 부족하게 된다. 이때 마스터실린더의 오일을 펌프에 보충해 주기 위해 오일회로를 열어주는 역할을 한다.

(2) 평상제동(normal brake : TCS 비 작동)

TCS가 작동하지 않을 때에는 구동력 제어밸브(TCV)는 OFF되어 마스터실린더와 앞·뒷바퀴의 캘리퍼사이의 오일회로가 모두 열려 있다. NO밸브도 OFF되어 마스터실린더와 캘리퍼사이의 오일회로는 연결되어 있다. 이때 NC밸브(normal closed valve)는 OFF되어 캘리퍼와 저압 어큐뮬레이터(LPA)사이의 오일회로를 차단한다.

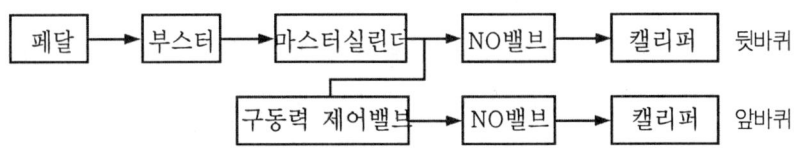

91. 제동상태에서의 오일 흐름

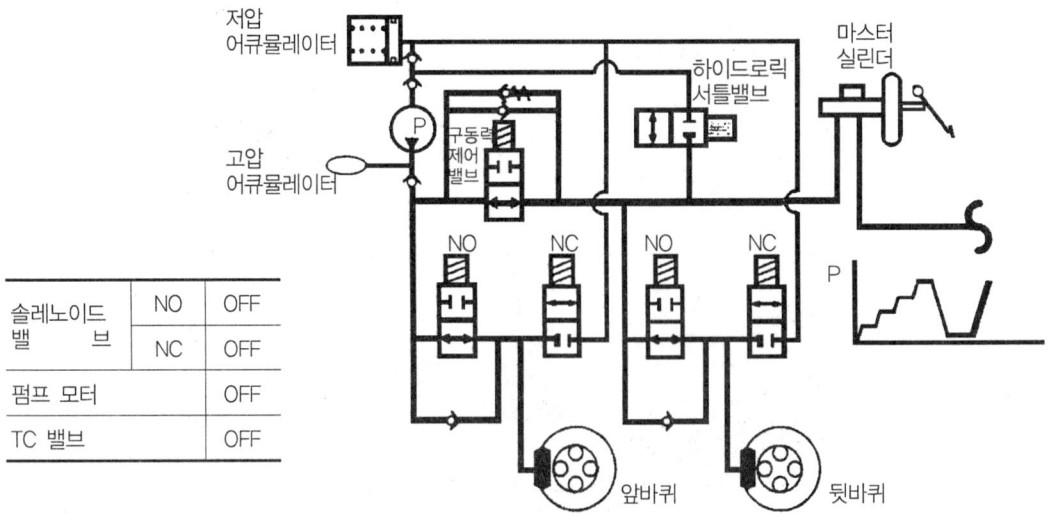

92. 평상 제동일 경우의 작동

이에 따라 브레이크 페달에 의해 마스터실린더에서 발생한 유압은 NO밸브를 통하여 각 캘리퍼로 전달되어 브레이크가 작동한다. 브레이크가 풀릴 경우에도 같은 통로를 통하여 오일이 복귀하여 해제된다. 이때 모터 펌프는 작동하지 않는다.

(3) 증압모드(rise mode : TCS작동)

증압모드에서는 모터펌프가 작동하여 유압을 형성한다. 구동력 제어밸브(TCV)가 ON이 되므로 모터펌프와 뒷바퀴(피동바퀴)쪽이 차단되어 앞바퀴(구동바퀴)쪽만 브레이크 제어가 된다.

또한 하이드롤릭 서틀밸브(HSV)의 오일회로가 열려 마스터실린더와 모터펌프 입력측의 오일회로가 열려서 모터펌프가 작동할 때 오일이 부족하지 않도록 한다. 이때 ON밸브는 OFF되어 모터펌프와 캘리퍼사이의 오일회로가 연결되어 유압이 캘리퍼에 가해져 TCS의 제어가 실행되며, NC밸브는 OFF되어 캘리퍼와 저압 어큐뮬레이터(LPA)사이의 오일회로는 차단된다.

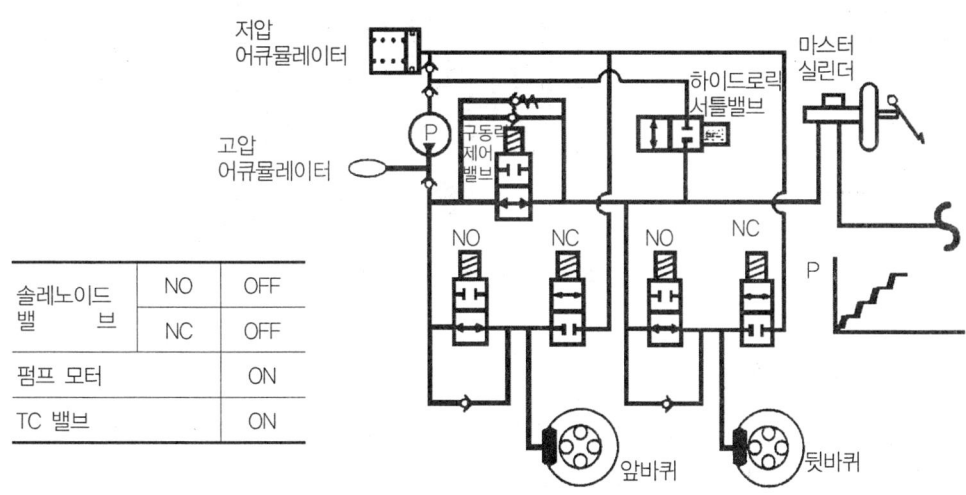

그림 93. 증압 작동도

그림 94. 증압상태의 오일흐름

(4) 유지모드(hold mode : TCS작동)

　유지모드에서는 구동력 제어밸브(TCV)가 ON이 되어 모터펌프와 뒷바퀴(피동바퀴)의 오일회로를 차단하고 앞바퀴(구동바퀴)만 브레이크제어가 실행된다. 그리고 하이드롤릭 서틀밸브(HSV)의 오일회로는 열려 마스터실린더와 모터펌프 입력측 오일회로가 열려 모터펌프가 작동할 때 오일이 부족하지 않도록 한다. 이때 NO밸브는 ON이 되어 모터펌프와 캘리퍼 사이의 오일회로를 차단하며, NC밸브는 OFF되어 캘리퍼와 저압 어큐뮬레이터(LPA)사이의 오일회로 또한 차단된다. 현재 캘리퍼에 가해진 유압이 그대로 유지되며 모터펌프는 작동한다.

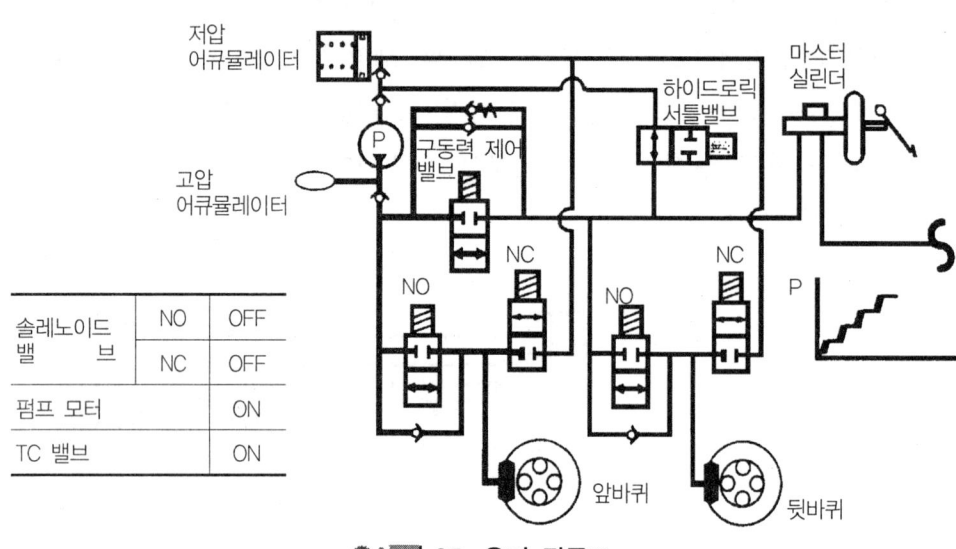

95. 유지 작동도

(5) 감압모드 - TCS 작동

　감압모드에서는 구동력 제어밸브(TCV)가 ON이 되어 모터 펌프와 뒷바퀴의 오일회로를 차단하고, 앞바퀴만 브레이크제어를 실행한다. 그리고 하이드롤릭 서틀밸브(HSV)는 오일회로를 열어서 마스터실린더와 모터펌프 입구측 회로가 연결되어 모터펌프가 작동할 때 오일이 부족하지 않도록 한다. 이때 NO밸브는 ON이 되어 모터펌프와 캘리퍼사이의 오일회로는 차단하며, NC밸브도 ON이 되어 캘리퍼와 저압 어큐뮬레이터사이의 오일회로를 연결하므로 캘리퍼에 가해진 유압이 감소된다. 이때 모터펌프는 작동한다.

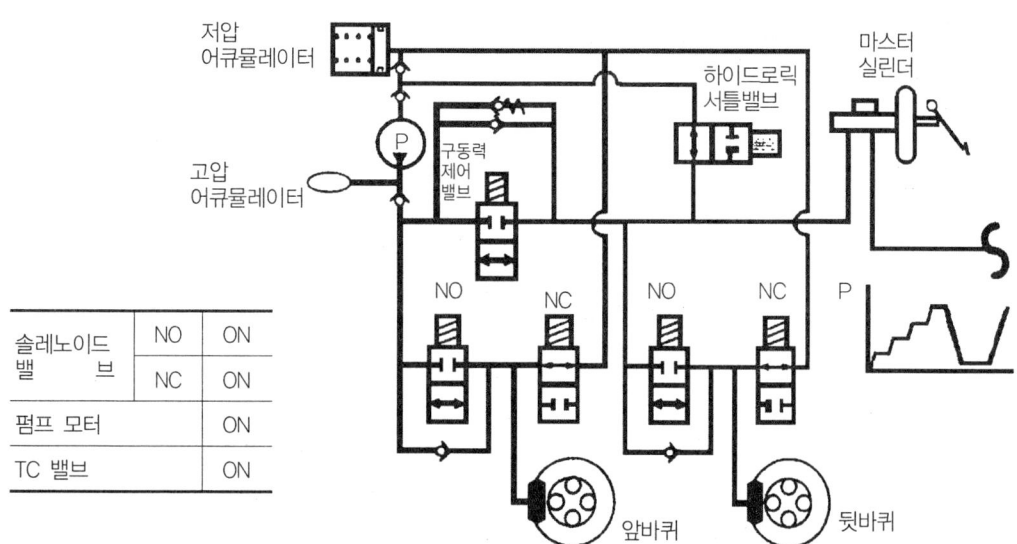

그림 96. 감압 작동도

그림 97. 감압상태의 오일 흐름

6.3.5. TCS의 구성요소

[1] 휠 스피드센서

휠 스피드센서는 ABS, EBD, TCS제어의 핵심신호로 이용되는데 구동바퀴인 앞바퀴와 피동바퀴인 뒷바퀴의 회전속도를 정밀 연산하여 TCS기능을 수행한다.

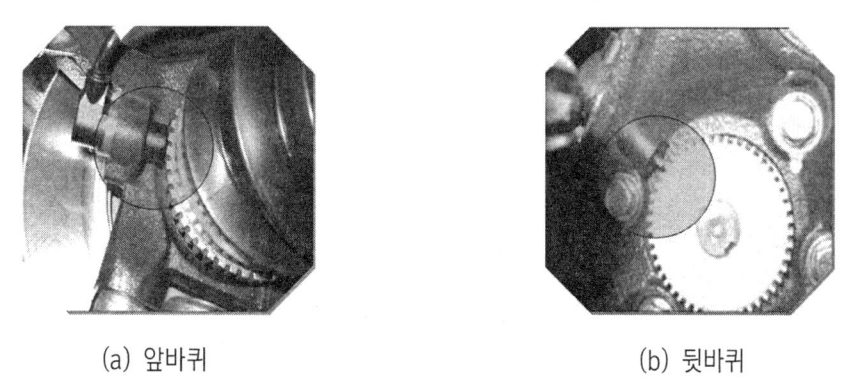

(a) 앞바퀴   (b) 뒷바퀴

그림 98. 휠 스피드센서

[2] TCS 선택스위치

운전자가 TCS기능을 ON/OFF 선택할 수 있도록 하는 스위치이며, 스위치를 누를 때마다 ON과 OFF가 반복된다. TCS를 OFF시킨 경우에는 ABS와 EBD만 작동한다.

그림 99. TCS선택스위치

[3] 하이드로릭 유닛

일반 ABS와 달리 TC(traction control)밸브가 설치되어 있으며, TC밸브가 작동하면 유압은 펌프를 거쳐 고압 어큐뮬레이터를 거쳐 바퀴로 공급된다.

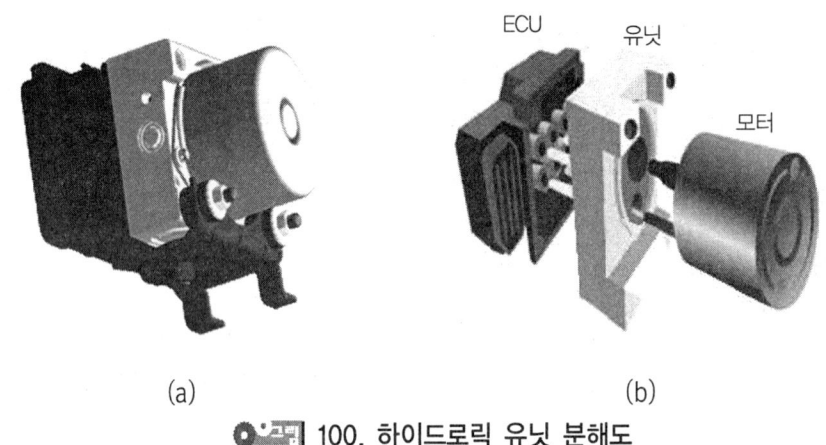

(a)　　　　　　　　(b)

그림 100. 하이드로릭 유닛 분해도

6.3.6. TCS 경고등 제어

[1] TCS 경고등 기능

TCS에는 작동등과 TCS OFF등이 있는데 TCS작동 등은 TCS가 작동할 때 점등되는 지시등이고, TCS OFF등은 운전자가 TCS를 OFF로 선택하였을 때와 TCS계통에 문제가 발생하면 운전자에게 경고하기위한 경고등으로서 점등한다.

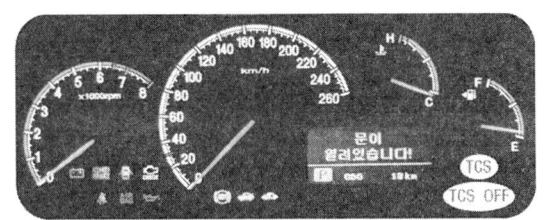

그림 101. TCS 경고등

[2] 경고등 점등조건

① TCS제어 때 3Hz로 점멸된다.
② 점화스위치를 ON으로 한 후 3초간 점등된다.
③ TCS에 고장이 발생하였을 때 점등된다.
④ TCS 선택스위치 OFF하면 TCS OFF 경고등이 점등된다.
⑤ 그 밖의 경우에는 소등된다.

[3] CAN 통신정보

CAN정보는 기관 ECU와 자동변속기 TCU 그리고 TCS가 각각 수행한다. TCS기능을 수행하기위해서는 기관과 자동변속기간 서로 보조를 맞추어가며 실행되어야 한다. 기관 회전력 감소요구 신호는 TCS가 기관 ECU에게 변속단계 고정요구 신호는 TCS가 TCU에게 요구한다. 반면 자동변속기에서도 기관 ECU에게 변속의 원활을 기하기 위해 회전력 감소요구 신호를 보낸다.

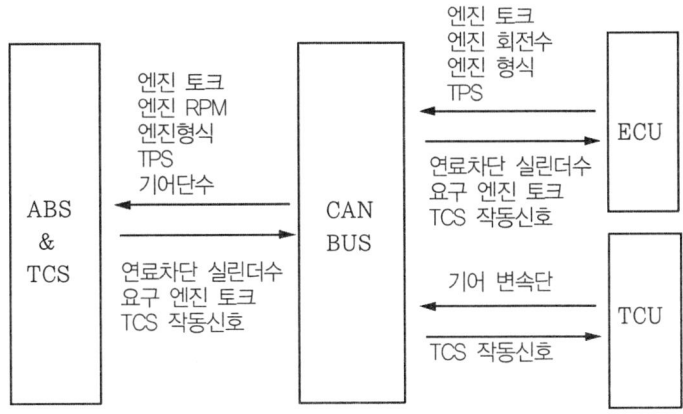

그림 102. TCS의 관련 CAN 통신정보

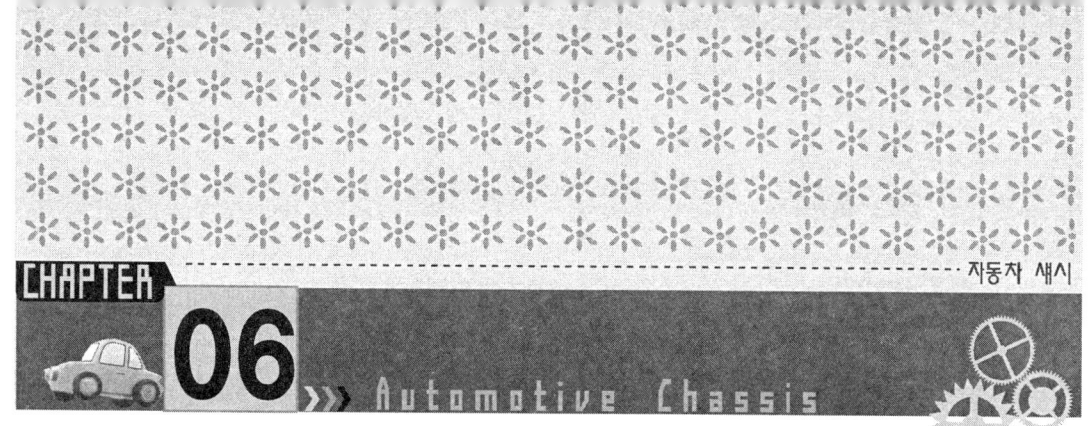

에어백 [air bag]

1 에어백의 개요

에어백은 자동차가 충돌하였을 때 충돌조건에 따라 운전석, 조수석, 앞 뒤 및 옆쪽에 설치된 에어백을 작동시켜 운전자 및 승객을 부상으로부터 보호하기 위한 안전띠 보조 장치이다.

에어백은 조향핸들 중앙에 설치한 운전자 에어백 모듈(DAB : driver air bag module), 크래시 패드 위쪽에 설치한 조수석 에어백 모듈(PAB : passenger air bag module), 운전석 및 조수석 안전띠에 부착한 프리텐셔너(BPT: belt pre detect)센서, 에어백을 제어하는 센터 페이서 패널 안쪽에 위치한 제어모듈(SRSCM : supplement restraint system module), 조향칼럼에 설치한 클럭 스프링(clock spring), 측면충돌이 발생하였을 때 충격량을 감지하는 사이드 임펙트(side impact)센서, 인터페이스 모듈, 계기판에 설치한 SRS 경고등 및 에어백 배선 등으로 구성되어 있다.

SRS 에어백은 제어 모듈에 내장된 전자제어 가속센서에 의하여 충격 신호를 받았을 때 작동한다.

2. 에어백의 종류

에어백은 설치위치 및 신체 보호부위에 따라 다음과 같이 구분된다.

① DAB : 운전석 에어백(drive air bag)
② PAB : 승객석 에어백(passenger air bag)
③ SPT : 안전벨트 프리텐셔너(seat belt pre tensioner)
④ FSAB : 앞 측면 에어백(front side air bag)
⑤ RSAB : 뒤 측면 에어백(rear side air bag)
⑥ CAB : 커튼 에어백(curtain air bag)
⑦ PPD : 승객유무 검출센서(passenger presence detect)
⑧ ACU : 에어백 컨트롤 유닛(air bag control unit)
⑨ RAB : 뒤 에어백(rear air bag)
⑩ FIS : 전방충돌 검출센서(front impact sensor)
⑪ SIS : 측면충돌 검출센서(side impact sensor)
⑫ STS : 측면충돌 검출센서(seat track sensor)

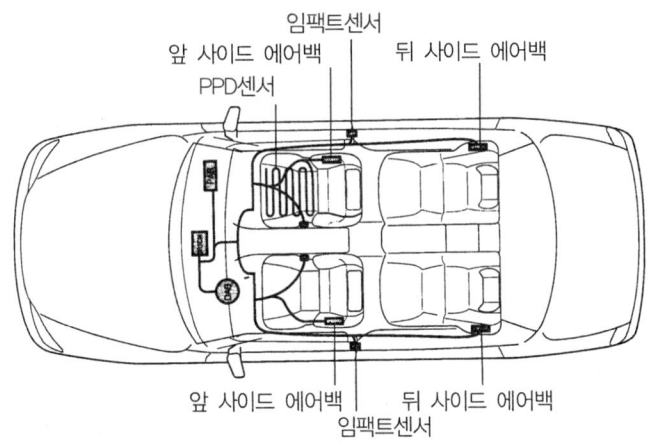

1. 에어백의 종류

2.1. 운전석 에어백(driver air bag)

운전석 에어백은 사고 시 운전자의 머리·가슴·목 등의 상해 정도를 줄여주기 위해 설치되며, 조향 휠 중앙에 공기주머니를 설치한 것으로 용량은 대개 60L 정도이다.

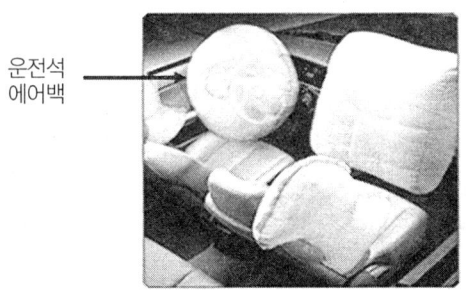

2. 운전석 에어백

2.2. 승객석 에어백(passenger air bag)

승객석 에어백은 승객석 승객의 머리·가슴·목을 보호하기 위한 것으로 대시패널(dash panel)에 설치되므로 탑승자와의 간격이 운전석보다 넓으며, 공기주머니의 용량도 운전석이 대개 60L인데 비해 승객석은 120~150L 정도로 크다. 따라서 승객석 탑승자가 지나치게 앞으로 이동하여 앉거나 어린이를 안고 타는 것은 에어백의 팽창 공간 부족으로 인해 매우 위험한 결과를 가져올 수 있다.

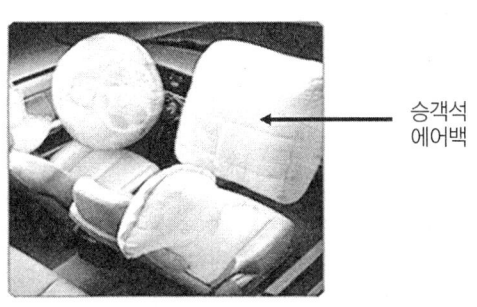

3. 승객석 에어백

2.3. 측면 에어백(side air bag)

자동차에서 측면 충돌이 발생할 때 탑승자의 머리와 어깨를 보호하기 위한 것으로 자동차의 시트 등받이 또는 도어에 설치한 에어백으로, 측면에서 충돌이 일어나면 에어백이 팽창되어 승객을 보호한다. 측면 에어백은 현재 고급 승용자동차에 주로 설치된다. 작동은 자동차의 측면 충격을 검출하는 측면 충돌센서의 신호를 에어백 ECU가 입력 받아 전개 시킨다.

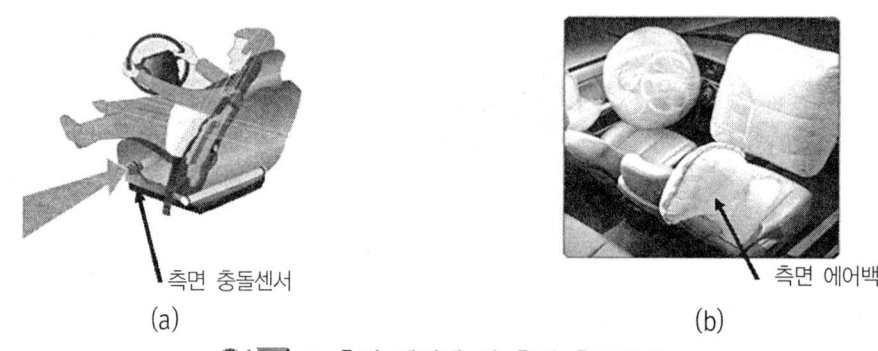

그림 4. 측면 에어백 및 측면 충돌센서

2.4. 커튼 에어백(inflatable curtain air bag)

커튼 에어백은 자동차의 루프 레일부분에 설치되어 측면 충돌이나 자동차가 전복할 때 팽창하여 승객의 머리를 보호하고 승객이 자동차 밖으로 튕겨 나가지 않도록 고안된 에어백이다. 측면 에어백은 측면 충돌이 발생하면 자동차의 창문유리가 파손되므로 사이드 에어백을 지지할 수 있는 부위가 없어 승객의 머리를 보호하는데 한계가 있으나, 커튼 에어백은 이러한 성능개발이 용이한 장점이 있다.

그림 5. 커튼 에어백

또 다목적용 자동차들은 일반 승용자동차에 비하여 자동차 전복 가능성이 상대적으로 높은 편인데, 커튼 에어백은 이러한 자동차가 전복될 때 승객보호 성능이 매우 높다. 그러나 커튼 에어백은 승객의 가슴부위를 보호하는 성능이 부족하므로 일반적으로 가슴 보호용 측면 에어백과 함께 사용되는 추세다.

2.5. 무릎 에어백(knee air bag)

무릎 에어백은 대시패널 아래쪽에 있으며, 대퇴부를 보호한다.

2.6. 골반 에어백(pelvis air bag)

골반 에어백은 도어나 시트 쿠션에 들어 있으며, 측면충돌이 발생할 때 골반을 보호한다.

3 에어백의 구성

에어백은 크게 에어백 ECU(air-bag control unit), 에어백, 충돌센서, 전용배선, 안전벨트 프리텐셔너 등으로 구성된다.

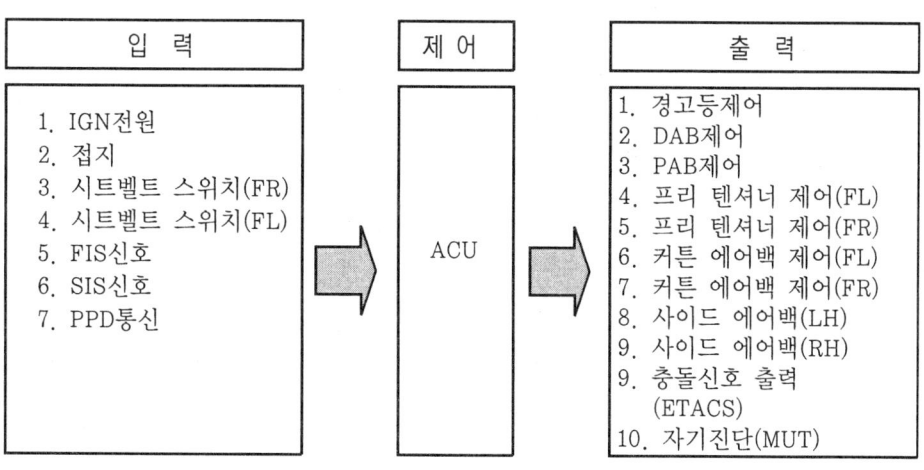

6. 에어백 입·출력 다이어그램

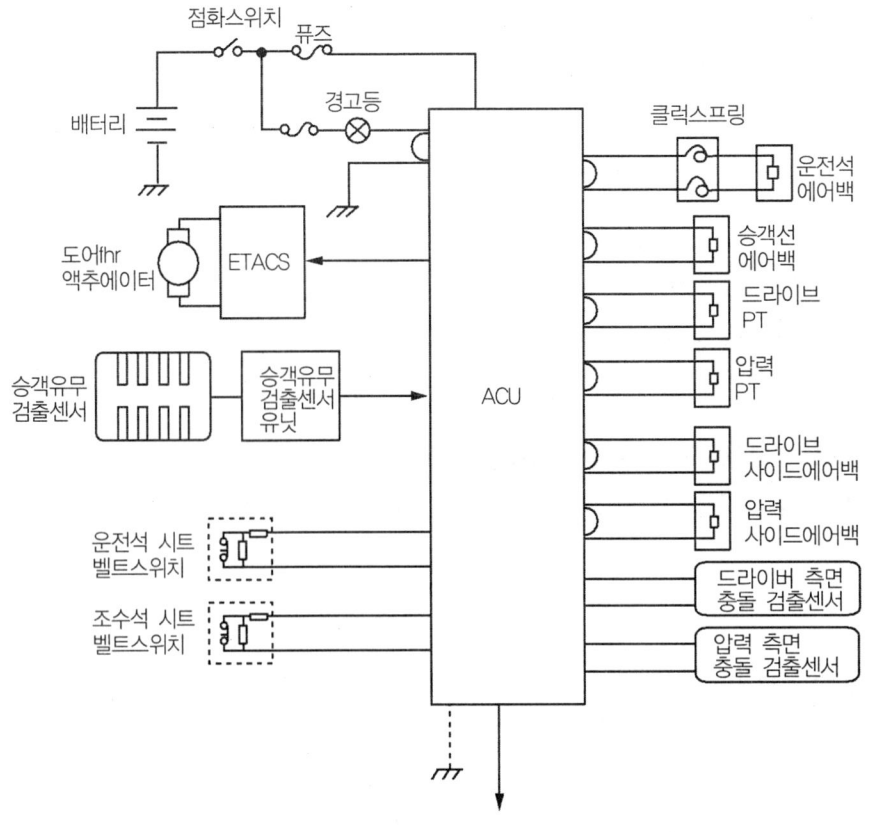

○━━ 7. 에어백 제어회로도

3.1. 에어백 ECU(air-bag electronic control unit)

　에어백 ECU는 자동차가 충돌할 때 작동하는 에어백 모듈이며, 전류를 출력하여 에어백을 전개시키고 장치에 고장이 발생하면 계기판의 경고등을 점등 또는 점멸시켜 운전자에게 고장여부를 확인하도록 한다. 또 운전석, 승객석 에어백의 경우 자동차가 충돌할 때 뜻하지 않은 전원의 차단으로 인하여 에어백 점화가 불가능 할 때를 대비하여 내장된 에너지가 비축된 콘덴서를 통해 점화회로에 점화 에너지를 제공한다.

　벨트 프리텐셔너 및 사이드 에어백의 점화회로는 별도의 점화에너지 비축기구를 가지고 있지 않으며 축전지 전압에 의해 직접 점화에너지가 공급된다. 또 에어백 ECU는 충돌검출 센서를 내장하고 있으며, 설치위치는 자동차의 종류에 따라 조금씩 다르지만 일반적으로 자동차의 중앙에 설치되어 있다.

에어백 ECU은 기본적으로 다음과 같은 기능을 수행한다.
① 충돌 검출 및 충돌량을 계산한다.
② 충돌량에 따른 에어백 및 벨트 프리텐셔너 작동 또는 비작동을 결정한다.
③ 에어백 센서들과 외부장치들에 대한 고장여부를 검출한다.
④ 에어백장치에 고장이 발생하였을 때 경고등을 통해 경고한다.
⑤ 통신라인을 통한 외부 서비스 기능(진단장비 정보제공)을 제공한다.

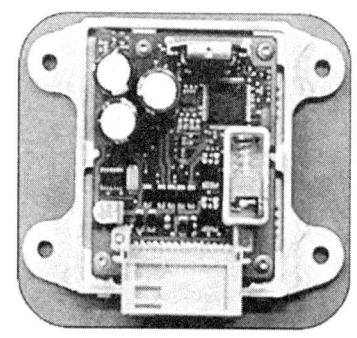
(a) 에어백 컨트롤 유닛

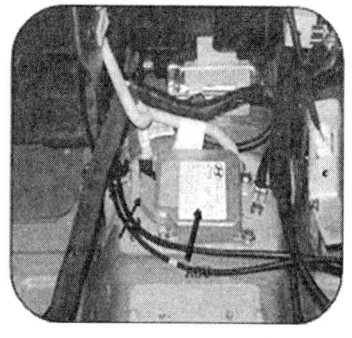
(b) 장착위치

그림 8. 에어백 ECU 및 설치위치

그리고 에어백 ECU에 내장된 전자방식 가속도(G)센서는 충돌량을 검출하기위한 것이며, 단결정 실리콘 표면에 마이크로 매칭(micro-machining)기술을 이용하여 제작한 전기저장 방식의 센서이다. 여과기 및 증폭기를 자체 내에 내장하고 있으며, 자기 진단 기능을 포함하고 있다.

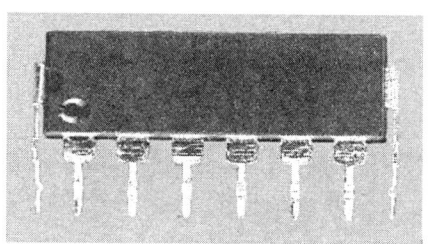
그림 9. 전자식 가속도(G)센서

에어백 ECU은 충돌할 때 이 센서에서 검출된 가속도 값(G값)이 충격 한계 이상일 경우, 에어백을 전개 시켜 운전자의 안전을 확보 한다. 이 센서는 전자방식 센서이므로 전기적 노이즈에 의한 오판을 방지하기 위해 기계방식 안전센서를 내장하고 있으며, 에어백 ECU는 이 센서로부터 물리적 충돌상황을 검출하여 에어백 작동여부를 최종 결정한다.

이 센서는 충돌할 때 기계적으로 작동하는 센서로 충돌이 발생하였을 때 센서내부에 설치된 자석이 관성에 의하여 스프링 장력을 이기고 자동차 진행방향으로 움직여 리드 스위치를 ON시켜 물리적 충돌을 검출한다.

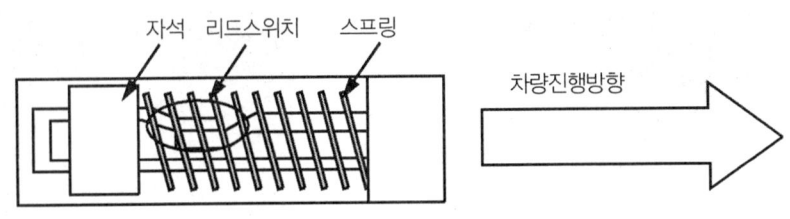

그림 10. 기계식 안전센서

3.2. 에어백

3.2.1. 에어백 커버(cover)

에어백 커버는 에어백을 둘러싸고 있으며, 에어백을 전개할 때 커버의 티어 심(tear seam)이 갈라지면서 에어백이 부풀어 나올 수 있는 통로를 만드는 구조로 되어있다. 에어백 커버의 기본 요구사항은 전개할 때 티어 심을 따라서 갈라지고 파편 등의 발생이 없이 결합상태를 잘 유지해야 하며 조향 휠 등과의 미적조화를 갖추어야 한다.

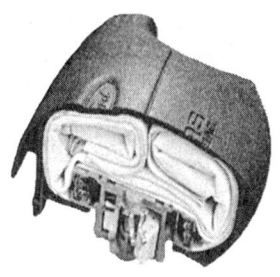

그림 11. 에어백 커버

3.2.2. 에어백

자동차가 충돌할 때 운전자와 직접 접촉하여 충격 에너지를 흡수해주는 역할을 한다. 에어백의 구비조건은 높은 온도 및 낮은 온도에서 인장강도, 내열강도 및 파열강도를 지니고 내마모성, 유연성을 유지해야 한다.

에어백은 안쪽에 고무로 코팅된 나일론 제면으로 되어 있으며 인플레이터와 함께 에어백이 전개할 때 팽창된다. 에어백은 운전석의 경우 60L 정도이며 승객석은 150~200L 정도이다. 에어백은 충돌할 때 점화회로에서 발생한 질소가스에 의해 팽창되는데 충돌 후 운전자의 충격을 최소화시키기 위해 일반적으로 2개의 배기구멍을 두어 가스를 외부로 배출한다.

12. 에어백

3.2.3. 인플레이터(inflater)

인플레이터는 자동차가 충돌할 때 에어백 ECU(air bag control unit)로 부터 충돌신호를 받아 에어백 팽창을 위한 가스를 발생시키는 장치이며, 단자의 연결부분에 단락 바를 설치하여 모듈을 떼어낸 상태에서 오작동이 발생되지 않도록 단자사이를 항상 단락 상태로 유지한다. 인플레이터는 화약 점화방식과 하이브리드방식이 있다.

[1] 화약 점화방식

화약 점화방식 인플레이터는 점화제에 전류를 공급하면 가스 발생제가 연소하여 가스를 발생하는 형식으로 화약, 점화제, 가스발생제, 디퓨저 스크린(diffuser screen) 등을 알루미늄 용기에 넣은 것으로 에어백 모듈 하우징에 설치된다. 인플레이터 내에는 점화전류가 흐르는 전기 접속부분dl 있어 화약에 전류가 흐르면 화약이 연소하여 점화제가 연소되고 그 열에 의해 가스발생제가 연소하여 가스가 발생한다.

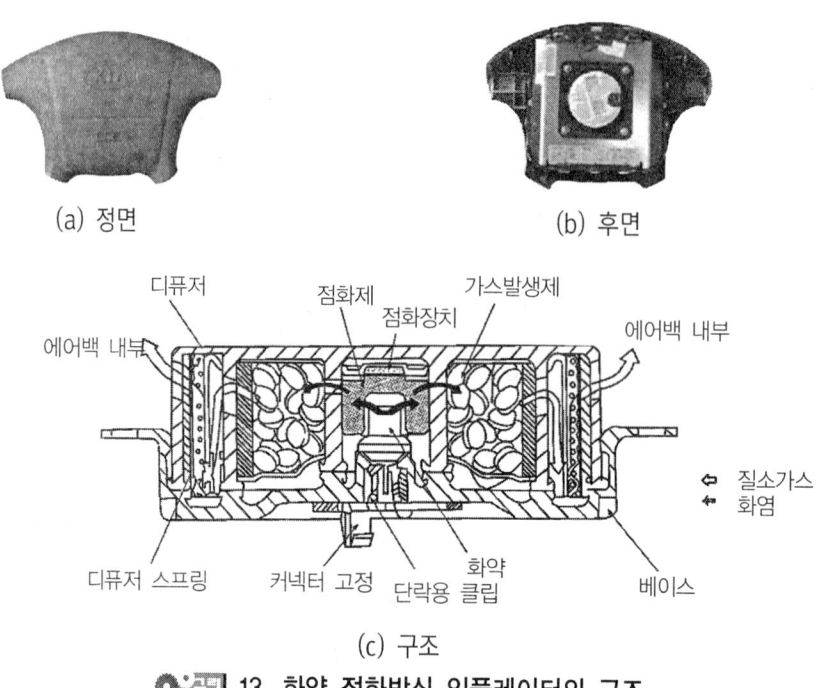

13. 화약 점화방식 인플레이터의 구조

연소에 의해 급격히 발생한 질소가스가 디퓨저 스크린을 통과하여 에어백 안으로 유입된다. 디퓨저 스크린은 연소가스의 이물질을 제거하고 가스온도의 냉각, 가스 발생 소음을 감소하는 역할도 한다. 화약 점화방식은 일반적으로 운전석용 인플레이터에서 사용한다.

[2] 하이브리드방식(hybrid type)

하이브리드방식은 주로 승객석용 인플레이터에 사용되는 것으로, 실린더 모양의 케이스의 안쪽에 여과기를 감아 넣고 그 속에 일정량의 가스 발생제(질소+아르곤)를 충전한다.

하이브리드방식은 자동차가 충돌할 때 가스와 에어백을 연결하는 통로를 화약에 의해 폭파 후 연결시키면 충전된 가스에 의해 에어백이 팽창하는 방식이다. 하이브리드방식의 큰 문제점은 오랫동안 모듈 안에 가스를 보관해 놓아야 한다는 것이다. 따라서 저압스위치를 모듈 안에 설치하여 가스의 압력을 항상 감시하여야 한다. 최근에는 가스 누설이 최소화되는 기술을 이용하여 저압 스위치를 제거하였다.

(a)   (b)

그림 14. 하이브리드방식 인플레이터

3.3. 충돌 검출센서

충돌 검출센서는 자동차가 충돌할 때의 충격량을 검출하는 것으로 검출방법에 의한 분류는 다음과 같다.

3.3.1. 충돌 예지센서

자동차가 충돌하기 전에 충돌의 불가피성 및 충돌의 강도를 예측 검출하는 것으로 이는 빛, 음파, 전파의 신호매체로 자동차와 자동차, 자동차와 장애물 사이의 상대속도를 측정하여 충돌을 예측하는 센서이며, 자동차에서는 사용되지 않고 있으나 이 센서를 충돌 방지장치에 사용하기 위한 연구가 진행 중이다.

3.3.2. 충돌 검출센서

충돌 검출센서는 자동차 내 특정지점의 가속도를 측정하여 자동차의 충돌 및 충격량을 검출하는 센서로 대표적으로 가속도센서가 이용되고 있다. 초창기에는 기계방식 또는 전기-기계방식 센서를 주로 사용하였지만, 최근에는 반도체 전자방식 센서를 대부분 사용한다.

충돌 검출센서는 자동차의 종류에 따라 그 수량 및 설치위치가 달라진다. 일반적으로 에어백 ECU 내부에 1개, 정면 좌우 멤버에 전방 충돌센서 2개, 측면 충돌검출 센서는 좌우측 "B" 필러 아래쪽에 1개씩 설치된다. 충돌검출 센서는 현재 에어백장치를 사용하고 있는 대부분의 자동차에서 이용하고 있으며 종류는 다음과 같다.

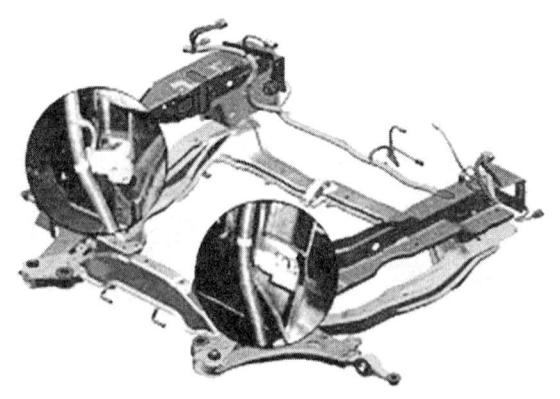

그림 15. 정면 충돌 검출센서의 설치위치

[1] 기계방식

　기계방식 충돌검출 센서는 검출질량에 편향력을 가하기 위한 스프링 또는 자석, 감쇄기구등에 의하여 격침을 작동시켜 충격방식 뇌관을 포함하는 가스 발생기를 작동시키는 구조로 되어 있다. 이 센서는 에어백 모듈, 가스발생기와 일체로 구성이 되어 조향 휠 내부에 설치된다.

　외부와 연결을 위한 배선이 필요 없으므로 설치성능이 우수하고 가격이 싼 장점이 있다. 그러나 고장유무를 사전에 확인하기 어렵고 조향 휠의 위치에서 다양한 충돌상황에 대하여 적절히 작동하는 센서를 설계하기가 어렵다.

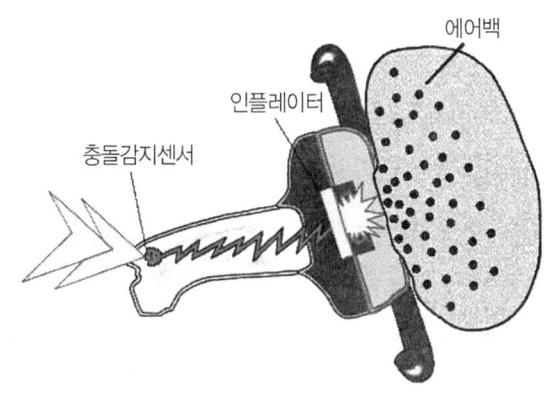

그림 16. 기계방식 충돌 검출센서

[2] 전기-기계방식

전기-기계방식은 구조는 틀리지만 작동원리는 기계방식과 비슷하다. 단지 검출질량의 운동을 전기신호로 바꾸기 위한 전기스위치가 내장된 점이 다르다. 즉 자동차가 충돌할 때 검출질량이 편향력을 극복하고 정지위치에서 이동하여 내장된 전기접점을 닿아 센서에 연결된 외부의 스위치회로가 작동하도록 되어있다. 에어백 ECU은 이들의 작동을 검출하여 에어백의 전개여부에 대한 최종판단을 내린다.

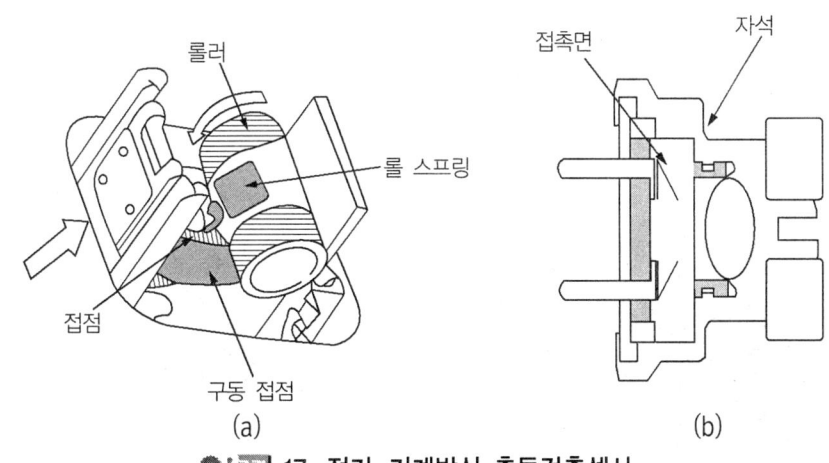

그림 17. 전기-기계방식 충돌검출센서

[3] 전자방식

에어백 ECU의 전자기판 위에 반도체 가속도 센서와 마이크로프로센서를 내장하여 가속도 신호를 처리함으로서 에어백의 전개여부를 결정하고 전기방식 뇌관을 점화하도록 되어 있다. 전자방식 충돌검출 센서의 핵심은 미세 가공기술(micro-machining)을 응용한 반도체형 가속도 센서와 센서로부터 얻어진 가속도 신호의 처리를 위한 충돌검출 알고리즘(algorithm)에 있다.

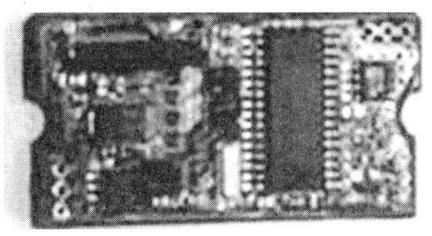

그림 18. 전자방식 충돌검출센서

3.4. 에어백의 배선

에어백장치에 사용하는 배선은 일반적으로 사용하는 자동차의 배선과는 별도로 설치가 된다. 에어백의 배선은 자동차가 충돌할 때 폭발하는 모듈(module), 충돌을 검출하는 센서들과 연결이 되어 있으므로 접촉이 확실해야 하고 신뢰성도 우수해야 한다.

따라서 커넥터의 확실한 접촉을 위해 배선 핀에는 금도금을 하거나, 어떠한 조건에서도 커넥터의 이탈을 방지하기 위해 커넥터를 끼울 때 1차 및 2차 물림(lock)장치를 설치한다. 또 커넥터를 분리할 때 정전기에 의한 에어백의 폭발을 방지하기 위해 단락바(쇼트 바)를 설치하여 커넥터를 분리할 때 회로를 단락시켜 에어백의 전개를 방지한다.

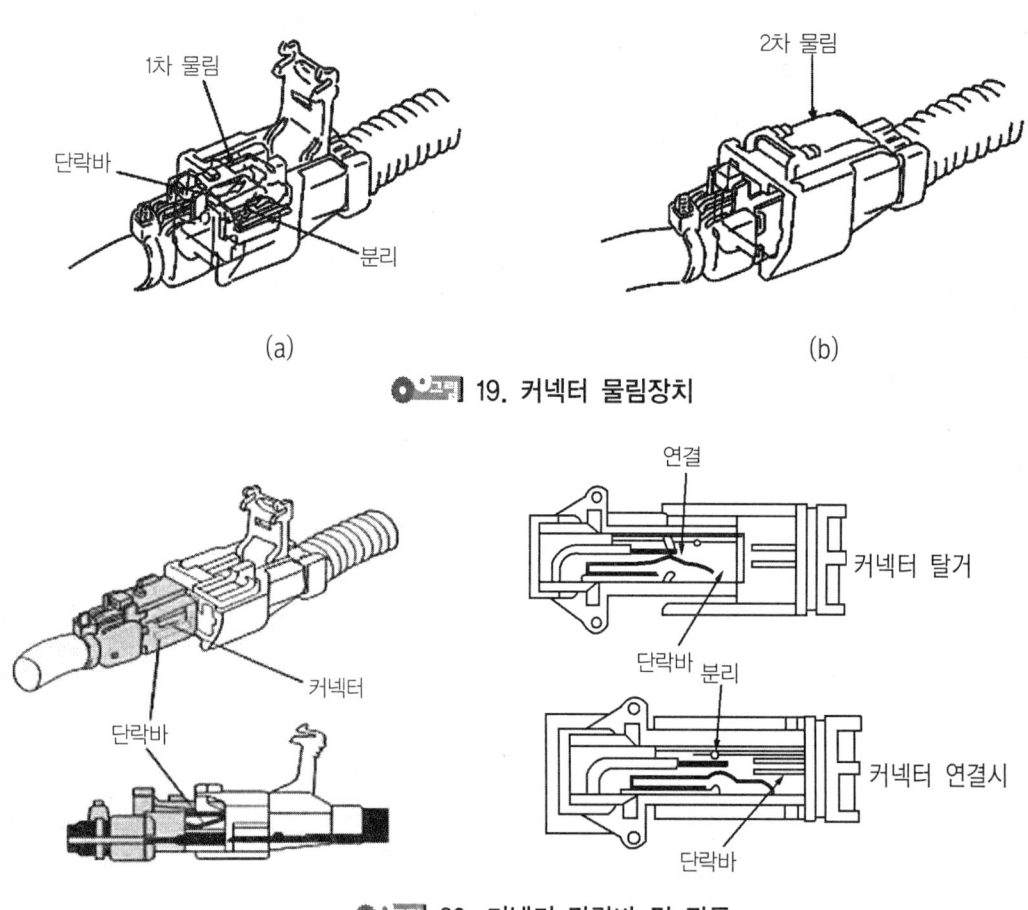

그림 19. 커넥터 물림장치

그림 20. 커넥터 단락바 및 작동

단락 바는 커넥터를 분리할 때 경고등 전원선과 접지를 단락 바로 연결하여 계기판의 에어백 경고등을 점등시키고 에어백회로의 High배선과 Low배선을 서로 단락시켜 에어백이 전개되는 것을 방지한다.

3.5. 클럭 스프링(clock spring)

운전석 에어백은 조향 휠에 설치되므로 운전석 에어백과 에어백 ECU사이를 일반 배선을 사용하여 연결하면 좌우로 조향할 때 배선이 꼬여 단선되기 쉽다. 따라서 조향 휠과 조향칼럼사이에 클럭 스프링을 설치한다. 클럭 스프링은 에어백 ECU와 운전석 에어백 모듈사이의 배선을 연결하는 기능으로 내부에 감길 수 있는 종이 모양의 배선을 설치하여 시계의 태엽처럼 감겼다 풀렸다 할 수 있도록 작동한다.

클럭 스프링은 조향 휠과 같이 회전하기 때문에 반드시 중심점을 맞추어야 한다. 만일 중심이 맞지 않으면 클럭 스프링 내부 배선이 단선되어 에어백이 작동하지 않을 수 있다.

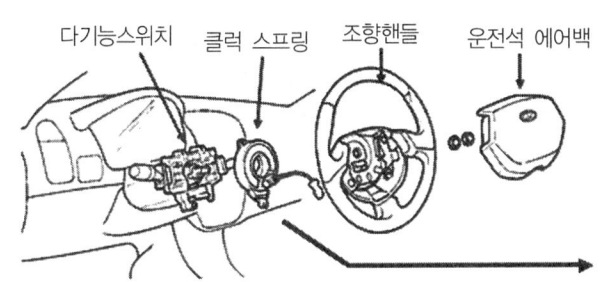 

21. 클럭 스프링

[1] 클럭 스프링 중심위치 정열방법

① 축전지 (-)단자 및 조향 휠을 떼어낸다.
② 클럭 스프링을 시계방향으로 손가락으로 멈출 때가지 회전시킨다.
③ 반 시계방향으로 회전시켜 전체 회전수를 세고(약 5회전) 그 1/2를 시계방향으로 돌려(약 2.5회전) 클럭 스프링에 마킹된 ▶,◀마크를 일치 시킨다.
④ 조향 휠을 설치하고 축전지(-)단자를 연결한 다음 에어백 경고등 점등여부를 확인한다.

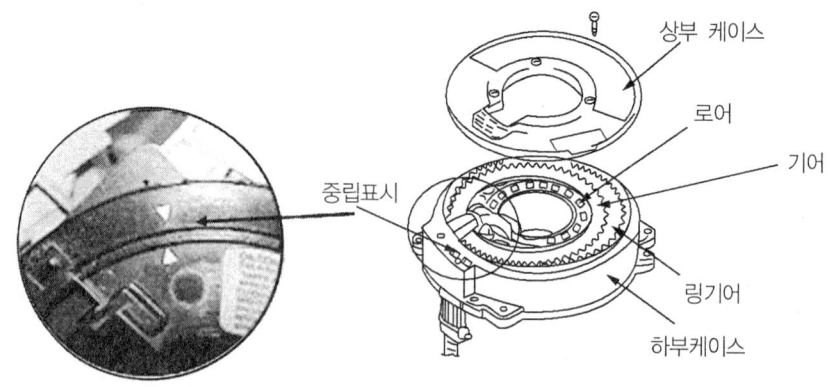

그림 22. 클럭 스프링 중심위치 정열

3.6. 승객유무 검출센서

승객유무 검출센서는 승객석 시트 쿠션부분에 설치되어 있으며, 승객 탑승유무를 판단하여 에어백 ECU로 데이터를 송신한다. 즉, 승객석에 승객이 탑승하면 정상적으로 승객석 에어백을 전개시키고 탑승하지 않은 경우에는 전개하지 않는 제어를 하기 위해 설치된다. 이 센서는 압전소자로 이루어져 있으며, 승객이 탑승하였을 경우와 탑승하지 않았을 경우의 하중변화에 따른 저항의 변화로 승객 탑승유무를 판단한다.

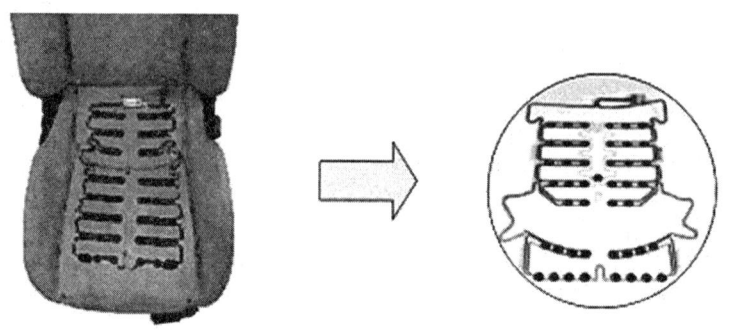

그림 23. 승객 유무 검출센서 설치위치 및 구조

3.7. 안전벨트 프리텐셔너(seat belt-pretensioner)

안전벨트 프리텐셔너는 자동차가 충돌할 때 에어백이 작동하기 전에 작동하여 안전벨트의 느슨한 부분을 되감아 주는 기능을 수행한다. 따라서 충돌할 때 승객을 시트에 고정시켜 에어백이 전개할 때 올바른 자세를 유지할 수 있도록 한다.

(a)　　　　　　　　　　　　　(b)

그림 24. 프리텐셔너의 작동

3.7.1. 기계방식 프리텐셔너

에어백이 설치되지 않은 자동차에는 기계방식 벨트 프리텐셔너가 설치가 된다. 기계방식 프리텐셔너는 기계방식 센서가 작동순서에 따라 가스 발생기를 발화시키면, 발생가스의 힘으로 실린더 내의 볼을 그림 25의 화살표 방향으로 이동시킴에 따라 이에 접촉된 스핀들(spindle)과 스핀들에 연결된 축이 회전을 하여 안전벨트를 되감아(약 120mm) 운전자를 시트에 고정시킨다.

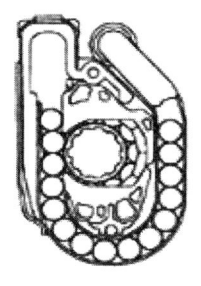 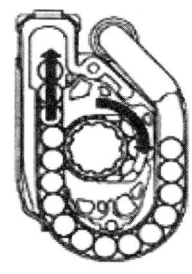 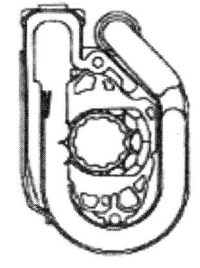

(a) 후기상태　　　　(b) 작동상태　　　　(c) 완료상태

그림 25. 기계식 프리텐셔너의 작동

3.7.2. 전기방식 프리텐셔너

전기방식 프리텐셔너는 자동차에서 충돌이 발생할 때 에어백 ECU에서 직접 화약에 점화를 일으킬 수 있는 전류를 공급하는 방식이다. 2개의 배선으로 이루어진 커넥터가 설치가 되어 있고 커넥터의 단선, 단락을 에어백 ECU가 검출하여 고장이 발생하였을 때 코드를 출력한다. 그리고 커넥터 분리할 때 정전기 등에 의해 폭발이 이루어지는 것을 방지하기 위해 단락 바가 설치되어 있다.

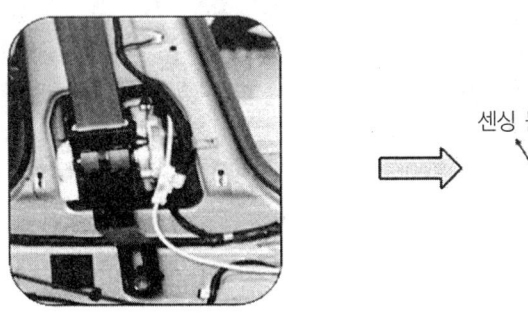

26. 안전벨트 프리텐셔너 설치위치 및 구조

4 에어백의 작동

자동차가 충돌할 때 에어백의 작동여부와 관련된 소비자와 제작회사 사이의 분쟁은 에어백의 품질상 문제도 있지만, 대부분 소비자들에게 에어백의 작동조건에 대한 정확한 정보가 전달되지 않아 발생하고 있다.

에어백은 대부분의 충돌사고에서 안전벨트와 함께 탑승자를 보호해 주는 가장 효과적인 장치라고 할 수 있으나, 모든 사고로부터 탑승자를 보호해 주는 것은 아니며, 일정한 작동조건을 가지고 있다.

4.1. 에어백의 작동순서

자동차가 상대 자동차 또는 장애물과 정면으로 충돌할 때 일반적으로 운전자는 앞으로 튕겨져 나가면서 조향 휠에 가슴부위와 머리 부분이 충돌하여 상해를 입게 되고, 앞좌석 탑승원은 대시패널에 부딪히거나 앞 유리창을 뚫고 밖으로 튕겨져 나가서 상해를 입게 된다.

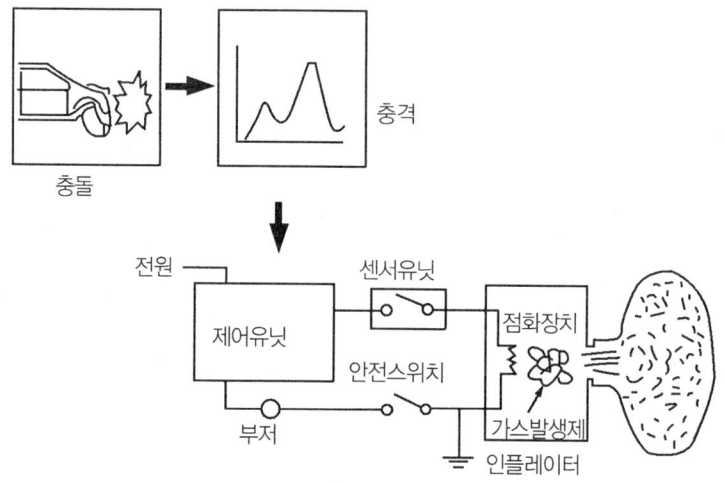

그림 27. 에어백의 작동순서

에어백은 이러한 탑승원의 상해를 줄이고 생명을 보호하는 안전벨트 보조장치이다. 에어백은 자동차 종류나 에어백의 성능에 따라 약간의 차이가 있다.

4.2. 에어백의 팽창과정

자동차 충돌 → 충돌검출 → 인플레이터에 전원공급 → 점화 → 점화제 연소 → 가스발생제 연소 → 가스발생 → 에어백 팽창 → 승객보호 → 에어백 내 가스방출 → 시계확보

[1] 충돌 후 약 20/1000초 경과

충돌에 의한 충격이 차체에 전달되면 자기진단 제어모듈 내부의 센서가 작동하여 에어백 모듈 속의 인플레이터를 폭발시켜 에어백을 팽창시킨다.

[2] 충돌 후 약 50/1000초 경과

에어백이 완전히 팽창하여 운전자의 머리 앞에 오면 이때 운전자의 몸체는 안전벨트에 의해 제한된다.

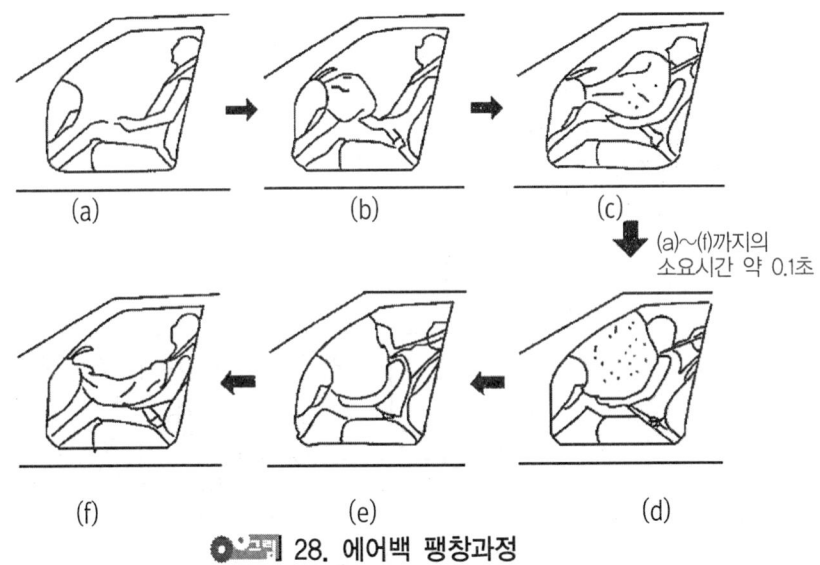

그림 28. 에어백 팽창과정

[3] 충돌 후 약 80/1000초 경과

운전자의 머리 및 상반신이 에어백을 누르면 에어백 모듈의 뒤쪽에 있는 지름이 약 25mm 정도인 2개의 배출구멍으로 질소가 배출되어 에어백이 수축하면서 운전자의 충격을 완화시킨다.

[4] 충돌 후 약 200/1000초 경과

충격을 흡수한 에어백이 급속히 수축되어 운전자의 전면 시야를 확보한다. 승객석에 설치된 에어백도 동일한 과정을 나타낸다.

4.3. 에어백의 작동조건

현재 승용차에 설치되어 있는 정면 에어백을 중심으로 에어백의 작동 및 미작동 조건은 자동차 종류마다 다소 차이는 있을 수 있으나 일반적으로 다음과 같다. 자동차 충돌사고 중 경미한 사고는 안전벨트만으로도 탑승자를 보호할 수 있기 때문에 에어백은 안전벨트로 보호할 수 없는 충격이 정면에서 발생한 경우에만 작동하는 것이 일반적이다.

대개 자동차의 정면에서 좌우로 30° 이내의 충돌사고로서 일정속도 이상으로 고정된 벽면에 정면충돌 했을 때의 충격이 차체에 전달된 경우 에어백이 작동한다.

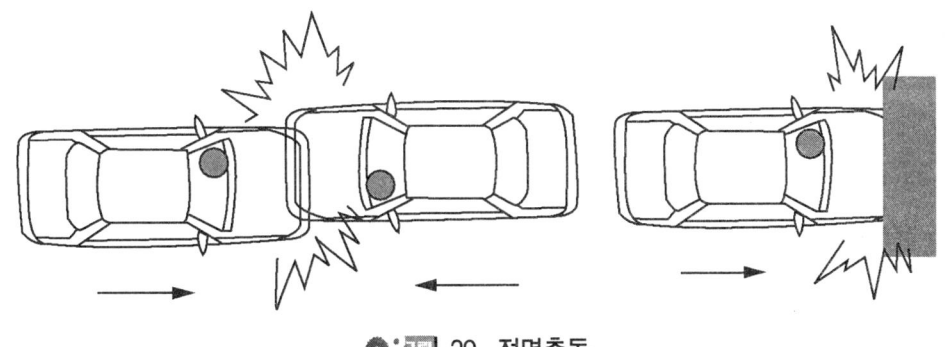

29. 정면충돌

일반적으로 충돌 방향에 따른 에어백 작동은 다음과 같다.

① 정면 에어백 전개영역(좌우 30°) : 정면 에어백 작동 및 시트벨트 프리텐셔너 작동으로 승객을 보호 한다.

② 정면 에어백 전개영역을 벗어난 경사 측면충돌인 경우 : 충돌이 발생할 때 정면 및 측면방향의 분력에 따라 정면 및 사이드 에어백은 전개되나 에어백으로 인한 승객보호 효과는 충돌할 때 승객의 이동방향이 에어백으로부터 보호범위를 벗어나 효과가 떨어진다.

③ 충돌각도가 90도(직각)에 가까운 측면충돌인 경우 : 사이드 에어백(SAB)이 작동하여 승객을 보호한다.

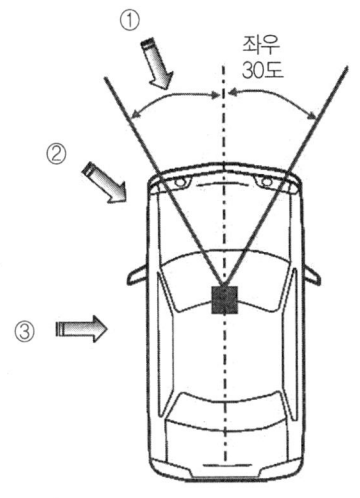

30. 충돌방향과 작동관계

4.3.1. 에어백이 작동하지 않는 조건

[1] 안전벨트로 탑승자를 보호할 수 있는 경미한 충돌

에어백은 충돌 사고에서 안전벨트에 의해 탑승자를 보호할 수 있는 충격에서는 작동하지 않는 것이 일반적이며, 또 상황에 따라 에어백이 작동할 수도, 작동하지 않을 수도 있는 영역인 "그레이존"이 있으며, 대개 작동조건의 충돌속도 보다 낮은 속도 영역으로 설정되어 있다.

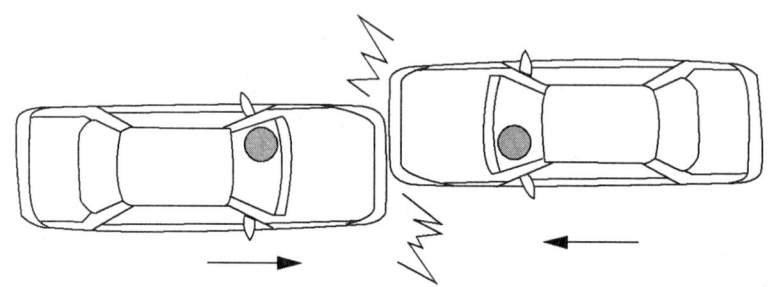

그림 31. 정면충돌에서 에어백이 작동하지 않는 경우

[2] 후방 추돌이나 충돌

후방에서 다른 자동차가 추돌하거나 후진 중 뒤에 있는 물체와 충돌할 경우에는 탑승자가 충돌 반력에 의해 시트 등받이 쪽으로 움직이게 되므로 에어백이 작동하여도 탑승자를 보호하는데 아무런 도움이 되지 않기 때문에 작동하지 않는다.

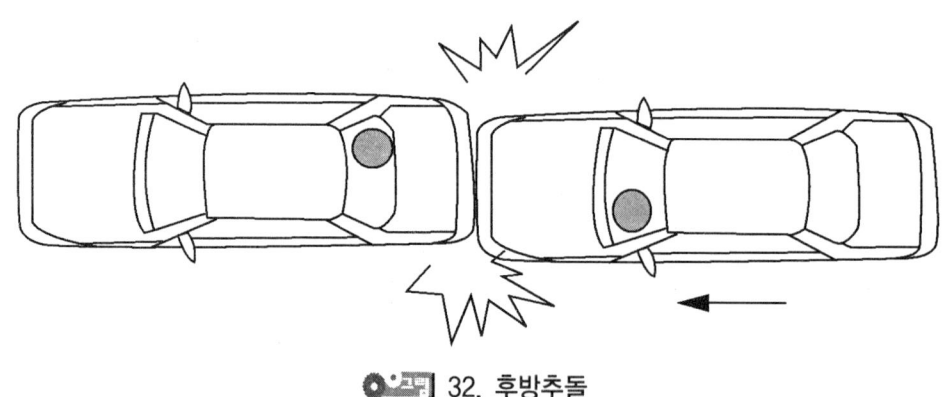

그림 32. 후방추돌

[3] 측면에서 충돌당한 경우

측면에서 충돌당한 경우 탑승자는 조향 휠이나 대시패널에 부딪치는 것이 아니라 측면에 있는 도어등과 부딪치기 때문에 정면 에어백이 작동하는 것은 도움이 되지 않으며, 이러한 사고에서는 탑승자를 보호하기 위하여 사이드 에어백을 별도로 설치한다.

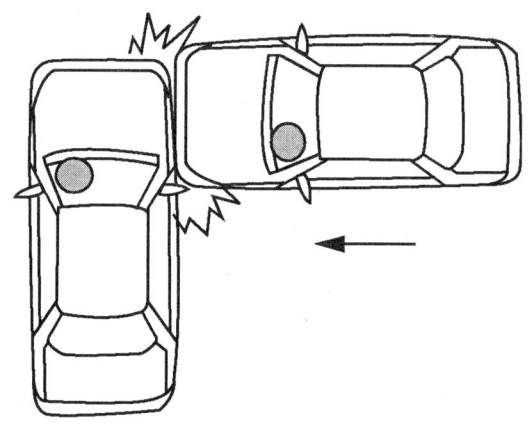

그림 33. 측면충돌

[4] 버스, 트럭을 후미에서 추돌 또는 충돌

운행 중이거나 서있는 버스나 트럭을 후미에서 추돌하거나 충돌할 경우, 자동차간 충돌부위의 높이 차이 및 다이브 현상(급제동으로 인해 차체의 앞부분이 낮아지는 현상)으로 인해 에어백이 작동하지 않을 수 있다.

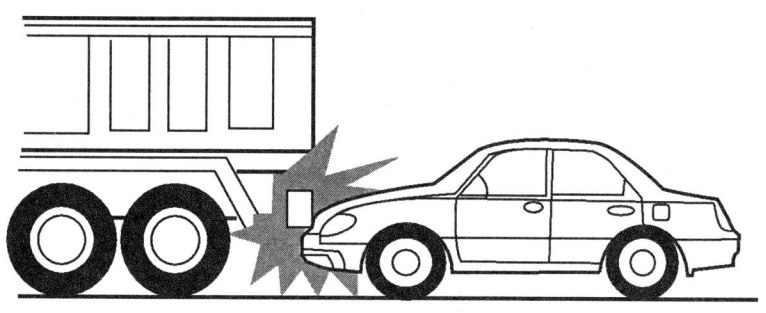

그림 34. 버스 및 트럭 후미에서의 추돌

이러한 사고는 충격부위가 자동차의 골격부분(프레임)이 아니라 본넷, 펜더 등으로 충격이 흡수되기 때문에 사고시의 충격이 프레임에 설치되어 있는 센서에 전달되지 않아 에어백이 작동하지 않을 수 있다. 그러나 충돌부위가 범퍼 등과 같이 차체에 직접 충격이 전달되는 경우에는 에어백이 작동된다.

5 에어백의 효과 및 안전

5.1. 에어백의 효과

에어백은 안전벨트와 함께 자동차 충돌사고에서 탑승자를 보호해 주는 중요한 역할을 하는 장치이며, 사고가 발생하였을 때 탑승자 보호를 위한 각종 구속장치 중 탑승자에게 어떠한 구속감도 주지 않고 가장 안락함과 편안함을 제공하면서 정면충돌을 하였을 때 탑승자의 상체와 머리를 거의 동등하게 보호하는 기능이 있다.

정면충돌은 가장 일반적으로 사망이나 부상을 가져오는 충돌사고로, 모든 운전자와 승객석 승객 사망률의 대부분을 차지하고 있다. 에어백을 설치한 자동차의 경우 정면 충돌에서 운전자 및 승객석 탑승자의 사망률은 각각 아래의 표와 같이 감소한다고 한다.

[정면충돌에서의 에어백 효과]

분류	사망률 감소비율
승용차 운전자	31%
벨트착용	21%
벨트 미착용	34%
29세 이하의 운전자	32%
30~55세의 운전자	35%
56~69세의 운전자	25%
70세 이상의 운전자	11%
경승용차 운전자	30%
중형차 운전자	24%
대형 승용차 운전자	39%
소형 트럭 운전자	27%

5.2. 에어백의 사고대비책

① 에어백의 동작원리를 잘 인지한다(에어백과 적당한 거리유지).
② 올바른 운전습관을 가진다. - 좌석의 안쪽으로 깊이 자리 잡은 상태에서 등을 좌석 등받이에 바짝 붙이고 허리 쪽 벨트는 느슨하지 않게, 어깨 쪽의 벨트는 어깨의 중앙을 걸치도록 좌석안전 벨트를 착용한다(조향 휠에 근접하여 운전할 경우 충돌할 때 팽창된 에어백이 운전자에게 큰 압박을 가할 수 있어 매우 위험). 에어백을 설치한 자동차라도 반드시 안전벨트를 매는 게 안전하다.

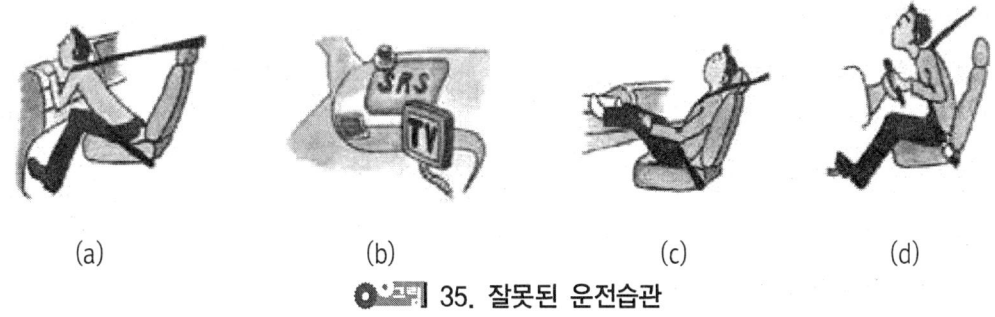

(a)　　　　　(b)　　　　　(c)　　　　　(d)

그림 35. 잘못된 운전습관

③ 유아나 어린이를 운전자 옆 좌석에 탑승을 금지한다. - 유아나 어린이를 뒷좌석에 앉힌다. 부득이 앞좌석에 앉히는 경우는 시트를 뒤쪽으로 밀어내어 대시패널로부터 거리를 두어 앉혀야 한다(유아용 안전시트를 뒤쪽으로 향하게 설치했을 때 에어백이 팽창하게 되면 어린이가 좌석등받이와 안전시트에 끼여 위험). 그리고 어른이 앞좌석에 앉은 후 어린이를 안고 타는 경우는 에어백 설치 유무에 관계없이 매우 위험하다.

(a)　　　　　　　　　　(b)

그림 36. 유아 승차요령

5.3. 에어백의 개발기술
5.3.1. ON-OFF스위치 에어백

ON-OFF스위치 에어백은 에어백의 전개를 사람이 직접 제어할 수 있도록 만든 에어백이다. 이 에어백은 운전석, 보조석 모두 설치 가능하다. 에어백의 잘못된 사용을 막기 위하여 ON-OFF 스위치를 작동시키기 위해서는 반드시 키가 있어야 한다. 만약 에어백의 작동이 꺼진다면 "drive air-bag off" 또는 "passenger air -bag off" 라는 경고 메시지가 켜진다.

에어백은 키를 사용하여 다시 에어백의 작동을 켤 때까지 그 상태를 유지한다. ON-OFF 스위치 에어백을 설치하여야 하는 경우는 다음과 같다.

① 앞 승객석에 유아의 시트를 자동차의 진행방향과 반대방향으로 마주 보도록 설치하여 유아를 태울 경우
② 앞 승객석에 1세부터 12세 사이의 아이를 승차시킬 경우
③ 습관적 운전자세를 가지고 있는 운전자나 조향 휠의 중심과 운전자 가슴의 중심 사이의 거리가 25.4cm 이하로 운전하는 경우
④ 에어백이 작동하지 않을 때의 충격보다 에어백이 터지면서 받는 충격이 더 큰 사람의 경우 등은 ON-OFF 스위치 에어백을 설치하여 에어백의 전개를 제한해야 한다.

5.3.2. 디파워드(de powered) 에어백

에어백의 부작용은 낮은 주행속도에서 충돌 사고에 의해 사람이 입을 것으로 예상되는 부상의 정도보다 에어백이 전개되는 폭발력에 의해 입는 부상이 더 큰 경우가 발생한다. 따라서 낮은 속도로 충돌할 때에는 에어백의 출력을 약 30% 가량 줄이도록 만든 에어백이다. 체격이 큰 사람을 충분히 보호하지 못하는 단점을 갖고 있다.

5.3.3. 스마트(smart) 에어백

스마트 에어백은 승객 몸집의 크기, 앉은 자세, 안전벨트의 착용여부에 따라 에어백의 작동여부를 결정하는 것이다.

스마트 에어백은 정면충돌 에어백의 부작용을 최소화하기 위하여 시트에 검출기구를 부착하고 탑승자의 체중과 자세 등에 대한 정보를 수집해 에어백 ECU가 충돌할 때 에어백의 팽창속도를 조정하거나 체중이 일정한 수치 이하일 경우 에어백 작동을 차단하는 최첨단 에어백이다.

스마트 에어백은 미연방 도로교통 안전국(NHTSA)이 추진 중인 신 법규에 의해 결정된다고 해도 무방하며, 이 신 법규에서 요구하고 있는 사항은 다음과 같다.

① 안전벨트 착용 유무에 따른 승객 구속장치 작동기준의 최적화.
② 비정상적인 위치나 자세의 승객에 대해서는 에어백 전개를 금지하거나 전개 폭발력을 감소시킴.
③ 승객석이 비어있는 경우에는 승객석 에어백 전개 금지.
④ 거꾸로 놓인 유아 시트(RFIS : rear-facing Infant Seat)가 승객석에 있는 경우 승객석 에어백 전개 금지.
⑤ 몸집이 큰 승객 또는 안전벨트 미착용 승객에 대해서는 구속의 강도(stiffness of restraint)를 증대시키고, 반대로 몸집이 작은 승객(여자, 어린이, 노약자 등) 또는 안전벨트를 착용한 승객에 대해서는 구속 강도 저하시킨다.

이러한 스마트 에어백의 요구사항을 실현하기 위한 요소 기술들의 개발은 관련 기술의 발달에 따라 단계적으로 도입될 것으로 예상하고 있다.

에어백은 충돌할 때 일정 이상의 주행속도에서 충돌이 발생하면 무조건 에어백이 작동 하여 승객을 보호하는 장치이었지만 이런 에어백의 작동원리로 인해 상해를 입는 경우도 종종 발생했다. 이런 문제를 해소하기 위해 스마트 에어백 등 첨단 신기술을 응용한 새로운 장치 개발의 필요성이 대두되고 있다.

자동차 진동과 소음

1 자동차 진동

1.1. 소음·진동의 필링(feeling)과 발생기구

자동차의 소음, 진동은 유사한 현상이 복합되어 발생되는 것이 있으며, 그 느낌은 사람에 따라 가지 각색이다. 그러나 대표적인 소음, 진동현상의 느낌이나 발생조건 및 그 발생기구를 구체적으로 이해함으로서 판단이 용이하고 문제 해결을 가능하게 한다.

1.2. 진동(vibration)

진동(vibration)이란 물체가 일정한 시간마다 동일한 운동으로 움직이는 현상으로 자동차가 평탄한 길을 주행하다가 돌출물 위를 지나면 차바퀴는 위쪽으로 움직여 스프링을 눌리게 된다. 그러면 눌러진 스프링의 에너지에 의해 차체는 수직으로 상승하다가 어느 위치에 도달하면 차체의 무게에 의하여 아래로 움직여 초기위치보다 더욱 아래로 운동한다. 이때 스프링은 다시 눌려지면서 다시 에너지를 발생하여 차체를 밀어 올린다. 이러한 운동은 자동차가 평탄한 곳을 주행하면 스프링이 가지고 있던 에너지가 열에너지로 변환되어 소멸될 때까지 반복한다. 이러한 진동을 감쇠진동(damped vibration)이라고 한다.

이러한 과정에서 차체의 최고위치와 최저위치 사이를 진폭이라 한다. 그러나 만약 자동차가 요철노면을 주행할 때 요철이 일정한 간격으로 계속 반복되면 진폭은 오히려 증가하는 경우도 있다. 이러한 진동을 공진(resonance)이라 한다.

1.2.1. 승차감(피칭, 롤링, 바운싱)

[1] 현상

차체 전체가 하나의 상자로서 흔들리는 느낌이 든다. 흔들리는 방식은 "흔들흔들" 또는 "울퉁불퉁"하게 흔들리는 느낌이 든다.

[2] 발생조건

자동차가 주행하면 엔진과 동력전달장치 등에 의한 고유진동이 발생하고, 또한 노면으로부터의 충격에 의한 진동 그 외에 구동력, 제동력, 원심력, 풍력 등에 의한 진동 등이 발생하여 차체의 운동과 진동은 복잡한 3차원적으로 나타난다.

자동차의 무게중심을 기준으로 수직축을 z축, 자동차의 세로방향으로 x축, 좌우 방향을 y축이라 하면 여러 가지 진동으로 나타나는데 이들은 개별적으로 나타나지 않고, 복합된 형태로 나타난다.

① 바운싱(bouncing) : 수직축(z축)을 따라 차체가 전체적으로 상하운동하는 진동.

② 러칭(lurching) : 가로축(y축)을 따라 차체가 전체적으로 좌우운동하는 진동.

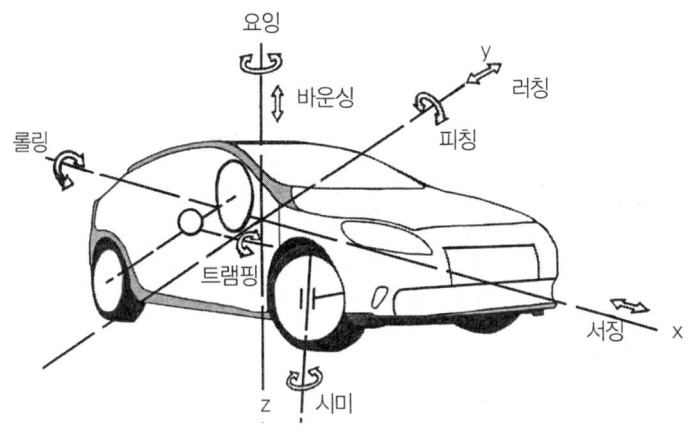

1. 자동차의 진동

③ 서징(surging) : 세로축(x축)을 따라 차체 전체가 전후운동하는 진동.
④ 요잉(yawing) : 수직축(z축)을 중심으로 회전운동하는 진동.
⑤ 피칭(pitching) : 가로축(y축)을 중심으로 회전운동하는 진동.
⑥ 롤링(rolling) : 세로축(x축)을 중심으로 회전운동하는 진동.
⑦ 스키딩(skiding) : 타이어가 슬립하면서 동시에 요잉하는 진동.
⑧ 트램핑(tramping) : 판스프링에 의해 현가된 일체식 차축이 세로축(x축)에 나란한 회전축을 중심으로 좌우 회전하는 진동.
⑨ 시미(shimmy) : 스티어링 너클 핀을 중심으로 앞바퀴가 좌우로 회전하는 진동

[3] 발생원인

자동차는 현가 스프링에 의해 차체 부분(스프링 위 질량)과 차축, 타이어가 회전하는 부분(스프링 아래 질량)으로 나눌 수 있다. 자동차가 요철이나 험한 도로를 주행하면 자동차 전체의 차체 부분이 상하로 흔들려 강제 진동을 시작한다. 이때 스프링 아래질량이 무거울 경우 즉, 무거운 타이어나 휠을 부착하였거나, 쇽업소버의 용량 부족 또는 스프링 정수가 표준보다 강한 경우 등에는 승차감이 좋지 않게 된다. 이것은 스프링 아래질량의 진동 특성상의 변화에 의해 스프링 위 질량의 진동수와 공진 현상을 발생시키기 때문이다.

1.2.2. 쉐이크(shake)

[1] 현 상

자동차가 노면을 주행하면 노면의 요철이 차체를 진동시키고 그 힘은 가진력으로 작용한다. 가진력은 현가장치에 의하여 차체, 시트 및 조향 휠 등에 전달되어 각 부품이 상하, 좌우로 심하게 요동하는 현상을 쉐이크라고 한다.

상하진동(front shake)은 차체, 시트 및 조향핸들이 상하로 "부르르" 떠는 느낌으로 심하게 진동된다. 또 엔진 후드나 룸, 거울 등이 미세하게 진동하는 경우도 있다. 좌우 진동은 차체나 시트가 좌우로 "부르르" 떠는 느낌으로 진동된다. 상하 진동, 좌우 진동은 상호 교대로 발생되는 일이 있고, 허리 부분이나 끝부분에서 "부르르" 떠는 진동이 전해져 차체 전체가 "부르르" 떠는 진동이 전해진다. 쉐이크 진동은 일반적으로 10~30Hz 정도이다(일반적으로 조향 핸들을 통하여 느껴지는 진동은 5~15Hz 정도).

[2] 발생조건

고속도로를 주행할 때 특정의 속도에서 발생된다. 일반적 포장도로나 작은 요철부위가 있을 경우 40~70km/h로 주행할 때 발생하는 저주파의 차체진동으로 차륜의 회전속도와 일치한다. 쉐이크는 스프링 아래의 고유 진동수에 가까워 공진하여 진동하는 저속 쉐이크, 엔진 회전운동에 의한 중속 쉐이크 그리고 차체 공진에 의한 고속 쉐이크로 구분된다.

[3] 발생원인

쉐이크의 발생 원인이 되는 진동 강제력은 타이어 무게에 불균형이 있으면(편 마모, 비 규격 타이어, 공기압력 부족) 원심력의 균형이 무너져 발생된다. 진동 강제력에 의해 스프링 아래(타이어 자신이 지닌 스프링의 성질)와 공진하면 바퀴가 크게 변동하고 진동이 발생한다.

이러한 진동이 주로 현가장치의 스프링이나 속업소버를 통하여 차체에 전달되고 또한 엔진에도 전달된다. 엔진에 진동이 전달된 경우 그 진동수와 엔진(추)과 마운팅(스프링)에서 이루어지는 진동계의 고유 진동수에 가까운 경우는 공진을 일으켜 차체에 진동이 전달된다. 전달된 진동은 차체의 굽힘 및 비틀림의 탄성 진동을 유발한다. 이때 전달된 진동수와 차체의 탄성 진동의 고유 진동수가 일치하면 공진을 일으켜 차체가 크게 진동된다. 이 쉐이크는 부르르한 느낌에 이어서 허리 부분이나 끝단 근처에서 느껴지게 되며 이때 조향 컬럼이 공진하면 조향핸들이 상하로 크게 진동하게 된다. 또한 시트가 공진되면 시트가 크게 진동하는 일도 있다.

1.2.3. 시미(shimmy)

[1] 현 상

조향핸들이 회전방향으로 "부르르" 흔들린다. 조향핸들이 흔들리면서 동시에 차체도 좌우로 흔들리며, 발생되는 진동이 점점 커져 작동이 어려운 경우가 있다. 진동수는 일반적으로 15Hz 정도이다.

[2] 발생조건

양호한 도로를 80km/h 이상으로 주행할 때 발생된다(비교적 한정된 주행속도). 시미(shimmy)는 20~60km/h의 비교적 저속으로 주행 중 노면의 요철이나 브레이크 작동을 계기로 돌발적으로 발생한다.

[3] 발생원인

타이어 무게의 불균형(편 마모, 비규격 타이어)에 의해 원심력의 균형이 무너져 발생한다. 진동 강제력에 의해 킹핀 주위에 회전력(moment)이 생겨 타이어가 좌우 방향으로 진동하며, 조향계통은 하나의 진동부를 형성한다.

조향축, 기어 박스, 링크계통은 어떤 강성을 갖고 있으므로 스프링으로서 움직인다. 그 끝에 설치된 조향계통은 회전방향에 대해 관성 중량으로 움직이므로 어떤 고유진동을 가지는 진동계가 된다. 원심력에 의해 발생하는 타이어의 좌우방향의 진동수가 일정 주행속도가 되면 조향계통의 진동수와 일치하여 공진을 일으켜 조향핸들이 회전방향으로 크게 진동한다.

1.2.4. 브레이크 저더(brake judder)

[1] 현상

브레이크 페달을 밟으면 대쉬 패널, 조향핸들이 상하로 진동하거나, 조향핸들이 좌우로 진동하는 경우가 있다. 브레이크 페달에서 진동에 의한 맥동이 발에 전달된다. 진동수는 쉐이크와 같은 정도(5~30Hz)지만 진동의 크기는 쉐이크보다 크다.

[2] 발생조건

중속, 고속에서 브레이크 페달을 밟았을 때(앞뒤 바퀴가 완전히 잠기지 않은 정도) 발생한다.

[3] 발생원인

브레이크 드럼의 편심이나 흔들림에 의해 발생한다. 이 진동이 유압회로에 의해 페달에 전해지면 페달은 맥동을 일으키고 현가장치를 통해 차체에도 전달된다.

차체에 전달되면 차체에 공진이 일어나 진동이 커져 쉐이크와 비슷한 제동할 때의 진동(brake judder)이 발생한다.

1.2.5. 엔진 크랭킹(engine cranking)

[1] 현 상

엔진을 크랭킹할 때 시트, 엔진 후드 등이 "부르르" 떠는 진동이다.

[2] 발생조건

엔진 크랭킹 작동 직후에 진동이 발생되었다가 엔진이 시동되거나 또는 점화스위치를 off에 놓으면 멈춘다.

[3] 발생원인

엔진이 롤링축(롤링 중심 축)주위로 회전하면 그 반발력으로서 차체는 역 방향으로 회전하려는 힘이 생긴다. 이 힘이 엔진 마운팅에 전해져 진동 강제력이 발생한다. 또 엔진 압축이 완전하지 않으면 강제력이 커져 진동이 발생되기 쉽다.

1.2.6. 엔진 공전에서의 진동

[1] 현 상

시트나 조향핸들이 "부르르" 떨며 상하방향으로 진동이 단속적으로 발생한다. 경우에 따라 연속적으로 차체가 "부르르" 떠는 진동이 발생하기도 한다.

[2] 발생조건

엔진이 공전할 때 단속 또는 연속적으로 진동이 발생되며, 엔진을 가속(레이싱) 하면 멈춘다. 자동변속기 차량은 브레이크 페달을 밟은 상태에서 "D" 또는 "R" 레인지로 하면 시트 및 바닥이 진동을 일으킨다.

[3] 발생원인

① 엔진이 공전할 때 폭발, 실화, 압축, 부조 등에 의해 엔진 롤링이 커져 엔진 마운팅을 경유하여 차체로 전달된다.
② 토크컨버터에서 동력전달 계통을 통해 롤링력이 발생하므로 엔진의 회전력 변동이 주행 중과 마찬가지로 마운팅에 전달된다.
③ 배기관의 변형, 행거 고무 불량에 의해 배기관이 공진하여 차체에 전달되어 엔진 상태가 정상이라도 엔진 마운팅(롤 스토퍼)이 비틀리거나 인슐레이터 고무가 경화되면 차단성능이 저하되어 엔진 진동이 차체에 전달된다.

2. 자동차 소음

2.1. 소음의 종류

2.1.1. 부밍(booming)

[1] 현상

(1) 저속 및 중속 부밍

"부"나 "부웅" 하는 낮은 소리로 들려온다. "음"으로서는 듣기 힘들지만 귀에 압박감이 있고 머리가 양쪽에서 꽉 늘리는 듯한 느낌과 동시에 "부르르"라든가 "비비비"한 작은 진동을 느끼는 경우도 있다. 진동수는 일반적으로 30Hz~100Hz 정도이다.

(2) 고속 부밍

"윙" 하는 느낌으로 어디선지 들려와 귀에 압박감을 준다. 심한 경우에는 자동차에서 내려서도 귀에 "부" 하는 느낌이 남는 경우도 있다. 진동수는 일반적으로 100~200Hz 정도로 비교적 확실한 소리로 느껴져 진동으로는 거의 느낄 수 없다.

[2] 발생조건

가속, 감속, 정속 어떤 경우라도 발생되지만 일반적으로 가속시킬 때 크게 발생하며, 특정의 엔진 회전속도와 주행속도에 도달하면 발생되고 그 외에서는 발생되지 않는다.

기어 변속위치에 관계없이 주행하지 않아도 엔진 회전속도가 일정 회전속도가 되면 발생되는 경우와 엔진 회전속도에는 관계없이 해당 주행속도가 되면 발생되는 경우가 있다.

[3] 발생원인

부밍은 엔진의 진동이나 구동계통의 진동 등이 보디 패널에 전해져 이것을 진동시키거나 또는 공기청정기의 흡입 소음이 차실에 투과됨에 따라 발생한다. 이때, 진동 전달 경로에는 공진현상 및 차실이 공명상자와 같이 작동하는 공명현상이 수반되는 것이 많다.

[4] 부밍음의 원인이 되는 현상

(1) 배기파이프의 휨 진동

배기파이프는 엔진에 직접 부착되어져 있기 때문에 엔진이 진동하면 파이프 자체에 진동을 발생시키고 엔진 진동과 파이프 진동이 공진하면 배기 파이프의 진동은 점점 더 커지는데 배기파이프의 진동은 머플러 행거 및 머플러 지지대 등을 통하여 차체에 전달되어 부밍음이 발생된다.

(2) 엔진 보조부품의 공진

엔진에 설치되어 있는 보조 부품에는 AC 발전기, 동력 조향장치 오일펌프, 에어컨 압축기 등이 있는데 이들 부품의 고정 강성이 낮아 엔진 진동과 공진하면 진동이 커져 엔진 마운팅과 현가장치를 경유하여 차체에 전해져 고속에서 이상 소음이 발생한다. 특히, 에어컨 압축기의 영향이 커서 고속에서 이상 소음의 원인이 되는 경우가 많다.

(3) 추진축의 휨 공진

추진축 자체에 휨 진동이 발생되는데 엔진의 진동과 추진축의 진동이 공진하면 추진축의 진동은 점점 커지는데 이 추진축의 진동은 너클 및 현가장치의 부싱을 통해 차체에 전달되어 이상음이 발생된다.

(4) 현가장치 링크의 공진

타이어의 교체, 균일성(타이어의 딱딱한 곳과 부드러운 곳이 1회전에 몇 개소나 있을 경우)에 의해 각 컨트롤 링크나 코일 스프링이 진동하여 공진한다.

(5) 엔진 진동의 전달

엔진은 진동이 큰 곳이며, 이 진동은 엔진 마운팅이나 라디에이터 설치부분을 통해 차체에 전달되면 차체가 공진하여 부밍이 발생한다.

2.1.2. 엔진 투과 음

[1] 현 상

"샤~" "슈~" "부~" 등 비교적 높은음이 엔진 쪽에서 들리는데 엔진 회전속도가 높아짐에 따라 커진다.

[2] 발생조건

주로 고속·고 부하일 경우에 많이 발생하는데 저속·중속 주행할 때 및 엔진 회전속도가 높아지면 비교적 큰 음이 발생한다.

[3] 발생원인

음의 원인과 방음에 관련되는 부품이 크게 영향을 미친다. 음의 원인은 흡입소음, 배기소음, 엔진(기계)소음, 연소소음, 냉각 팬 소음 등이 있다. 그리고 패널 공진에 의해 발생되는 음(공기청정기의 변형, 머플러 손상, 엔진 조정 불량, 냉각 팬 변형 등)의 대책은 다음과 같다.

(1) 방음(음을 차단시킴)

대시 패널, 프런트 플로어, 조향 컬럼 부츠, 변속 케이블 부츠, 와이어링 하니스 그로메트 등의 각 부위에는 틈새(간격)가 있다. 이 틈새를 막기 위한 방법에는 그로메트, 패널 등에서의 방사를 막기 위한 매트, 시트 패널 접합부위 등에서의 투과를 막기 위한 실러 등이 사용된다.

(2) 흡음(음을 흡수시킴)

보디 패널을 통하여 차내에 들어오는 음을 흡수하여 소음 감소의 역할을 수행하는 부품으로서 카페트, 사일런스 패드, 시트, 헤드 라이닝 및 엔진 후드 사일런스 등이 있다.

2.1.3. 비트음(beat)

[1] 현 상

"윙윙"하는 음의 크기가 주기적으로 변화되고 소리가 파도를 치는 듯한 느낌으로 1초에 2~6회 정도 느껴진다. 부밍이 주기적으로 변화되며 비트 현상을 일으키는 경우도 있다. 또한 진동의 경우도 비트 현상을 일으키는 수가 있다.

[2] 발생조건

엔진을 특정 회전속도에서 회전시켰을 때 발생되는데 고속도로를 특정 속도에서 주행하고 있을 때나 D(3속 범위)레인지에서 천천히 가속 할 때 발생한다.

[3] 발생원인

비트 음의 발생의 기본 조건은 2개의 음이 존재 한다. 2개의 음이 전혀 다른 음(주파수가 완전히 다른 음)을 내고 있으면 서로 다른 2개의 음으로서 알아들을 수가 있다. 2개 음의 주파수가 조금밖에 다르지 않으면 즉시 음을 구별할 수 없게 되어 들려오는 음이 주기적으로 크게 변하는 비트 음으로 느껴지게 된다. 즉 주파수가 약간 다르면 산과 산이 중복되었을 때는 음이 커지고, 산과 계곡이 중복되었을 때는 소리가 작아진다. 이것이 연속적으로 합성되어 "윙 윙"하며 비트 음이 발생하게 된다.

2.1.4. 하시니스(harshness)

[1] 현 상

"덜컥"하는 충격적인 음과 진동(20~60Hz)이 느껴진다. 고속도로 등에서는 높은 충격이 일어난다. 진동은 주로 조향핸들, 시트, 풋레스트 등에서 잘 느껴진다.

[2] 발생조건

포장도로의 단차나 이음새 부분 또는 홈이 파진 부분을 통과할 때 발생한다.

[3] 발생원인

현가장치의 공진, 포장도로의 이음새나 도로의 파인 곳을 통과할 때 타이어에 전후방향의 충격력이 가해진다. 이 충격력이 현가장치를 통해 차체에 전달되어 충격적인 진동과 동시에 단발적인 소음을 발생시킨다.

타이어의 탄성 진동, 노면의 이음새에서 타이어의 충격력이 가해진 점에서 타이어가 국부적으로 변형되고 충격력을 어느 정도 흡수하면 동시에 그 변화가 타이어와 다른 부분에 전달되어 복잡한 탄성진동을 일으키게 된다. 따라서 흡수되는 진동이 많은 타이어가 하니시스에 대해 유리하지만 전체를 흡수시키는 것은 곤란하다.

2.1.5. 로드 노이즈(road noise)

거친 노면을 주행할 때 급격히 차내 소음이 커지고, 포장상태가 좋으면 조용하게 되는 극히 일반적인 현상이다. 로드 노이즈는 타이어의 탄성진동 및 현가장치의 특성, 차실 내의 음향 특성에 영향을 준다. 주행속도가 빨라지는 만큼 소음은 커지지만 음의 높이는 그다지 변하지 않는다.

2.1.6. 패턴 노이즈(pattern noise)

공기흡입 음과 탄성 진동음으로 이루어지며, 주행속도가 빨라지는 만큼 고음을 내게 된다. 이것이 로드 노이즈와 다른 점이다. 타이어의 마모와 소음의 관계는 복잡하지만 어느 정도의 마모까지는 타이어 소음의 증대를 수반하는 것이 일반적이다.

2.1.7. 브레이크 소음

브레이크 페달을 밟았을 때 패드와 디스크의 마찰에 의해 진동이 발생되고 디스크의 공진에 의해 음이 발생된다. 브레이크를 작동하면 슈와 드럼이 마찰 진동된다. 비교적 높은 음이 발생한다.

2.1.8. 윈드 노이즈(wind noise)

공기가 흐르는 듯한 소리가 창 쪽에서 들리는 것이며, 주행속도, 방향에 따라 소리가 변화한다(소리가 들리지 않을 때도 있다). 80km/h 이상의 속도로 창을 닫고 주행했을 때 발생한다.

◈ 저자 소개

- 이성만 現 충북보건과학대학교 자동차과 교수
- 김홍성 現 경기과학기술대학교 자동차과 교수
- 조성철 現 국제대학교 스마트자동차학과 교수
- 박명호 現 아주자동차대학교 자동차 디지털튜닝전공 교수

❖ 자동차 섀시

초판 인쇄	2016년 1월 5일
재판 발행	2022년 2월 10일
저　　자	이성만 김홍성 조성철 박명호
발 행 인	박필만
발 행 처	도서출판 미전사이언스

(08337) 서울시 구로구 개봉로 17라길 34, 1층(개봉동)
TEL: 02) 2611-3846, 2618-8742 FAX: 02) 2611-3847

E-mail	mjsbook@hanmail.net
등　　록	제12-318호(2001.10.10)
I S B N	978-89-6345-212-8-93550

정가 22,000원

ⓒ 미전사이언스
- 잘못 만들어진 책은 출판사나 구입하신 서점에서 바꿔 드립니다.
- 어떠한 경우든 본 책 내용과 편집 체재의 일부 혹은 전부의 무단복제 및 표절을 불허함. 무단 복제와 표절은 범법 행위입니다.

도서출간안내

미전사이언스 MI JEON SCIENCE PUBLISHING CO.
주소: (152-092) 서울시 구로구 개봉로 17나길 33, 1층(개봉동)
TEL: 02) 2611-3846, 2618-8742 FAX: 02) 2611-3847

■ 자동차 기관

도 서 명	저 자	면수	정가	비고(ISBN)
[친환경] 그 린 카 정 비 공 학	이원청 外 5	550	25,000	978-89-6345-184-8-93550
[신기술수록] 新編·자 동 차 공 학 개 론	오영택 外 3	540	22,000	978-89-89920-31-1-93550
자 동 차 공 학	오영택 外 3	592	24,000	978-89-6345-144-2-93550
오 토 엔 진	김보한 外 2	382	20,000	978-89-6345-186-2-93550
자 동 차 공 학 기 초	박종상 外 3	410	20,000	978-89-6345-160-2-93550
자 동 차 엔 진 공 학	이병학 外 3	474	22,000	978-89-6345-153-4-93550
[基礎] 자 동 차 해 석	엄소연 外 1	240	18,000	978-89-6345-175-6-93550
자 동 차 가 솔 린 기 관 공 학	이철승 外 3	398	20,000	978-89-6345-215-9-93550
자 동 차 디 젤 엔 진	이승재 外 2	436	20,000	978-89-6345-143-5-93550
[종합] 자 동 차 기 관 이 론 실 습	김태한 外 1	514	24,000	978-89-6345-158-9-93550
[NCS를 활용한] 자 동 차 기 관 실 습	이철승 外 3	564	24,000	978-89-6345-208-1-93550
[NCS를 활용한] 자동차 디젤기관 이론실습	조일영 外 1	434	22,000	978-89-6345-234-0-93550
[NCS교육과정에 준한] 자동차 기관 공학	정찬문	416	20,000	978-89-6345-236-4-93550
[NCS국가직무능력표준에 따른] 자 동 차 기 관	김광희 外 1	596	23,000	978-89-6345-237-1-93550
자 동 차 전 자 제 어 엔 진 이 론 실 무	이상문 外 3	524	22,000	978-89-6345-106-0-93550
[하이테크] 자동차 전자 제어 현장 실무	유환신 外 3	600	24,000	978-89-6345-052-1-93550
[자동차 전자제어] 스 마 트 자 동 차	김병우 外 1	344	18,000	978-89-6345-088-9-93550
자 동 차 엔 진 구 조	박재림 外 1	390	22,000	978-89-6345-277-7-93550
자 동 차 가 솔 린 엔 진	박우영 外 1	446	24,000	978-89-6345-279-1-93550
자 동 차 구 조 학	정찬문	242	16,000	978-89-6345-023-0-93550
자 동 차 엔 진 튠 업	박재림	360	20,000	978-89-6345-027-8-93550
자 동 차 기초실습 [공 구 사 용 법]	손병래 外 3	352	20,000	978-89-6345-246-3-93550
자 동 차 기 관 개 론	최두석	420	22,000	978-89-6345-272-3-93550
[지능형] 스 마 트 자 동 차 개 론	이용주 外 2	410	22,000	978-89-6345-274-6-93550
자 동 차 전 자 제 어 엔 진 구 조	김영일 外 2	426	22,000	978-89-6345-286-9-93550
자 동 차 엔 진 이 론 실 습	이종호 外 1	480	25,000	978-89-6345-287-6-93550
[전자제어] 커 먼 레 일 Euro-6	조성철 外 1	436	24,000	978-89-6345-292-0-93550

자동차 전기·전자

도 서 명	저 자	면수	정가	비고(ISBN)
자 동 차 전 기 · 전 자	김광열 外 1	310	19,000	978-89-6345-238-8-93550
자 동 차 전 기 시 스 템	김병지 外 3	490	20,000	978-89-6345-050-6-93550
친 환 경 전 기 자 동 차	정용욱 外 2	420	22,000	978-89-6345-148-0-93550
자 동 차 전 기 · 전 자 공 학	정용욱 外 3	382	20,000	978-89-6345-210-4-93550
자 동 차 전 기 장 치 실 습	지명석 外 2	390	20,000	978-89-6345-152-7-93550
[新] 자 동 차 전 기 실 습	김규성 外 2	440	20,000	978-89-6345-091-9-93550
[알기 쉬운] 기 초 전 기·전 자 개 론	김상영 外 3	328	18,000	978-89-89920-00-7-93550
자 동 차 회 로 판 독 실 습	이용주 外 3	268	17,000	978-89-6345-048-3-93550
하 이 브 리 드 전 기 자 동 차	김영일 外 2	312	19,000	978-89-6345-188-6-93550
[NCS기반] 자 동 차 충 전·시 동 장 치	김재욱 外 1	402	20,000	978-89-6345-223-4-93550
[NCS를 활용한] 자동차 전기 · 전자 실습	윤재곤 外 1	540	23,000	978-89-6345-225-8-93550
[最新] 자 동 차 전 기·전 자 공 학	송용식 外 1	400	22,000	978-89-6345-233-3-93550
하 이 테 크 진 단 정 비	이용주 外 3	266	18,000	978-89-6345-264-7-93550
[새로운 시스템] 전 기 자 동 차	정용욱 外 1	394	20,000	978-89-6345-265-4-93550
자 동 차 전 기·전 자 시 스 템	김재욱 外 3	470	24,000	978-89-6345-278-4-93550
자 동 차 전 기·전 자 공 학 개 론	송용식 外 1	450	23,000	978-89-6345-285-2-93550

자동차 섀시

도 서 명	저 자	면수	정 가	비고(ISBN)
자 동 차 섀 시	이성만 外 3	426	22,000	978-89-6345-212-8-93550
차 량 동 력 전 달 장 치	오태일 外 2	420	20,000	978-89-6345-190-9-93550
차 량 현 가 장 치[조향·제동]	손일선 外 2	504	24,000	978-89-6345-206-8-93550
자 동 차 섀 시 공 학	이상훈 外 4	450	22,000	978-89-6345-176-3-93550
[NCS를 활용한] 종 합 자 동 차 섀 시	민규식 外 3	518	22,000	978-89-6345-247-0-93550
전 자 제 어 자 동 차 섀 시	이철승 外 2	410	22,000	978-89-6345-253-1-93550
자 동·무 단 변 속 기(이론·실습응용)	장성규 外 3	380	18,000	978-89-89920-24-3-93550
자 동 차 섀 시 정 비 실 습	김홍성 外 3	470	22,000	978-89-6345-174-9-93550
자 동 차 섀 시 실 습	오재건 外 3	470	20,000	978-89-6345-086-5-93550
자 동 차 전 자 제 어 섀 시 실 습	최병희 外 2	380	20,000	978-89-6345-125-1-93550
[NCS 교육과정에 의한] 자 동 차 섀 시 실 습 지 침 서	이 형 복	394	20,000	978-89-6345-207-4-93550
[NCS를 활용한] 자동차 전자제어 섀시실습	오태일 外 2	396	20,000	978-89-6345-229-6-93550
CAR 에 어 컨 시 스 템	김찬원 外 3	400	20,000	978-89-6345-130-5-93550
커 먼 레 일 이 론 실 무	장명원 外 3	464	22,000	978-89-89920-72-4-93550
자 동 차 보 수 도 장	이 강 복	230	18,000	978-89-6345-113-8-93550
자 동 차 차 체 수 리 실 무	김 태 원	420	20,000	978-89-89920-86-1-93550
자 동 차 수 리 견 적 실 무	권순익 外 2	450	20,000	978-89-6345-136-7-93550
휠 얼 라 인 먼 트	최 국 식	260	19,000	978-89-6345-227-2-93550
[最新] 자 동 차 섀 시 실 습	조성철 外 3	450	23,000	978-89-6345-273-9-93550
자 동 차 섀 시 일 반	임대성 外 2	506	24,000	978-89-6345-281-4-93550

기계

도 서 명	저 자	면수	정 가	비 고(ISBN)
[쉽게 풀이한] 재 료 역 학	남정환 外 2	340	18,000	978-89-89920-53-3-93550
[AutoCAD활용] 전 산 응 용 기 계 제 도	신동명 外 2	508	22,000	978-89-6345-085-8-13550
[따라하며 익히는] AutoCAD 기계제도실습	이 상 현	334	18,000	978-89-6345-231-9-93550
CATIA V5 모 델 링 예 제 가 이 드	최 홍 태	616	26,000	978-89-6345-068-1-93550
[新] 일 반 기 계 공 학	조성철 外 3	480	20,000	978-89-6345-024-7-93550
유 체 역 학	박정우 外 2	320	19,000	978-89-6345-151-0-93550
유 · 공 압 제 어 기 술	김근묵 外 3	412	18,000	978-89-89920-70-0-93530
[新編] 기 계 재 료	신동명 外 1	440	22,000	978-89-6345-156-5-93550
공 업 열 역 학	박 상 규	440	20,000	978-89-6345-149-7-93550
기 계 열 역 학	배태열 外 2	350	20,000	978-89-6345-150-3-93550
연 소 공 학	오영택 外 3	412	22,000	978-89-6345-070-4-93570
공 압 제 어	정태현 外 2	312	19,000	978-89-6345-099-5-93560
[最新] 전 산 유 체 역 학	서용권 外 5	370	20,000	978-89-6345-101-5-93560
P L C 제 어	정태현 外 1	328	19,000	978-89-6345-107-7-93560
C N C 공 작 법	황석렬 外 1	200	17,000	978-89-6345-142-8-93550
[알기 쉬운] 유 압 공 학	배태열 外 1	292	17,000	978-89-6345-109-1-93550
[수정판] 공 업 열 역 학	윤 준 규	612	28,000	978-89-6345-018-6-93550
공 업 기 초 수 학	이용주 外 1	310	19,000	978-89-6345-057-5-93410
공 업 수 학	이용주 外 1	238	18,000	978-89-6345-241-8-93410
기 초 역 학	한 성 철	300	18,000	978-89-6345-284-5-93550
[쉽게 배우는] 자 동 차 차 체 용 접 실 무	박 상 윤	314	22,000	978-89-6345-291-3-93550

법규 및 기타 · 수험서

도서명	저자	면수	정가	비고(ISBN)
[2020 개정] 자동차 보험 보상 실무	목진영 外 1	564	26,000	978-89-6345-280-7-93550
[2020 개정] 자동차 관리법규	박재림 外 1	790	28,000	978-89-6345-283-8-13550
[NCS를 활용한] 자동차 검사 실무	신동명 外 3	654	23,000	978-89-6345-203-6-93550
[NCS를 활용한] 자동차 검사 기준 실무	신동명 外 2	570	25,000	978-89-6345-288-3-93550
스마트 팩토리 현장 개선 관리	이승호 外 2	350	19,000	978-89-6345-115-2-13320
[공학도를 위한] 창의적 공학 설계	이태근 外 1	296	18,000	978-89-6345-129-9-93550
냉동 실무	배태열	280	17,000	978-89-6345-134-3-93550
[最新] 선박기관	양현수	334	18,000	978-89-6345-114-5-93550
스마트 제조 현장 관리	이승호 外 3	346	20,000	978-89-6345-295-1-13320
[산업기사시험대비] 자동차 정비 실무	최국식 外 3	516	25,000	978-89-6345-226-5-13550
자동차 정비 산업기사	이철승 外 3	620	26,000	978-89-6345-214-2-13550
[컬러판] 자동차 정비 기능사 실기	최인배 外 3	504	25,000	978-89-6345-217-3-13550
[신개념] 자동차 정비 기능사 총정리	김선양 外 3	584	21,000	978-89-6345-093-3-93550
[개정판] 건설기계 [중장비] 공학	김세광 外 2	508	20,000	978-89-89920-56-4-93550
건설기계 운전 기능사	김희찬 外 4	588	20,000	978-89-6345-230-2-13550
[단기완성] 건설기계 운전 기능사	이원청 外 5	438	18,000	978-89-6345-211-1-13550
[상시검정대비] 굴삭기 운전 기능사	이영환 外 2	440	20,000	978-89-6345-257-9-13550
[상시검정대비] 지게차 운전 기능사	이영환 外 3	400	20,000	978-89-6345-258-6-13550
[핵심] 지게차 운전 기능사	김성식	466	20,000	978-89-6345-293-7-13550

도서출간안내

출판 미광

주소: (152-092) 서울시 구로구 개봉로 17나길 33, 1층(개봉동)
TEL: 02) 2611-3846, 2618-8742 FAX: 02) 2611-3847

도 서 명	저 자	면수	정 가	비 고(ISBN)
자 동 차 공 학	이철승 外 3	466	20,000	978-89-98497-14-9-93550
내 연 기 관 공 학	최낙정 外 2	486	22,000	978-89-98497-04-0-93550
[통신회로를 이용한] 자 동 차 전 기 회 로	이 용 주	330	18,000	978-89-98497-07-1-93550
공 업 기 초 수 학	박정우 外 3	324	19,000	978-89-98497-00-2-93410
열 역 학	이찬규 外 3	400	20,000	978-89-98497-03-3-93550
열 · 유 체 공 학	이원섭 外 1	484	20,000	978-89-98497-06-4-93550
Project를 통 한 Surface실무	김 태 규	340	18,000	978-89-98497-11-8-93550
[最新版] 기계 제도 & 도면 해독	신동명 外 2	454	22,000	978-89-98497-21-7-93550
[자가운전을 위한] 내 차 는 내 가 고 친 다.	박 광 희	246	15,000	978-89-98497-19-4-13550